普通高等教育"十二五"规划教材

AutoCAD
工程图应用教程

(高职高专适用)

张多峰 宿翠霞 赵 崇 张立伟 编 著

中国水利水电出版社
www.waterpub.com.cn

内 容 提 要

本书为高等院校精品规划教材,根据 AutoCAD 2008 中文版本内容编写,全书共分 14 章及 4 个附录,内容包括:AutoCAD 基本知识、直线段图形绘制、绘图设置与视图缩放、圆弧连接作图、绘图基本命令、图形编辑、文字与表格、尺寸标注、图案填充与图块的应用、图形打印与图形管理、机械图绘图实例、建筑图绘图实例、水利工程图绘图实例、创建三维实体模型、AutoCAD 常见问题与解答等,每章后均有上机练习与指导。

本书编写以培养工程图绘图实用能力为原则,内容由浅入深,层次清晰,绘图技巧运用自然,章节安排易于组织课堂教学,图例丰富经典,通俗易懂。

本书适合作为建筑、土木、水利、机械等各专业教材用书,也适合作为各类工程技术人员自学用书。

图书在版编目(CIP)数据

AutoCAD 工程图应用教程/张多峰等编著 . —北京 : 中国水利水电出版社,2013.1(2014.9 重印) 普通高等教育"十二五"规划教材 . 高职高专适用 ISBN 978 - 7 - 5170 - 0465 - 3

Ⅰ.①A… Ⅱ.①张… Ⅲ.①工程制图-计算机制图 - AutoCAD 软件-高等职业教育-教材 Ⅳ.①TB237

中国版本图书馆 CIP 数据核字(2013)第 008835 号

书 名	普通高等教育"十二五"规划教材　高职高专适用 **AutoCAD 工程图应用教程**
作 者	张多峰 宿翠霞 赵 崇 张立伟 编著
出版发行	中国水利水电出版社 (北京市海淀区玉渊潭南路 1 号 D 座　100038) 网址:www. waterpub. com. cn E - mail:sales@waterpub. com. cn 电话:(010) 68367658(发行部)
经 售	北京科水图书销售中心(零售) 电话:(010) 88383994、63202643、68545874 全国各地新华书店和相关出版物销售网点
排 版	中国水利水电出版社微机排版中心
印 刷	北京市北中印刷厂
规 格	184mm×260mm　16 开本　19.75 印张　468 千字
版 次	2013 年 1 月第 1 版　2014 年 9 月第 2 次印刷
印 数	4001—7000 册
定 价	**36.00 元**

凡购买我社图书,如有缺页、倒页、脱页的,本社发行部负责调换

前　言

AutoCAD 已成为我国计算机绘图的首选软件，广泛应用于各行各业。本书以 AutoCAD 2008 版本为基础编写，该版本与以前版本相比，在性能和功能两方面都有较大的增强和改善。

本书在编写过程中总结了多年的教学经验，认真研究了 AutoCAD 的教学规律，除了注重讲清理论概念和基本操作外，还通过典型图例来说明绘图的方法技巧。通过学习本书，读者会对 AutoCAD 的特点、使用方法、使用技巧有深入的了解，使初学者能熟练应用 AutoCAD 绘制工程图。

本书内容有两个特点：

（1）将绘图命令和编辑命令进行了适当的结合，由浅入深、循序渐进地安排各个知识点，使每章的内容既符合学习规律也有利于课堂教学组织。

（2）精选典型实例，所举实例内容涉及水工、机械、建筑等专业，在教学中可以精讲选练。每章配有课后思考与练习，其中的选择题和思考题帮助掌握知识点，上机练习与指导帮助练习绘图方法和技巧。

本书适合于各类院校和培训机构作为 AutoCAD 绘图基础和实训教材，也是一本通俗易懂的自学用书。

本书由山东水利职业学院张多峰、宿翠霞、赵崇，日照维嘉石化置业有限责任公司张立伟编著，在编著过程中还得到了山东水利职业学院许多领导和老师的支持和帮助，在此表示衷心的感谢。

本书在编著过程中参考了一些有关书籍，特向编著者表示衷心的谢意。

由于作者水平有限，加之时间仓促，书中难免存在不当之处，敬请广大读者不吝指正。

作者
2012 年 11 月

目　录

第1章 AutoCAD 基本知识

1.1 AutoCAD 概 述

AutoCAD 是 Autodesk Computer Aided Design 的缩写，是美国 Autodesk 公司开发的 CAD 应用软件。其中，CAD 是泛指一种使用计算机进行辅助设计的技术。AutoCAD 有着极丰富的内涵和广泛的应用范围，是一门多学科综合应用的新技术，具有易于掌握、使用方便、体系结构开放等特点。它的基本功能有二维绘图与编辑功能、三维造型与渲染功能、图纸管理功能、输出与打印功能、网络资源访问功能、协作设计和参照功能。工程图绘制是 AutoCAD 最重要的组成部分，因为无论哪种设计，最终的设计结果都离不开图。

AutoCAD 自 1982 年问世以来，版本一直在不断更新，从先前的 DOS 版本到现今的 Windows 版本，功能越来越多，适用性越来越强，操作也越来越方便。目前市场上流行的版本有 AutoCAD 2005、AutoCAD 2006、AutoCAD 2007、AutoCAD 2008。AutoCAD 2008 是 2007 年最新推出的版本，具有更完善的功能。目前，AutoCAD 已经成为世界上应用最广泛的 CAD 软件之一，广泛应用于建筑、机械、纺织、气象、水利、农业、冶金、土木工程等领域。

AutoCAD 2008 采用新的 DWG 文件格式，即 AutoCAD 2007 图形文件，AutoCAD 2006 及以前版本软件不能打开，但 AutoCAD 2008 可以另存为 AutoCAD 2004、AutoCAD 2000、AutoCAD R14 文件格式，使 AutoCAD 2008 创建的图形文件与以前版本兼容。

1.2 AutoCAD 2008 需要的配置环境

1.2.1 AutoCAD 2008 需要的硬件配置

- 微处理器：Pentium IV。
- RAM：512MB（推荐）。
- 硬盘：安装需求 750MB。
- 视频：1024×768VGA，真彩色（最低要求）。

1.2.2 AutoCAD 2008 需要的软件环境

- 操作系统：Windows XP Professional/Home SP1/SP2；
  Windows XP Tablet PC SP2；
  Windows 2000 SP3/SP4（建议使用 Service Pack 4）。
- 浏览器：Microsoft Internet Explorer 6.0 Service Pack 1（或更高版本）。

1.3 AutoCAD 2008 的绘图界面

启动 AutoCAD 2008 后，便进入图 1-1 所示的经典绘图界面，AutoCAD 2008 的经典绘图界面主要由标题栏、绘图区、下拉菜单栏、各种工具栏、状态栏、命令行等部分组成。图 1-1 所示为 AutoCAD 2008 的经典工作界面。

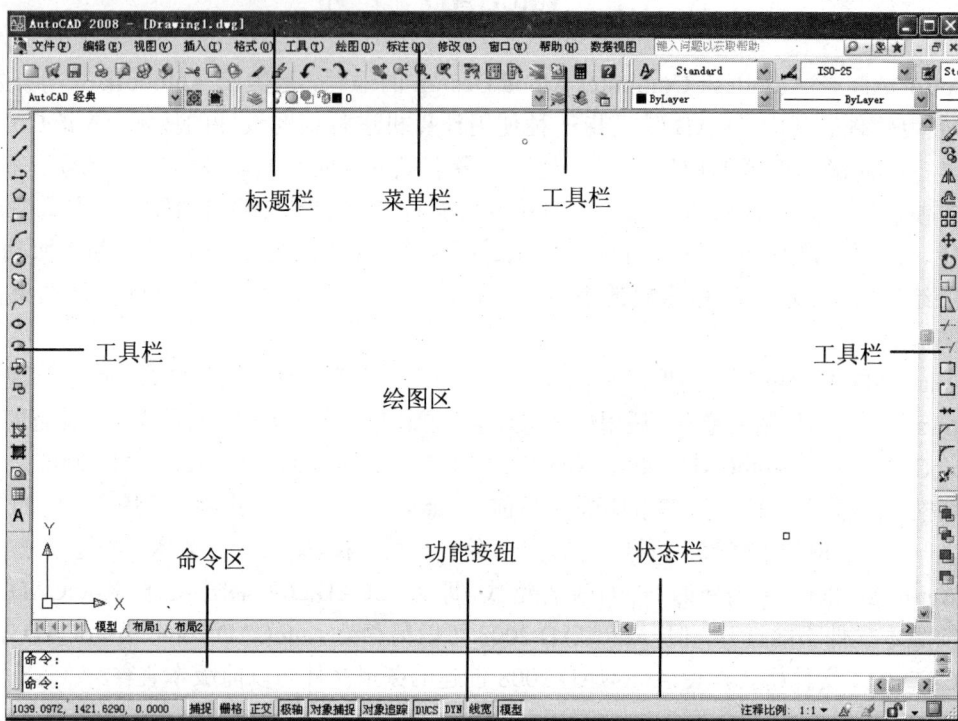

图 1-1 AutoCAD 2008 中文版经典界面

1.3.1 标题栏

标题栏位于应用程序窗口的最上方，用于显示 AutoCAD 的程序图标以及当前图形的文件名称。如果是用户没有命名的新建图形，AutoCAD 将默认图形文件名默认为 Drawing1.dwg；随着命名文件的增加，默认文件名称中的数字依次显示为 Drawing2.dwg、Drawing3.dwg、…。

1.3.2 绘图区

绘图区是操作者进行绘图设计的工作区域。绘图区的实际范围是无限延伸的，在公制单位下，绘图区的默认显示范围为 A3 图纸幅面的大小，即 420mm×297mm。利用 AutoCAD 视窗缩放功能可使显示的绘图区域增大或缩小。因此无论多大的图形，都可放置其中，所以在绘图时都可以按 1:1 的比例以实际尺寸绘图。

视窗的右边和下边分别有两个滚动条，可使视窗上下或左右移动，便于观察。

绘图区的下部有三个标签：模型、布局 1 和布局 2。它们用于模型空间和图纸空间的切换。

1.3.3　命令行

命令行是 AutoCAD 所具有的一项独特的功能，是 AutoCAD 用来提高效率的灵活工具。

命令行在工作界面的下方，它是一个命令输入窗口，默认状态下显示 3 行命令文字，如图 1-2 所示，也可以拖动边界调整显示窗口的大小。操作者使用键盘输入命令字符，按回车键（或空格键）后即执行输入的命令。

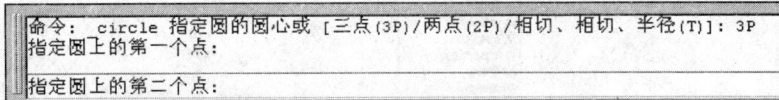

```
命令: circle 指定圆的圆心或 [三点(3P)/两点(2P)/相切、相切、半径(T)]: 3P
指定圆上的第一个点:

指定圆上的第二个点:
```

图 1-2　命令行窗口

在命令行输入命令后，命令行将出现下一步的操作提示或操作选项，以提示绘图者进行下一步的操作。

例如，在命令提示下输入 circle，按回车键后，将显示以下提示：

指定圆的圆心或 [三点(3P)/两点(2P)/相切、相切、半径(T)]:

可以通过输入 X、Y 坐标值或通过在屏幕上单击来指定圆心。也可以输入括号内的一个选项中的字母来执行括号中的选项命令。例如，要选择三点选项 (3P)，即在命令行输入 3P 后，按回车键。这时命令行继续提示下步操作：

指定圆上的第一个点:

这种操作命令提示贯穿整个操作过程。

1.3.4　下拉菜单栏

下拉菜单栏是图形界面上部的一行菜单条命令，又称主菜单，默认状态下主菜单包括文件、编辑、视图、插入、格式、工具、绘图、标注、修改、Express、窗口、帮助等 12 个菜单条。菜单栏中包含了 AutoCAD 大多数的操作命令。

单击某个菜单条，会打开下拉菜单，下拉菜单的每一行称为一个菜单选项，单击下拉菜单或次级菜单中的命令选项即可进行该项命令的操作。图 1-3 所示为"绘图"的下拉菜单。

如果菜单选项后面带有"▶"符号，表示该命令下还有次级菜单。如果菜单选项后面有"…"符号，表示单击该选项将弹出一个对话框，在对话框中可以实现命令的选择与操作。

1.3.5　工具栏

工具栏是包含启动命令的按钮。设置工具栏的目的是快速调用命令，单击工具栏中图标按钮，即可执行相应的命令。将鼠标移到工具栏按钮上时，工具栏提示将显示按钮的名称。

在 AutoCAD 中，系统提供了 30 多个已命名的工具栏。默认情况下，AutoCAD 启动后，"标准"、"样式"、"工作空间"、"图层"、"对象特性"、"绘图"、"修改"和"顺序"工具栏处于打开状态，其余的工具栏处于关闭状态，但在需要的时候可以随时打开或关闭这些工具栏。

1.3.5.1　工具栏的打开和关闭

在绘图界面中显示工具栏的方法是：将光标放置在已显示的任意工具栏上，右击，出现快捷菜单如图 1-4 所示，带"√"号的表示已打开的工具栏，不带"√"号的表示关闭的工具栏，在菜单的名称上单击即可打开或关闭该工具栏。

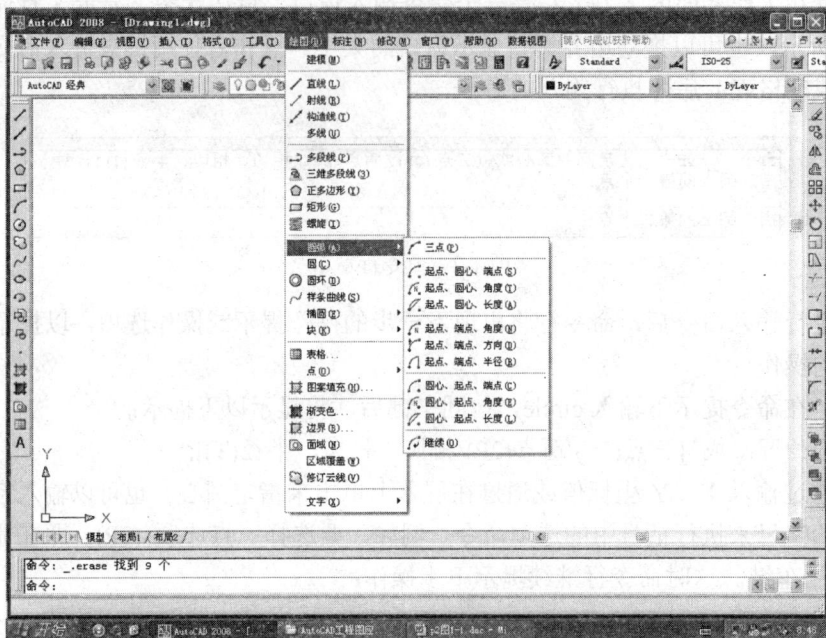

图 1-3　　"绘图"下拉菜单选项

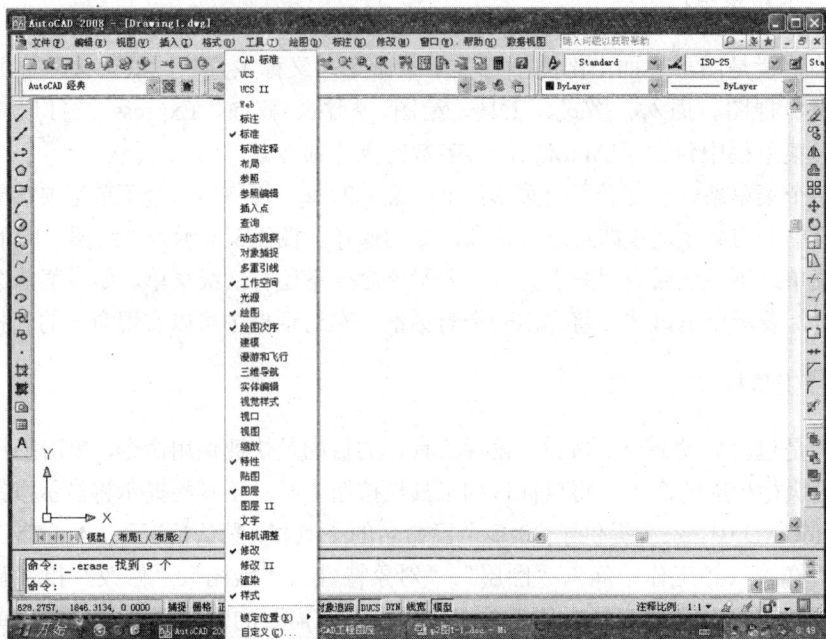

图 1-4　用快捷菜单显示或关闭工具栏

1.3.5.2　固定、浮动工具栏

工具栏可以固定或浮动。固定工具栏是指将工具栏锁定在绘图区的任意边上。浮动工具栏是指该工具栏可以在绘图区内被拖动到任意位置。

状态栏托盘中的"锁"图标可操作工具栏和绘图窗口是否被锁定。在该图标上右击将显示"锁定"选项菜单，如图 1-5 所示。

图 1-5　"锁定"选项菜单

1.3.5.3　弹出式工具栏

弹出式工具栏隐含在右下角带有小黑三角形的按钮上，将光标放在按钮上，然后按住鼠标左键则显示一列图标命令。例如，在标准工具栏上，"缩放"按钮即为弹出工具栏按钮，单击该按钮并保持，则出现弹出式工具栏，如图 1-6 所示，按住鼠标向下拖动可选择任一选项。

1.3.6　状态栏

AutoCAD 的状态栏在工作界面的最下面，如图 1-1 所示，左边是坐标显示，将动态显示当前十字光标的坐标值。中间是常用的"绘图功能按钮"，有"捕捉"、"栅格"、"正交"、"极轴"、"对象捕捉"、"对象追踪"、"DUCS"、"DYN"、"线宽"和"模型"10 个功能按钮，单击某按钮即可打开或关闭该状态下的操作功能。右边有"注释比例"、"通讯中心"、

图 1-6　"缩放"弹出式工具栏

"锁定"、"状态栏菜单"和"全屏幕"按钮。有关状态栏"绘图功能按钮"的功能内容较多，将在 1.4 节中介绍。

1.4　状态栏主要绘图按钮的功能与设置

为了提高绘图的效率和精确度，AutoCAD 提供了功能强大的精确定位辅助工具，包括栅格、捕捉、正交、极轴、对象捕捉、对象追踪等功能，将它们固定在绘图窗口底部的状态栏中，以方便随时操作，如图 1-7 所示。

图 1-7　状态栏中的绘图功能按钮

1.4.1 正交和极轴

"正交"和"极轴"是 AutoCAD 提供的类似丁字尺与三角尺的绘图工具，都是为了绘制一定的角度线而设计的工具。"极轴"比"正交"的功能更多，在绘图时两者不能同时打开，一般情况下是将"极轴"打开。

单击状态栏中的"正交"按钮或按 F8 键，可以打开或关闭"正交"开关。"正交"打开时，强制光标只能沿水平线和竖直线方向移动，这时通过鼠标操作只能绘制水平线和竖直线。

单击状态栏中的"极轴"按钮或按 F10 键，可以打开或关闭"极轴"开关。"极轴"打开时，光标追踪用户设置的极轴角度，这样可以利用极轴追踪功能绘制各种倾斜角度的直线。

但是，键盘输入命令定点和对象捕捉定点都不受"正交"和"极轴"模式是否打开的限制。

将鼠标移到"极轴"开关按钮上右击，将弹出快捷菜单，如图 1-8 所示，在快捷菜单中选择"设置"命令，立即弹出"草图设置"对话框，如图 1-9 所示。在其中可以对极轴追踪的各选项进行设置。

图 1-8 "栅格"按钮的快捷菜单

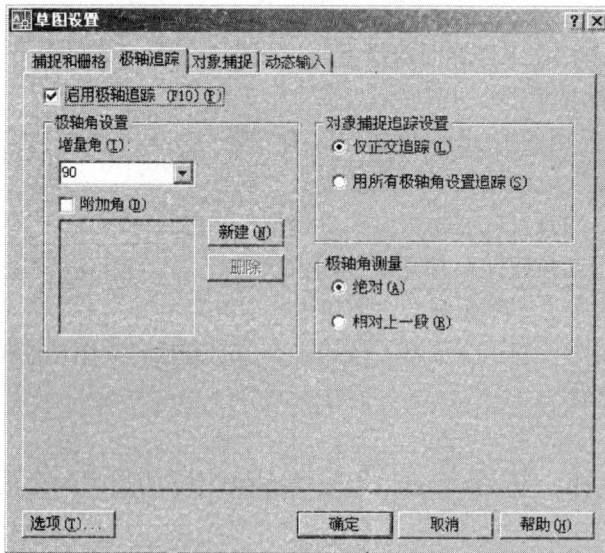

图 1-9 "极轴追踪"设置

在"极轴角设置"选项区域，如果在"增量角"列表框中选择或输入一个角度值，则"极轴"打开时，0°角和所有的增量角的倍数角都会被追踪到。选中"附加角"复选框，单击"新建"按钮，输入附加角度值，这时输入的附加角会被追踪到，但不会追踪附加角的倍数角，附加角可以设多个角度值。可以根据作图需要在对话框中进行需要的设置。如增量角设置为 30°，则可以画 30°、60°、90°、120°、150°、180°、210°等 30°倍角的直线。

　　在"极轴角测量"选项区有两个选项，其中"绝对"选项表示根据当前用户坐标系，确定极轴追踪角度，X 坐标轴的正方向为 0°角，如图 1-10（a）所示；"相对上一段"选项表示根据上一个绘制线段为 0°角计算极轴追踪角度，利用这个功能可以画出相互垂直的倾斜直线，如图 1-10（b）所示。

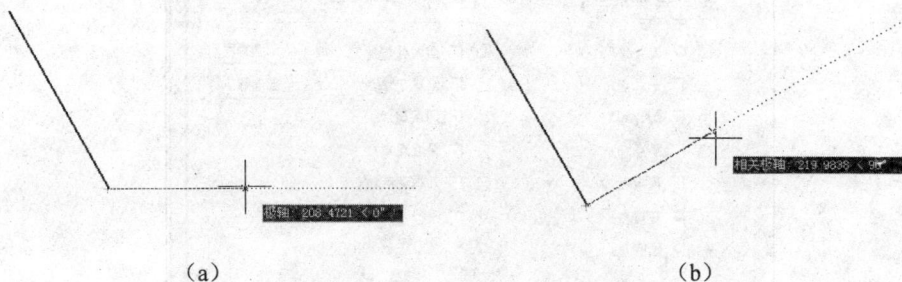

（a）　　　　　　　　　　　　　　　（b）

图 1-10　极轴角测量

（a）绝对；（b）相对上一段

　　在"对象捕捉追踪设置"选项区也有两个选项，其中"仅正交追踪"选项表示当对象追踪打开时，仅显示已有对象捕捉点的正交追踪路径；"用所有极轴角设置追踪"选项表示如果对象追踪打开时，光标沿对象捕捉点的任何极轴角的追踪路径进行追踪。如图 1-11 所示。

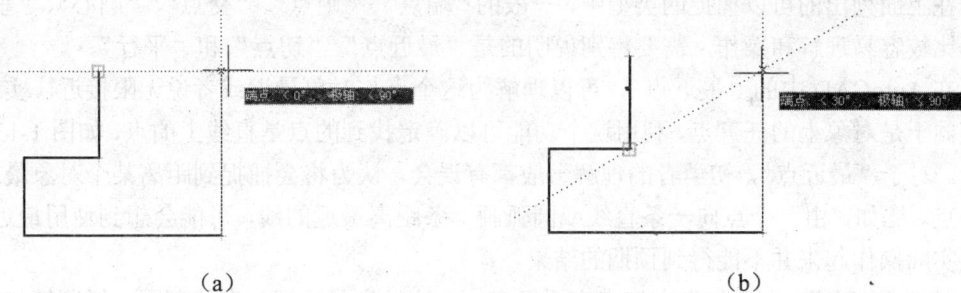

（a）　　　　　　　　　　　　　　　（b）

图 1-11　对象捕捉追踪设置

（a）仅正交追踪；（b）用所有极轴角设置追踪

1.4.2　对象捕捉

　　"对象捕捉"就是系统自动找到图形对象的特征点并显示该点的位置标记。

　　在绘图过程中，有时需要在已绘制的图形对象中找一些特殊的点，如圆或圆弧的圆心，线段的端点、交点、中点、垂足点等，这些点称为图形对象的特征点。使用对象捕捉可以迅速、准确地定位于对象上的特征点。

　　单击状态栏中的"对象捕捉"按钮或者按 F3 键可以打开或关闭对象捕捉功能开关。

　　捕捉对象的设置也是通过"草图设置"对话框来完成的，右击状态栏上"对象捕捉"按钮，从弹出的快捷菜单选择"设置"，AutoCAD 将弹出显示"对象捕捉"标签的"草图设置"对话框，如图 1-12 所示。

在该对话框中有 13 个特征点可设为固定捕捉，可以从中选择一个或多个特征点捕捉形成一个固定对象捕捉模式，如图 1-12 选择了"端点"、"圆心"、"交点"、"延伸" 4 个特征点捕捉为固定对象捕捉模式，选择后单击"确定"按钮即确定设置。

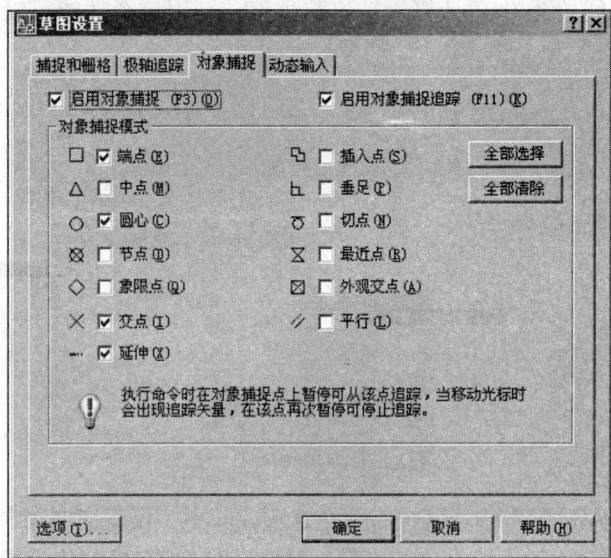

图 1-12　"对象捕捉"设置

在上面列出的可以捕捉的类型中，一般的"端点"、"中点"、"交点"、"圆心"、"垂足"等都比较容易理解和操作，需要特别说明的是"最近点"、"切点"和"平行"。

在 AutoCAD 中的"最近点"，可以理解为这个点与对象最近或者说无限接近，实际上就等同于是对象上的任意点，利用这个功能可以确定找到的点是直线上的点，如图 1-13（a）所示。对于"最近点"，初学者的理解一般都有误会，认为将会捕捉到距离某个对象最近的一个点。比如，由一个点向一条直线或圆弧画一条距离最近的线，可能会想到使用最近点，但是实际操作起来并不能得到预期的结果。

对于"切点"，在几何学中切点应用很多，也比较容易理解。在绘制圆、椭圆等切线的时候，应用"切点"捕捉很简单，因为这时切点为递延切点，可以自动捕捉，如图 1-13（b）所示。

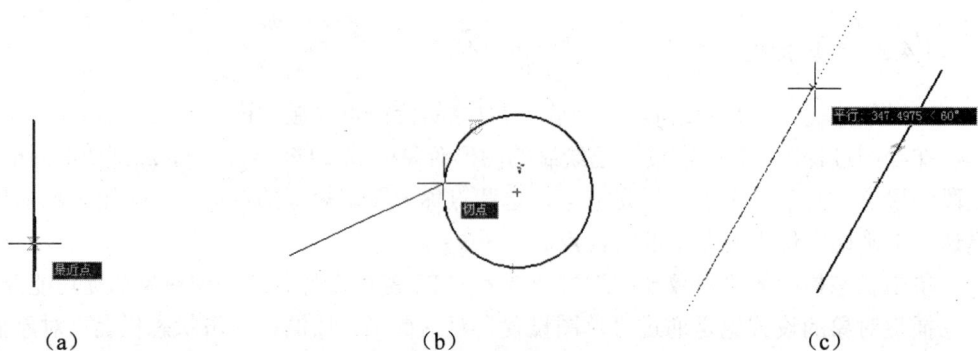

图 1-13　几种"对象捕捉"应用
（a）最近点；（b）切点；（c）平行

　　对于"平行"，一般在绘制平行于某直线对象的直线时会使用到它，但是初学者在应用的时候往往不得要领。正确的方法是，拾取了直线的第一点后，在拾取第二点时选取捕捉平行线，然后将鼠标先在平行的直线对象上晃动但并不单击，直到出现平行线的捕捉标记后，回到与要平行的对象接近平行的位置时，AutoCAD 会弹出一条平行的追踪线，下一点只要落到这条追踪线上就可以成功地绘制出平行线，如图 1-13（c）所示。

　　上述设置的捕捉模式称为固定捕捉模式，用户在绘图时将"草图设置"对话框中需要捕捉的特征点勾选后，只要光标移至图形对象上的对应特征点附近时，AutoCAD 就会自动捕捉到该点并用亮显框标识。此时单击即可选中该点。

1.4.3　对象追踪

　　"对象追踪"是系统自动追踪对齐设定的特征点，即当光标移动到与某个特征点处于水平对齐、垂直对齐、某极轴角对齐等位置时，就会出现一条对齐线，并显示相应的追踪参数。

　　单击状态栏中的"对象追踪"按钮或者按 F11 键可以打开或关闭对象追踪功能开关，但使用"对象追踪"，必须先完成"对象捕捉"设置并打开"对象捕捉"功能开关，如图 1-11所示。

1.4.4　栅格和捕捉

　　"栅格"是标定位置的一个个小点，使用栅格类似于在图形下放置一张设置好的坐标纸。绘图时可以利用栅格对图形位置和大小进行参照。

　　单击状态栏中的"栅格"按钮或者按 F7 键可以打开或关闭栅格显示。打开"栅格"显示，在指定的屏幕区域内就出现栅格点；关闭"栅格"显示，栅格点消失。不管栅格是否显示，图纸都不打印栅格。

　　"捕捉"即捕捉栅格点。打开"捕捉"开关，不管栅格是否显示，光标都将捕捉栅格点。利用栅格捕捉可以对齐图形对象，但是如果在命令行有坐标值或距离值等输入，系统将优先接受键盘命令。

　　单击状态栏中的"捕捉"按钮或按 F9 键，可以打开或关闭捕捉功能，注意打开捕捉时光标会在屏幕上的栅格点间跳动。绘图时，一般情况下"捕捉"是关闭的。

　　将光标放置于状态栏中的"栅格"或"捕捉"按钮上右击，在快捷菜单中单击"设置"选项，则打开"草图设置"对话框，如图 1-14 所示。在其中可以对栅格间距和捕捉间距等选项进行设置。

　　如果缩放视图，在命令行可能提示："栅格过于密集不能显示"。这时如果必须显示栅格点，就需要在"草图设置"对话框中调整栅格间距，例如栅格间距调为 100，就可以显示栅格了。绘图时一般不用显示栅格。

1.4.5　动态输入

　　启用"动态输入"时，工具栏提示将在光标附近显示信息，该信息会随着光标移动而动态更新。当某条命令为活动时，工具栏提示将为用户提供输入的位置。

　　单击状态栏上的"DYN"按钮或按 F12 键来打开和关闭"动态输入"。"动态输入"有三个组件：指针输入、标注输入和动态提示。在"动态"上右击，然后单击"设置"，则打开"动态输入"设置对话框，如图 1-15 所示，以控制启用"动态输入"时每个组件所显示的内容。

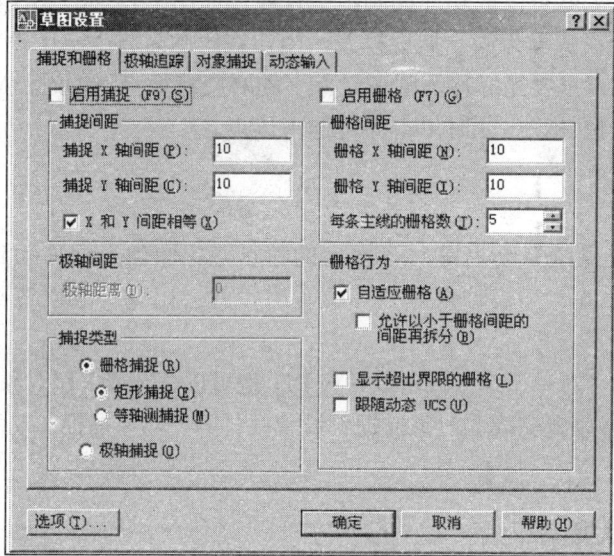

图 1-14　　"捕捉和栅格"设置

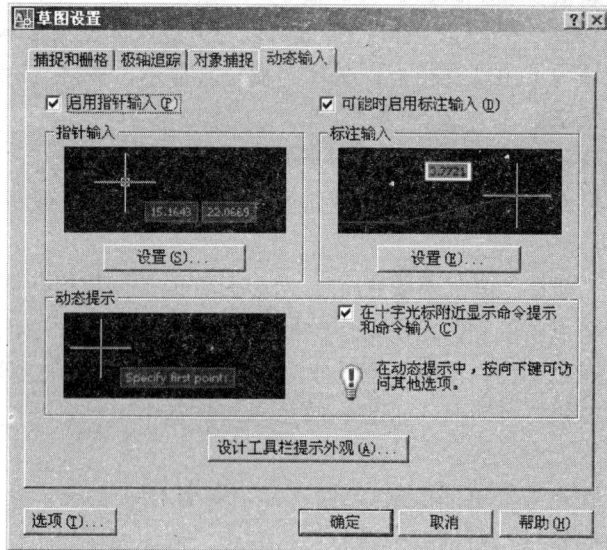

图 1-15　动态输入对话框

　　（1）指针输入：当启用指针输入且有命令在执行时，十字光标的位置将在光标附近的工具栏提示中显示为坐标，如图 1-16 所示。可以在工具栏提示中输入坐标值，而不用在命令行中输入，使用 Tab 键可以在工具栏提示中切换。

图 1-16　指针输入

（2）标注输入：启用标注输入时，当命令提示输入第二点时，绘图界面中将显示距离和角度值，如图 1-17 所示。按 Tab 键可以移动到要更改的值。标注输入可用于绘制直线、多段线、圆、圆弧、椭圆等命令。

对于标注输入，在输入框中输入数值并按 Tab 键后，该输入框将显示一个锁定图标，并且光标会受输入值的约束。

（3）动态提示：启用动态提示时，提示会显示在光标附近的工具栏提示中。用户可以在工具栏提示（而不是在命令行）中输入响应。 按下箭头键可以查看和选择选项，如图 1-18 所示。 按上箭头键可以显示最近的输入。

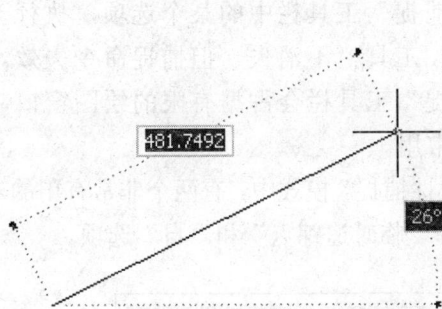

图 1-17　标注输入

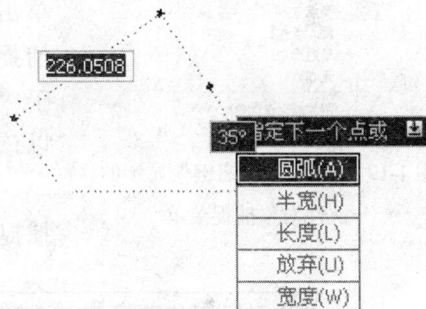

图 1-18　动态提示

1.4.6　DUCS

单击该按钮，可以允许或禁止动态 UCS。使用动态 UCS 功能可以很方便地在一个已存在的三维实体表面上对齐实体表面，而不再需要手工为 UCS 定方向。

1.4.7　注释比例

在 AutoCAD2008 中，文字、尺寸标注等都存在一个默认的注释性样式，名称为"Annotative"，也可以创建注释性样式，当创建注释性样式时，对应的对话框中包含"注释性"复选框，启用该复选框即创建为注释性样式。单击"注释比例"右边的比例选择按钮，在弹出的菜单中选择相应的比例值，即是该注释性样式的比例。

单击状态栏中的"注释可见性"按钮，可以转换注释性对象的显示方式，"显示所有比例的注释性对象"或"仅显示当前比例的注释性对象"。

"注释可见性"按钮右边为"比例更改方式转换"按钮，可以在注释比例改变时，选择"自动将比例添加至注释性对象"还是"手动将比例添加至注释性对象"。手动更改注释比例时，选择"修改"菜单中"注释性对象比例"子菜单中"添加当前比例"命令，然后选择注释性对象以更新至当前比例。

1.5　一 次 性 捕 捉 模 式

临时追踪点 (K)
自 (F)
两点之间的中点 (T)
点过滤器 (T)　　　▶

端点 (P)
中点 (M)
交点 (I)
外观交点 (A)
延长线 (X)

圆心 (C)
象限点 (Q)
切点 (G)

垂足 (P)
平行线 (L)
节点 (D)
插入点 (S)
最近点 (R)
无 (N)

对象捕捉设置 (O)...

图 1-19　按"Shift+右键"显示的
一次性对象捕捉菜单

　　　一次性捕捉即启用某项捕捉命令后，只进行该项捕捉点的显示，在执行一次捕捉选择后该命令自动结束。这种捕捉操作防止了自动捕捉点的干扰。

　　　一次性捕捉命令的调用在操作上有下列两种方法。

　　　（1）按住 Shift 键或 Ctrl 键并右击，将显示对象捕捉快捷菜单，如图 1-19 所示，此时选择捕捉选项，执行一次捕捉后对话框消失，命令失效。

　　　（2）打开"对象捕捉"工具栏，如图 1-20 所示，单击"对象捕捉"工具栏中的某个选项，执行一次捕捉命令后，工具栏不消失，但捕捉命令失效。由于"对象捕捉"工具栏会占据有限的绘图窗口，所以该方法不常用。

　　　在"一次性捕捉"模式中，有两个非常有用的对象捕捉工具，即"临时追踪点"和"自"选项。

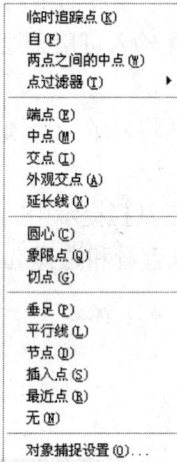

图 1-20　"对象捕捉"工具栏

　　在绘图中，选取"临时追踪点"选项后，可用鼠标指定一点或从键盘输入一点作为对象追踪的临时点，系统会通过该点创建追踪线，并根据这些追踪线确定所需要的点。

　　在绘图中，选取"自"选项后，命令行提示输入基点，并将该点作为临时参照点来计算距离。具体应用将在第 2 章中举例。

1.6　右 键 快 捷 菜 单

　　绘图或编辑图形时，右击都会出现一个菜单，称为快捷菜单，也称右键菜单，如图 1-21 所示。快捷菜单提供对当前操作相关命令的快速访问。使用快捷菜单能够用鼠标单独完成命令的选择输入。

　　当选取不同的操作对象或在不同的操作步骤下右击时，显示的快捷菜单是不同的，一般是提供与该对象有关的常用命令。

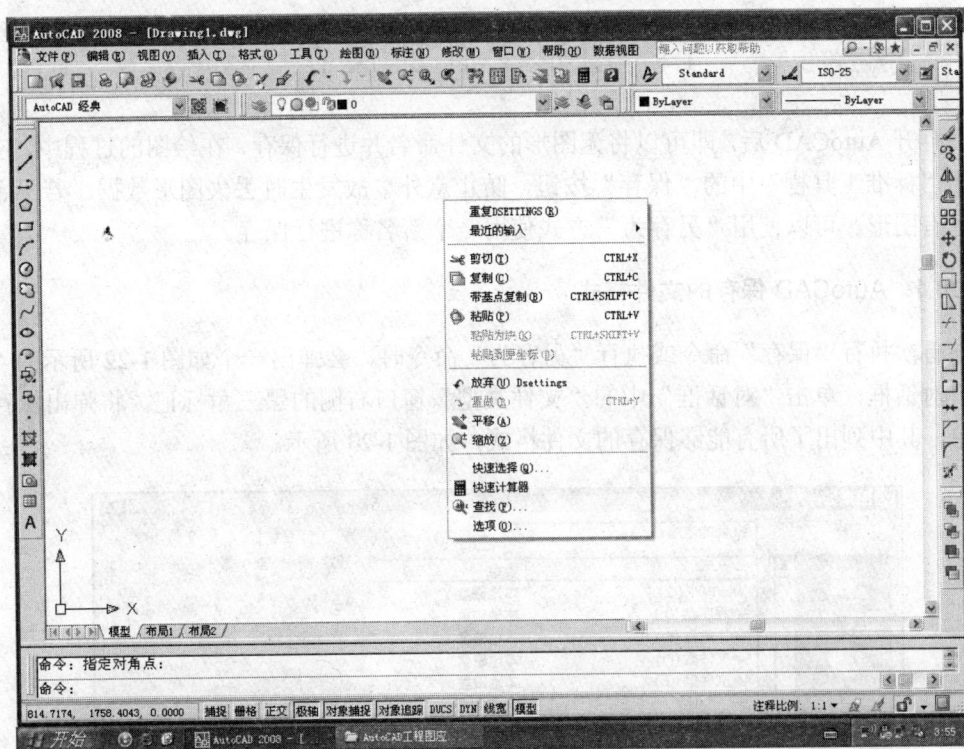

图 1-21　右键快捷菜单

1.7　快捷键与临时替代键

快捷键是指用于启动命令的单个键或组合键。临时替代键是指用于临时打开或关闭绘图辅助工具的单个键或组合键。表 1-1 为系统默认的部分快捷键与临时替代键。

表 1-1　部分快捷键与临时替代键

快捷键	功能	临时替代键	功能
Ctrl+N	创建新图形	F1	显示"帮助"
Ctrl+O	打开现有图形	F2	打开/关闭文本窗口
Ctrl+P	打印当前图形	F3	切换"对象捕捉"
Ctrl+S	保存当前图形	F7	切换"栅格"
Ctrl+V	粘贴剪贴板中的数据	F8	切换"正交"
Ctrl+X	将对象剪切到剪贴板	F9	切换"捕捉"
Ctrl+Y	取消"放弃"动作	F10	切换"极轴追踪"
Ctrl+Z	撤销上一个操作	F11	切换"对象追踪"
Ctrl+[	取消当前命令	F12	切换"动态输入"
Ctrl+\	取消当前命令		

1.8　图形文件的保存

在打开 AutoCAD 后，即可以将无图形的文件命名并进行保存，在绘图的过程中，应经常单击"标准工具栏"中的"保存"按钮，防止意外事故发生时丢失图形数据。若不希望覆盖已有图形，可以使用"另存为"方式使用一个新名称进行保存。

1.8.1　AutoCAD 保存的文件格式

在首次执行"保存"命令或执行"另存为"命令时，会弹出一个如图 1-22 所示的"另存为"对话框，单击"对话框"中的"文件类型"窗口右侧的黑三角标记，将弹出保存格式菜单，其中列出了所有能够保存的文件格式，如图 1-23 所示。

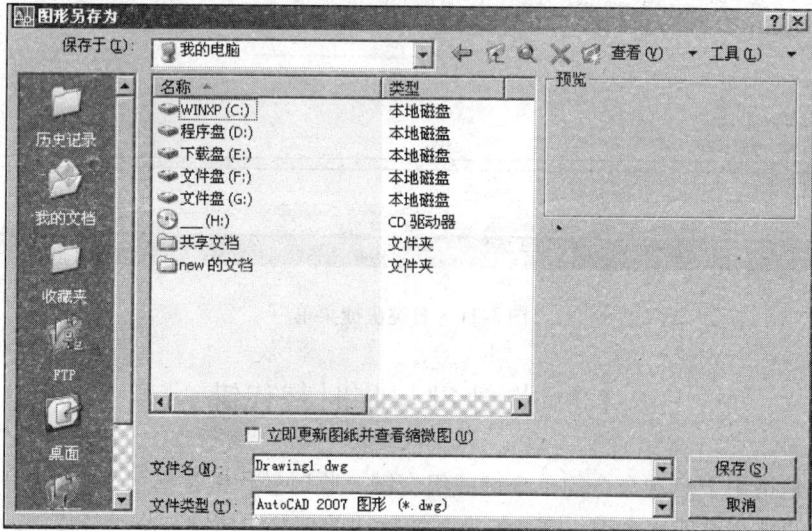

图 1-22　"图形另存为"对话框

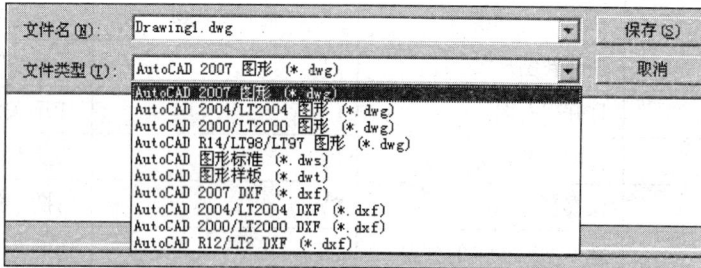

图 1-23　AutoCAD "保存"支持的文件格式

1.8.2　AutoCAD 的 BAK 备份文件

当用户第二次保存修改的图形文件时，会自动生成一个与该图形文件名称相同、扩展名为.bak 的文件，这就是备份文件，备份文件的内容为上一次保存的文件内容，以后每一次更新保存图形文件，备份文件也随之更新。备份文件与图形文件位于同一个文件夹中，当需要使用备份文件时，将.bak 文件重命名为带有.dwg 扩展名的文件，即可恢复为图形格式文件直接打开。

1.9　思考与练习

1.9.1　选择题

（1）CAD 的英文全称是_____。

　　（A）Computer Aided Drawing　　　　（B）Computer Aided Plan

　　（C）Computer Aided Graphics　　　　（D）Computer Aided Design

（2）以下哪一项不符合安装和使用 AutoCAD 所需要的硬件或软件配置_____。

　　（A）具有 Service Pack 1 的 IE 6.0　　　（B）Pentium Ⅳ、800MHz 的 CPU

　　（C）64MB 内存、128MB 硬盘　　　　（D）Windows NT 4.0 操作系统

（3）菜单项后面有省略号"…"意味着_____。

　　（A）以命令行的形式执行菜单项对应的命令

　　（B）将有下一级菜单项

　　（C）菜单项不可用

　　（D）单击菜单项将出现对话框

（4）关于状态栏说法下面错误的是_____。

　　（A）状态栏右侧有"通讯中心"和"工具栏/窗口锁定"工具

　　（B）状态栏会显示光标坐标信息

　　（C）可以通过状态栏右侧"状态行菜单"控制功能按钮的增删

　　（D）状态栏中的功能按钮是不可以增删的

（5）在 AutoCAD 中，用于"打开/关闭"正交方式的功能键是_____。

　　（A）F6　　　　（B）F4　　　　（C）F1　　　　（D）F8

（6）在 AutoCAD 中，组合键 Ctrl+B 是切换_____的开关。

　　（A）捕捉　　　（B）对象捕捉　　　（C）栅格　　　（D）正交

（7）对象捕捉模式中，共有_____个捕捉方式选项。

　　（A）6　　　　（B）8　　　　（C）13　　　　（D）14

（8）对"极轴追踪"进行设置，把增量角设为 50，把附加角设为 25，采用极轴追踪时，不会显示极轴对齐的是_____。

　　（A）25　　　（B）50　　　（C）75　　　（D）100

（9）在 AutoCAD 中，缺省的 GriD（栅格）设置是_____个图形单位。

　　（A）1　　　　（B）10　　　　（C）20　　　　（D）0

（10）弹出"对象捕捉"快捷菜单的正确方法是_____。

　　（A）Ctrl+右键　　（B）Ctrl+Alt　　　（C）Spacebar　　　（D）Ctrl+Shift

（11）若单击了"全屏幕"图标后，_____不会显示在绘图界面中。

　　　　（A）状态栏　　　　　（B）工具栏　　　　　　（C）命令栏　　　　　　（D）菜单栏

（12）AutoCAD 软件默认的图形保存格式是_____。

　　　　（A）*.dwg　　　　　（B）*.dwt　　　　　　（C）*.bak　　　　　　（D）*.dxf

（13）使用快捷键"保存当前图形"的方法是_____。

　　　　（A）按 Ctrl+S 键　　　　　　　　　　（B）按 Ctrl+V 键

　　　　（C）按 Ctrl+X 键　　　　　　　　　　（D）按 Ctrl+P 键

（14）在使用 BAK 文件时，下列_____说法是错误的？

　　　　（A）AutoCAD 图形在第二次保存后才生成 BAK 文件

　　　　（B）BAK 文件不可以使用 AutoCAD 直接打开

　　　　（C）每次 AutoCAD 文件保存都会自动更新已有的 BAK 文件

　　　　（D）每次 AutoCAD 文件保存都会另存一个新的 BAK 文件

1.9.2　思考题

（1）AutoCAD 的工作界面主要由哪几部分组成？

（2）AutoCAD 中工具栏是固定不变的吗？

（3）AutoCAD 的状态栏包含什么内容？

（4）AutoCAD 的默认保存图形文件格式是什么后缀名？保存和另存为有什么区别？

（5）AutoCAD 的样板图形文件格式是什么后缀名？

（6）使用什么按键可以在动态输入的提示框之间切换？

第2章 直线段图形绘制

2.1 图形对象的选择与删除

2.1.1 图形对象的选择

图形中的直线、圆弧、文字、图表、图块、图组等在 CAD 软件中称为图形对象。图形对象选择，就是根据作图的需要在图形中，确定要操作的实体对象。已选择的图形对象的集合称为选择集。

在 AutoCAD 中，系统默认使用的有以下三种选择方式：用鼠标逐个点取对象；用完全窗口选取对象；用交叉窗口选取对象。

2.1.1.1 用鼠标逐个点取对象

该方式一次只能点取一个实体对象（包括块对象）。当命令区出现"选择对象"提示时，直接移动鼠标，让对象拾取框移到所选择的实体上并单击，该实体即被选择。如果选择之前有编辑命令，该实体变成虚像显示即被选中。如果选择之前没有编辑命令，该实体的编辑点呈现蓝色亮显即被选中。

2.1.1.2 用完全窗口选取对象

所谓"窗口"，就是用鼠标指定两个角点构成的矩形框。完全窗口选取对象方式是指完全包含在窗口内的实体都被选中。

在操作时，先给出窗口左边的角点，再给出窗口右边的角点，即用鼠标从左向右拉出窗口，完全处于窗口内的实体即被选中。

2.1.1.3 用交叉窗口选取对象

交叉窗口选择方式即凡是部分或完全在窗口内的所有实体都会被选中。

操作时，先给出窗口右边的角点，再给出窗口左边的角点，即用鼠标从右向左拉出选择窗口，完全和部分处于窗口内的所有实体都会被选中。

2.1.2 图形对象的删除

AutoCAD 中删除图形对象的常用方法有下面几种。

（1）单击"修改"工具栏中"删除"按钮，选中将要删除的图形对象后右击，即可将其删除。也可以先选中图形对象，再单击"修改"工具栏中"删除"按钮，图形对象马上删除。

（2）先选中图形对象，再按键盘上的 Delete 键，即可将选中的图形对象删除。

（3）先选中图形对象，再右击，然后在快捷菜单中单击"删除"，即可将选中的图形对象删除。

2.2 "直线"命令的基本操作

2.2.1 启用"直线"命令的几种方法

为了灵活运用鼠标与键盘进行命令输入，达到快速作图的目的，AutoCAD 设计了下列 5 种启用"直线"命令的方法。在绘图中可以根据命令特点和自己的习惯选择启用命令的方法。

（1）单击"绘图"工具栏中的"✏"命令图标，可以启用直线命令。这是最常用的一种命令启用方法，它比较方便和快速地启用命令。

（2）单击"绘图"菜单，在菜单列表中点击"直线"，即可启用直线命令。

（3）在命令区输入 line 或 l，按回车键启用直线命令。

（4）单击"工具选项板"中"命令工具"选项中的"直线"命令，也可启用直线命令。

（5）如果上一次命令是"直线"命令，这时按回车键、空格键或右击可以启用刚执行过的直线命令。这种功能能够加快命令的操作速度，对于多个同心圆或多个不连续的直线段等输入非常方便。

2.2.2 终止"直线"命令的方法

终止直线命令的方式有下列几种，在绘图中可根据习惯应用终止命令。

（1）执行命令中，按回车键或空格键或 Esc 复位键，都可终止"直线"命令。

（2）执行命令中，右击直接终止直线命令或右击后出现快捷菜单再单击"确定"终止直线命令。

2.2.3 绘制直线的操作步骤

启用命令后，绘制直线的基本操作方法是依次给定直线两端点的位置，相连的直线可连续操作。

绘制直线的操作步骤如下：

（1）启用"直线"命令。

命令行提示：指定第一点：

（2）指定起点。可以使用定点设备，也可以在命令行上输入坐标值。

命令行提示：指定下一点或[放弃（U）]:

（3）指定端点以完成第一条线段。如放弃前面绘制的线段，输入 u 后按回车键或者右击选择快捷菜单中的"放弃"。

（4）指定下一条线段的端点。

（5）按 Enter 键结束或按 C 键闭合一系列线段。

2.3 绘制直线段的几种方法

2.3.1 直接给距离法

将"极轴"按钮打开，利用极轴追踪功能，移动鼠标指定直线的方向后，从键盘输入要绘制直线段的长度，按回车键确认，此方法称为直接给距离法。如图 2-1 所示图形用直接给距离法绘制较为方便。

【例 2.1】　根据所注尺寸，用"直接给距离法"绘制图 2-1 所示平面图形。

绘图步骤：

（1）打开状态栏中的"极轴"、"对象捕捉"、"对象追踪"按钮开关。

（2）启用"直线"命令，用鼠标指定一点作为 40 线段的上端点。

（3）用鼠标指引绘制直线的方向竖直向下，输入距离 40，按回车键；然后用鼠标指引水平方向，输入 80，按回车键；再用同样的办法绘出 70、30 直线段。

图 2-1　直接给距离法图例 1

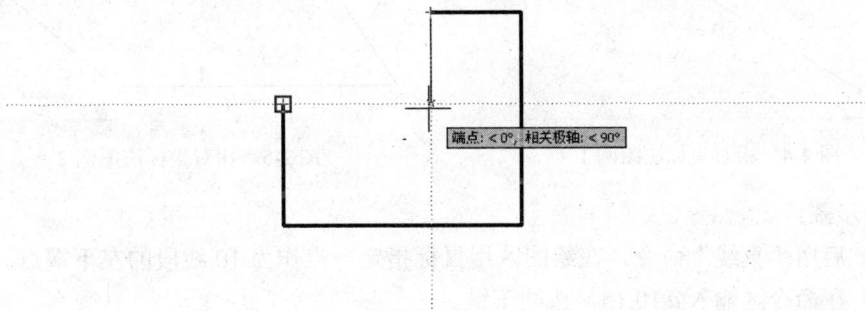

（4）用鼠标在竖直方向上捕捉 40 直线段的上端点并追踪对齐点后左键点击，如图 2-2 所示。绘出 30 左端的竖直线。

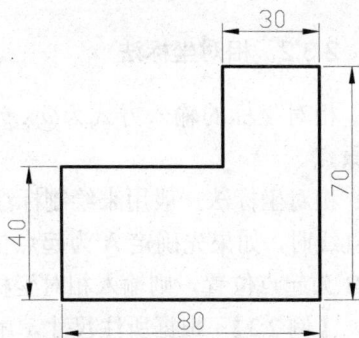

图 2-2　端点追踪

（5）输入字符 C，按回车键，直线段与起点闭合，"直线"命令自动结束。

【例 2.2】　根据所注尺寸，用"直接给距离法"绘制图 2-3 所示平面图形。

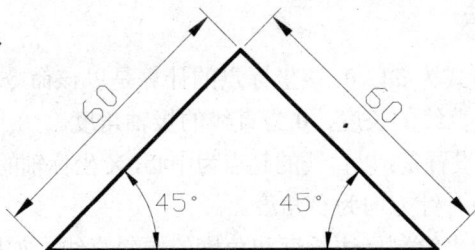

图 2-3　直接给距离法图例 2

绘图步骤：

（1）打开状态栏中的"极轴"、"对象捕捉"、"对象追踪"按钮开关。将极轴"增量角"设为 45°。

（2）启用"直线"命令，在绘图区用鼠标指定一点作为左边 60 线段的下端点。

（3）用鼠标指引绘制直线为 45°角方向，输入距离 60，按回车键；然后用鼠标指引直线为 315°方向，输入 60，按回车键。

（4）输入字符 C，按回车键，直线段与起点闭合，"直线"命令自动结束。

2.3.2　相对坐标法

相对坐标的输入方式为@x,y，表示该坐标点是以该命令执行后的前一个输入点为坐标原点。

相对坐标法一般用来绘制标注水平和竖直尺寸的倾斜直线，在绘制如图 2-4 所示的倾斜直线时，如果先确定 A 为起点位置，则输入相对坐标值@100，60，然后回车；如果先确定 B 为起点位置，则输入相对坐标值@-100，-60，然后回车。

【例 2.3】　根据所注尺寸，用相对坐标法绘制图 2-5 所示平面图形。

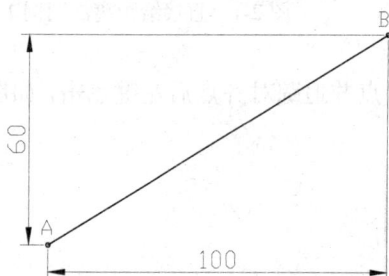

图 2-4　相对坐标法图例 1　　　　　图 2-5　相对坐标法图例 2

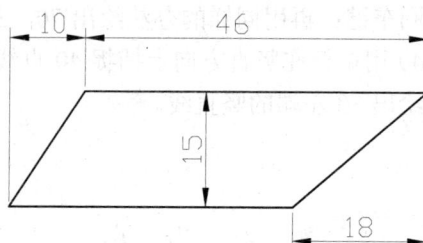

绘图步骤：

（1）启用"直线"命令，在绘图区用鼠标指定一点作为 10 线段的左下端点。

（2）在命令区输入@10,15，按回车键。

（3）再输入@46,0，按回车键。

（4）再输入@-18,-15，按回车键。

（5）输入字符 C，按回车键，直线段与起点闭合，"直线"命令自动结束。

2.3.3　相对极坐标法

相对极坐标的输入方式为@L<θ，该坐标点的计算是以该命令执行后的前一个输入点为极坐标原点。其中，L 为直线的长度，θ 为直线的极轴角度。

系统对极轴角的默认设置是：以直线的起点为中心，X 坐标轴的正向水平线为基准（0°），逆时针方向为正角度，顺时针方向为负角度。

相对极坐标法一般用来绘制标注长度和角度的倾斜直线，如图 2-6 所示。在绘制该直线时，如果先确定 A 点为直线起点，则输入相对极坐标值@120<31，然后回车；如果先确定 B 点为直线起点，则输入相对极坐标值@120<211，然后回车。

【例 2.4】　根据所注尺寸，用相对极坐标法绘制图 2-7 所示平面图形。

绘图步骤：

（1）启用"直线"命令，以 50 线段的左下端点为画图起点。

（2）在命令区输入@50<38，按回车键。

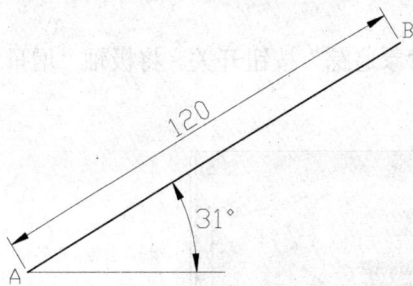

图 2-6　相对极坐标法图例 1　　　　　图 2-7　相对极坐标法图例 2

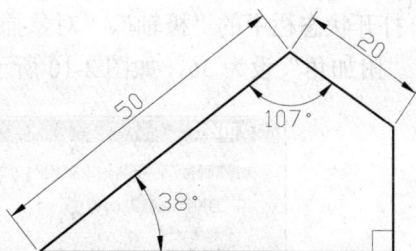

（3）再输入@20<325 或输入@20<-35，按回车键。

（4）用鼠标在竖直方向上捕捉 50 直线段的左下端点并追踪对齐点后单击，如图 2-8 所示。绘出 30 下的竖直线。

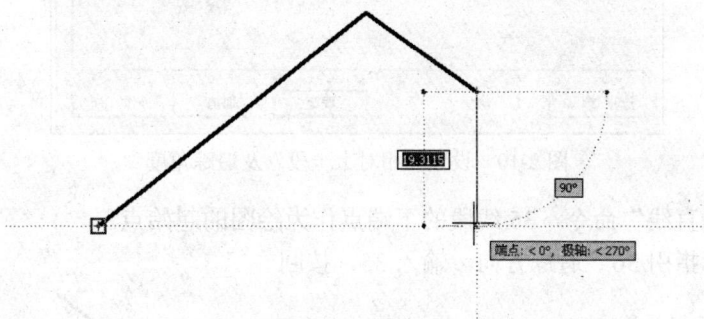

图 2-8　极轴和端点追踪

（5）输入字符 C，按回车键，直线段与起点闭合，"直线"命令自动结束。

2.3.4　"相对上一段"追踪法

采用极轴设置中的"相对上一段"选项功能来绘制直线段的方法，称为"相对上一段"追踪法。此种方法主要用来绘制相互间有角度的直线段图形。下面举例说明"相对上一段"追踪法在绘图中的应用。

【例 2.5】　根据所注尺寸，用"相对上一段"追踪法绘制图 2-9 所示平面图形。

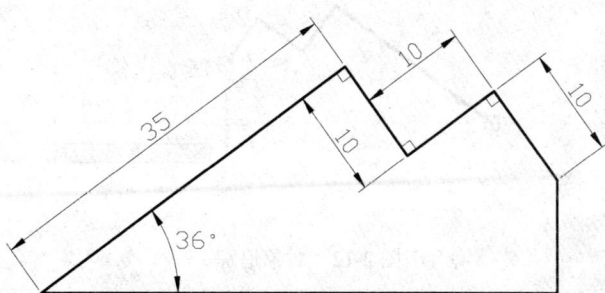

图 2-9　"相对上一段"追踪法图例

绘图步骤：

（1）打开状态栏中的"极轴 •"、"对象捕捉"、"对象追踪"按钮开关。将极轴"增量角"设为 90，"附加角"设为 36，如图 2-10 所示。

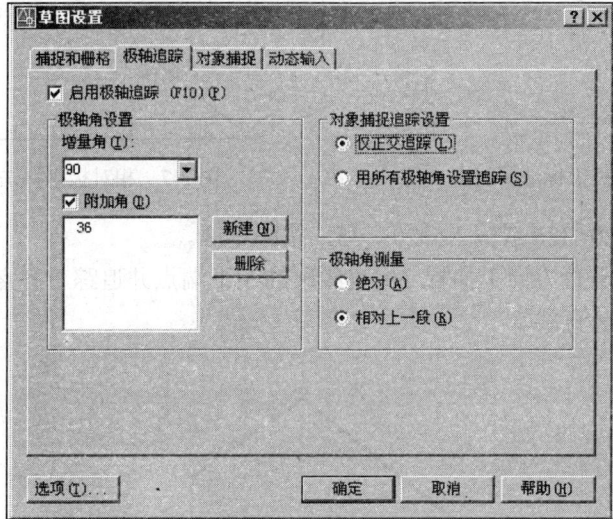

图 2-10　设置"相对上一段"及追踪角度

（2）启用"直线"命令，35 线段的下端点作为绘图的起始点。

（3）用鼠标指引 36°追踪方向，输入 35，按回车键。

（4）用鼠标指引相对 270°追踪方向，如图 2-11 所示，然后输入 10，按回车键。

（5）再用鼠标指引相对角度 90°追踪方向，然后输入 10，按回车键。

（6）再用鼠标指引相对角度 270°追踪方向，然后输入 10，按回车键。

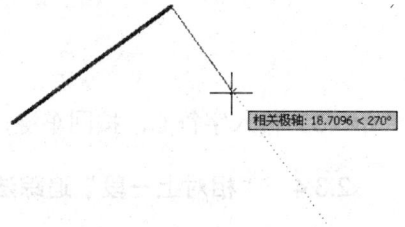

图 2-11　"相对上一段"极轴追踪

（7）鼠标指引竖直向下找到与起点水平追踪线的交叉点，如图 2-12 所示，然后单击。

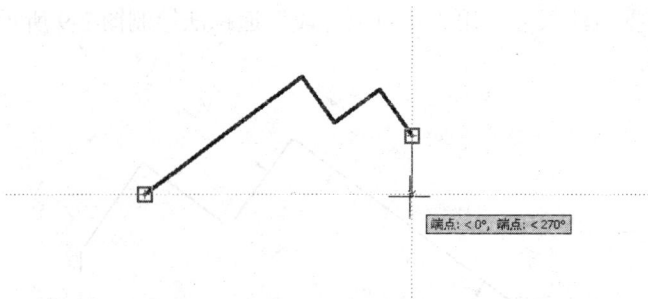

图 2-12　对象追踪

（8）输入字符 C，按回车键，直线段与起点闭合，"直线"命令自动结束。

2.3.5 "临时追踪点"追踪法

如图 2-13 所示标注角度和垂直线性距离的倾斜直线,可借助于"临时追踪点"功能确定直线端点位置,这种绘制倾斜直线段的方法称为"临时追踪点"追踪法。

在绘图的过程中,按住 Shift 键,再右击,弹出临时追踪快捷菜单,最上的一个命令就是"临时追踪点"命令,如图 2-14 所示。下面举例说明该命令的应用。

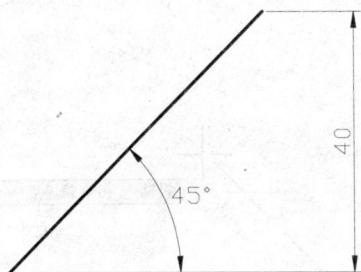

图 2-13 "临时追踪点"追踪法应用图例   图 2-14 临时追踪快捷菜单

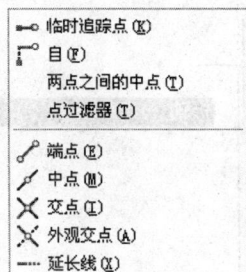

【例 2.6】 根据所注尺寸,用"临时追踪点"命令绘制图 2-15 所示平面图形。

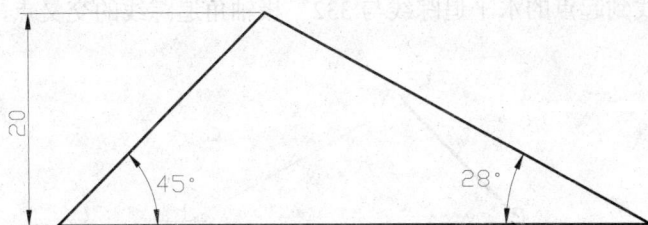

图 2-15 临时追踪法作图图例

绘图步骤:

(1)打开状态栏中的"极轴"、"对象捕捉"、"对象追踪"按钮开关。将极轴"增量角"设为 45,"附加角"设为 332,如图 2-16 所示。

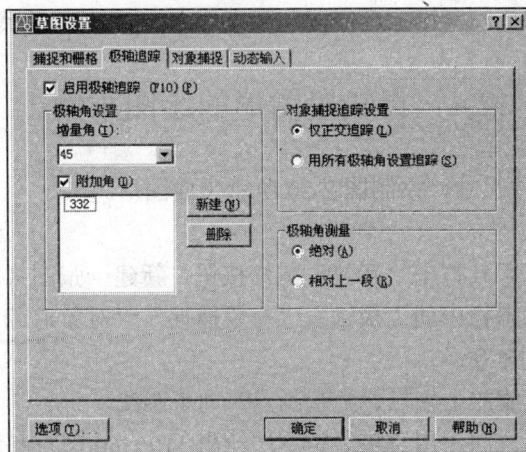

图 2-16 "增量角"和"附加角"设置

（2）启用"直线"命令，在绘图区用鼠标指定一点作为 45° 的顶点。

（3）按键盘上的 Shift 键，同时右击，在弹出的快捷菜单中点取"临时追踪点"选项，然后用鼠标从起点竖直向上指引方向，如图 2-17 所示，从命令区输入 20，按回车键。则屏幕出现临时追踪点的十字标记，直接将鼠标沿 45° 极轴线上移，当与临时追踪点高度齐平时，自动出现临时追踪点的水平追踪线，如图 2-18 所示，然后单击。

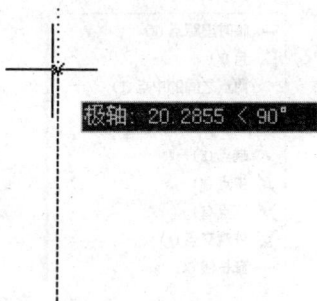

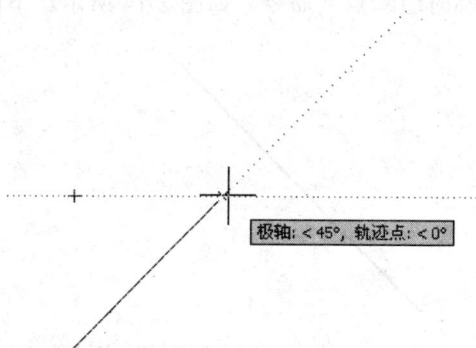

图 2-17　光标位置　　　　　　　　　　图 2-18　临时追踪点的应用

（4）用鼠标找到起点的水平追踪线与 332° 极轴角追踪线的交叉点，如图 2-19 所示，然后单击。

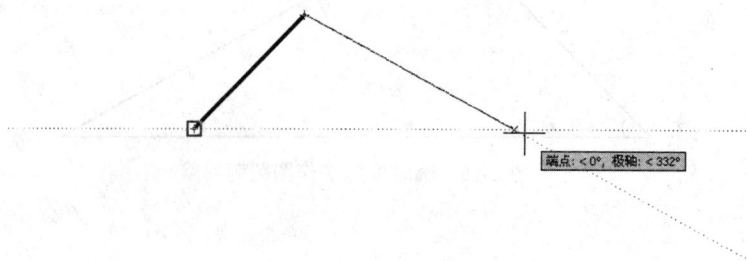

图 2-19　端点追踪与附加角极轴追踪

（5）输入字符 C，按回车键，直线段与起点闭合，"直线"命令自动结束。

2.4　直线段图形的绘图举例

【例 2.7】　根据所注尺寸，绘制图 2-20 所示平面图形。

绘图步骤：

（1）单击"标准"工具栏中"新建"图标按钮，新建一张图（默认图幅为 A3）。

（2）确认已打开状态栏中的"极轴"、"对象捕捉"、"对象追踪"按钮。

（3）启用"直线"命令。

（4）将图中 110 直线的上端点作为起画点，向下画线。

（5）拖动鼠标指引方向，用直接给距离法绘出 110、60 竖直和水平线段。

（6）从命令区输入@30,30，按回车键。

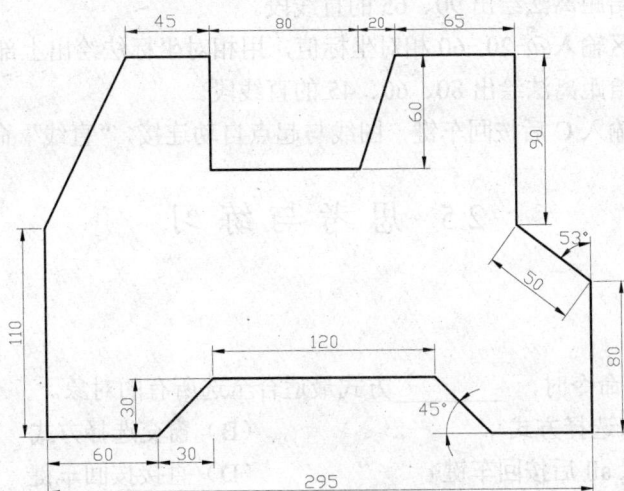

图 2-20　直线段绘图应用图例

（7）用鼠标指引追踪水平方向，输入 120，按回车键。

（8）将极轴增量角设置为 45，追踪对齐左边端点，绘制 135°的倾斜直线。如图 2-21 所示。

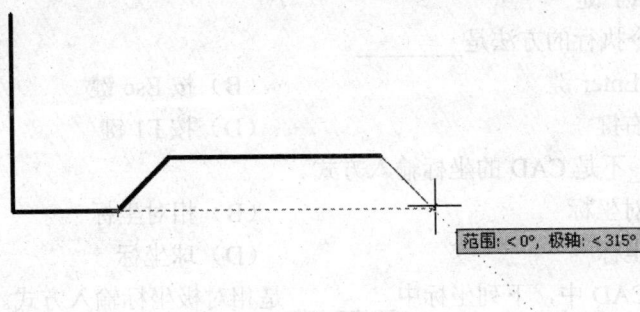

图 2-21　对象追踪和极轴追踪

（9）将鼠标放置于 110 线段的下端点上约 1s，然后向右水平移动鼠标，则出现追踪线，如图 2-22 所示，这时，输入 295，画出底端最右的一段直线。

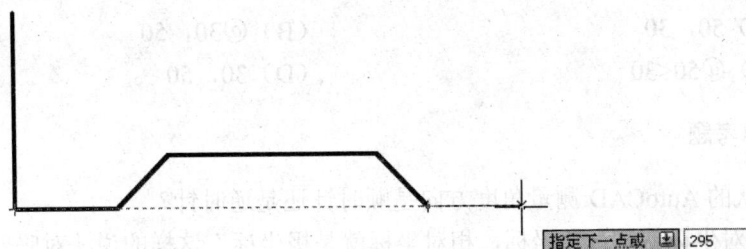

图 2-22　临时追踪点追踪

（10）用直接给距离法绘出 80 竖直线段。

（11）从命令区输入@50<143 极坐标值，用相对极坐标法绘出 50 的倾斜直线。

（12）用直接给距离法绘出 90、65 的直线段。

（13）从命令区输入@-20,-60 相对坐标值，用相对坐标法绘出上部的倾斜直线段。

（14）用直接给距离法绘出 80、60、45 的直线段。

（15）从键盘输入 C 后按回车键，图线与起点自动连接，"直线"命令结束。

2.5　思　考　与　练　习

2.5.1　选择题

（1）执行删除命令时，_____方式最适合全选所有的对象。

    （A）窗口选择方式　　　　　　　　（B）窗交选择方式

    （C）输入 all 后按回车键　　　　　　（D）直接按回车键

（2）重新执行上一个命令的最快方法是_____。

    （A）按 Enter 键

    （B）右击，在快捷菜单中选择重复上一个命令

    （C）按 Esc 键

    （D）按 F1 键

（3）取消命令执行的方法是_____。

    （A）按 Enter 键　　　　　　　　（B）按 Esc 键

    （C）按右键　　　　　　　　　　（D）按 F1 键

（4）_____不是 CAD 的坐标输入方式。

    （A）绝对坐标　　　　　　　　　（B）相对坐标

    （C）极坐标　　　　　　　　　　（D）球坐标

（5）在 AutoCAD 中，下列坐标中_____是相对极坐标输入方式。

    （A）@32，18　　　　　　　　　（B）@32<18

    （C）32，18　　　　　　　　　　（D）32<18

（6）如果从起点为(5,5)，要画出与 X 轴正方向成 30°夹角，长度为 50 的直线段应输入_____。

    （A）50，30　　　　　　　　　　（B）@30，50

    （C）@50<30　　　　　　　　　　（D）30，50

2.5.2　思考题

（1）默认的 AutoCAD 测量角度方向是顺时针还是逆时针？

（2）"绝对坐标就是直角坐标，相对坐标就是极坐标"这样的说法对吗？

（3）哪种坐标输入法需要用@符号？

（4）绘制直线时，直接距离输入配合 AutoCAD 的什么功能使用更方便？

（5）使用动态输入必须依靠命令行吗？

（6）使用动态输入功能绘制什么样的直线较方便？

（7）窗口方式和窗交方式构造选择集的区别是什么？直接从右向左选择构造选择集是窗口还是窗交？

2.5.3　上机练习与指导

【练习 2.1】　根据所注尺寸，绘制图 2-23 所示平面图形，命名为"练习 2.1"并保存。

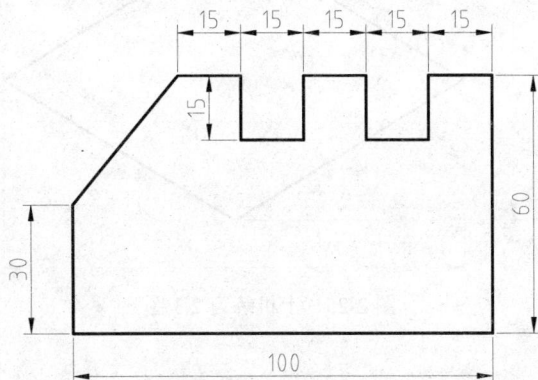

图 2-23　上机练习 2.1 图

绘图指导：

本图形可用下述两种方法来绘制。

（1）直接距离输入法。按下"状态栏"中的"极轴"按钮，以 30 长度的竖直直线的上端为起点，用鼠标指引直线的方向，从键盘输入线段的长度尺寸。

（2）相对坐标输入法。以 30 长度的竖直直线的上端为起点，输入每一段直线的相对坐标值，依次画出各段线。绘图步骤如下：

1）单击确定起点位置。

2）输入@0,-30，按回车键。

3）依次输入下列相对坐标值并按回车键："@100,0"；"@0,60"；"@-15,0"；"@0,-15"；"@-15,0"；"@0,15"；"@-15,0"；"@0,-15"；"@-15,0"；"@0,15"；"@-15,0"。

4）输入字符 C，按回车键。

【练习 2.2】　根据所注尺寸，绘制图 2-24 所示平面图形。命名为"练习 2.2"并保存。

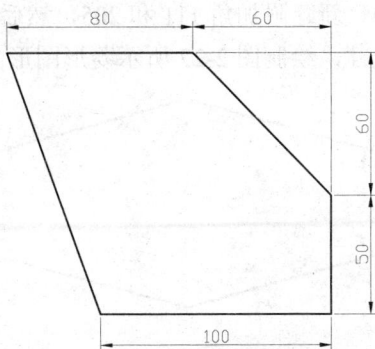

图 2-24 上机练习 2.2 图

绘图指导：

用相对坐标法绘制该图形较为简单。

【练习 2.3】 根据所注尺寸，绘制图 2-25 所示菱形图形。

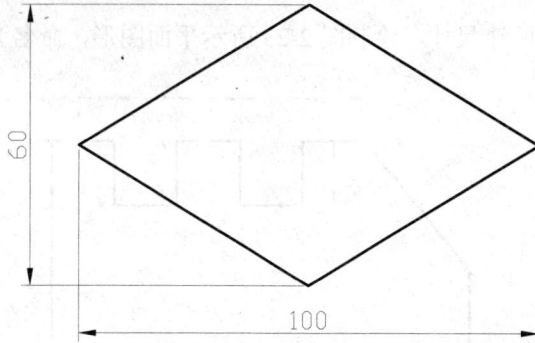

图 2-25   上机练习 2.3 图

绘图指导：

用相对坐标法绘图比较方便，从左下线段开始画图，四段线端点的相对坐标输入值分别为@50,-30、@50,30、@-50,30、@-50,-30。

【练习 2.4】 根据所注尺寸，绘制图 2-26 所示平面图形。命名为"练习 2.4"并保存。

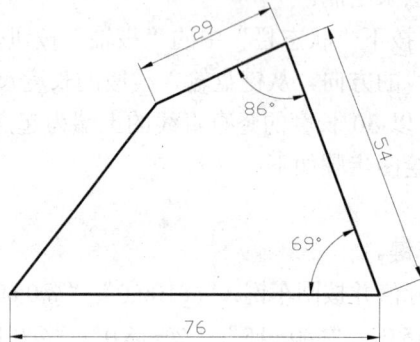

图 2-26   上机练习 2.4 图

绘图指导：

在极轴追踪设置对话框中，新建附加角 111 和 205，然后用直接给距离法绘制各线段。

【练习 2.5】 根据所注尺寸，绘制图 2-27 所示菱形图形。

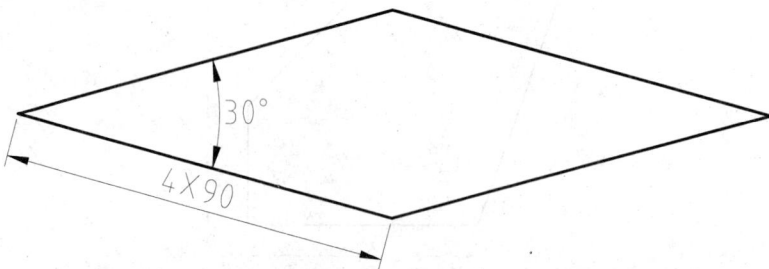

图 2-27   上机练习 2.5 图

绘图指导：

用直接给距离法绘图较方便，先设置极轴增量角为 15，用鼠标追踪方向输入距离 90。

【练习 2.6】 根据所注尺寸，绘制图 2-28 所示平面图形。

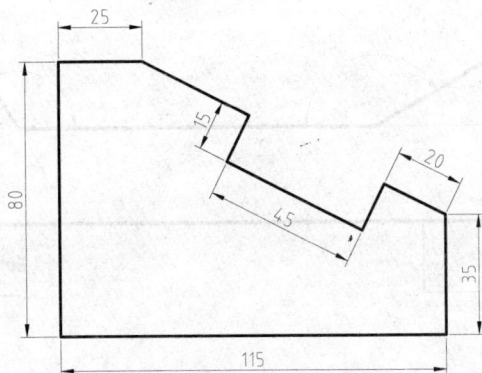

图 2-28 上机练习 2.6 图

绘图指导：

用相对上一段追踪法绘制 45、15 等相对垂直的线段。

【练习 2.7】 根据所注尺寸，绘制图 2-29 所示平面对称图形，可不画对称线。

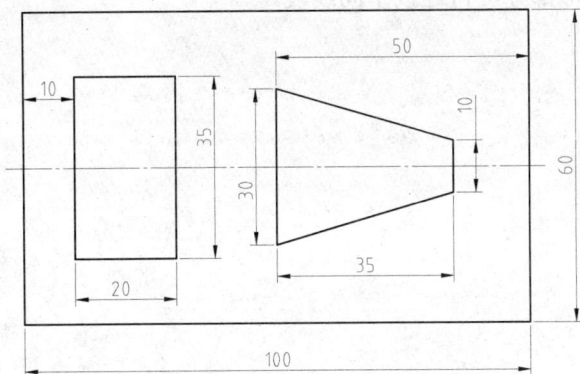

图 2-29 上机练习 2.7 图

绘图指导：

此图作图方法较多，从直线练习的角度考虑，对称图形从对称线为起点作图较方便。

绘图步骤：

（1）启用直线命令，以左下角点为绘图的起始点，绘出 100×60 的矩形。

（2）启用直线命令，追踪左边竖直线的中点，输入 10 后，按回车键，确定 20×35 矩形线框的中点为起点，绘出 20×35 的矩形。

（3）启用直线命令，追踪右边竖直线的中点，输入 50 后，按回车键，确定 30 直线段的中点为起点，绘出 30 的直线段。

（4）启用直线命令，追踪 30 竖直线的中点，输入 35 后，按回车键，确定 10 线段的中点为起点，绘出 10 的直线段。

（5）连接梯形中的倾斜线段。

【练习 2.8】　根据所注尺寸，绘制图 2-30 所示平面图形。

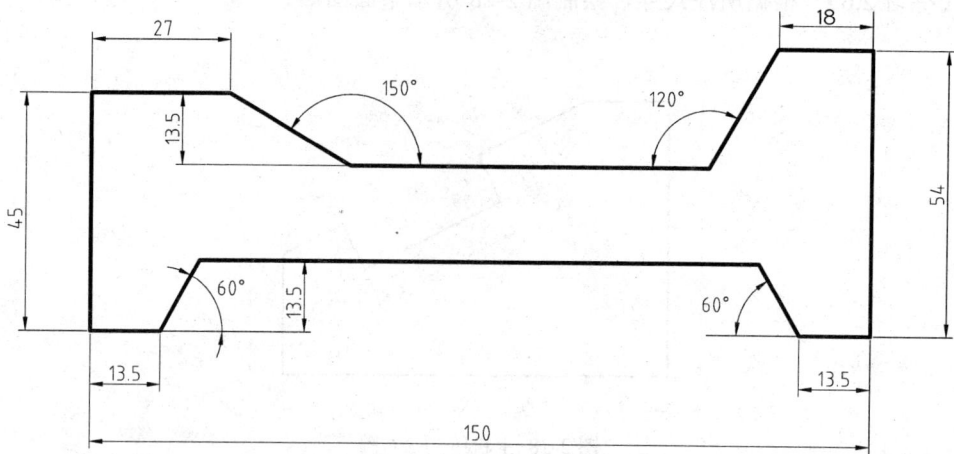

图 2-30　上机练习 2.8 图

绘图指导：

将"极轴"的"增量角"设置为 30，应用"临时追踪点"追踪法绘制各角度线，绘图时先画左右两边的图形部分，再连接中间线段。

第3章 绘图设置与视图缩放

3.1 图层的设置

3.1.1 图层的概念

图层是一个管理图形对象的重要工具，可以利用图层对不同种类的图形对象进行归类管理。一般情况下，同一个图层上的图形对象具有相同的颜色、线型、线宽。在绘图中可以设置多个图层，将种类相同的图形对象绘制在同一个图层上，从而实现对图形对象的统一管理。例如，可以将粗实线、细实线、虚线、点划线、文字、标注和标题栏等置于各自的图层上。

图层的主要作用有：

（1）通过图层能够整体控制和修改对象基本特性。

（2）通过关闭图层，能够降低图形的复杂程度，使之变得清晰而易于选择编辑。也能够有选择地复制、打印各图层上的图形。

（3）通过冻结图层，可以减少计算机的运算量，加快显示速度。

3.1.2 "图层"工具栏

"图层"工具栏在默认界面下固定显示在绘图区的左上角，其形式和图标名称如图 3-1 所示。利用"图层"工具栏可以方便地设置和管理图层，包括转换当前图层、关闭、冻结和锁定图层等操作。

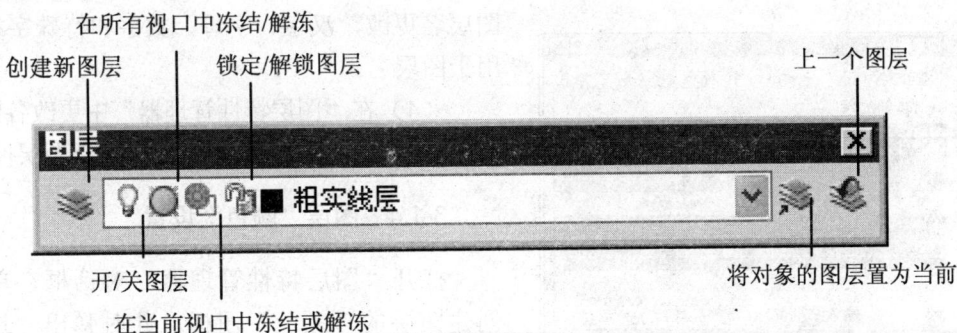

图 3-1 "图层"工具栏

3.1.3 创建新图层

绘图前一般要预先创建几个基本线型的新图层，在绘图过程中根据需要可以随时再添加新图层。

单击"图层"工具栏中的"创建新图层"命令图标，弹出"图层特性管理器"对话窗，如图 3-2 所示。在该对话框中可创建新图层。

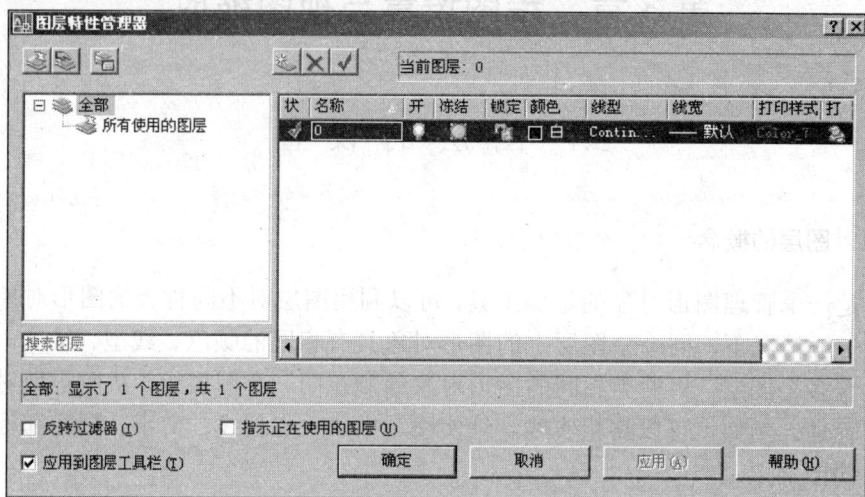

图 3-2　图层特性管理器

创建新图层的步骤如下：

（1）AutoCAD 默认一个名为"0"的基本图层，打开"图层特性管理器"对话框则显示"0"图层。"0"图层默认设置为：颜色为白色，线型为 Continuous（实线），线宽为系统默认值（系统默认值为 0.25mm，可以更改这个系统默认值）。"0"图层不能被删除，但可以对其特性进行重新设置。

（2）在"图层特性管理器"对话框中单击"新建图层"图标按钮，AutoCAD 会创建一个名称为"图层 1"的图层。连续单击"新建"按钮，则依次创建名称为"图层 2"、"图层 3"、…的图层，它们会自动继承前一图层的特性。

（3）改变图层名。要改变图层名，可以直接单击图层名，在亮显的图层名上输入新的图层名更改，汉字、字母、数字和特殊字符均可用于图层名。

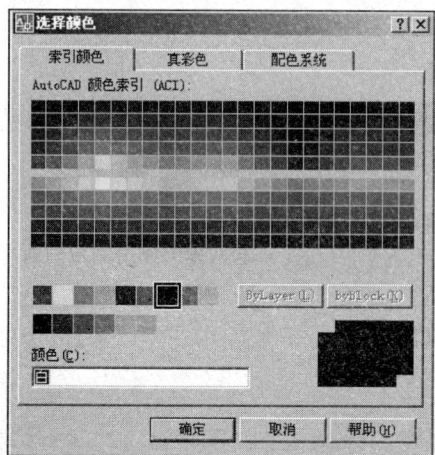

图 3-3　"选择颜色"对话框

（4）在"图层特性管理器"中更改各图层的特性与设置，完成后单击"确定"，则新图层被创建。

3.1.4　图层"颜色"设置

打开"图层特性管理器"对话框，单击已创建图层的"颜色"图标，此时弹出"选择颜色"对话框，如图 3-3 所示。再在该对话框中单击需要的颜色。

在工程图中，为 CAD 标准检查的需要，相同类型的图线应采用同样的颜色。表 3-1 是我国 CAD 标准规定的图线颜色。

表 3-1　图线标准颜色

图线类型		屏幕上的颜色
粗实线	————————	白色
细实线	————————	绿色
波浪线	～～～～～	绿色
双折线	—————⌍—————	绿色
虚线	— — — — — —	黄色
细点画线	—·—·—·—·—	红色
粗点画线	—·—·—·—·—	棕色
双点画线	—··—··—··—	粉红色

3.1.5　图层"线型"设置

打开"图层特性管理器"对话框，单击已创建图层的"线型"图标，此时弹出"选择线型"对话框，如图 3-4 所示。在该对话框中单击"加载"按钮，弹出"加载或重载线型"对话框，如图 3-5 所示，在线型列表中选择需要的线型，单击"确定"，这时返回到"选择线型"对话框，再选择刚加载的线型，单击"确定"即可。

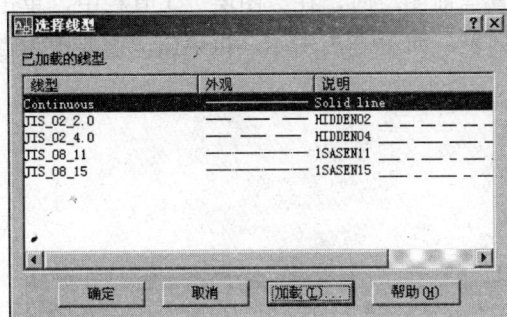

图 3-4　"选择线型"对话框

图 3-5　"加载或重载线型"对话框

在 AutoCAD 中，常用的线型型号及线型特性如表 3-2 所示，在绘制工程图时，是根据国家标准规定以及打印出图的比例和方式来选择线型的。如果从模型空间按 1:1 的比例打印图纸，虚线线型可以选择为 JIS-02-2.0（小图）或 JIS-02-4.0（大图）；点划线线型可以选择为 JIS-08-15（大图）或 JIS-08-11（小图）。

表 3-2　图线线型及特性

名称	线型样式	线型型号	间隙	短划长	长划长
虚线	— — — — — — —	HIDDEN2	1.5	3.0	
	——————————	JIS_02_2.0	1.0	2.0	
	— — — — — —	JIS_02_4.0	1.5	4.0	

续表

名称	线型样式	线型型号	间隙	短划长	长划长
点划线		JIS_08_J11	0.6	0.6	11.0
		IJS_08_15	0.75	0.75	15.0
		CENIER2	3.0	3.0	19.0
双点划线		PHANTOM2	3.0	3.0	16.0
		JIS_09_08	0.5	0.5	8.0
		JIS_09_15	0.9	0.9	15.0

3.1.6　图层"线宽"设置

要改变线宽，单击对话框中该图层的"线宽"图标，此时弹出"线宽"对话框，如图3-6 所示。再在"线宽"对话框中点击需要的线宽值，单击"确定"。

在工程图中，粗实线的线宽一般设为 0.5～0.6mm；中粗线一般设为 0.3～0.35mm；细实线、点划线、虚线的线宽设为 0.13～0.18mm。

3.1.7　将图层置为当前

CAD 只能在当前图层上画图，并将当前图层的特性赋予绘制的图形对象，所以在绘图中需要根据对象的不同特性改变当前图层。设置当前图层时，在"图层"工具栏中，单击图层显示窗口右边的下拉指示按钮，弹出图层列表，如图 3-7 所示，再单击"需要置为当前的图层"即可。

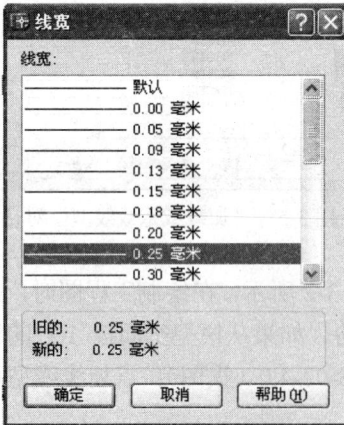

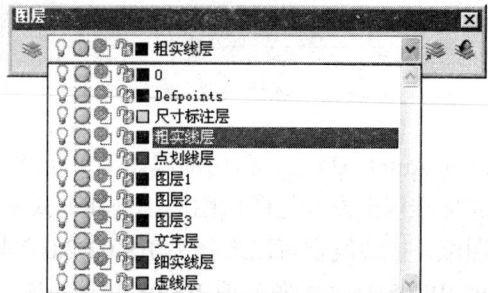

图 3-6　"线宽"对话框　　　　　　　图 3-7　工具栏中图层控制列表

"将对象的图层置为当前"按钮的作用是自动将所选择对象所在的图层置为当前。如果将要绘制的图形对象特性与已绘制的某个图形对象特性相同，只需单击"图层"工具栏中的"将对象的图层置为当前"图标，然后选择这个图形对象，AutoCAD 自动把该对象的图层置为当前层。

"上一个图层"按钮的作用是恢复刚使用过的图层。

3.1.8　图层的开关、冻结和锁定

在"图层"工具栏中，每个图层都可以开、关、冻结、锁定，命令形式如图 3-1 所示，单击相应图标即可改变状态。

"关闭"图层上的图形对象处于不可见状态，也不再打印，直到取消"关闭"图形才重新显示。"关闭"的图层中图形对象在图形重生成时要计算。

"冻结"图层上的图形对象不显示也不打印，图形对象在图形重生成时也不计算。这样可以加快计算机的运算速度。

"在当前视口冻结"应用在布局（图纸空间）中，可以使一些图层对象仅在某些视口中不可见。

"锁定"图层上的对象均不可修改，直到"解锁"该图层。"锁定"图层可以减小对象被意外修改的可能性，但仍然可以执行不会修改对象的其他操作。

3.2　"对象特性"工具栏

在默认设置的 AutoCAD 界面上，在绘图区的上部显示"对象特性"工具栏，如图 3-8 所示，工具栏中包括"颜色控制"、"线型控制"、"线宽控制"三个特性控制窗口，"颜色"、"线型"、"线宽"都可以通过控制窗口设置。

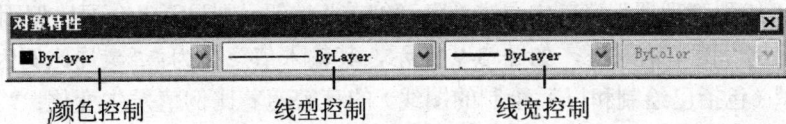

图 3-8　"对象特性"工具栏

如果将特性值设置为 ByLayer（随层），则绘制的图形对象的特性为当前图层设置的特性。 例如，如果"图层 0"为当前图层，"图层 0"的图线颜色设置为"红色"，"对象特性"控制窗口中指定颜色 ByLayer，则绘制出的直线的颜色将为红色。

如果将特性值设为指定的值，则该值将替代当前图层设置的值，且不随当前图层的改变而变化。例如，如果在"对象特性"工具栏中将颜色设置为"蓝色"，则此后无论在何图层上绘制的图线的颜色均为蓝色，直到重新修改"特性"工具栏中的设置为止。

应该注意的是，通过"对象特性"工具栏来设定对象的特性，容易引起记忆不清，不利于图形的修改和参照，所以在绘图中尽量不要使用"对象特性"工具栏，它仅是一种个别对象的特性控制方法。

3.3　图形界限与线型比例

3.3.1　图形界限的设置

图形界限是表示绘图窗口显示的范围，AutoCAD 默认的图形界限为对应于 A3 图幅，

当图形的尺寸较大，图形超出图形界限范围较多时，为方便画图和观察，需对图形界限的大小进行重新设置。

设置图形界限的步骤为：

（1）从"格式"菜单中选取"图形界限"。

（2）当命令提示区显示"指定左下角点<0.00,0.00>:"时，一般情况下可按回车键接受默认值。

（3）当命令提示区显示"指定右上角点<420.00,297.00>:"时，从键盘输入图形界限的长度和宽度值作为右上角的坐标值，然后按回车键。

（4）单击"缩放"弹出按钮中的"全部缩放"图标，则设置的图形界限满屏显示。

3.3.2　线型比例的设置

设置"线型比例"主要是调整虚线、点划线等线段元素的长短和间隔大小，以便在图形上能正常观察这些间断线。AutoCAD 系统提供的线型较多，前已述及，在工程图中，虚线选择线型为"JIS-02-2.0"或"JIS-02-4.0"，点划线应选择线型"JIS-08-11"或"JIS-08-15"，这几种线型在默认的图形界限（420×297）下能正常显示。当图形尺寸与图形界限相比相差较大时需调整线型比例，才能正常观察出间断线。

设置线型比例的步骤为：

（1）在"格式"菜单中，单击"线型…"，弹出"线型管理器"窗口。

（2）在"线型管理器"窗口中单击"隐藏细节"按钮，则显示"全局比例因子"和"当前对象缩放比例"两个输入框，如图 3-9 所示，其输入值意义为："全局比例因子"：其设置后所有线型（包括已绘制和以后绘制的图线）的疏密随着比例值发生变化；"当前对象缩放比例"：其设置后新绘制的图线线型疏密随着比例值发生变化。

（3）将比例值输入相应的输入框内，单击"确定"，设置即生效。

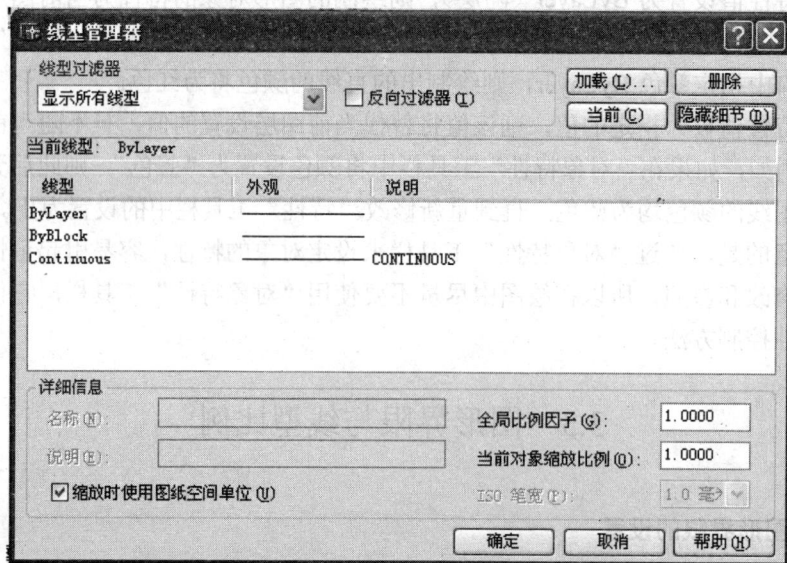

图 3-9　线型比例设置

3.4　绘图窗口的缩放

绘图窗口的缩放是调整屏幕窗口的显示范围。绘图窗口缩放不会改变图形中对象的尺寸大小。

3.4.1　绘图窗口缩放命令

绘图窗口缩放命令为 zoom，执行 zoom 命令将显示如下提示信息：

指定窗口角点，输入比例因子 (nx 或 nxp)，或者

[全部(A)/中心(C)/动态(D)/范围(E)/上一个(P)/比例 (S)/窗口(W)/对象(O)] <实时>:

这时如果输入 2x 后回车，将会将当前视图两倍放大；如果输入 2xp 后回车，则会相对于图纸空间两倍放大。其他选项的功能与下述的"缩放"工具栏相应的功能相同。

3.4.2　"缩放"工具栏

视图缩放是个经常使用的功能，为了方便在绘图中应用，系统设计了"缩放"工具栏、"缩放"弹出工具栏、实时缩放工具、鼠标中轮转动缩放多种用法。

如图 3-10 所示为"缩放"工具栏，自左向右的图标命令分别是：窗口缩放、动态缩放、比例缩放、中心缩放、缩放对象、放大、缩小、全部缩放、范围缩放。单击图标即执行相应的缩放命令。

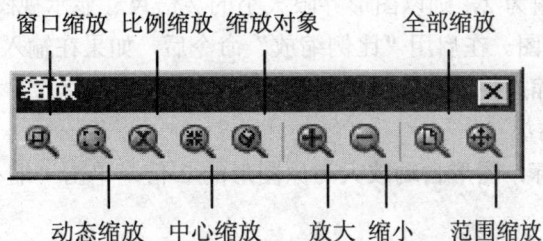

图 3-10　"缩放"工具栏

由于图形缩放使用率较高，在"标准"工具栏中有一个"图形缩放"的弹出按钮，单击并按住弹出按钮，会弹出一列缩放命令图标，其形式和意义与工具栏完全相同。

另外，在菜单栏的"视图"选项中，也有"缩放"选项命令，可以用鼠标选择执行。

"缩放"工具栏中各选项的意义说明如下。

3.4.2.1　范围缩放

"范围缩放"是满屏显示所有图形对象，包含已"关闭"图层上的对象，但不包含已"冻结"图层上的对象。

3.4.2.2　全部缩放

"全部缩放"是满屏显示用户定义的"图形界限"和所有图形对象。

3.4.2.3　窗口缩放

"窗口缩放"是通过鼠标指定两个角点定义一个需要缩放的窗口范围，矩形窗口内的

图形对象快速放大到满屏显示。

3.4.2.4　中心缩放

"中心缩放"是将图形中的指定点移动到绘图区域的中心，并按给定的比例值或高度值进行缩放。"中心缩放"用于调整对象的大小并将其移动到视口的中心。

中心点可以通过输入垂直图形单位数值，或输入一个相对当前视图的显示比例来缩放视图。例如，输入 50，视图就按 50 个图形单位的高度显示。如果输入的数值比默认值小，则会放大图像；如果输入的数值比默认值大，则会缩小图像。

要指定比例因子，可在输入的数值后加上字母 x。例如，输入 2x，图形将会以当前视图的 2 倍放大显示。

3.4.2.5　动态缩放

"动态缩放"可以方便地调整缩放的区域，用于较大图形的观察和修改。

操作时，屏幕上出现三个矩形框，蓝色虚线框代表整个图形的范围，绿色虚线框代表当前视图的显示范围，黑色实线框代表将要显示的视图框。移动鼠标可以调整视图框的大小，按回车键确认后，移动鼠标又可移动视图框，将视图框拖动到需要缩放的区域后，按回车键，则视图框内的图形被满屏显示。

3.4.2.6　比例缩放

"比例缩放"是利用一定的比例缩放视图，该命令通常用两种方法输入缩放比例。

（1）相对图形界限。在启用"比例缩放"命令后，直接输入一个数值，将相对于当前图形界限的大小来缩放视图。如输入 1，将以当前视图的中心为中心，以图形界限的大小显示视图；如果输入值为 2，则以图形界限大小的 2 倍尺寸显示视图。

（2）相对当前视图。在启用"比例缩放"命令后，如果在输入的数值后加 x，将相对于当前视图的大小来缩放视图；如果输入为 1x，则不发生变化。

3.4.2.7　放大和缩小

单击"放大"图标，图形自动放大为原图形的 2 倍；单击"缩小"图标，图形自动缩小为原图形的 0.5 倍。

3.4.2.8　缩放对象

"缩放对象"是尽可能大地显示一个或多个选定的对象并使其位于绘图区域的中心。

3.4.3　"实时平移"命令

使用"实时平移"命令或窗口滚动条可以移动视图的位置。在"标准"工具栏中，有实时平移"手"形图标，如图 3-11 所示，单击该图标即可执行"实时平移"操作。

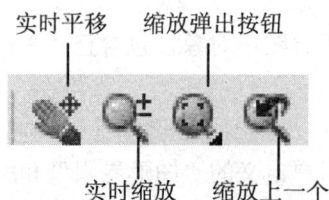

图 3-11　图形缩放与平移

操作时，按住鼠标左键，光标变为手形，这时拖动鼠标，图形显示窗口即随着鼠标的拖动进行平移。但这种平移不会改变图形中对象的绝对位置或比例，只改变视图显示位置。

3.4.4 "实时缩放"命令

单击"标准"工具栏中的"实时缩放"按钮，这时光标变成带有"+"号和"-"号的放大镜，按住鼠标左键，向上移动将放大视图，向下移动将缩小视图。

在绘图窗口中心点按住鼠标左键，移到窗口上边框，可使视图放大为原来的 2 倍；在中心点按住鼠标左键，移到窗口下边框，可使视图缩小一半。

如果光标已经移动到窗口尽头，还要继续放大或缩小视图，可松开鼠标左键，将光标移回绘图区内，再按住鼠标左键，继续上述的操作。

3.4.5 "缩放上一个"命令

在"标准"工具栏中有"缩放上一个"图标命令，如图 3-11 所示。单击"缩放上一个"图标，可以快速回到前一个视图。"缩放上一个"命令可向前恢复 10 个视图，但只能恢复视图的比例和位置，不能恢复编辑的上一个图形的内容。

3.4.6 鼠标中轮的绘图窗口缩放功能

双击鼠标中轮相当于执行"范围缩放"命令；转动鼠标中轮相当于执行"实时缩放"命令；按住鼠标中轮拖动相当于执行"实时平移"命令。

3.5 图形样板文件

3.5.1 图形样板文件的设置

图形样板文件是带有特定设置和内容的图形文件。在创建新图形时直接启用样板文件，就能省去绘图环境设置等许多重复的工作，提高作图的效率。

AutoCAD 已储存了许多有预定义的图形样板文件，但由于图框及标题栏格式与我国习惯样式差距较大，一般不能直接选用系统样板文件，需要用户自定义创建符合国家标准和自己习惯的样板文件。

通常存储在样板文件中的设置包括：

（1）单位类型和精度。

（2）标题栏、边框线图形。

（3）图形（栅格）界限及图层设置。

（4）尺寸标注样式设置。

（5）文字样式设置。

（6）线型及线型比例设置。

在通过启用样板文件创建新图形中，样板文件的所有设置都可以更改，而不会影响原有样板文件的设置。

要更改样板文件的设置，则打开该样板文件，修改设置后以原样板文件的名称保存，在出现是否替换文件夹的提醒框中单击"是"，即原样板文件的设置被新设置替代。

3.5.2　图形样板文件的创建

图形样板文件创建的步骤为：

（1）新建图形文件，并完成所有基本绘图环境设置和图框及标题栏的绘制。

（2）单击"文件"菜单中的"另存为"，弹出"图形另存为"对话框，如图 3-12 所示。

图 3-12　样板文件"图形另存为"对话框

（3）在对话框中，打开"文件类型"选项框列表，选择"AutoCAD 图形样板"，在"文件名"输入框内输入文件名，如输入"A3 工程图样板"，单击"保存"，这时，弹出"样板说明"对话框，如图 3-13 所示。

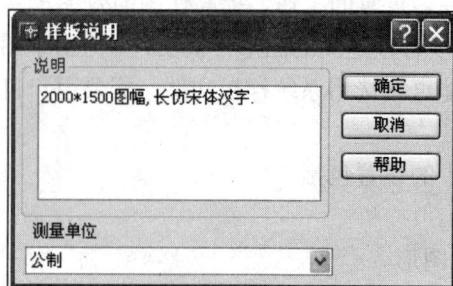

图 3-13　"样板说明"对话框

（4）在其中输入必要的说明，单击"确定"，则在系统默认路径储存样板文件，名称为"A3 工程图样板"。

说明：默认情况下，图形样板文件存储在 template 文件夹中，文件的扩展名为.dwt。在通过对话框打开样板文件时，系统会自动打开这个文件夹。

3.5.3 图形样板文件的启用

单击标准工具栏中"新建"图标按钮，弹出"选择文件"对话框，如图 3-14 所示。在其中"文件类型"列表框中选择"图形样板"，在文件"名称"列表中选择所要应用的图形样板文件名称，则在"文件名"输入框中自动添加选择的文件名。单击"打开"按钮，即可将样板文件打开新建图形。

图 3-14 "选择文件"对话框

3.6 思 考 与 练 习

3.6.1 选择题

（1）若图层的颜色已设定，在该图层上可以绘制_____。

   （A）该种颜色的线条　　　　　　　（B）两种颜色的线条

   （C）三种颜色的线条　　　　　　　（D）多种颜色的线条

（2）图层锁定后，将_____。

   （A）图层中的对象可见，但无法编辑

   （B）图层中的对象不可见，可以编辑

   （C）图层中的对象可见，也可以编辑

   （D）图层中的对象不可见，也无法编辑

（3）同一图层上的图形对象将_____。

   （A）具有统一的颜色

   （B）具有一致的线型、线宽

　　　　（C）可以有不同的颜色，但是具有一致的线型
　　　　（D）可以使用不同的颜色、线型、线宽等特性
　　（4）线型显示在_____工具栏上。
　　　　（A）图层　　　　　　　　　　　　（B）对象特性
　　　　（C）绘图　　　　　　　　　　　　（D）标准
　　（5）在"图层特性管理器"中，提示"图层 2 不能置为当前"，则图层 2 一定是_____。
　　　　（A）已冻结图层　　　　　　　　　（B）已关闭图层
　　　　（C）已锁定图层　　　　　　　　　（D）"0"图层
　　（6）需要图形可见又不可操作，可以将图形放置在一个单独的图层，然后_____。
　　　　（A）关闭　　　　　　　　　　　　（B）冻结
　　　　（C）锁定　　　　　　　　　　　　（D）拆离
　　（7）下面_____的名称不能被修改或删除。
　　　　（A）未命名的层　　　　　　　　　（B）标准层
　　　　（C）"0"图层　　　　　　　　　　（D）缺省的层
　　（8）执行绘图窗口"缩放"（Zoom）命令后，改变了_____。
　　　　（A）图形的界限范围大小　　　　　（B）图形的绝对坐标
　　　　（C）图形在视图中的位置　　　　　（D）图形在视图中显示的大小
　　（9）要快速显示整个图限范围内的所有图形，可使用_____命令。
　　　　（A）"窗口"缩放　　　　　　　　　（B）"动态"缩放
　　　　（C）"范围"缩放　　　　　　　　　（D）"全部"缩放
　　（10）将所有图形对象显示在屏幕上，使图形充满屏幕，可使用_____命令。
　　　　（A）"中心"缩放　　　　　　　　　（B）"范围"缩放
　　　　（C）"动态"缩放　　　　　　　　　（D）"全部"缩放

3.6.2　思考题

　　（1）对象特性中 Bylayer 是什么含义？
　　（2）在"对象特性"工具条上将线宽设置为 0.5，但绘制出对象并不显示出线宽比默认线型更宽，是何原因？
　　（3）哪个图层不会被重新命名或被删除？
　　（4）可以冻结当前图层吗？
　　（5）如何改变一个对象的所在图层？
　　（6）可以在锁定的图层里创建新对象吗？
　　（7）关闭的图层里的对象可以被修改吗？
　　（8）冻结的图层里的对象可以被修改吗？
　　（9）在"对象特性"工具栏上将颜色设置为黄色，线型设置为 Contunious。再在"图层特性管理器"中设置某图层颜色为红色，线型为 Center，并将其置为当前层，则新绘制对象的颜色和线型是什么？
　　（10）画出的点划线和虚线看上去和细实线一样是何原因？

3.6.3　上机练习与指导

【练习 3.1】　　按尺寸绘制如图 3-15 所示几何图形，要求设置图形界限，设置粗实线、虚线、点划线图层，设置线型比例以能清晰显示线型，不标尺寸，完成后命名保存。

绘图指导：

（1）设置图形界限。大约计算整个图形长和宽作为图形界限，本例图形界限设为 15000、20000。

（2）设线型比例。线型比例和打印设置有关，为了观察图形的需要，线型比例的计算一般是用图形界限的长除以 400 或图形界限的宽除以 300，两者取较大值。本例线型比例可设为 75。

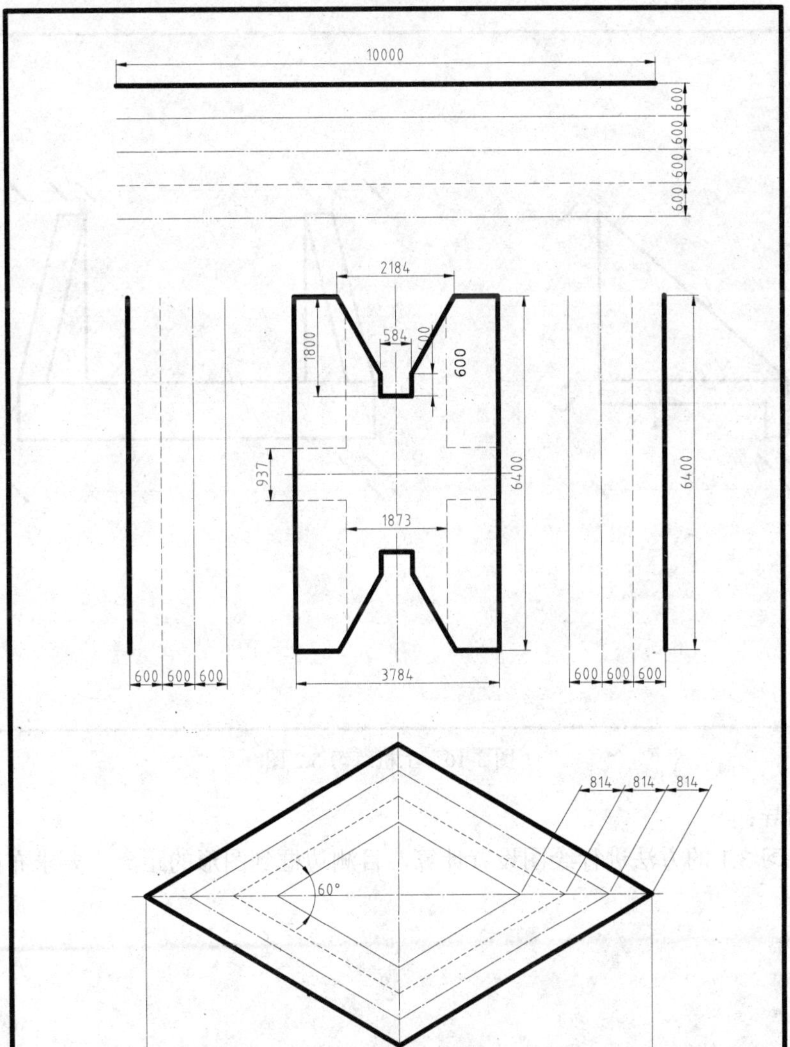

图 3-15　上机练习 3.1 图

（3）新建图层并设置。图层的多少与图形内容的复杂程度等有关，本例新建图层如下：

● 粗实线层，颜色设置为白色，线型为 continuous，线宽为 0.5。

● 细实线层，颜色设置为绿色，线型为 continuous，线宽为 0.13。

● 虚线层，颜色设置为黄色，线型为 JIS-02-2.0，线宽为 0.13。

● 点划线层，颜色设置为红色，线型为 JIS-08-11，线宽为 0.13。

● 双点划线层，颜色设置为粉红色，线型为 JIS-09-15，线宽为 0.13。

（4）按 1:1 绘制所有图形，注意图形的对称性。

（5）命名为"绘图设置与图线练习"保存为图形文件。

【练习 3.2】 绘制图 3-16 所示的主、左视图，要求设置图形界限、线型比例、图层。不标注尺寸，完成全图后保存。

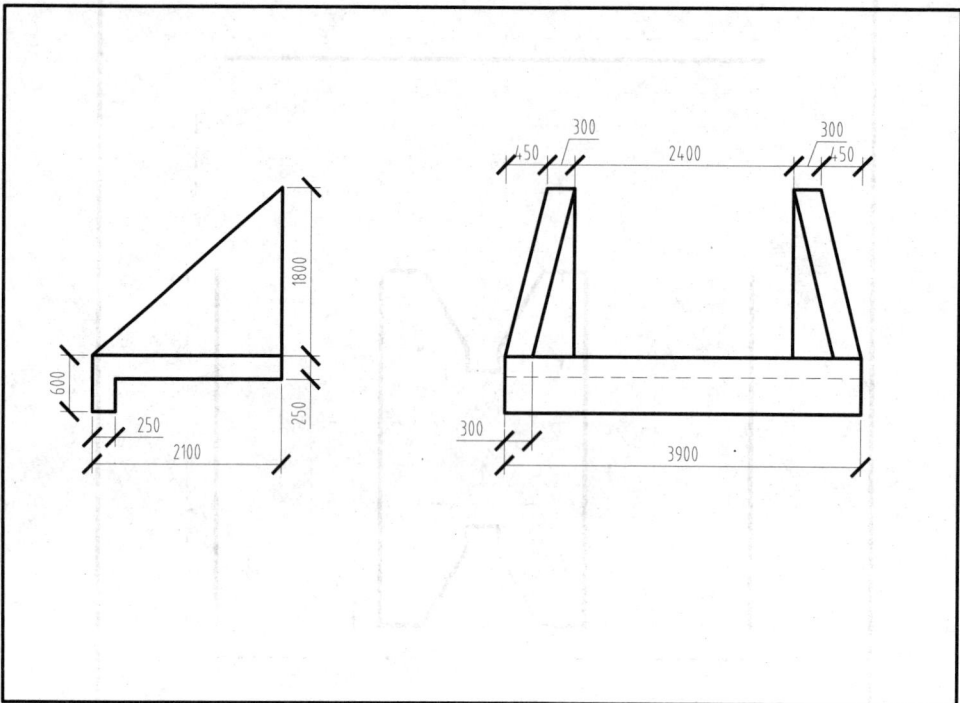

图 3-16　上机练习 3.2 图

绘图指导：

依据练习 3.1 的方法进行绘图设置计算，目测边框到图形的距离，要求布图匀称。

第4章 圆弧连接作图

4.1 "修剪"命令

4.1.1 "修剪"命令的功能

执行图线的"修剪"命令（Trim）可以剪裁掉线段的多余部分。直线、圆弧、圆、多段线、椭圆、样条曲线、参照线、射线等都可以被修剪。

在 AutoCAD 中"修剪"命令还能延伸对象，启用"修剪"命令后，按住 Shift 键并选择要延伸的对象，即能将该对象延伸到"边界边"。

4.1.2 "修剪"命令的基本操作

图线"修剪"命令操作步骤如下：

（1）从"修改"工具栏中单击"修剪"命令图标。

命令区提示：选择剪切边…

选择对象：

（2）选择作为"剪切边"的对象后右击或按回车键。如果不选择对象直接按回车键，则是选择图形中的所有对象作为可能的剪切边。

命令区提示：选择要剪切的对象，或按住 Shift 键选择要延伸的对象，或[投影（P）/边（E）/放弃（U）]:

（3）选择要修剪的对象。

4.1.3 "修剪"命令的选项说明

（1）选择剪切边："剪切边"是图线修剪的边界线，"剪切边"可以一次选择很多条，被修剪的图线也可以作为"剪切边"。选取的"剪切边"如果不与被修剪图线相交，则设置隐含边延伸模式，这时以"剪切边"的延长线作为边界进行图线修剪。

（2）选择要修剪的对象：选择被剪切对象，可连续进行多条线段的修剪。

（3）投影（P）：三维对象选项，设置投影模式。

（4）边（E）："剪切边"设置选项。可设置"剪切边"延伸或不延伸。

4.1.4 "修剪"命令的应用举例

【例 4.1】 应用"修剪"命令，将图 4-1（a）修剪成图 4-1（b）所示的图形。

操作步骤：

（1）启用"修剪"命令。

（a）　　　　　　　　　　　　　　　（b）

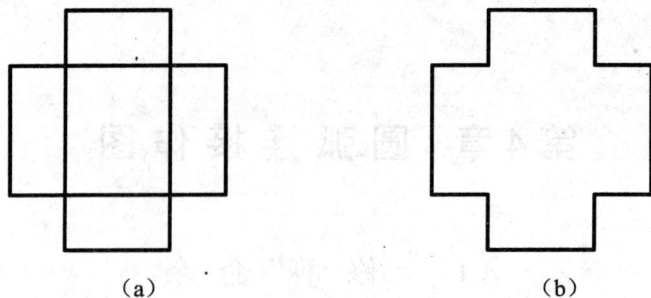

图 4-1　修剪图例 1

（2）用交叉窗口方式选择四条"剪切边"，选择后右击结束"剪切边"的选择。也可以直接按回车键将全部图线都选择为"剪切边"。

（3）依次单击要剪掉的图线部分，图线即被以最近的"剪切边"为界剪掉。

【例 4.2】　应用"修剪"命令，将图 4-2（a）修改成图 4-2（b）所示的图形。

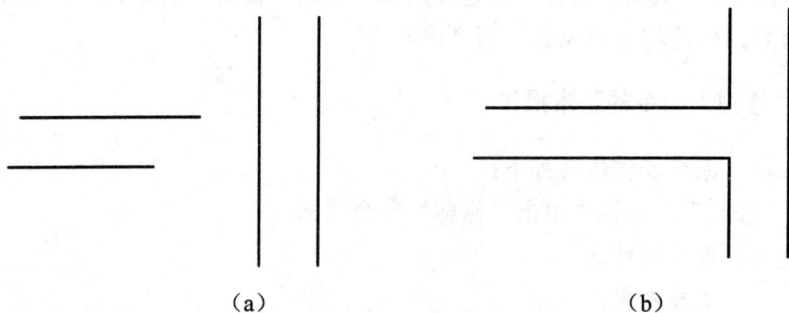

（a）　　　　　　　　　　　　　　（b）

图 4-2　修剪图例 2

操作步骤：

（1）启用"修剪"命令。

（2）用交叉窗口方式选择三条裁剪的"剪切边"，如图 4-3 所示，选择后右击结束"剪切边"的选择。

（3）再次右击，弹出快捷菜单，从中选择"边"选项。

（4）再次右击，弹出快捷菜单，从中选择"延伸"选项。

（5）单击图线要修剪的部分，选择的图线以"剪切边"的延伸线为界中断，如图 4-4 所示。

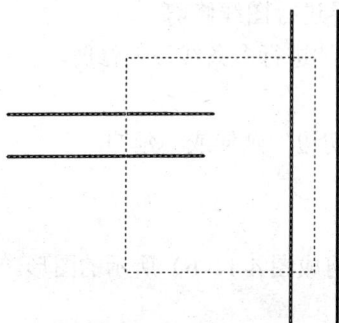

图 4-3　选择修剪"剪切边"　　　　　　　　图 4-4　执行修剪命令

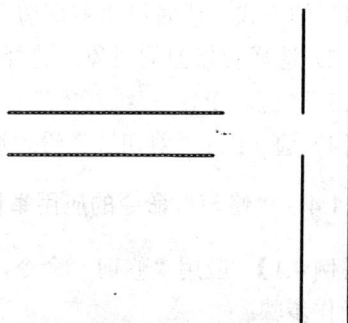

（6）按住 Shift 键，单击左边两条水平线，则两水平线自动延伸到剪切边，如图 4-5 所示。按回车键结束"修剪"命令。

图 4-5 执行延伸命令

4.2 "圆"命令

4.2.1 "圆"命令的功能

执行绘制"圆"命令（Circle）能够使用多种方法绘制圆。打开"绘图"下拉菜单，鼠标指向"圆"选项，则出现一列绘制圆的命令方式，如图 4-6 所示。从"绘图"工具栏中启用绘"圆"命令时，则默认"指定圆心和半径画圆"的方式。

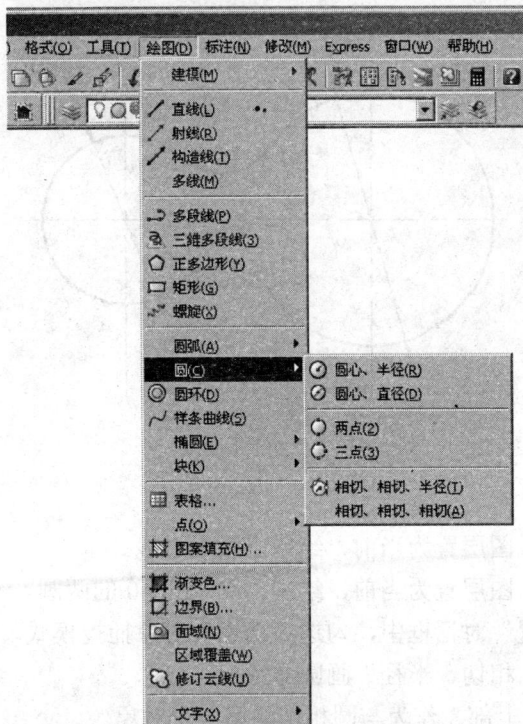

图 4-6 绘制圆的菜单命令

4.2.2　"圆"命令的操作步骤

绘制圆的操作步骤如下：

（1）单击"绘图"工具栏中"圆"命令图标。

命令区提示：指定圆的圆心或[三点(3P)/两点(2P)/相切、相切、半径(T)]:

（2）用鼠标或键盘输入指定圆心的位置。

命令区提示：指定圆的半径或[直径(D)]:

（3）输入圆的半径，按回车键结束。

4.2.3　"圆"命令的选项说明

"指定圆心和半径画圆"命令选项说明如下：

（1）三点：指定圆上三点画圆。

（2）两点：指定直径的两端点画圆。

（3）相切、相切、半径：指定与圆相切的两个对象，再给定圆的半径画圆。

（4）相切、相切、相切：指定与圆相切的三个对象画圆。当需要绘制三个实体的公切圆时，可采用这种方式，该方式在选取实体后自动计算相切点，自动调整半径值。

4.2.4　"圆"命令的应用举例

【例 4.3】　根据尺寸绘制图 4-7 所示"圆弧连接"。

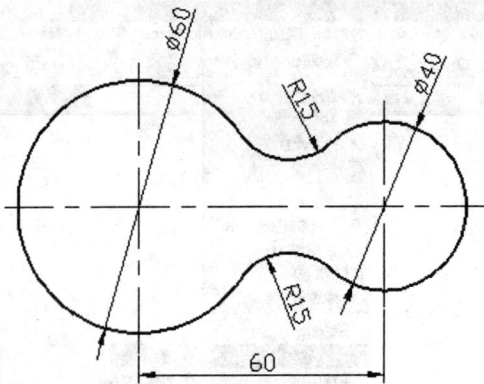

图 4-7　圆弧连接

绘图步骤：

（1）将"点划线"图层置为当前，绘制出圆中心线。

（2）将"粗实线"图层置为当前，绘制出φ60 和φ40 的两圆。

（3）在"草图设置"对话框中，勾选"切点"对象捕捉模式。

（4）启用"相切、相切、半径"画圆命令。

（5）单击φ60 圆的上部，作为与圆相切的第一个对象。

（6）再单击φ40 圆的上部，作为与圆相切的第二个对象。

（7）从键盘输入连接圆的半径 15，按回车键，则画出上部 R15 的圆。

（8）用同样的方法，画出下部 R15 的圆。完成后得到如图 4-8 所示的相切圆图形。

（9）将多余的线条剪裁掉，完成作图。

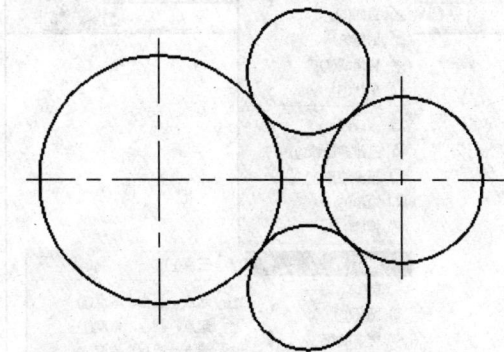

图 4-8　相切圆

【例 4.4】　绘制图 4-9 所示三角形的内公切圆。

绘图步骤：

（1）启用"相切、相切、相切"画圆命令。

（2）单击选取与圆相切的第一条直线 AC。

（3）单击选取第二条直线 AB。

（4）单击选取第三条直线 BC。这时三角形的内切圆绘出，命令结束。画出的内切圆如图 4-10 所示。

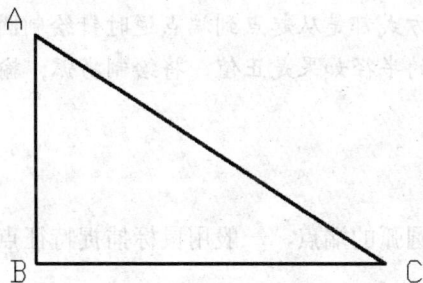

图 4-9　绘制内切圆图例

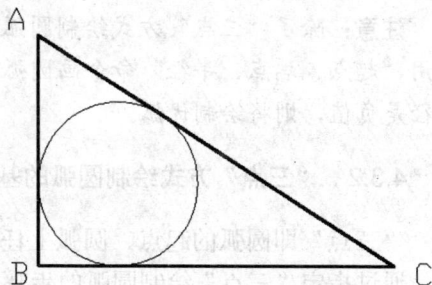

图 4-10　内切圆绘制

4.3　"圆弧"命令

4.3.1　"圆弧"的命令方式

AutoCAD 提供了 11 种画圆弧的命令方式，打开"绘图"下拉菜单，鼠标指向"圆弧"选项，则出现绘制方式的列表，如图 4-11 所示。如果从"绘图"工具栏中启用"圆弧"命令（Arc），则是以"三点"方式绘制圆弧。

圆弧绘制方式较多，在绘图时必须根据圆弧的已知尺寸和连接关系来选用合适的方式。

各种绘制圆弧方式的操作步骤基本相同，在绘制时可按命令区的提示操作。

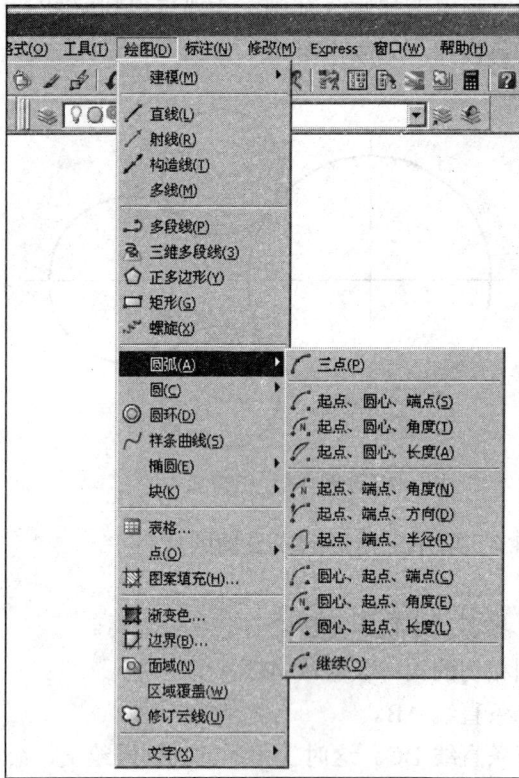

图 4-11　绘制圆弧的菜单命令

注意：除了"三点"方式绘制圆弧外，其他方式都是从起点到端点逆时针绘制圆弧。在用"起点、端点、半径"命令画圆弧时，输入的半径如果是正值，将绘制劣弧；输入的半径是负值，则将绘制优弧。

4.3.2　"三点"方式绘制圆弧的基本操作

"三点"即圆弧的起点、圆弧上任意一点、圆弧的端点，一般用鼠标捕捉特征点来指定。通过指定"三点"绘制圆弧的步骤如下：

（1）在"绘图"菜单中，单击"圆弧"，然后单击"三点"。

命令区提示：指定圆弧的起点或[圆心(C)]：

（2）指定起点。

命令区提示：指定圆弧的第二个点或[圆心(C)/端点(E)]：

（3）在圆弧上指定点。

命令区提示：指定圆弧的端点：

（4）指定端点。

4.3.3　"圆弧"命令的应用举例

【例 4.5】　按尺寸绘出如图 4-12 所示的图形。

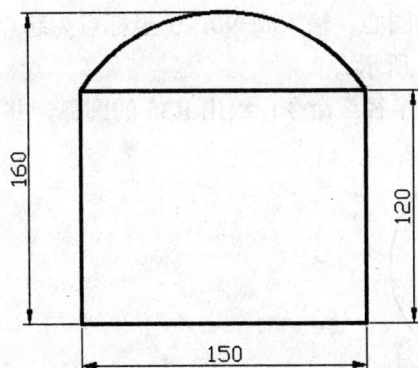

图 4-12　圆弧作图图例

绘图步骤：

（1）设置当前线型为 Continuous，线宽为 0.5mm。打开状态栏上的"对象捕捉"和"对象追踪"模式开关。

（2）绘出 150×120 的矩形。

（3）单击"绘图"工具栏中"圆弧"命令图标。

命令区提示：命令：Are　指定圆弧的起点或[圆心(C)]:

（4）用鼠标捕捉点击圆弧的起点 A，如图 4-13 所示。

命令区提示：指定圆弧上的第二个点或[圆心(C)/端点(E)]:

（5）用鼠标追踪直线 AC 的中点 E，如图 4-13 所示。然后从键盘输入追踪距离 160，按回车键确认，圆弧上的中点 B 被指定，如图 4-14 所示。

命令区提示：指定圆弧上的端点：

（6）用鼠标捕捉圆弧的端点 C，绘制完成。

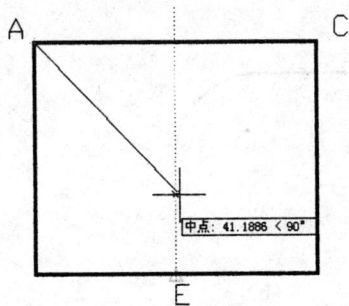

图 4-13　追踪中点 E

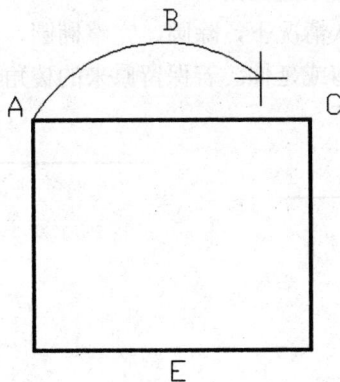

图 4-14　确定圆弧中点 B

【例 4.6】　按尺寸绘出如图 4-15 所示的图形。

绘图步骤：

（1）从绘图菜单中启用"圆心、起点、角度"命令，先指定任意点为圆心，输入@-60，0 坐标点为起点，输入角度值-40，回车后画出 R60 的圆弧。再次启用"圆心、起点、角度"

命令，指定 R60 的圆心点为圆心，输入@-90，0 坐标点为起点，输入角度值-40，回车后画出 R90 的圆弧，如图 4-16 所示。

　　（2）用"起点、端点、半径"命令，绘出 R35 的圆弧，并补画直线，如图 4-17 所示。

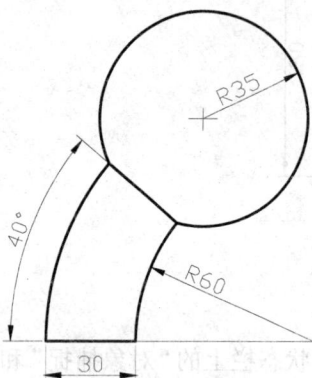

图 4-15　圆弧作图图例 2　　　　图 4-16　绘 40°圆心角两圆弧　　　图 4-17　绘 R35 的圆弧

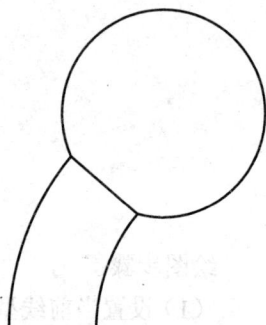

4.4　"圆角"命令

4.4.1　"圆角"命令的功能

执行"圆角"命令（Fillet）就是通过一个指定半径的圆弧来光滑地连接两个图线对象。"圆角"命令可以用圆弧连接圆、椭圆、多段线、样条曲线等图线对象。不管两条边是否相交，都可以进行圆角操作。

如果要进行圆角的两个对象位于同一图层上，那么将在该图层创建圆角；否则，将在当前图层创建圆角。

默认情况下，除圆、完整椭圆、闭合多段线和样条曲线以外的所有对象在圆角时都将进行修剪或延伸。若保留原来的棱角，在绘图中可以根据提示选择"不修剪"操作，如图 4-18 所示。

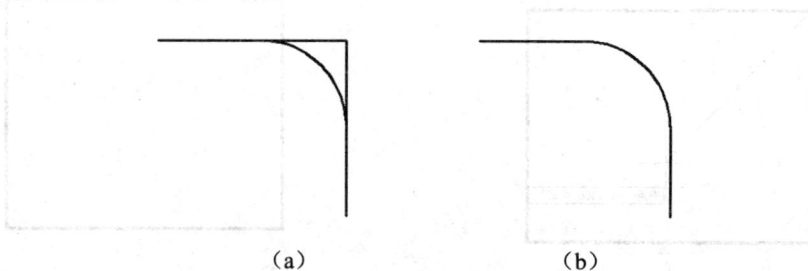

（a）　　　　　　　　　　　　　（b）

图 4-18　圆角的修剪与不修剪图例

（a）不修剪；（b）修剪

4.4.2　"圆角"命令的操作步骤

为两条直线段圆角的步骤如下：

（1）从"修改"菜单中选择"圆角"。

命令区提示：选择第一个对象或[多段线(P)/半径(R)/修剪(T)/多个(U)]:

（2）从命令区输入 R，按回车键。

命令区提示：指定圆角半径:

（3）输入半径值。

命令区提示：选择第一个对象或[多段线(P)/半径(R)/修剪(T)/多个(U)]:

（4）选择第一条直线。

命令区提示：选择第二个对象:

（5）选择第二条直线。圆角自动完成。

4.4.3　"圆角"命令的选项说明

（1）多段线：二维多段线（矩形、正多边形等）一次完成加圆角的命令方式。

（2）半径：修改当前模式的圆角半径。

（3）修剪：切换到是否截角的修剪模式设置。

（4）多个：连续为多个角加圆角的命令模式。

4.4.4　"圆角"命令的应用举例

【例 4.7】　将图 4-19（a）所示的矩形改成图 4-19（b）所示的圆角矩形。

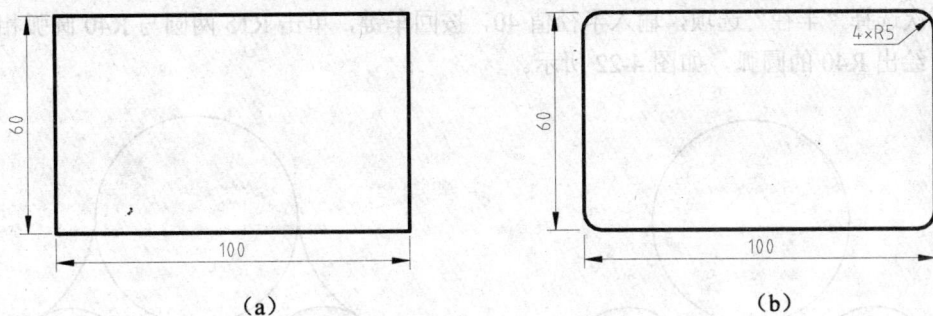

图 4-19　多边形

绘图步骤：

（1）启用"圆角"命令。

（2）在命令行输入字符 R，按回车键，选择"半径"选项。

（3）在命令行输入连接圆弧半径值 5，按回车键。

（4）在命令行输入字符 U，按回车键，选择"多个"选项（如果四边形是多段线，可选择"多段线"选项）。

（5）依次单击被圆弧连接的两线段，则圆弧连接自动完成。

【例 4.8】　绘制图 4-20 所示的图形。

绘图步骤：

（1）启用"圆"命令，用鼠标确定左边 R15 圆的圆心，输入半径值 15，按回车键。

（2）再次按回车键，重新启用绘圆命令，输入@60，0，按回车键，确定第二个 R15

圆的圆心位置，按回车键接受默认半径值 15。

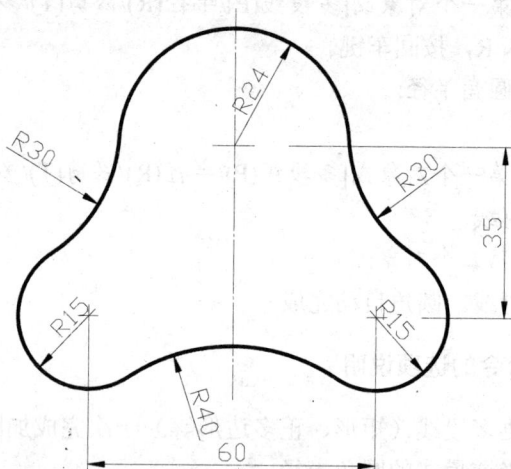

图 4-20　圆角多边形

（3）再次按回车键，重新启用绘圆命令，输入@-30，35，按回车键，确定 R24 圆的圆心位置，输入半径值 24，按回车键，如图 4-21 所示。

（4）启用"圆角"命令，选择"半径"选项，输入半径值 30，按回车键，再选择"多个"选项，分别点击 R15 和 R24 两圆与 R30 圆弧的切点附近部位，绘出 R30 的左右两圆弧。再次选择"半径"选项，输入半径值 40，按回车键，单击 R15 两圆与 R40 圆弧相切的部位，绘出 R40 的圆弧，如图 4-22 所示。

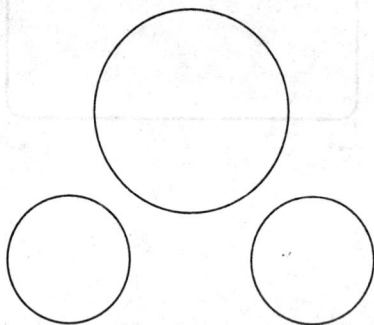

图 4-21　绘制 R15 和 R24 的圆

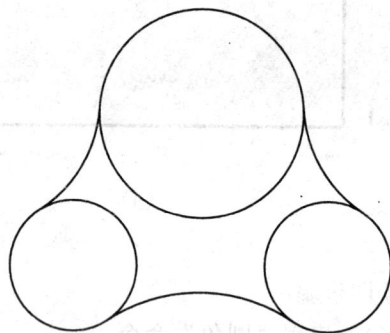

图 4-22　绘制 R30 和 R40 的圆角

（5）启用"修剪"命令，修剪掉多余的图线。

（6）补画点划线。

4.5　圆弧连接作图举例

【例 4.9】　分析图 4-23 所示的"手柄"圆弧连接练习图形，按尺寸 1:1 绘出该图形，完成后以"手柄圆弧连接"命名保存。

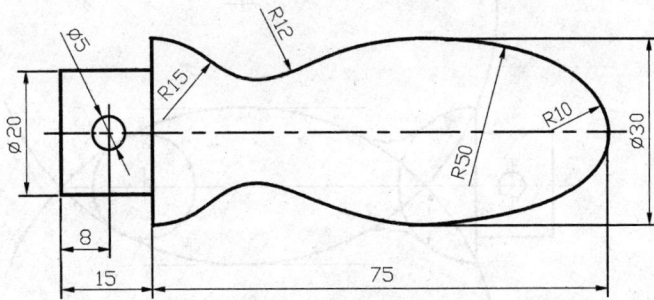

图 4-23 圆弧连接

绘图步骤：

（1）用粗实线绘制左边的线框、小圆和右边的 R10 的圆，再用点划线绘出对称轴线，如图 4-24 所示。

（2）绘制与对称线平行且距离为 15 的两平行线（线型可任意），作为绘图的辅助定位线，如图 4-25 所示。

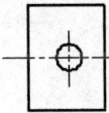

图 4-24 绘已知线段

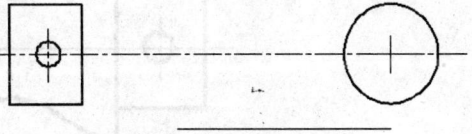

图 4-25 绘辅助定位线

（3）启用画"圆"的命令，用"相切、相切、半径"方式画出分别与直线和 R10 的圆相切且 R=50 的圆，如图 4-26 所示（幅面所限，没完全显示）。

（4）启用画"圆弧"命令，以"起点、端点、半径"方式画出右端 R15 的半圆弧，并补齐直线，如图 4-26 所示。

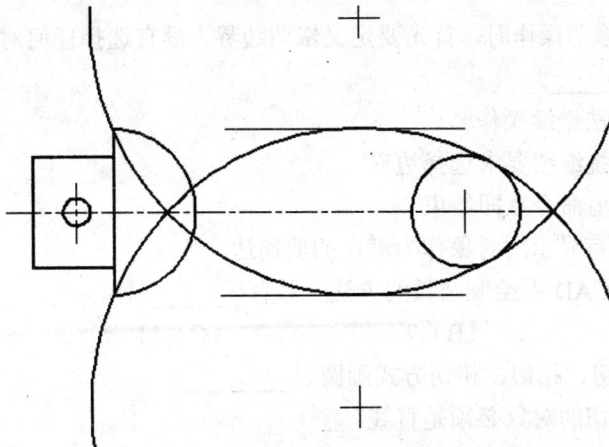

图 4-26 绘 R50 的圆

（5）用"圆角"命令，输入 R12，生成 R15 与 R50 的连接弧，如图 4-27 所示。

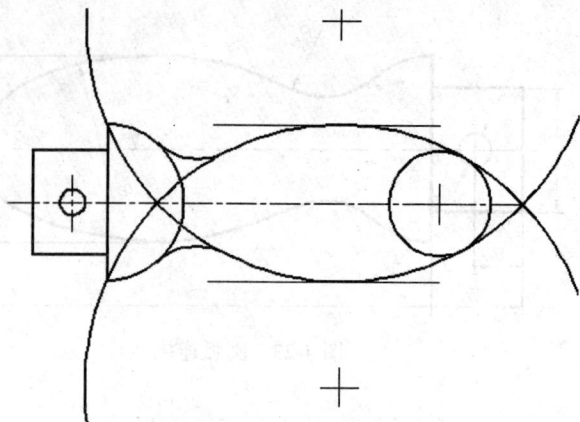

图 4-27　绘制连接圆弧

（6）用"修剪"命令，剪裁多余线段。用"删除"命令去除两条作图辅助线。修整后图形如图 4-28 所示。

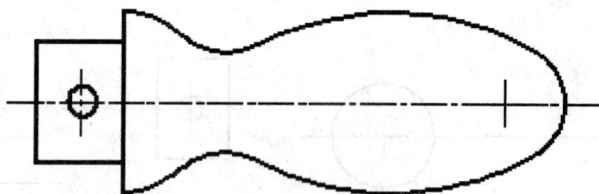

图 4-28　修整后图形

4.6　思　考　与　练　习

4.6.1　选择题

（1）在进行修剪操作时，首先要定义修剪边界，没有选择任何对象，而是直接按回车键或右击，则_____。

　　（A）无法继续操作

　　（B）系统继续要求选择边界

　　（C）修剪命令立即结束

　　（D）所有显示的对象作为潜在的剪切边

（2）在 AutoCAD 中绘制圆弧的方法一共有_____种。

　　（A）7　　　　　　（B）9　　　　　　（C）11　　　　　　（D）13

（3）应用相切、相切、相切方式画圆时_____。

　　（A）相切的对象必须是直线

　　（B）不需要指定圆的半径和圆心

　　（C）从下拉菜单激活画圆命令

　　（D）不需要指定圆心但要输入圆的半径

（4）圆角操作时，当前圆角半径为 10，在选择对象时按住 Shift 键，结果是_____。

（A）倒出 R10 的圆角

（B）无法选择对象

（C）倒出 R10 的圆角，但没有修剪原来的多余线

（D）倒出 R0 的圆角

（5）对两条平行的直线倒圆角，其结果是_____。

（A）不能倒圆角 　　　　　　　　　　（B）无法选择对象

（C）倒出半圆，其直径等于线间距离　　（D）按设定的圆角半径倒圆

4.6.2　思考题

（1）在"修剪"命令中，构造选择集的方式有哪些？

（2）在执行"修剪"命令中可以延伸对象吗？

（3）延伸后不能相交的对象能延伸吗？

（4）修剪和延伸对象时当提示选择边界时，如果直接回车不选择边界可以吗？

（5）根据起点、端点、半径如何绘制大半个圆弧？

（6）可以执行一次"圆角"命令而对多个对象进行不同半径的圆角操作吗？

4.6.3　上机练习与指导

【练习 4.1】按尺寸绘制图 4-29 所示的基本几何图形。

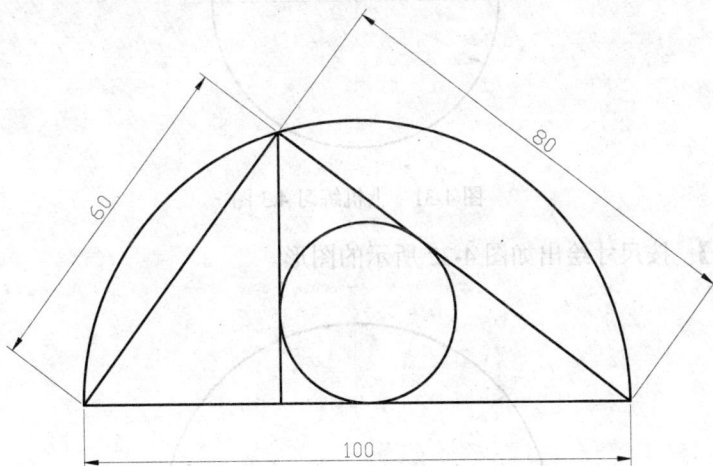

图 4-29　基本几何图形

绘图指导：

画出长度 100 的水平线，以该直线的两端点为圆心，以 80、60 为半径画圆，两圆的交点即是三角形的顶点。

【练习 4.2】　按尺寸绘制图 4-30 所示的图形。

绘图指导：

在画中间未注直径的圆时，先画出该圆与 R200 圆弧的连心线，即找两圆弧的切点。

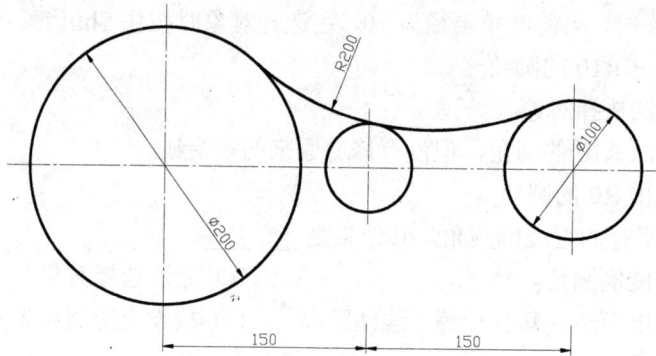

图 4-30 圆弧连接几何图形

【练习 4.3】 按尺寸绘出如图 4-31 所示的图形。

绘图指导：先画出 15、20 的直线段部分，再用"起点、端点、半径"命令画圆弧。

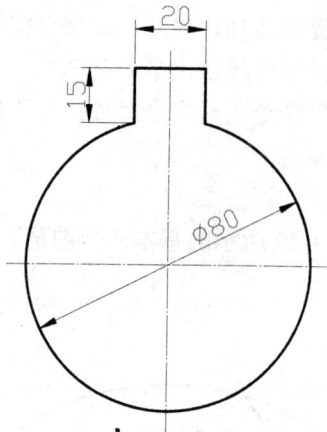

图 4-31 上机练习 4.3 图

【练习 4.4】 按尺寸绘出如图 4-32 所示的图形。

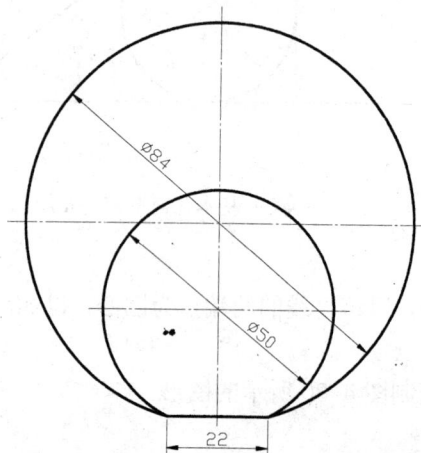

图 4-32 上机练习 4.4 图

绘图指导：

图中 ϕ84 和 ϕ50 的圆弧已知起点和端点与直径，可用"起点、端点、半径"方式绘制圆弧。

【练习 4.5】 分析图 4-33 所示"涵洞立面图"的几何形状和作图方法，按尺寸 1:1 绘出该图形，不标注尺寸，完成后命名并保存。

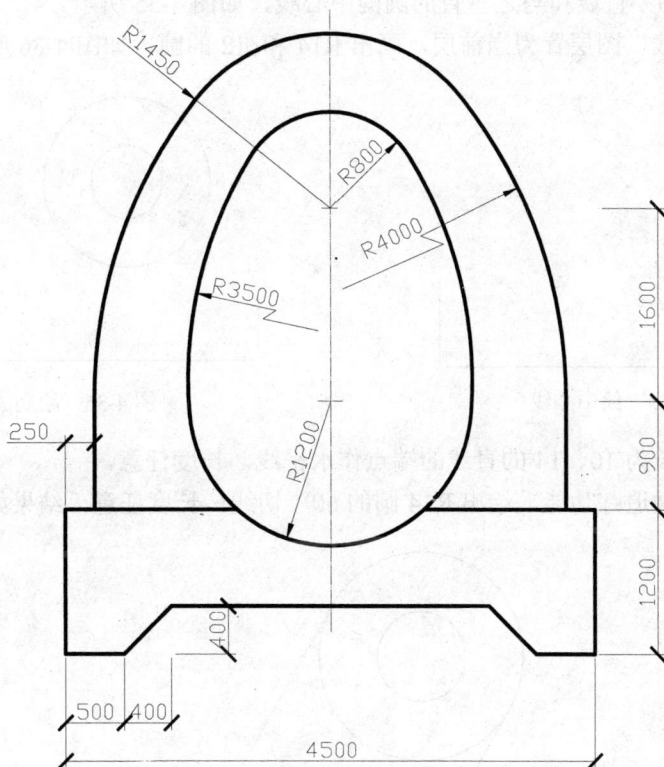

图 4-33 涵洞图样

【练习 4.6】 分析图 4-34 所示"滑动轴承"的几何形状和作图方法，按尺寸 1:1 绘出该图形，不标注尺寸，完成后命名并保存。

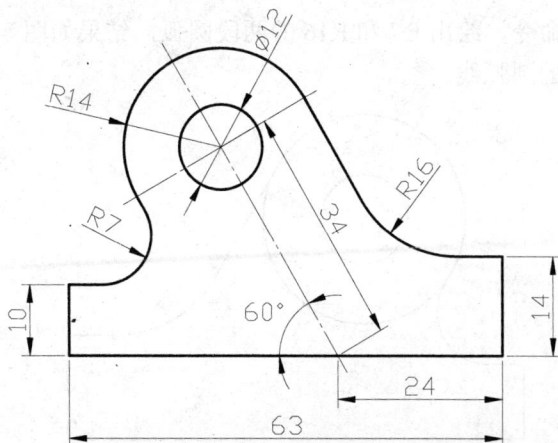

图 4-34 滑动轴承图样

绘图指导：

（1）设置"粗实线"、"点划线"、"细实线"三个图层，将"粗实线"图层置为当前。

（2）绘出底部长为 10、63、14 的直线段。

（3）将"点划线"图层置为当前，设置极轴"增量角"为 30，利用对象捕捉和极轴追踪功能，绘出 60°直线和与之垂直的圆的中心线，如图 4-35 所示。

（4）将"实线"图层置为当前层，画出 R14 和 ϕ12 的圆，如图 4-36 所示。

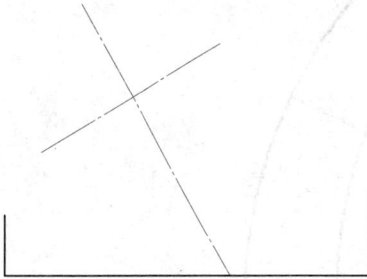

图 4-35　绘中心线   图 4-36　绘制圆

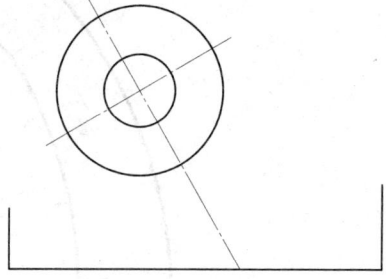

（5）从底部长为 10、14 的直线的端点作水平线，长度任意。

（6）利用极轴追踪功能，绘出 R14 圆的 60°切线，长度任意，结果如图 4-37 所示。

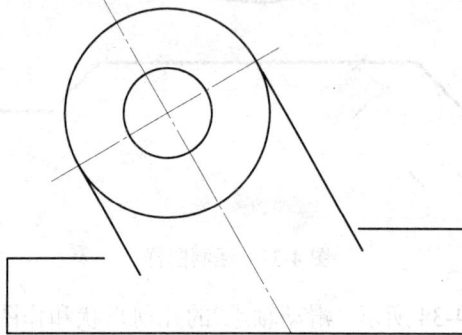

图 4-37　绘制切线

（7）用"圆角"命令，绘出 R7 和 R16 的两段圆弧，结果如图 4-38 所示。

（8）剪裁掉多余的圆弧线。

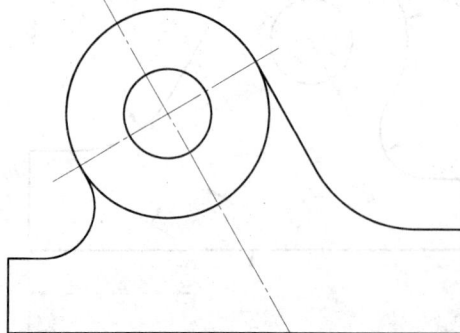

图 4-38　绘制圆弧

【练习 4.7】分析图 4-39 所示的"吊钩"的几何形状和绘图方法，并按尺寸 1:1 绘制图形，不标尺寸，完成后命名并保存。

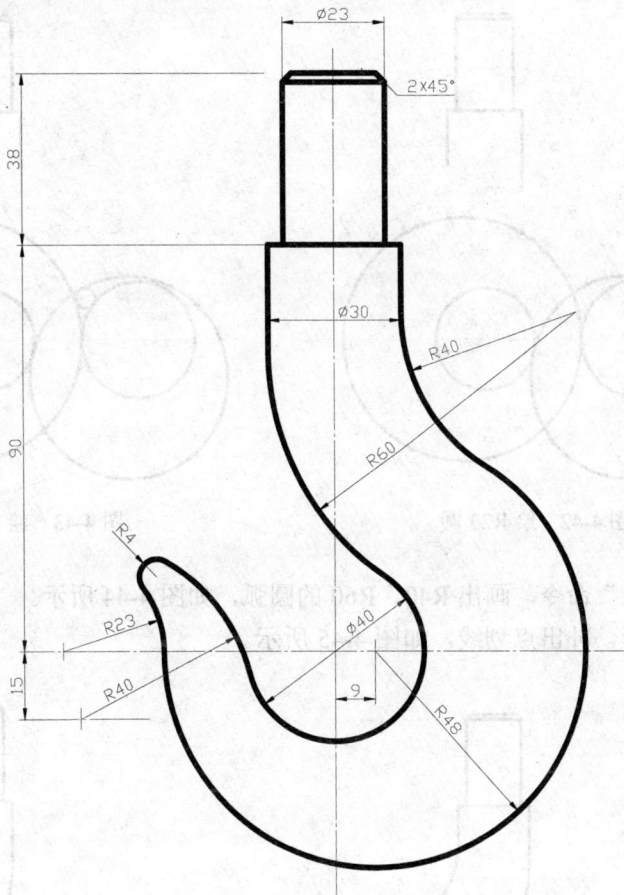

图 4-39　吊钩图样

绘图指导：

（1）先绘出直线图形和 $\phi40$、R48 的两圆，如图 4-40 所示。

（2）找到 R40 的圆心位置，画出 R40 的圆，如图 4-41 所示。

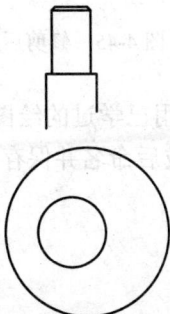

图 4-40　绘 $\phi40$、R48 两圆

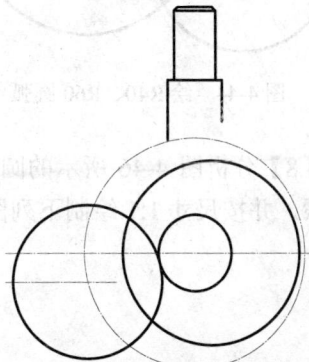

图 4-41　绘 R40 圆

（3）画出 R23 的圆，如图 4-42 所示。

（4）画出 R4 的圆，如图 4-43 所示。

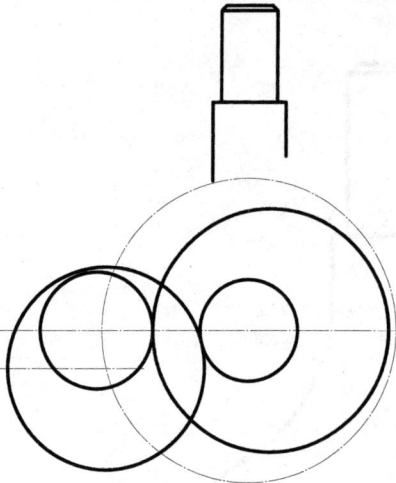

图 4-42　绘 R23 圆　　　　　　　　图 4-43　绘 R4 圆

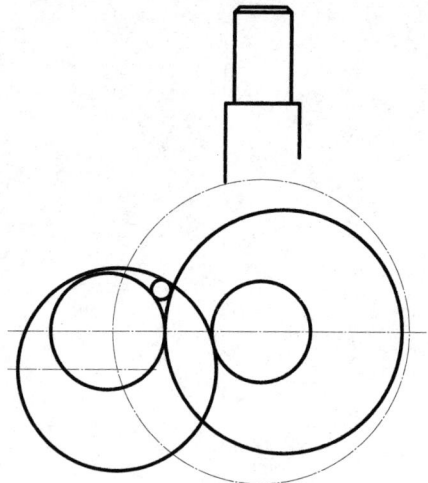

（5）用"圆角"命令，画出 R40、R60 的圆弧，如图 4-44 所示。

（6）修剪图形，补出点划线，如图 4-45 所示。

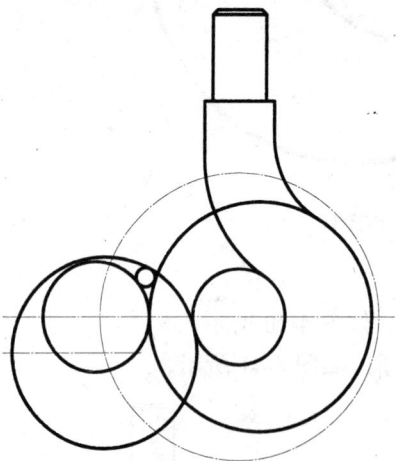

图 4-44　绘 R40、R60 圆弧　　　　　　　图 4-45　修剪后图形

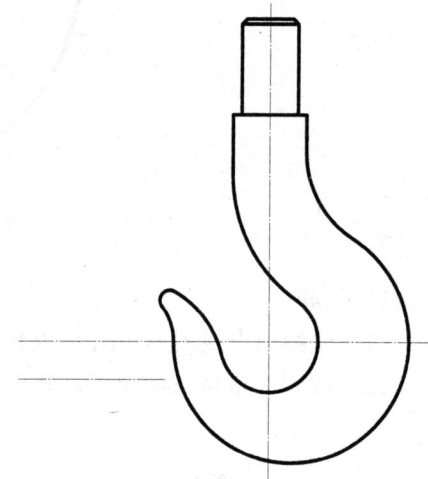

【练习 4.8】分析图 4-46 所示的圆弧连接练习图形，利用已学过的绘图命令总结绘图的方法和步骤，并按尺寸 1:1 绘制下列图形，不标尺寸，完成后命名并保存。

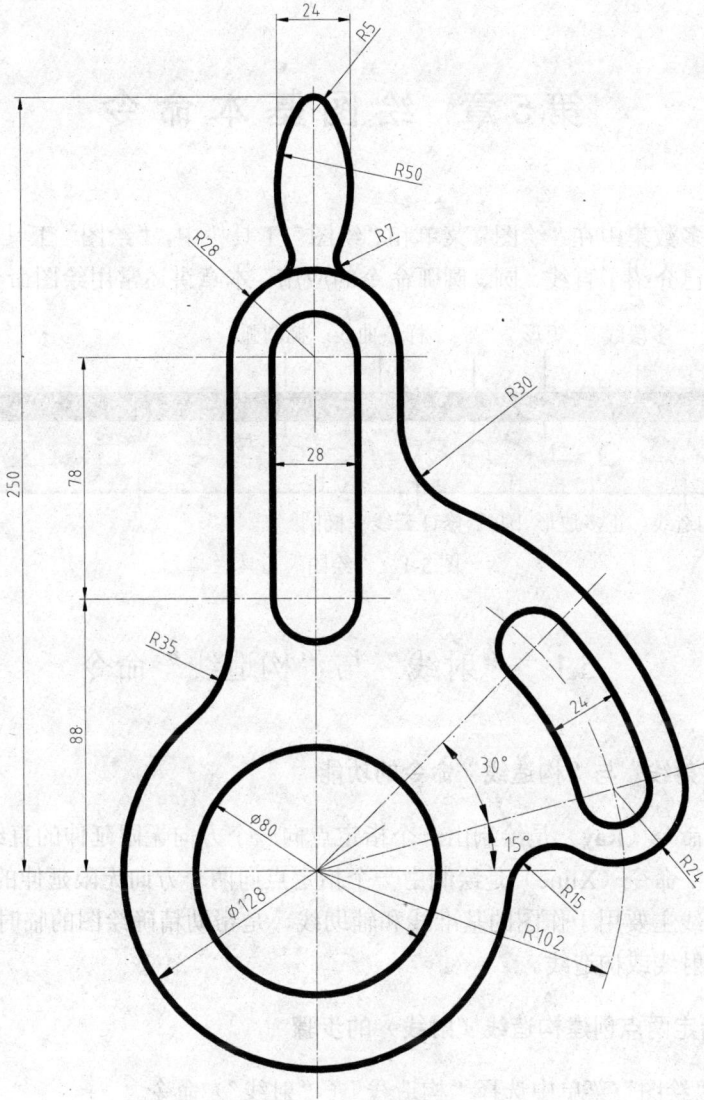

图 4-46 挂轮架图样

第5章 绘图基本命令

绘图命令多数集中在"绘图"菜单和"绘图"工具栏中,"绘图"工具栏如图5-1所示。前面的章节中已介绍了直线、圆、圆弧命令的应用,本章讲述常用绘图命令的功能与操作。

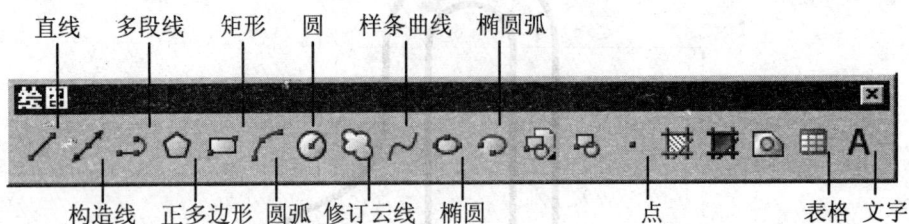

直线 多段线 矩形 圆 样条曲线 椭圆弧

构造线 正多边形 圆弧 修订云线 椭圆 点 表格 文字

图 5-1 "绘图"工具栏

5.1 "射线"与"构造线"命令

5.1.1 "射线"与"构造线"命令的功能

"射线"命令(Ray)是绘制由一个指定点向一个方向无限延伸的直线。

"构造线"命令(Xline)是绘制由一个指定点向两个方向无限延伸的直线。

这两种图线主要用于作图的基准线和辅助线,是帮助精确绘图的临时对象,打印前需要修剪或删除射线或构造线。

5.1.2 指定两点创建构造线(射线)的步骤

(1)从"绘图"菜单中选择"构造线"("射线")命令。

命令区提示:指定点或[水平(H)/垂直(V)/角度(A)/二等分(B)/偏移(O)]:

(2)用鼠标指定一个点作为构造线(射线)上的点。

命令区提示:指定通过点:

(3)指定第二个点,即构造线(射线)要经过的点。

(4)根据需要继续指定构造线(射线)。所有后续参照线都经过第一个指定点。

(5)按回车键结束命令。

5.1.3 "射线"与"构造线"命令的选项说明

(1)水平(H):自动绘制通过指定点的水平构造线。

(2)垂直(V):自动绘制通过指定点的垂直构造线。

(3)角度(A):绘制通过指定点和所给角度的构造线。

(4)二等分(B):绘制已给定角的角平分线。

（5）偏移(O)：给定基线和相对于基线的偏移量，绘制偏移构造线。

5.1.4 "构造线"命令的应用举例

【例 5.1】 利用"构造线"命令绘制图 5-2 所示 AOB 的角平分线。

操作步骤：

（1）单击"绘图"工具栏中"构造线"图标。

命令区提示：指定点或[水平(H)/垂直(V)/角度(A)/二等
分(B)/偏移(O)]:

（2）用键盘从命令区输入 B，按回车键。

命令区提示：指定角的顶点：

（3）用鼠标捕捉顶点 O 点单击。

命令区提示：指定角的起点：

（4）用鼠标捕捉 B 点单击。

命令区提示：指定角的端点：

（5）用鼠标捕捉 A 点单击。

命令区提示：指定角的端点：

图 5-2　"构造线"应用图例

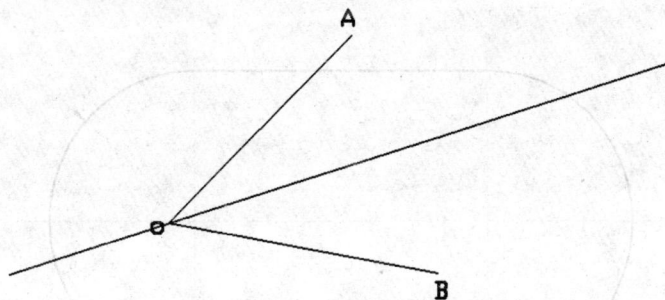

（6）右击结束命令。绘制出的角平分线如图 5-3 所示。

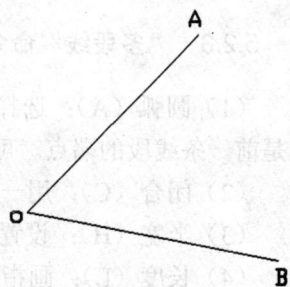

图 5-3　用构造线绘制角平分线

5.2　"多段线"命令

5.2.1　"多段线"命令的功能

"多段线"命令（Pline）是绘制相互连接的一系列线段，并作为单个对象被定义。"多段线"命令有许多编辑功能，例如，可以调整多段线的宽度和曲率，可以创建直线段、弧线段或两者的组合线段。

5.2.2　"多段线"命令的操作步骤

（1）在"绘图"工具栏中，选择"多段线"选项。

命令区提示：指定起点：

（2）指定多段线的起点。

命令区提示：指定下一点或[圆弧(A)/闭合(C)/半宽(H)/长度(L)/放弃(U)/宽度(W)]:

（3）指定第一条多段线线段的端点。

（4）根据需要继续指定下一线段的端点。

（5）按回车键结束，或者输入 C 闭合多段线。

5.2.3   "多段线"命令的选项说明

（1）圆弧（A）：选择后进入绘制圆弧模式。绘制多段线的圆弧线段时，圆弧的起点就是前一条线段的端点。可以指定圆弧的角度、圆心、方向或半径。

（2）闭合（C）：用一直线段将多段线的终点与起点连起来。

（3）半宽（H）：设置多段线的半宽度，即输入的宽度是实际宽度的一半。

（4）长度（L）：画指定长度的直线。

（5）放弃（U）：取消上一段多段线的操作。

（6）宽度（W）：设置多段线的宽度。

5.2.4   "多段线"命令的应用举例

【例 5.2】 用"多段线"命令方式绘制图 5-4 所示的图形。

操作步骤：

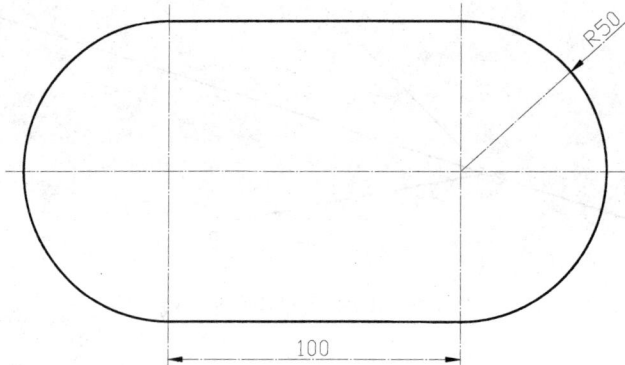

图 5-4   直线和圆弧组合多段线

（1）从"绘图"菜单中选择"多段线"。

（2）指定 100 水平线的左端点为绘制的起点。

（3）用直接给距离方式画出尺寸为 100 的水平直线。

（4）在命令行上输入字符 a，切换到画"圆弧"模式。用鼠标指引圆弧直径为竖直方向，输入圆弧直径 100，按回车键。

（5）在命令行输入字符 L，返回到画"直线"模式。输入直线距离 100，按回车键。

（6）再输入字符 a，按回车键，切换到画"圆弧"模式。输入 CL，按回车键，图形以半圆弧封闭。

（7）画出圆弧的中心线和图形的对称线。

【例 5.3】 用"多段线"命令按尺寸绘制图 5-5 所示的独立箭头。

操作步骤：

（1）从"绘图"菜单中选择"多段线"。

（2）指定直线段的起点，绘出长度为 25 的细实线。

（3）右击从快捷菜单中单击"宽度"选项。

（4）输入起点宽度 4，按回车键。

（5）输入端点宽度 0，按回车键。

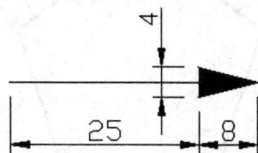

图 5-5　箭头

（6）在命令栏提示"指定下一点"时，输入箭头的长度距离 8，按回车键。

（7）再次按回车键结束。

5.3　"正 多 边 形"命 令

5.3.1　"正多边形"命令的功能

"正多边形"命令（Polygon）可以很方便地绘制等边三角形、五边形、六边形等任意正多边形。绘出的正多边形作为多段线被定义。

5.3.2　"正多边形"命令的操作步骤

（1）在"绘图"工具栏中，单击"多边形"。

命令行提示：输入边的数目<4>:

（2）在命令行上输入边数。

命令行提示：指定正多边形的中心点或[边(E)]:

（3）指定正多边形的中心（或选择"边"）。

命令行提示：[内接于圆(I)/外切于圆(C)]<I>:

（4）选择选项，以确定绘制圆内接正多边形或圆外切正多边形。

命令区提示：指定圆的半径:

（5）输入半径长度，按回车键，命令结束。

5.3.3　"正多边形"命令的选项说明

（1）边（E）：如果已知正多边形的边长绘正多边形，则采用此选项，如图 5-6（a）所示。

（2）内接于圆（I）：系统参照一个假想圆，多边形在假想圆内，为圆的内接多边形。如果已知正多边形中心与每条边（内接）端点之间的距离，则采用此选项，如图 5-6（b）所示。

（3）外切于圆（C）：多边形在假想圆的外侧，为圆的外切多边形。如果已知正多边形中心与每条边（外切）中点之间的距离，则采用此选项，如图 5-6（c）所示。

5.3.4　"正多边形"命令的应用举例

【例 5.4】 按尺寸绘制如图 5-7 所示的正六边形图形。

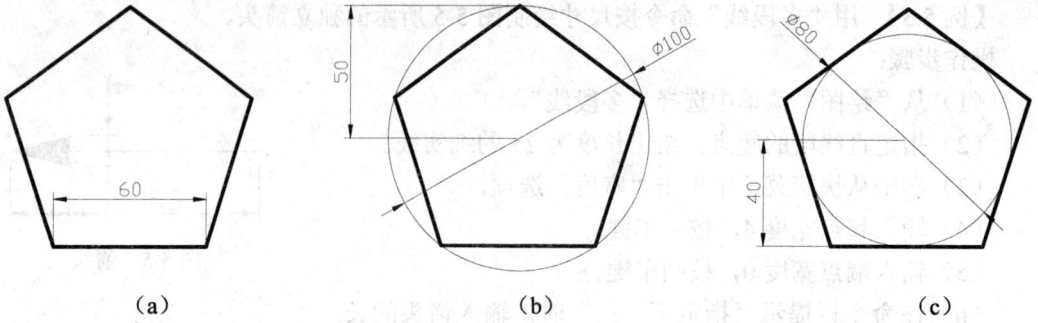

图 5-6　各选项图示说明

（a）边；（b）内接于圆；（c）外切于圆

操作步骤：

（1）在"绘图"工具栏中单击"正多边形"图标。

（2）在命令行上输入边数 6。

（3）用鼠标指定正多边形的中心。

（4）在命令行输入字符 I，按回车键。

（5）用鼠标指定正六边形的顶点为水平位置。

（6）在命令行输入半径值 80，按回车键。

【例 5.5】　按尺寸绘制如图 5-8 所示的正六边形图形。

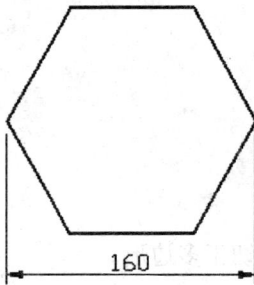

图 5-7　正六边形

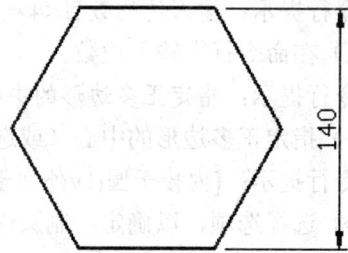

图 5-8　内接六边形

操作步骤：

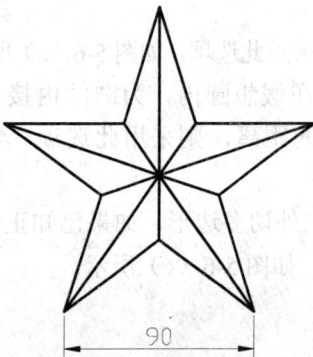

图 5-9　正五角星

（1）在"绘图"工具栏中单击"正多边形"图标。

（2）在命令行上输入边数 6。

（3）用鼠标指定正多边形的中心。

（4）在命令行输入字符 C，按回车键。

（5）用鼠标指定正六边形的顶点为水平位置。

（6）在命令行输入半径值 70，按回车键。

【例 5.6】　按尺寸绘制如图 5-9 所示的正"五角星"图形。

操作步骤：

（1）在"绘图"工具栏中单击"正多边形"图标。

（2）在命令区输入边数 5，按回车键。

（3）在命令行输入字符 E，按回车键。

（4）用鼠标在合适的位置指定正五边形的边线的一个端点。

（5）用鼠标引导正五边形的底边线处于水平位置。

（6）在命令行输入边长值 90，按回车键，得到正五边形。

（7）用直线将正五边形的角点连接，得到内接正"五角星"。

（8）删除正五边形，得到如图 5-9 所示的正"五角星"图形。

5.4　"矩 形"命 令

5.4.1　"矩形"命令的功能

"矩形"命令（Rectang）是按给定两个角点或矩形的长和宽画矩形，并可以绘制带圆角或倒角的矩形，也可以画带倾斜角度的矩形。

5.4.2　"矩形"命令的操作步骤

（1）在"绘图"工具栏中，单击"矩形"图标命令。

命令区提示：指定第一个角点或[倒角(C)/标高(E)/圆角(F)/厚度(T)/宽度(W)]:

（2）指定矩形第一个角点的位置。

命令区提示：指定另一个角点或 [面积(A)/尺寸(D)/旋转(R)]:

（3）指定矩形其他角点的位置，命令自动结束。

5.4.3　"矩形"命令的选项说明

（1）倒角（C）：指定距离绘制倒角。

（2）圆角（F）：指定半径绘制圆角。

（3）宽度（W）：用指定宽度的线绘制矩形。

（4）标高（E）：在指定标高的平面上绘制矩形。

（5）厚度（T）：用来绘制有厚度的矩形，就是长方体。

（6）面积（A）：给定面积绘制矩形。

（7）尺寸（D）：输入矩形的长、宽尺寸。

（8）旋转（R）：给定矩形的倾斜角度。

5.4.4　"矩形"命令的应用举例

【例 5.7】 应用"矩形"命令绘制图 5-10 所示图形。

操作步骤：

（1）在"绘图"工具栏中，单击"矩形"命令图标。

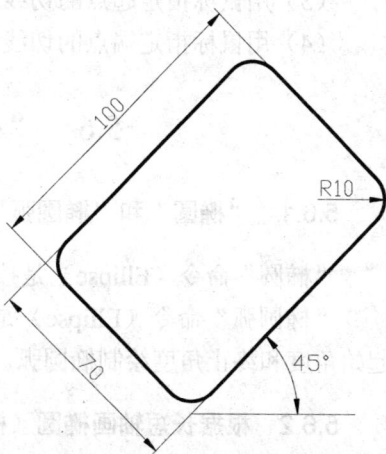

图 5-10　圆角矩形绘制图例

（2）从键盘输入字符 F，按回车键。再输入圆弧半径值 10，按回车键。

（3）用鼠标指定矩形第一个角点的位置。

（4）输入字符 R，按回车键，再输入 45，按回车键。

（5）输入字符 D，应用输入长和宽模式绘制矩形。

（6）从命令区输入矩形的长度 100，按回车键。

（7）再输入矩形的宽度 70，按回车键。

（8）单击选择矩形的方向。

5.5　"样条曲线"命令

5.5.1　"样条曲线"命令的功能

"样条曲线"命令（Spline）用于创建形状不规则的光滑曲线。可以通过鼠标指定样条曲线上的点来创建样条曲线，也可以输入样条曲线上点的坐标值来绘制样条曲线。

5.5.2　"样条曲线"命令的操作步骤

（1）从"绘图"菜单中选择"样条曲线"。

（2）用鼠标方式或坐标方式指定样条曲线的起点"1"、"2"、"3"、"4"、"5" 创建样条曲线，然后按回车键，结束画样条曲线的命令，如图 5-11 所示。

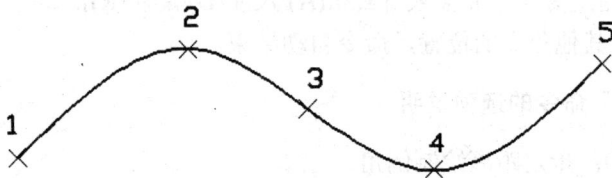

图 5-11　样条曲线

（3）用鼠标指定起点的切线方向，按回车键。

（4）用鼠标指定端点的切线方向，按回车键。

5.6　"椭圆"和"椭圆弧"命令

5.6.1　"椭圆"和"椭圆弧"命令的功能

"椭圆"命令（Ellipse）是按照椭圆的长轴、短轴、中心点等尺寸绘制椭圆。

"椭圆弧"命令（Ellipse）是按照椭圆弧的长轴、短轴、中心点等尺寸以及椭圆弧的起始角度和终止角度绘制椭圆弧。

5.6.2　根据长短轴画椭圆（椭圆弧）的操作步骤

（1）从工具栏单击"椭圆弧"（"椭圆"）命令图标。

命令区提示：指定椭圆的轴端点或[圆弧(A)/中心点(C)]:

（2）指定轴端点。

命令区提示：指定另一个轴端点:

（3）指定另一端点。

命令区提示：指定另一条半轴长度或[旋转(R)]:

（4）用鼠标指定另一条半轴的端点或输入半轴长度（绘椭圆命令结束）。

命令区提示：指定起始角度或[参数(P)]:

（5）指定或输入椭圆弧的起始角度。X 轴的负方向为零度，逆时针旋转为正。

命令区提示：指定终止角度或[参数(P)/包含角(I)]:

（6）指定或输入椭圆弧的终止角度。

5.6.3　"椭圆"和"椭圆弧"命令的选项说明

（1）圆弧（A）：进入按给定角度画圆弧的模式。

（2）中心点（C）：给定椭圆的中心点。

（3）旋转（R）：绘制圆平面围绕轴旋转一个给定角度后的正投影。

（4）参数（P）：按矢量方程式输入角度。

（5）包含角（I）：指定保留椭圆段的包含角。

5.6.4　"椭圆"和"椭圆弧"命令的应用举例

【例 5.8】　按尺寸 1:1 绘出图 5-12 所示的椭圆。

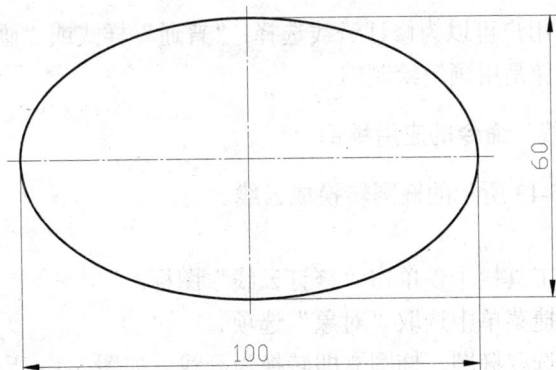

图 5-12　椭圆

操作步骤：

（1）单击绘图工具栏中"椭圆"图标，用鼠标指定长轴 100 的起点。

（2）用鼠标指引长轴为水平方向，然后在命令行输入长轴的长度 100，按回车键。

（3）在命令行输入半短轴长度 30，按回车键则完成椭圆作图。

（4）绘制椭圆的十字中心线，完成全图。

5.7 "修订云线"命令

5.7.1 "修订云线"命令的功能

　　"修订云线"命令（Revcloud）用于创建由连续圆弧组成的多段线构成的云线对象。可以用鼠标直接沿云线路径引导十字光标绘制云线，也可以将闭合对象（如圆、椭圆、闭合多段线或闭合样条曲线）转换为云线。

5.7.2 "修订云线"命令的操作步骤

　　（1）在"绘图"工具栏中，单击"修订云线"图标。
　　命令区提示：指定起点或[弧长(A)/对象(O)/样式(S)]<对象>:
　　（2）指定云线的起点。
　　命令区提示：沿云线路径引导十字光标:
　　（3）沿着云线路径移动十字光标。要更改圆弧的大小，可以沿着路径单击拾取点。
　　（4）可以随时按回车键停止绘制云线，或返回到起点使云线闭合，命令自动结束。
　　命令区提示：修订云线完成。

5.7.3 "修订云线"命令的选项说明

　　（1）弧长（A）：用于设置云线中圆弧的最大长度和最小长度。
　　（2）对象（O）：用于将闭合对象（圆、椭圆、闭合多段线或闭合样条曲线）转换为云线。
　　（3）样式（S）：用户可以为修订云线选择："普通"样式或"画笔"样式。如果选择"画笔"，云线看起来像是用画笔绘制的。

5.7.4 "修订云线"命令的应用举例

　　【例 5.9】 将图 5-13 所示的椭圆转换成云线。
　　操作步骤：
　　（1）在"绘图"工具栏中，单击"修订云线"图标。
　　（2）右击，从快捷菜单中选取"对象"选项。
　　（3）用鼠标单击选取椭圆，椭圆立即转换为云线，如图 5-14 所示。
　　（4）按回车键，选择不反转圆弧方向，转换云线结束。

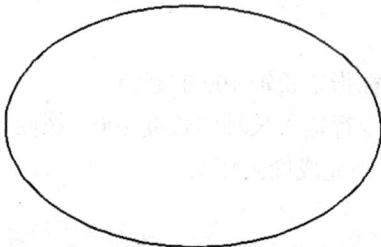

图 5-13 转换云线图例　　　　　　　　图 5-14 转换修订云线

5.8 "点" 命 令

5.8.1 "点" 命令的功能

"点"命令（Point）是以各种定义的样式绘制点，可以定数等分和定量等分线段，还可以将图块均匀插入各等分点。

AutoCAD 中孤立的定义点称为"节点"，"节点"在作图中主要用来定位，如用"节点"来绘制相贯线、截交线、坐标曲线等线段。

5.8.2 "点"显示样式的设置

（1）从"格式"菜单中选择"点样式"，出现"点样式"对话框，如图 5-15 所示。

（2）从"点样式"对话框中，选取点的显示样式。点则以选定的样式显示，直到重新设置点样式。

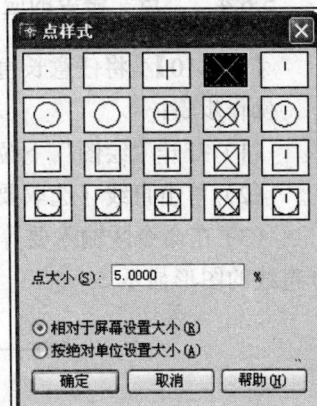

5.8.3 "点"命令的选项说明

图 5-15 "点样式"对话框

在"绘图"菜单"点"选项中有"点"命令的次级菜单，如图 5-16 所示。各命令说明如下：

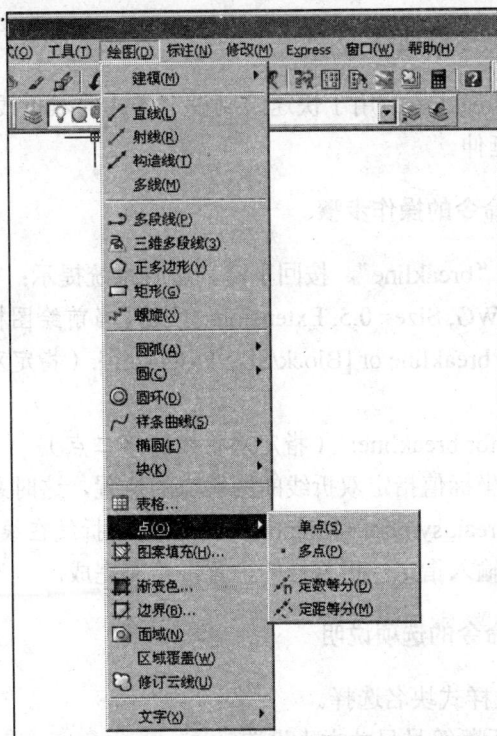

图 5-16 "点"命令的次级菜单

（1）单点（S）：启用一次命令画一个点。

（2）多点（P）：启用一次命令可连续画点，只有按 Esc 键结束命令。

（3）定数等分（D）：用点将直线、圆、多段线、样条曲线等按给定的段数等分。

（4）定距等分（M）：用点将直线、圆、多段线、样条曲线等按给定的长度等分，选择线段时鼠标点击的一端为等分的起点。

5.8.4　"点"命令的应用举例

【例 5.10】　将任意长直线均匀七等分。

操作步骤：

（1）打开"绘图"下拉菜单，在"点"选项列表中单击"定数等分"。

（2）单击直线（选取要定数等分的对象）。

（3）在命令区输入要等分的段数 7，按回车键，则线段被均匀等分，如图 5-17 为七等分直线的图形显示。

图 5-17　七等分直线

5.9　"双折线"命令

5.9.1　"双折线"命令的功能

"双折线"命令（Breakline）用于快速绘制设定样式的双折线，在绘图时可以控制双折线的大小和两端是否延伸。

5.9.2　"双折线"命令的操作步骤

（1）在命令行输入"breakline"，按回车键。这时系统提示：

Block= BRKLINE.DWG, Size= 0.5, Extension= 1.25（当前绘图模式）

Specify first point for breakline or [Block/Size/Extension]:（指定双折线的第一点或[块/尺寸/延伸]

Specify second point for breakline:（指定双折线的第二点）

（2）用鼠标或输入坐标值指定双折线的两端点的位置，这时系统提示：

Specify location for break symbol <Midpoint>:（指定双折线在线段中的位置<中点>）

（3）用鼠标或坐标输入指定双折符号的位置，绘制完成。

5.9.3　"双折线"命令的选项说明

（1）Block：双折线样式块名选择。

（2）Size：双折线折断符号尺寸大小设置。

（3）Extension：双折线两端点延伸设置。

5.9.4　"双折线"命令的应用举例

【例 5.11】　绘制图 5-18 所示双折线图形。

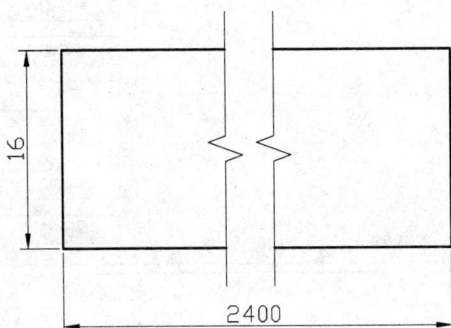

图 5-18　双折线绘制

操作步骤：

（1）启用"矩形"命令，绘出长约为 60、宽为 16 的矩形。

（2）从命令行输入 breakline，按回车键，启用绘双折线命令，输入 s 回车，再输入 2，设置折断线符号的大小；输入 e 回车，再输入 3，设置双折线两端点的延伸量。

（3）在矩形的水平线段的适当位置处，用鼠标指定双折线上、下端点的位置。

（4）直接按回车键，接受折断符号的默认位置 Midpoint。

5.10　"多线"命令

5.10.1　"多线"命令的功能

"多线"命令（Mline）可以一次画多条互相平行的直线。通过多线样式的设置，可以设定平行线的数量、间距、封口类型等，也可以为每条平行线赋予线型、颜色，但多线的线宽只能是相同的。

5.10.2　创建多线样式

多线的每条平行线称为元素，每个元素到多线基准零线的距离称偏移量。通过创建多线样式，可以设置每个元素的偏移量、颜色、线型，以及多线的封口类型。

创建多线样式的步骤为：

（1）从"格式"菜单中选择"多线样式"，则出现如图 5-19 所示的"多线样式"对话框。

（2）在"多线样式"对话框中单击"新建"按钮，弹出"创建新的多线样式"对话框，在该对话框中输入要新建的多线样式名，如图 5-20 所示，输入了"24 多线样式"。样式名最多可以输入 255 个字符，包括空格。

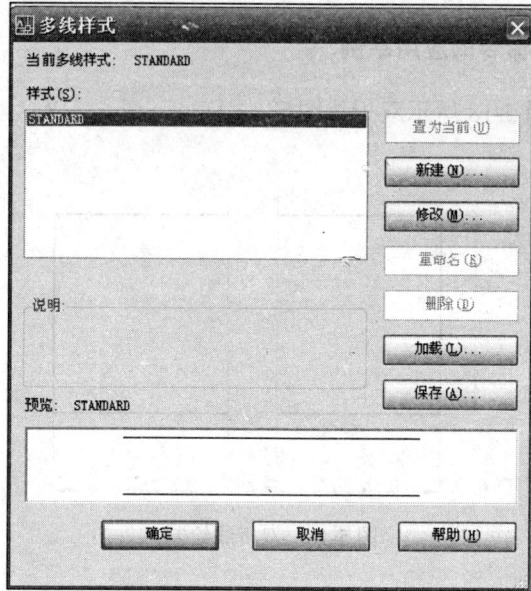

图 5-19 "多线样式"对话框

图 5-20 "创建新的多线样式"对话框

（3）单击"继续"按钮，弹出"新建多线样式"对话框，如图 5-21 所示。

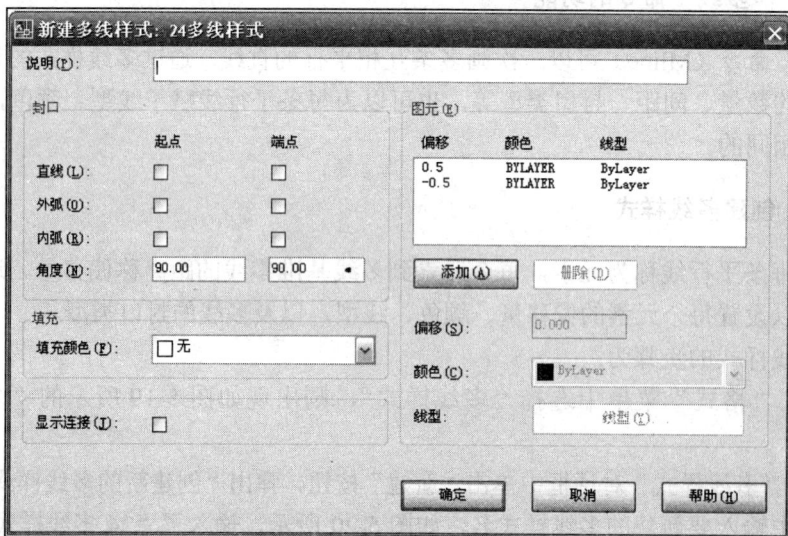

图 5-21 元素特性设置对话框

（4）在"图元"选项组的显示框中，列表显示元素的"偏移"、"颜色"和"线型"。"偏移"是元素距多线原点的偏移距离。

（5）单击"添加"按钮，为新建的多线样式添加元素，然后修改"偏移"、"颜色"和"线型"，最后选择"确定"。

（6）在"封口"选项组，特性包括线段连接的显示、选择起点和端点的封口类型，以及封口的角度和填充色。"填充颜色"选项，可以设置在多线内部的填充颜色；"显示连接"复选框，用来控制多线线段连接处是否显示连接线。

5.10.3 "多线"命令的操作步骤

（1）从"绘图"菜单中选择"多线"。

命令区提示：指定起点或[对正(J)/比例(S)/样式(ST)]

（2）启用"比例"选项命令，输入多线的比例值。

命令区提示：指定起点或[对正(J)/比例(S)/样式(ST)]

（3）启用"对正"选项命令。

命令区提示：输入对正类型 [上(T)/无(Z)/下(B)] <上>:

（4）选择"对正"类型。

命令区提示：指定起点或[对正(J)/比例(S)/样式(ST)]

（5）指定多线的起点。

5.10.4 "多线"命令的选项说明

（1）对正：确定多线是绘制在光标的上端还是下端，或者确定多线的原点是否和光标中心对齐。

（2）比例：用来控制多线的全局宽度（使用当前单位）。多线比例不影响线型比例。

（3）样式：输入多线样式名称，可以使用包含两个元素的默认样式，也可以指定一个以前创建的样式。默认样式是最近使用的多线样式。

5.10.5 多线编辑工具

从"修改"菜单中的"对象"次级菜单中，选择"多线"，则打开"多线编辑工具"对话框，如图 5-22 所示。

多线编辑的 12 种方法为：十字闭合，十字打开，十字合并，T 形闭合，T 形打开，T 形合并，角点结合，添加顶点，删除顶点，单个剪切，全部剪切，全部接合。

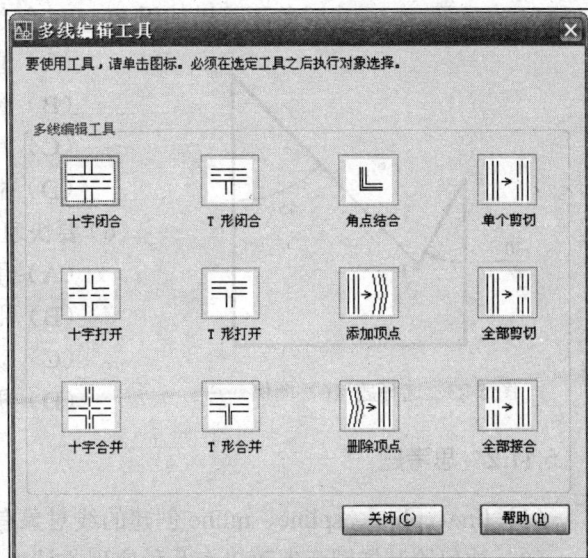

图 5-22 "多线编辑工具"对话框

5.11　思 考 与 练 习

5.11.1　选择题

（1）多段线绘制的线与直线绘制的线不同，说法正确的是_____。
　　（A）前者绘制的线，每一段都是独立的图形对象，后者则是一个整体
　　（B）前者绘制的线可以设置线宽，后者没有线宽
　　（C）前者绘制的线是一个整体，后者绘制的线每一段都是独立的图形对象
　　（D）前者只能绘制直线，后者还可以绘制圆弧。
（2）下列关于矩形的说法错误的是_____。
　　（A）矩形可以进行倒圆、倒角
　　（B）已知面积和一条边长度可以绘制矩形
　　（C）根据矩形的周长就可以绘制矩形
　　（D）矩形是多段线
（3）以下_____说法是错误的。
　　（A）使用"正多边形"命令将得到一条多段线
　　（B）知道正方形的对角线长可以用多边形命令直接画出该正方形
　　（C）打断一条"构造线"将得到两条射线
　　（D）不能用"椭圆"命令画圆
（4）执行"样条曲线"命令后，_____选项用来输入曲线的偏差值。值越大，曲线离指定的点越远；值越小，曲线离指定的点越近。
　　（A）闭合　　　　　　　　　　（B）端点切向
　　（C）拟合公差　　　　　　　　（D）起点切向
（5）下面_____对象不可以使用 PLINE 命令来绘制。
　　　　　　　　　　　　　　　　（A）直线
　　　　　　　　　　　　　　　　（B）圆弧
　　　　　　　　　　　　　　　　（C）具有宽度的直线
　　　　　　　　　　　　　　　　（D）椭圆弧
　　　　　　　　　　　　　　　（6）要快速绘出图 5-23 中的 P 点，可以_____。
　　　　　　　　　　　　　　　　（A）用直角坐标
　　　　　　　　　　　　　　　　（B）用极坐标
　　　　　　　　　　　　　　　　（C）动态输入（DYN）
图 5-23　选择题（6）图例　　　　（D）极轴追踪和对象追踪

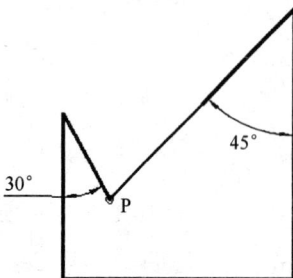

5.11.2　思考题

（1）line、pline、spline、mline 创建的线对象有什么不同？
（2）如何绘制椭圆弧？可以有几种实现方法？
（3）直线、圆、圆弧、矩形、正多边形等命令的快捷键是什么？

（4）可以按指定长度将对象等分吗？哪段与指定长度不符？

5.11.3　上机练习与指导

【练习5.1】　用"构造线"命令绘制图5-24所示图形。

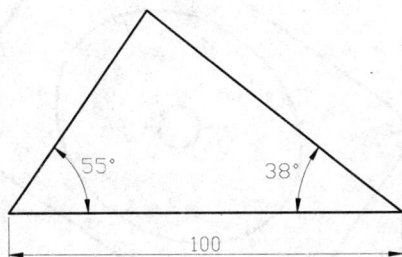

图 5-24　上机练习 5.1 图

绘图指导：

先画出100的水平线，用"构造线"命令的"角度"选项，输入55和142，然后修剪。

【练习5.2】　用"多段线"命令绘制图5-25所示图形。

绘图指导：

先画95长的直线，将其4等分，启用"多段线"中的"圆弧"命令，再选择"方向"选项，依次单击各等分点绘出图形。

【练习5.3】　用"正多边形"和"圆弧"命令绘制图5-26所示图形。

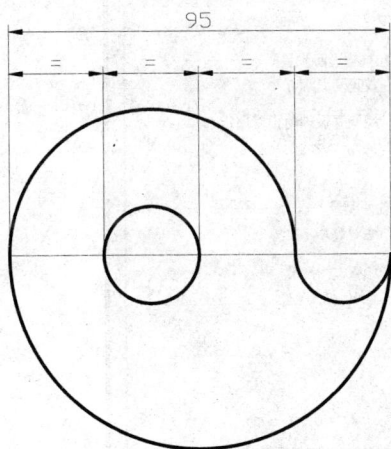

图 5-25　上机练习 5.2 图

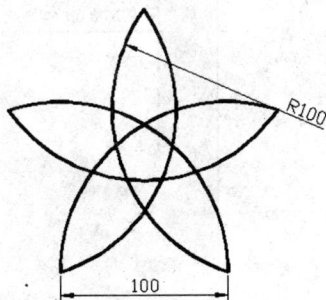

图 5-26　上机练习 5.3 图

绘图指导：

用正多边形命令中的边选项，绘出正五边形，然后用圆弧命令中的起点、端点、半径选项绘出各圆弧。

【练习5.4】　用"矩形"和"椭圆"命令绘制图5-27所示图形。

绘图指导：

（1）启用"矩形"命令，用角度和圆弧选项绘出35°的圆角矩形。

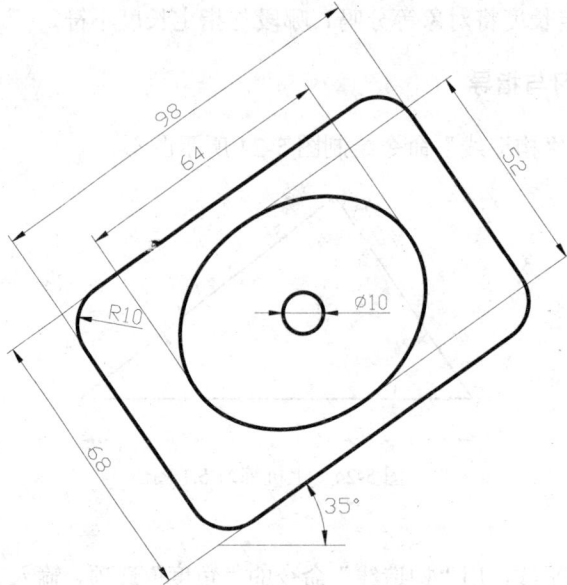

图 5-27 上机练习 5.4 图

（2）在草图设置对话框中，新建极轴追踪"附加角"35 和 125，并选择"用所有极轴角设置追踪"，如图 5-28 所示。

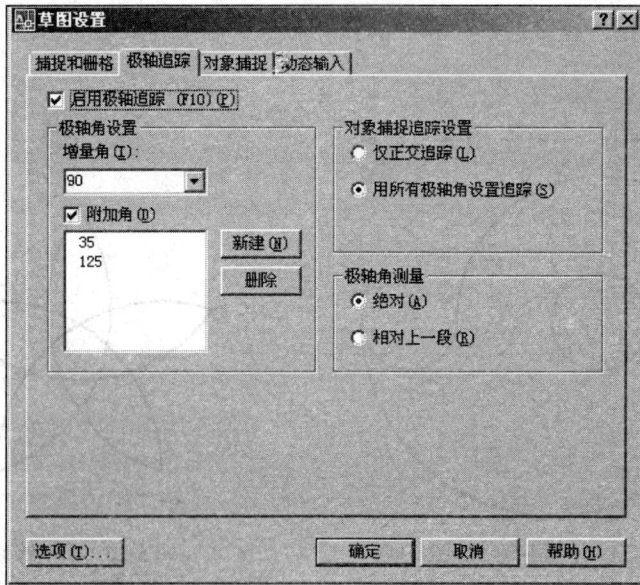

图 5-28 极轴追踪设置

（3）启用"椭圆"命令，选择"中心点"选项，追踪对齐矩形中心点点击，如图 5-29 所示，再追踪椭圆长轴和短轴的方向，输入长半轴尺寸 32 和短半轴尺寸 26，绘出椭圆。

【练习 5.5】按尺寸 1:1 绘制如图 5-30 所示的图形，暂不标注尺寸，完成后命名为"洁具平面图"并保存。

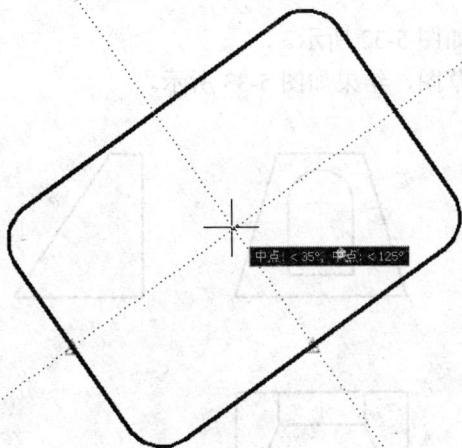

图 5-29 追踪椭圆中心点

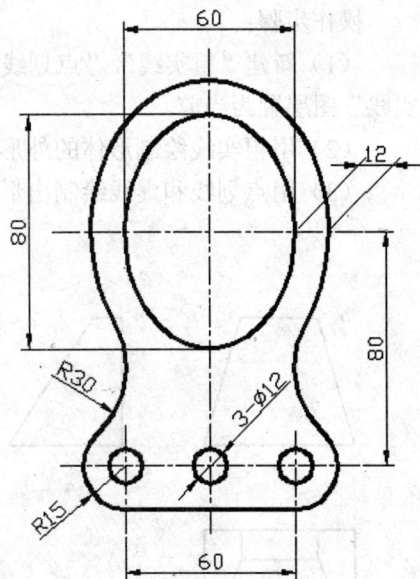

图 5-30 "洁具"平面图

绘图指导：

R30 的圆弧需用"圆角"命令。

【练习 5.6】按尺寸 1:1 绘制如图 5-31 所示的图形，暂不标注尺寸，完成后命名为"涵洞进口段"并保存。

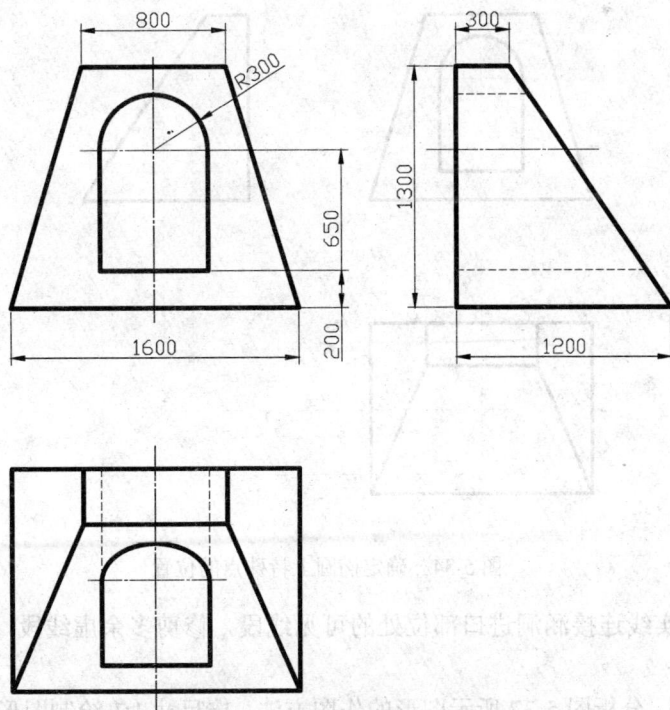

图 5-31 "涵洞进口段"工程图

操作步骤：

（1）新建"粗实线"、"点划线"、"虚线"图层，并设置相应的线型、线宽。并把"粗实线"图层置为当前。

（2）用粗实线绘制形体的外形图，结果如图 5-32 所示。

（3）用点划线和虚线绘制出形体的内部草图，结果如图 5-33 所示。

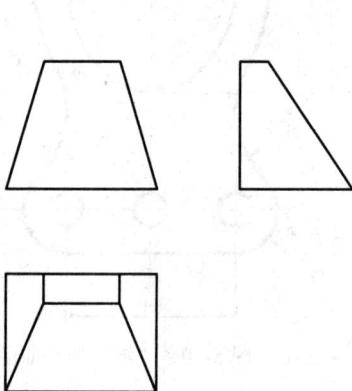

图 5-32   绘形体的外部轮廓

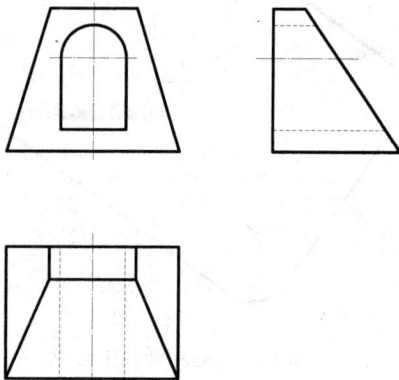

图 5-33   绘出内部涵洞的草图

（4）画 45°斜直线，找到俯视图中涵洞投影的对应点，如图 5-34 所示。

（5）启用"椭圆弧"命令，单击椭圆弧上的三点，绘出椭圆弧，如图 5-35 所示。

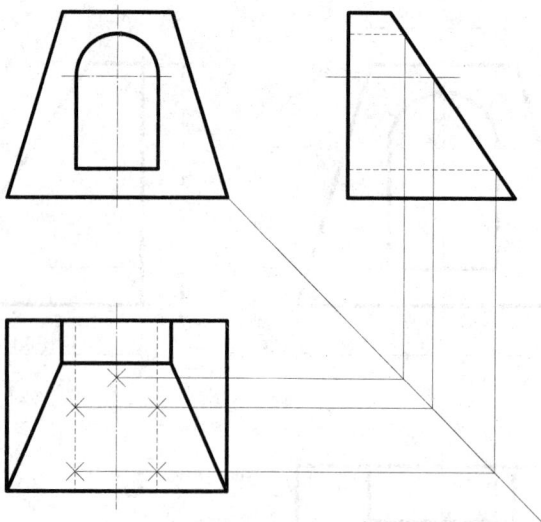

图 5-34   确定椭圆上特殊点的位置

（6）用粗实线连接涵洞进口部位处的可见线段，修剪多余虚线段，完成图形，如图 5-36 所示。

【练习 5.7】 分析图 5-37 所示图形的作图方法，按尺寸 1:1 绘制图形，暂不标注尺寸，完成后命名为"桥涵工程图"并保存。

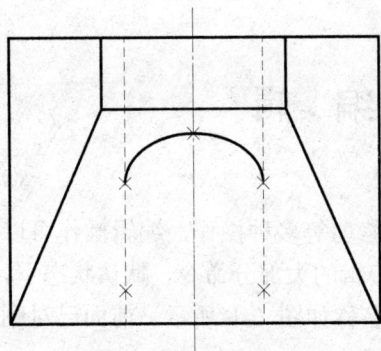

图 5-35 椭圆弧绘制

图 5-36 完成图

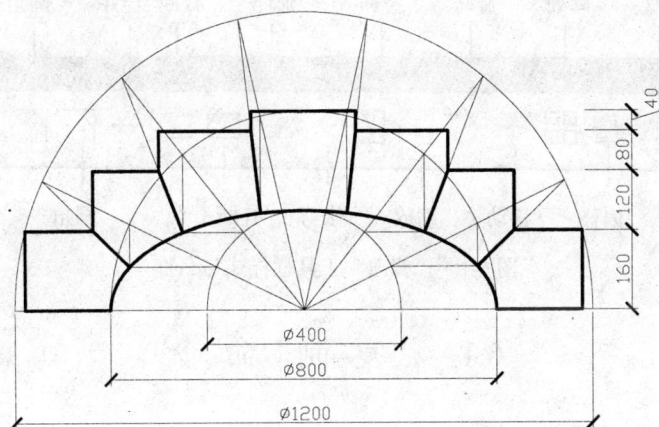

图 5-37 桥涵工程图

【练习 5.8】 绘制图 5-38 所示楼门立面图。

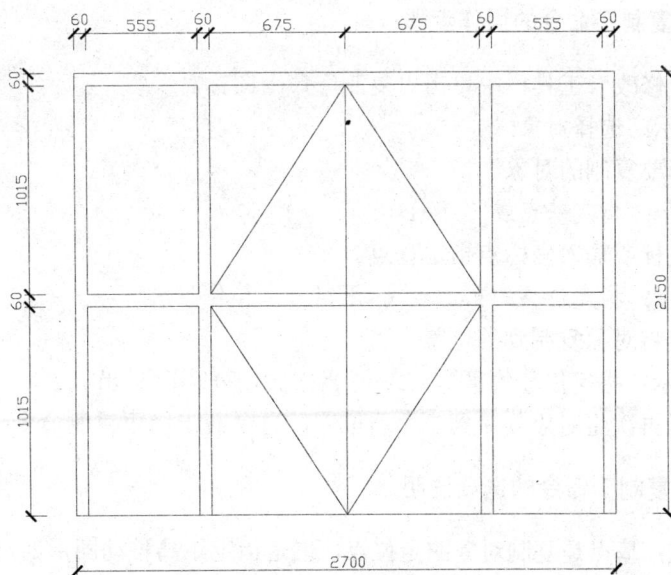

图 5-38 楼门立面图

第6章 图 形 编 辑

图形编辑包括图形的复制、移动、阵列、旋转、修剪等多种操作，编辑操作可以使作图过程大大简化。在"修改"工具栏中，集中了图形编辑的大部分命令，默认状态下，"修改"工具栏固定在绘图界面的右侧，图标命令样式和名称如图 6-1 所示。前面已对删除和修剪命令作过介绍，本章介绍其余编辑命令的功能与操作。

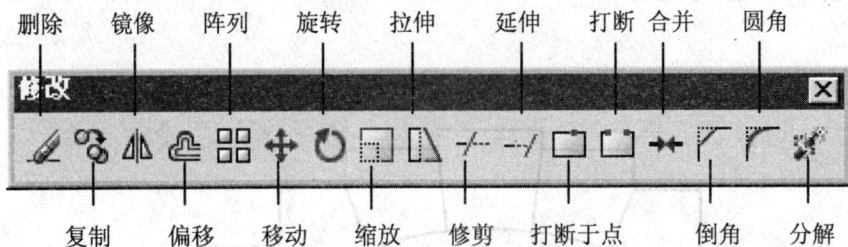

图 6-1 "修改"工具栏样式与名称

6.1 "复 制"命 令

6.1.1 "复制"命令的功能

"复制"命令（Copy）将选定的对象复制到指定的位置。

6.1.2 "复制"命令的操作步骤

（1）从"修改"工具栏中单击"复制"命令图标。

命令区提示：选择对象：

（2）选择要复制的对象。

命令区提示：指定基点或[位移(D)]：

（3）用鼠标或输入坐标点指定基点。

命令区提示：指定位移的第二点或<用第一点作位移>：

（4）指定将对象复制到的位置。

命令区提示：指定位移的第二点或[退出(E)/放弃(U)] <退出>：

（5）可以再次将对象复制到一个新位置，直至右击结束复制命令。

6.1.3 "复制"命令的选项说明

（1）基点：基点是复制对象的定位点，也是指定距离移动图形的尺寸起点。精确绘图时，必须按图中所给尺寸合理地选择"基点"。可以采用鼠标捕捉特征点来选取基点，也可以输入坐标定位或输入位移值定位。

（2）第二点：复制移动的目标点称为第二点。

（3）位移：在光标引导方向上的移动距离。可以在打开"正交"和"极轴追踪"模式的同时使用直接距离输入功能。

（4）用第一点作位移：自动输入基点的坐标值作为复制时移动的相对坐标。

6.1.4　"复制"命令的应用举例

【例 6.1】　用"复制"命令绘制如图 6-2 所示图形。

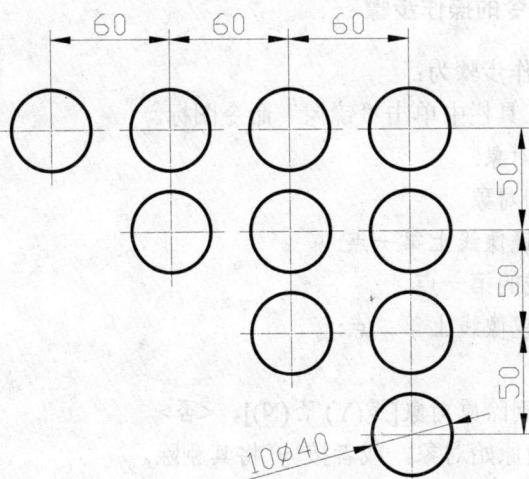

图 6-2　"复制"应用图例

操作步骤：

（1）绘制出 $\phi40$ 的圆与圆中心线。

（2）启用"复制"命令，选择 $\phi40$ 圆与中心线。

（3）用鼠标捕捉圆心作为复制对象的"基点"。

（4）用鼠标指引复制图形的移动方向为水平方向，如图 6-3 所示。

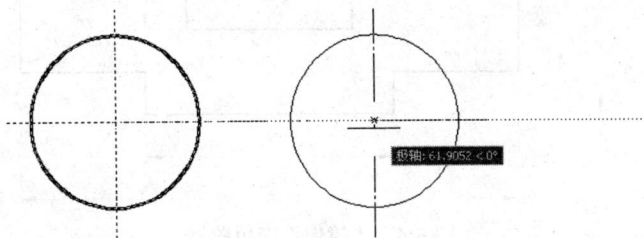

图 6-3　图形的复制

（5）从命令行分别输入 60，按回车键；输入 120，按回车键；输入 180，按回车键；输入@60,-50，按回车键；输入@120,-50，按回车键；输入@120,-100，按回车键；输入@180,-50，按回车键；输入@180,-100，按回车键；输入@180,-150，按回车键。

6.2　"镜 像"命 令

6.2.1　"镜像"命令的功能

"镜像"命令(Mirror)用来创建对象的镜像图像。对于对称图形只需绘制其中的一半，然后创建镜像，即可得到整个图形对象。

6.2.2　"镜像"命令的操作步骤

"镜像"命令的操作步骤为：

（1）从"修改"工具栏中单击"镜像"命令图标。

命令区提示：选择对象：

（2）选择要镜像的对象。

命令区提示：指定镜像线上第一点：

（3）指定镜像直线的第一点。

命令区提示：指定镜像线上第二点：

（4）指定第二点。

命令区提示：是否删除原对象[是(Y)/否(N)]，<否>

（5）按回车键保留原始对象，或者按 y 将其删除。

6.2.3　"镜像"命令的应用举例

【例 6.2】　用"镜像"命令绘出如图 6-4 所示平面图形。

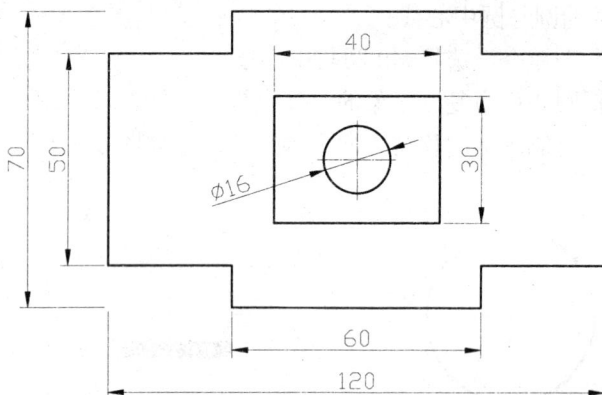

图 6-4　"镜像"应用图例

操作步骤：

（1）先绘出整个图形的 1/4，如图 6-5 所示。

（2）启用"镜像"命令，选择已绘制的直线图形部分为要镜像的对象，选中后右击。再用鼠标捕捉圆心点为指定镜像对称线上的第一点，竖直方向上的任一点为镜像对称线上的第二点，按回车键结束，镜像后如图 6-6 所示。

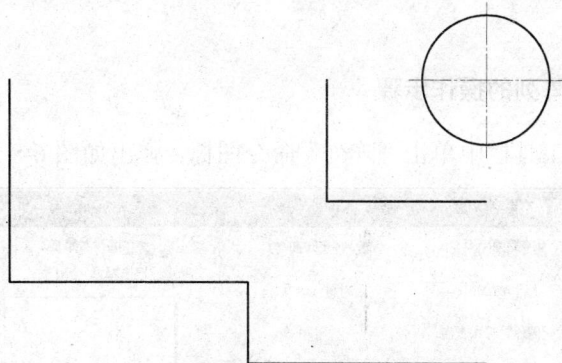

图 6-5 绘出 1/4 图形

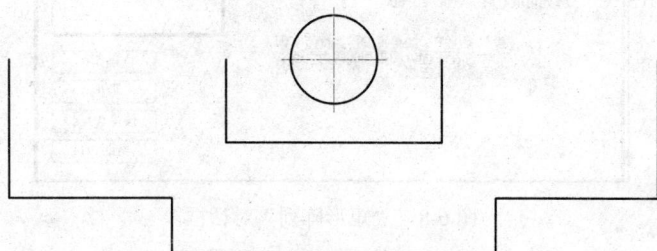

图 6-6 竖直对称线镜像图形

（3）再一次启用"镜像"命令，捕捉过圆心的水平线上的任意两点为镜像对称线，镜像结果如图 6-7 所示。

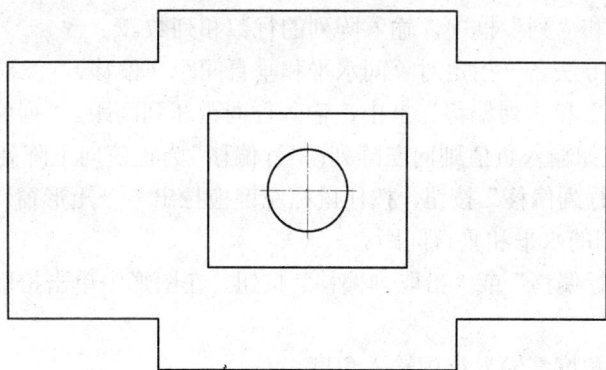

图 6-7 水平对称线镜像图形

6.3 "阵列"命令

6.3.1 "阵列"命令的功能

"阵列"命令（Array）可以在矩形或环形（圆形）阵列中复制多个对象。对于矩形阵列，可以控制行和列的数目以及它们之间的距离。对于环形阵列，可以控制对象副本的数目并决定是否旋转副本。对于创建多个固定间距的对象，应用"阵列"命令比应用"复制"

命令绘图速度快。

6.3.2　创建矩形阵列的操作步骤

（1）从"修改"工具栏中单击"阵列"命令图标，弹出如图 6-8 所示"阵列"对话框。

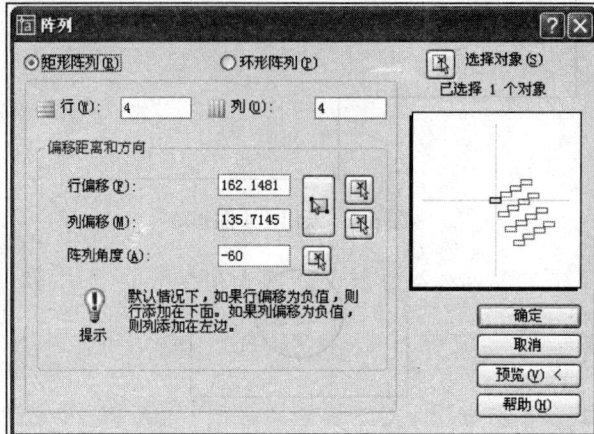

图 6-8　"矩形阵列"对话框

（2）在"阵列"对话框中选择"矩形阵列"。

（3）单击"选择对象"按钮。"阵列"对话框临时关闭。

命令区提示：选择对象：

（4）选择要创建阵列的对象并按回车键，这时"阵列"对话框恢复显示。

（5）在"行"和"列"框中，输入阵列的行数和列数。

（6）使用以下方法之一指定对象间水平和垂直间距（偏移）。

1）在"行偏移"和"列偏移"框中，输入行间距和列间距。"列偏移"输入框中如果输入正值向右阵列，如输入负值则向左阵列；"行偏移"为正值向上阵列，为负值向下阵列。

2）单击"拾取行列偏移"按钮，按住鼠标左键拖拉出一个矩形窗口，矩形窗口的长和高即是指定的行和列的水平和垂直间距。

3）单击"拾取行偏移"或"拾取列偏移"按钮，在图形中单击拾取参照距离作为指定水平和垂直间距。

（7）在"阵列角度"输入框中输入角度。

（8）选择"确定"以创建阵列。

6.3.3　创建环形阵列的操作步骤

（1）从"修改"菜单中选择"阵列"，弹出"阵列"对话框。

（2）在"阵列"对话框中选择"环形阵列"，对话框如图 6-9 所示。

（3）指定中心点，可执行以下操作之一：

1）输入环形阵列中心点的 X 坐标值和 Y 坐标值。

2）单击"拾取中心点"按钮，"阵列"对话框关闭，AutoCAD 提示选择对象。使用鼠标捕捉环形阵列的中心点。

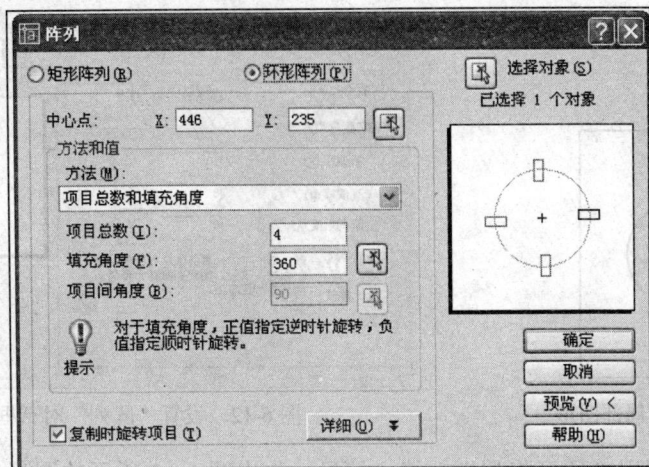

图 6-9 "环形阵列"对话框

（4）单击"选择对象"按钮，"阵列"对话框关闭。

命令区提示：选择对象：

（5）选择要创建阵列的对象。

（6）输入项目数目（包括原对象）。

（7）输入填充角度和项目间角度。"填充角度"指定围绕阵列圆周要填充的距离，"项目间角度"指定每个项目之间的距离。

6.3.4 "阵列"命令的应用举例

【例 6.3】 利用矩形"阵列"命令，按尺寸画出如图 6-10 所示的图形。

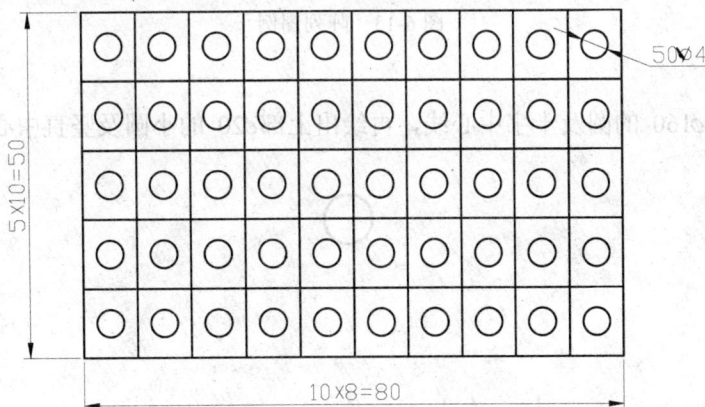

图 6-10 矩形阵列图例 1

操作步骤：

（1）绘制 10×8 的矩形和 $\phi 4$ 的小圆，如图 6-11 所示。

（2）启用"阵列"命令，选择绘出的图形，设置"阵列"对话框，如图 6-12 所示。

（3）单击对话框中的"确定"按钮，则图形被绘出。

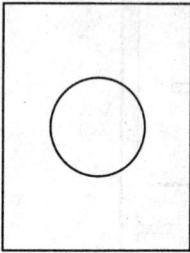

图 6-11   绘制局部图形

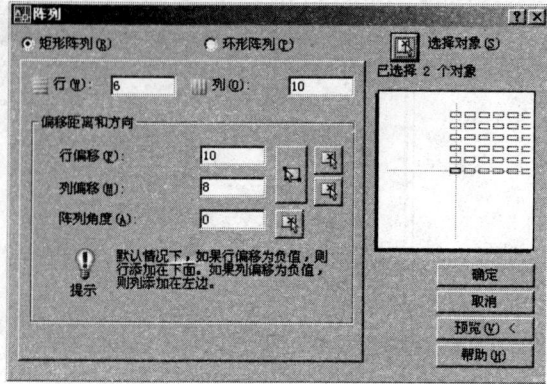

图 6-12   设置"阵列"对话框

【例 6.4】 利用"环形阵列"功能，按尺寸作出图 6-13 所示的图形，不标注尺寸。

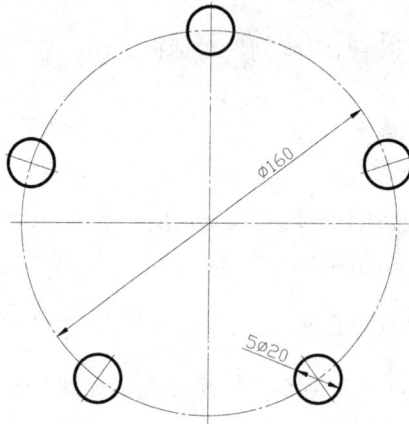

图 6-13   阵列图例

操作步骤：

（1）绘出 $\phi160$ 的圆及十字中心线，再绘出上部 $\phi20$ 的小圆及竖直中心线，如图 6-14 所示。

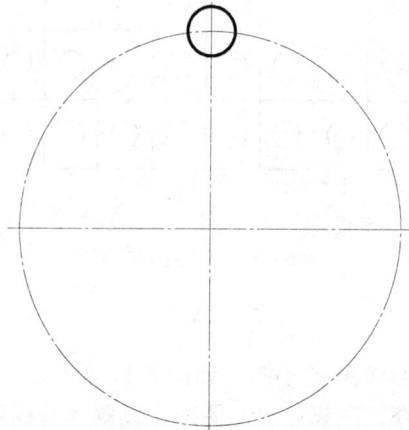

图 6-14   绘制部分图形

（2）启用"阵列"命令，选择小圆及中心线为阵列对象，$\phi160$ 的圆心为阵列中心点，设置"阵列"对话框如图 6-15 所示。

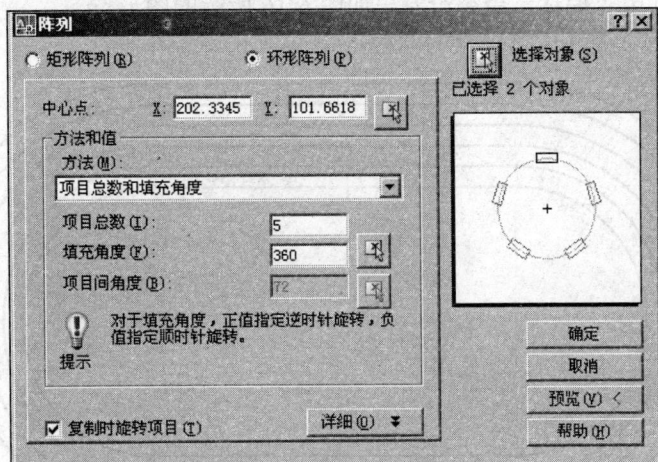

图 6-15　设置"阵列"对话框

（3）单击"确定"按钮，图形被绘出。

6.4　"偏·移"命令

6.4.1　"偏移"命令的功能

"偏移"命令(Offset)可以创建其形状与选定对象形状平行的新对象。如用"偏移"命令可绘制互相平行的直线，也可以绘制同心圆或圆弧。

6.4.2　"偏移"命令的操作步骤

以指定的距离偏移对象的步骤如下：

（1）从"修改"菜单中选择"偏移"。

命令区提示：指定偏移距离或 [通过(T)/删除(E)/图层(L)] <1.0000>:

（2）指定偏移距离。可以输入值或使用定点设备。

命令区提示：选择要偏移的对象，或 [退出(E)/放弃(U)] <退出>:

（3）选择要偏移的对象。

命令区提示：指定点以确定偏移的一侧:

（4）单击偏移一侧的任意一点，偏移完成。

命令区提示：选择要偏移的对象或<退出>:

（5）选择另一个要偏移的对象，或按回车键结束命令。

6.4.3　"偏移"命令的选项说明

通过（T）：指定偏移对象通过的点。

6.4.4 "偏移"命令的应用举例

【例 6.5】 利用"偏移"命令绘制出如图 6-16 所示的图形。

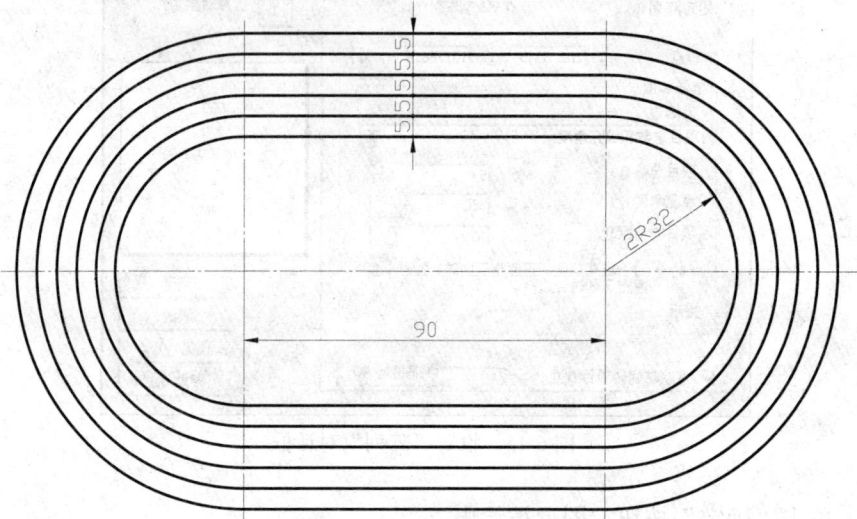

图 6-16 "偏移"命令图例

操作步骤：

（1）用"多段线"命令方式，绘出 R32 的多段线图形。

（2）启用"偏移"命令，输入偏移距离 5，重复选择多段线，执行偏移命令。

6.5 "移 动"命 令

6.5.1 "移动"命令的功能

"移动"命令(Move)能够移动图形对象的坐标位置，而不改变其方向和大小。可以使用坐标方式、对象捕捉方式、指定移动的方向和距离方式，精确地移动对象到新位置。

6.5.2 "移动"命令的操作步骤

"移动"命令的操作步骤为：

（1）从"修改"工具栏中单击"移动"命令图标。

命令区提示：选择对象：

（2）选择要移动的对象。

命令区提示：指定基点或位移：

（3）指定移动基点。

命令区提示：指定位移的第二点或<用第一点作位移>:

（4）指定第二点，即位移点。命令结束，选定的对象移动到由第一点和第二点之间的方向和距离确定的新位置。

6.5.3 "移动"命令的应用举例

【例 6.6】 用"多段线"、"矩形"、"移动"命令绘制图 6-17 所示图形。

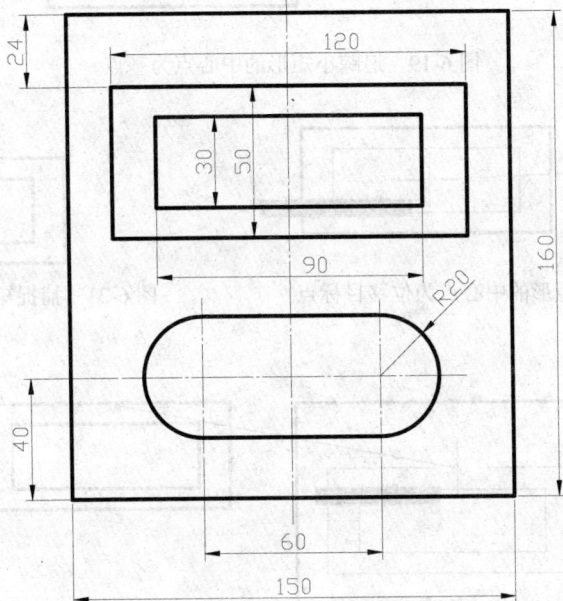

图 6-17 移动图例

操作步骤:

(1)启用"矩形"命令,在任意位置绘制 90×30、120×50、150×160 矩形;再启用"多段线"命令,在任意位置绘出 R30 的长圆弧图形,绘制的图形如图 6-18 所示。

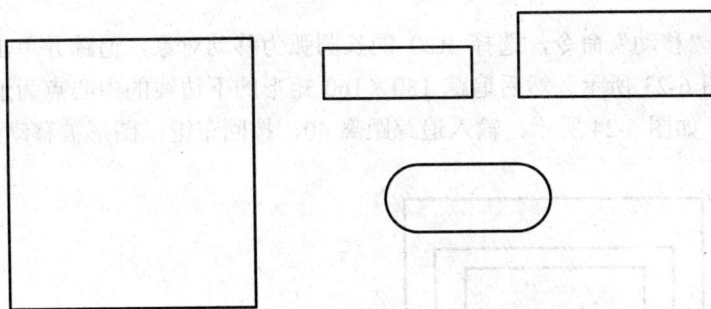

图 6-18 在任意位置绘出各单元图形

(2)启用"移动"命令,选择 90×30 的小矩形为移动对象,追踪并单击小矩形的中心点为基点,如图 6-19 所示。然后追踪 120×50 矩形的中心点为位移目标点,如图 6-20 所示,单击,矩形被移动到中心位置。

(3)启用"移动"命令,选择 90×30 和 120×50 两矩形为移动对象,捕捉 120×50 矩形上边的中心点为基点,如图 6-21 所示。然后捕捉 150×160 矩形上边线的中心点为追踪点,向下追踪,如图 6-22 所示,输入 24 为追踪距离,按回车键,图形被移动到正确位置。

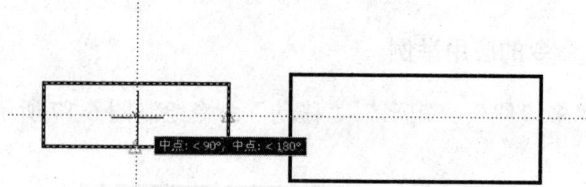

图 6-19　追踪小矩形的中心点为基点

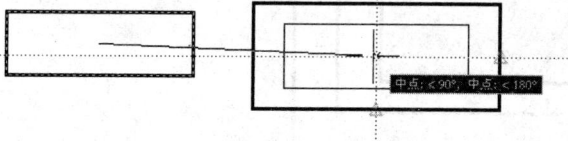

图 6-20　追踪大矩形的中心点为位移目标点　　　　图 6-21　捕捉矩形的上边线中点为基点

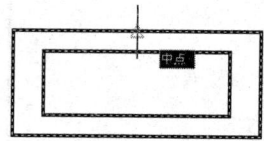

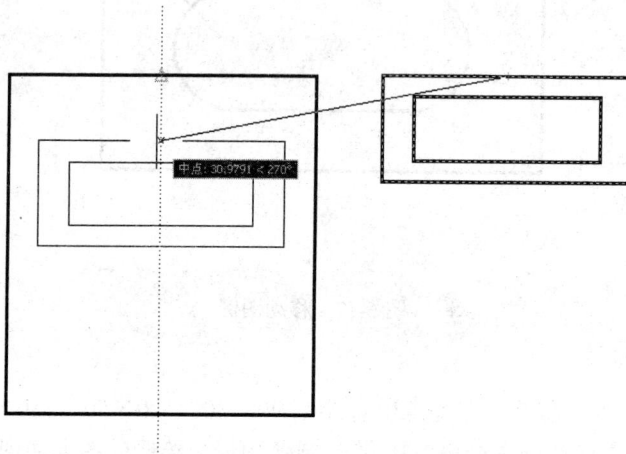

图 6-22　从矩形上边的中点向下追踪

（4）启用"移动"命令，选择 R20 的长圆弧为移动对象，追踪并单击长圆弧的中心点为基点，如图 6-23 所示。然后追踪 150×160 矩形的下边线的中心点为追踪点，用鼠标指引向上追踪，如图 6-24 所示，输入追踪距离 40，按回车键，图形被移动到正确位置。

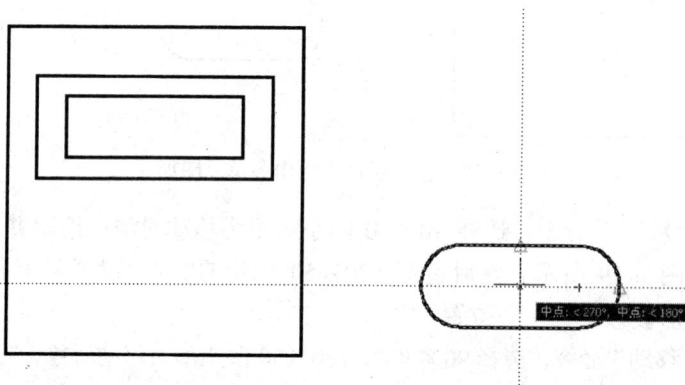

图 6-23　追踪长圆弧的中心点为基点

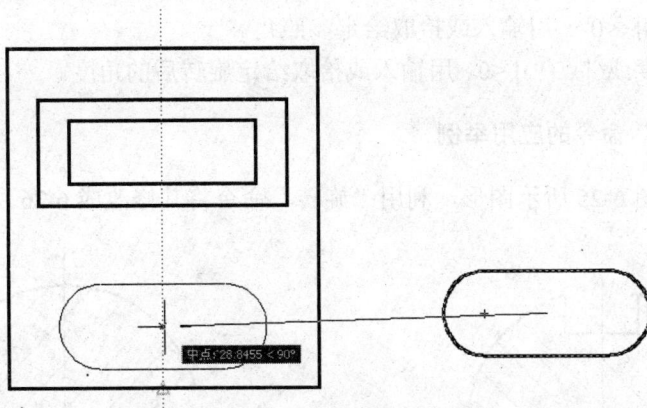

图 6-24 从矩形下边线的中心点向上追踪

（5）最后，绘制出图形中的对称线和圆中心线。

6.6 "旋 转"命 令

6.6.1 "旋转"命令的功能

"旋转"命令(Rotate)的功能是绕指定点旋转对象。通常是选择基点和输入相对或绝对的旋转角来旋转对象。

6.6.2 "旋转"命令的操作步骤

"旋转"命令的操作步骤为：

（1）从"修改"工具栏中单击"旋转"命令图标。

命令区提示：选择对象：

（2）选择要旋转的对象。

命令区提示：指定基点：

（3）指定旋转基点。

命令区提示：指定旋转角度，或 [复制(C)/参照(R)]：

（4）从命令区输入旋转角度，按回车键结束命令。

6.6.3 "旋转"命令的选项说明

（1）指定旋转角度：输入对象要旋转的相对角度值（0°～360°）。在默认状态下，输入正角度值则逆时针旋转该角度，输入负角度值则顺时针旋转该角度。如果是特殊角度也可以用鼠标绕基点拖动对象在"极轴"指引下指定新角度。

（2）参照（R）：以设置参照方式来确定旋转角度。该方式是先指定参照的角度，即指定参照角的基准线位置，然后再给定对象旋转角度，则该旋转角从参照角的基准线计算。参照选项下有两个提示，意义为：

- 指定参照角 <0>: 用输入或拾取给定参照角。
- 指定新角度或 [点(P)] <0>:用输入或拾取给定旋转后的角度。

6.6.4 "旋转"命令的应用举例

【例 6.7】 将图 6-25 所示图形,利用"旋转"命令将其修改成 6-26 所示图形。

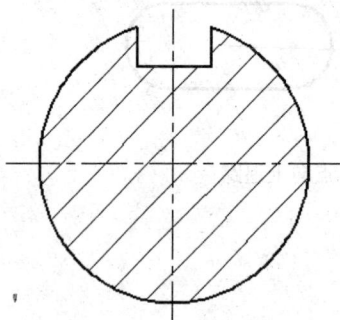

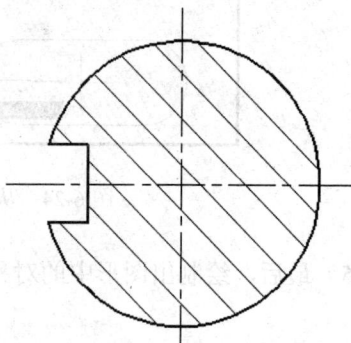

图 6-25 "旋转"图例　　　　　　　图 6-26 "旋转"结果图

操作步骤:

(1)启用"旋转"命令,选取旋转对象。

(2)单击"圆心"为旋转基点。

(3)执行下列操作之一都可以旋转图形到预想的位置:

1)从命令行输入旋转角度 90,按回车键确定。

2)启用极轴追踪,用鼠标绕基点拖动对象旋转 90°,单击确定。

【例 6.8】 将图 6-27 所示图形,利用"旋转"命令修改成图 6-28 所示图形。

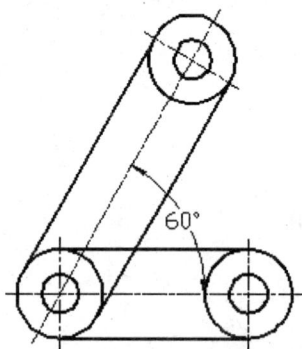

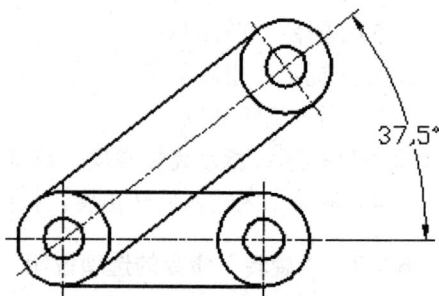

图 6-27 旋转图例　　　　　　　图 6-28 旋转结果图

操作步骤:

(1)启用"旋转"命令。

(2)选择要旋转的对象。

(3)指定底部左端圆心为旋转基点。

（4）从命令行输入字符 r（参照），按回车键。

（5）从命令行输入 60 作为"参照角"，按回车键确认。

（6）从命令行输入 37.5 作为"新角度"，按回车键确认。

【例 6.9】 用"旋转"等命令，绘制图 6-29 所示图形。

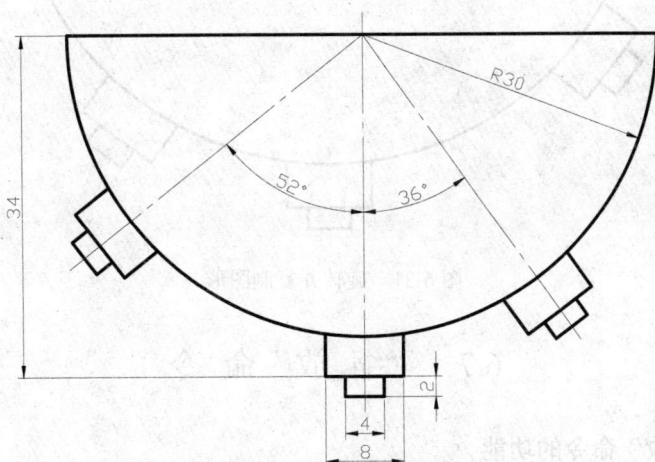

图 6-29　旋转图例

操作步骤：

（1）绘制 R30 的半圆弧和最下部的矩形部分，如图 6-30 所示。

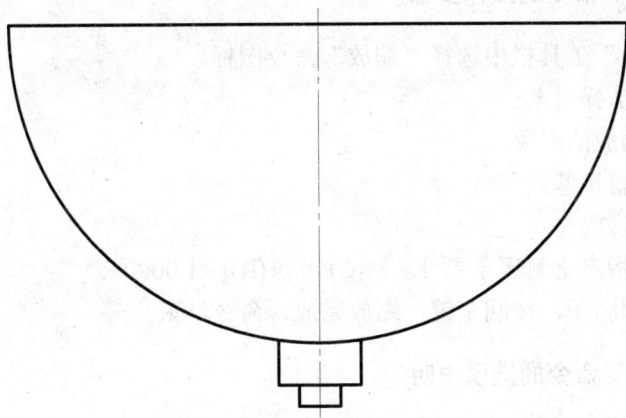

图 6-30　绘半圆和下部矩形

（2）启用"旋转"命令，选择下部矩形图形和中心线为旋转对象，选择半圆的圆心为旋转基点，再选取"复制"选项，输入旋转角度 36，按回车键后则选择的对象被复制旋转。

（3）再次启用"旋转"命令，选择下部矩形图形和中心线为旋转对象，选择半圆的圆心为旋转基点，再选取"复制"选项，输入旋转角度-52°，按回车键后选择的图形被旋转复制，如图 6-31 所示。

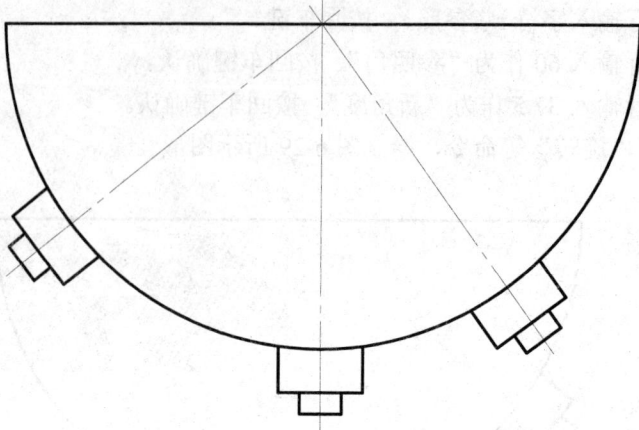

图 6-31　旋转并复制图形

6.7　"缩放"命令

6.7.1　"缩放"命令的功能

使用"缩放"命令(Scale)能够精确放大和缩小图形对象的尺寸值。可以通过指定基点和长度（被用作基于当前图形单位的比例因子）或输入比例因子来缩放对象，也可以为对象指定当前长度和新长度。缩放将选定对象的所有标注尺寸按比例修改。

6.7.2　"缩放"命令的操作步骤

（1）从"修改"工具栏中选择"缩放"命令图标。

命令区提示：选择对象：

（2）选择要缩放的对象。

命令区提示：指定基点：

（3）指定基点。

命令区提示：指定比例因子或 [复制(C)/参照(R)] <1.0000>:

（4）输入比例因子，按回车键，缩放完成，命令结束。

6.7.3　"缩放"命令的选项说明

（1）复制（C）：复制并缩放对象。

（2）参照（R）：以设置参照的模式进行比例缩放。即先指定参照的大小，再指定对象相对于参照的大小。当缩放的比例未知时，可选取"参照"选项。"参照"操作有两个步骤提示，说明如下：

- 指定参照长度 <1.0000>:　输入参照的长度或用鼠标指定两点间的距离为参照长度。
- 指定新的长度或 [点(P)] <1.0000>:　输入新长度或用鼠标指定两点间的距离为参照长度。其中，新长度大于参照长度，放大图形；新长度等于参照长度，图形不变；新长度小于参照长度，图形缩小。"点"选项即是指定任意两点间的距离为新长度。

6.7.4　"缩放"命令的应用举例

【例 6.10】将图 6-32（a）所示图形用"缩放"命令修改成图 6-32（b）所示图形。

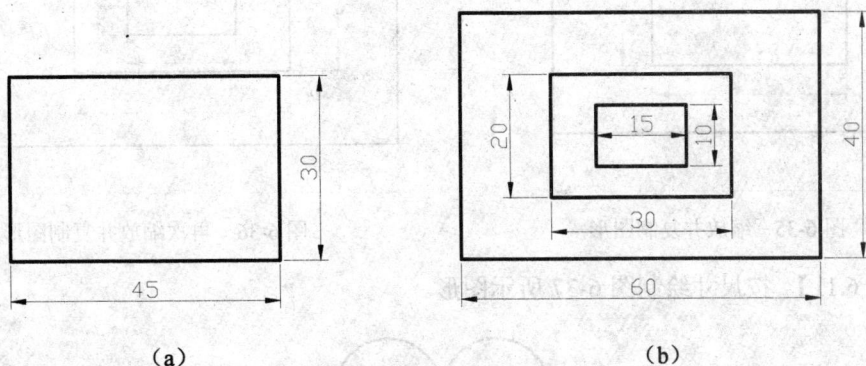

（a）　　　　　　　　　　　　　　　　（b）

图 6-32　"缩放"图例

操作步骤：

（1）启用"缩放"命令。选择图 6-32（a）所示矩形为缩放的对象。

（2）指定矩形的中点为缩放的基点，如图 6-33 所示。

（3）从命令行输入 R，按回车键，启用"参照"选项。

（4）输入参照长度 45，按回车键。

（5）输入新长度 60，按回车键，则缩放结果如图 6-34 所示。

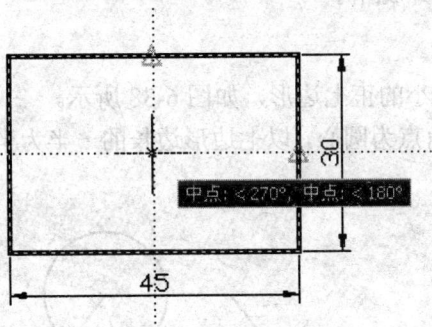

图 6-33　追踪捕捉图形缩放的基点　　　　　图 6-34　参照缩放图形

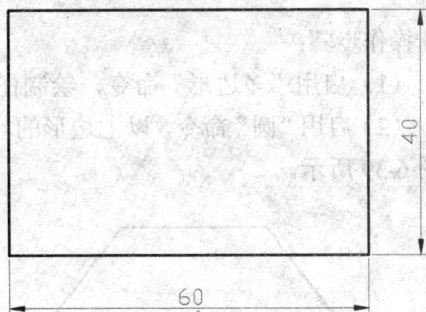

（6）重新启用"缩放"命令，选取新图形 60×40 矩形为缩放对象。指定矩形的中点为缩放的基点，从命令行输入 C，按回车键，启用"复制"选项。

（7）输入缩放的比例因子"0.5"，按回车键，缩放结果如图 6-35 所示。

（8）再次启用"缩放"命令，选取 60×40 矩形为缩放对象。指定矩形的中点为缩放的基点，从命令行输入 C，按回车键，启用"复制"选项。

（9）输入缩放的比例因子 0.25，按回车键，缩放结果如图 6-36 所示（有关尺寸标注在以后的章节中介绍）。

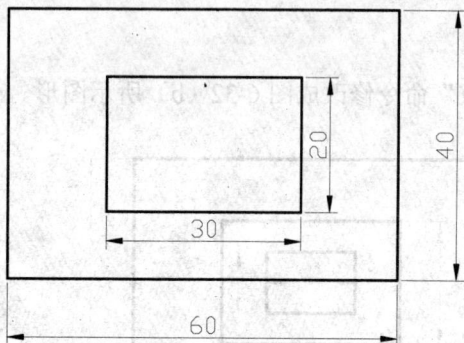

图 6-35　缩放并复制图形

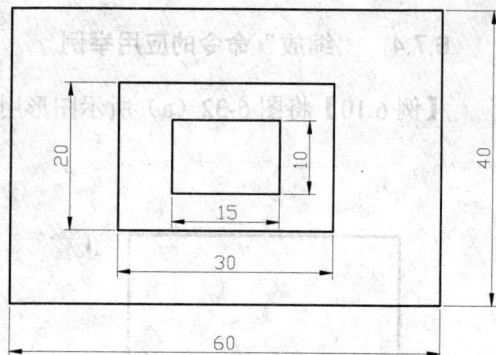

图 6-36　再次缩放并复制图形

【例 6.11】　按尺寸绘制图 6-37 所示图形。

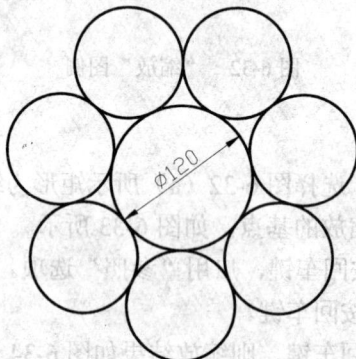

图 6-37　缩放图例

操作步骤：

（1）启用"多边形"命令，绘制任意大小的正七边形，如图 6-38 所示。

（2）启用"圆"命令，以七边形的一个角点为圆心，以七边形边长的一半为半径画圆，如图 6-39 所示。

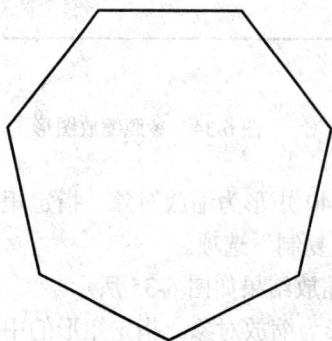

图 6-38　绘制七边形

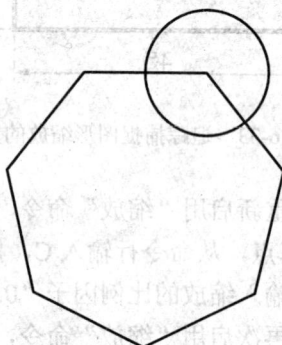

图 6-39　绘制圆

（3）启用复制命令，以圆心为基点，分别将圆复制到七边形的每个角点位置，如图 6-40 所示。

（4）删除七边形，启用"相切、相切、相切"方式画圆命令，画出 7 个圆的公切圆，如图 6-41 所示（此图为了更清楚地说明问题标注了尺寸，实际绘图时不用标注）。

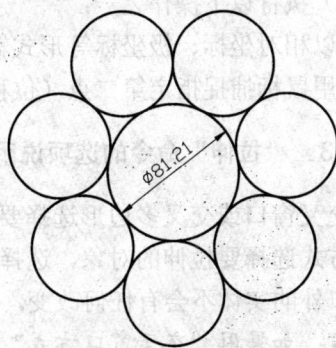

图 6-40　复制圆　　　　　　　　　图 6-41　画中间相切圆

（5）启用"缩放"命令。选择所有图形为缩放对象，单击中间圆的圆心为缩放基点。

（6）启用"参照"选项，单击拾取中间圆的直径为参照长度，输入 120 为新长度，按回车键，则整个图形被缩放到要求的尺寸，如图 6-42 所示。

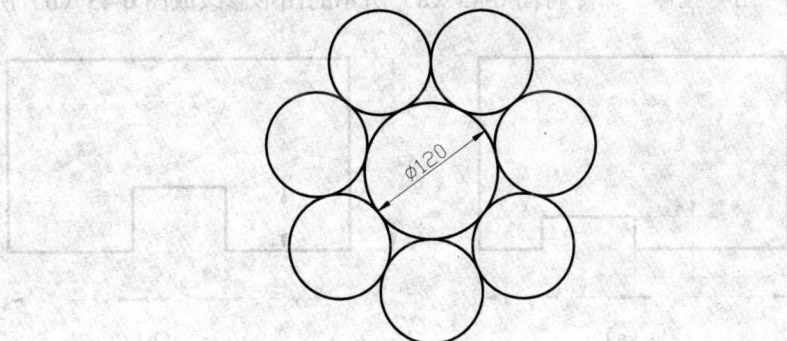

图 6-42　缩放图形

6.8　"拉 伸"命 令

6.8.1　"拉伸"命令的功能

"拉伸"命令（Stretch）的功能是将选中的实体拉长或压缩到指定的位置。

6.8.2　"拉伸"命令的操作步骤

（1）从"修改"工具栏中单击"拉伸"命令图标。

命令区提示：以交叉窗口或交叉多边形选择要拉伸的对象…

　　　　　　选择对象：

（2）使用交叉窗口选择对象。交叉窗口必须至少包含一个顶点或端点。

命令区提示：指定基点或位移：

（3）选取一特征点为基点。

命令区提示：指定位移的第二点或<用第一点作位移>：

（4）执行以下操作之一：

1）以相对坐标、极坐标等形式输入位移第二点，按回车键。

2）用鼠标捕捉指定第二点（位移点）。

6.8.3 "拉伸"命令的选项说明

以交叉窗口或交叉多边形选择要拉伸的对象…：该命令的操作必须以交叉窗口或交叉多边形方式选择要拉伸的对象，选择后，与选取窗口相交的实体会被拉长或压缩，完全在选取窗口外的实体不会有任何改变，完全在选取窗口内的实体将发生移动。

注意：如果用"交叉窗口方式"选择圆实体，若圆心不在窗口内，则圆保持不变，若圆心在窗口内，则圆只作平移；如果用"交叉窗口方式"选择文字实体，若文字行的起点不在窗口内，则文字行保持不变，若文字行的起点在窗口内，文字行只作平移。

6.8.4 "拉伸"命令的应用举例

【例 6.12】 用"拉伸"命令将图 6-43（a）所示的图形修改成图 6-43（b）所示图形。

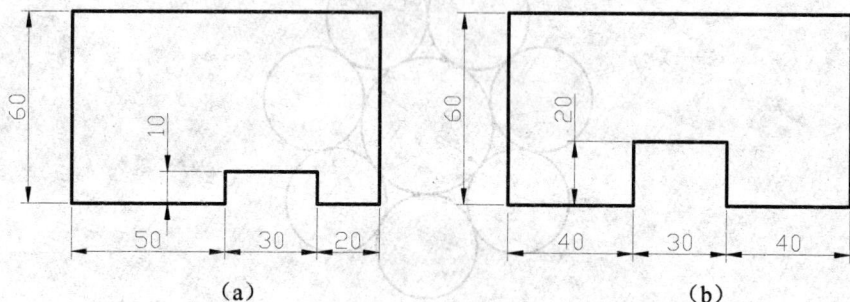

图 6-43　拉伸图例

操作步骤：

（1）启用"拉伸"命令。用交叉窗口方式选择图形右边部分为拉伸对象，如图 6-44 所示。

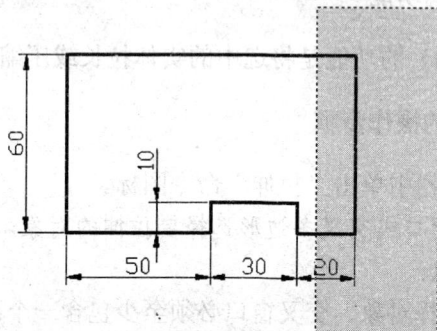

图 6-44　用交叉窗口方式选择拉伸对象

（2）选择右上角点为拉伸基点（也可任意选点），用鼠标指引拉伸方向，输入拉伸距离 10，如图 6-45 所示，按回车键，则图形被拉伸，如图 6-46 所示。

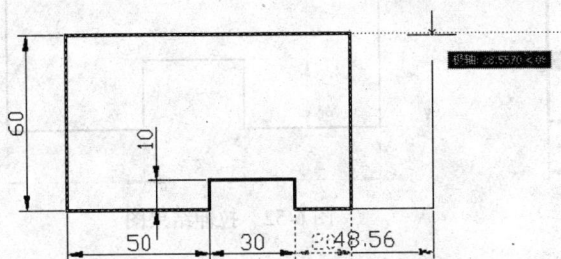

图 6-45　输入拉伸距离　　　　　　　　　图 6-46　拉伸结果

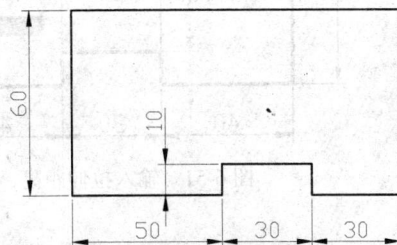

（3）重新启用"拉伸"命令，用交叉窗口方式选择图形中间部分为拉伸对象，如图 6-47 所示。

（4）选择任一点为拉伸基点，用鼠标指引向左水平方向为拉伸方向，如图 6-48 所示。

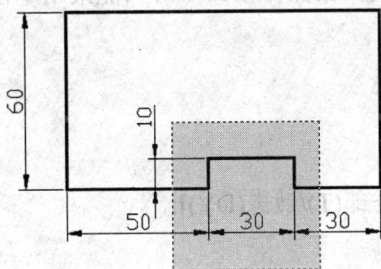

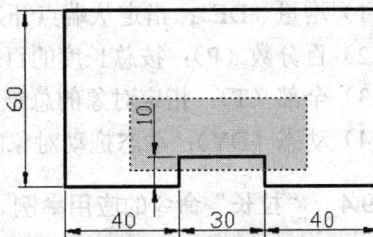

图 6-47　选择拉伸对象　　　　　　　　　图 6-48　输入拉抻距离

（5）输入拉伸距离为 10，按回车键，则图形被拉伸，如图 6-49 所示。

（6）再次启用"拉伸"命令，用交叉窗口方式选择图形中间部分为拉伸对象，如图 6-50 所示。

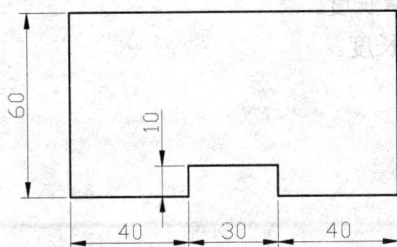

图 6-49　拉伸结果　　　　　　　　　图 6-50　选择拉伸对象

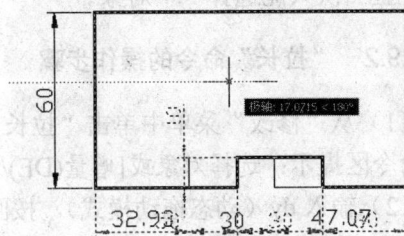

（7）选择任一点为拉伸基点，用鼠标指引向上竖直方向为拉伸方向，如图 6-51 所示。

（8）输入拉伸距离为 10，按回车键，则图形被拉伸，如图 6-52 所示。

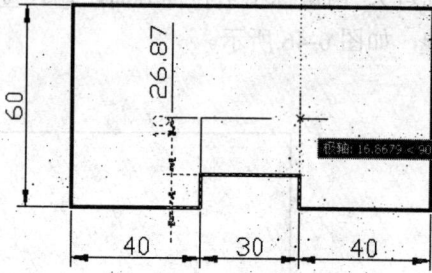

图 6-51　输入拉伸距离

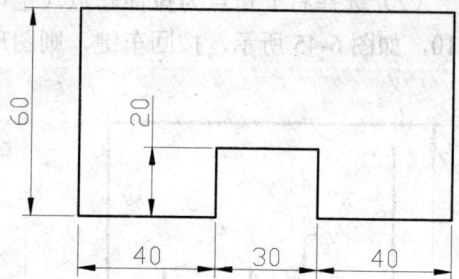

图 6-52　拉伸结果图

6.9　"拉长"命令

6.9.1　"拉长"命令的功能

"拉长"命令(Lengthen)可将选中的对象按指定的方式延长或缩短到给定的长度。它修改的对象为直线、圆弧、多段线、椭圆弧和样条曲线。在操作该命令时只能采用单击选择对象，且一次只能选择一个对象。

6.9.2　"拉长"命令的操作步骤

（1）从"修改"菜单中单击"拉长"命令。

命令区提示：选择对象或[增量(DE)/百分数(P)/全部(T)/动态(DY)]:

（2）输入 dy（动态拖动模式），按回车键。

命令区提示：选择要修改的对象或[放弃(U)]:

（3）选择要拉长的对象。

命令区提示：指定新端点:

（4）移动鼠标，指定一个新端点，按回车键结束。

6.9.3　"拉长"命令的选项说明

（1）增量（DE）：指定从端点开始测量的增量长度。

（2）百分数（P）：按总长度的百分比指定新长度。

（3）全部（T）：指定对象的总绝对长度。

（4）动态（DY）：动态拖动对象的端点。

6.9.4　"拉长"命令的应用举例

【例 6.13】应用"拉长"命令，将图 6-53 中的对称线和中心线拉长，根据国家制图标准要求对称线和中心线超出轮廓线约 3～5mm。

操作步骤：

（1）启用"拉长"命令，选取"增量"选项。

（2）输入增量距离 3，按回车键。

（3）分别单击对称线和中心线的两端，则被单击的一端随之向外延长 3 个单位，如图 6-54 所示。

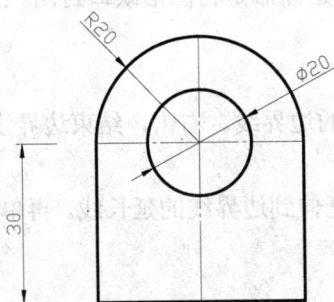

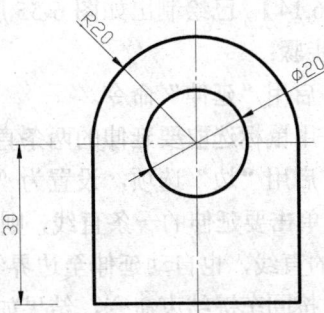

图 6-53　拉伸图例　　　　　　　　　　图 6-54　拉长结果图

6.10　"延 伸" 命 令

6.10.1　"延伸"命令的功能

"延伸"命令(Extend)的功能是使图线精确地延伸至由其他对象定义的边界。能被延伸修改的对象有直线、圆弧、多段线、椭圆弧和样条曲线。

6.10.2　"延伸"命令的操作步骤

"延伸"命令的操作步骤为：

（1）从"修改"工具栏中单击"延伸"命令图标。

命令区提示：当前设置:投影=UCS，边=无

选择边界的边…

选择对象或 <全部选择>:

（2）选择作为边界线的对象。如果按回车键，则是选择图形中的所有对象作为边界线。

命令区提示：选择要延伸的对象，或按住 Shift 键选择要修剪的对象，或[栏选(F)/窗交(C)/投影(P)/边(E)/放弃(U)]:

（3）选择要延伸的对象。 最后，按回车键结束命令。

6.10.3　"延伸"命令的选项说明

（1）选择边界的边…　选择对象或 <全部选择>:选择作为边界的对象，可连续选择；直接按回车键将选择所有对象都作为边界边。

（2）栏选（F）：用栏选方式选择延伸对象。

（3）窗交（C）：用窗交方式选择延伸对象。

（4）投影（P）：三维制图选项，设置投影模式。

（5）边（E）：边界边设置选项，定义边界边是否隐含延伸。

6.10.4 "延伸"命令的应用举例

【例 6.14】 已绘制出如图 6-55 所示的草图，请用延伸命令将图形缺口封闭。

操作步骤：

（1）启用"延伸"命令。

（2）用鼠标选取要延伸的两条直线段，作为延伸的边界线。右击，结束边界线选择。

（3）启用"边"选项，设置为"延伸"。

（4）单击要延伸的一条直线，则选中的直线自动延伸到边界线的延长线。再单击另一条需延伸的直线，也自动延伸至边界线的延长线。

（5）按回车键结束命令，结果如图 6-56 所示。

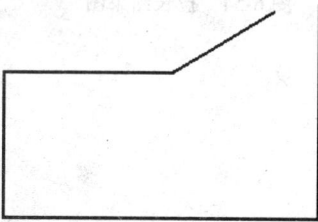

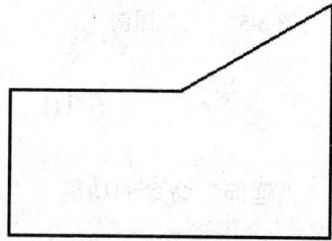

图 6-55　"延伸"图例   图 6-56　延伸结果图

6.11　"倒角"命令

6.11.1 "倒角"命令的功能

"倒角"命令（Chamfer）用于给两条相交（或延长线相交）的直线、多段线、参照线和射线加倒角。即从对象的两条边的截断点处引一条直线，而截断点之间的角可选择修剪掉或保留。

6.11.2 "倒角"命令的操作步骤

为两条非平行线段倒角的步骤如下：

（1）从"修改"工具栏中单击"倒角"命令图标。

命令区提示：（修剪模式）当前距离 1 = 0.0000，距离 2 = 0.0000

　　　　　　选择第一条直线或[多段线(P)/距离(D)/角度(A)/修剪(T)/方式(M)/多个(U)]:

（2）输入 d（距离）。

命令区提示：指定第一个倒角距离：

（3）输入第一个倒角距离。

命令区提示：指定第二个倒角距离：

（4）输入第二个倒角距离。

命令区提示：选择第一条直线或[多段线(P)/距离(D)/角度(A)/修剪(T)/方式(M)/多个(U)]:

（5）选择第一条直线。

命令区提示：选择第二条直线：

（6）选择第二条直线。命令自动结束。

6.11.3 "倒角"命令的选项说明

（1）多段线（P）：整条二维多段线一次完成倒角。

（2）距离（D）：设置两个方向的倒角距离。

（3）角度（A）：设置倒角角度。

（4）修剪（T）：选择是否删除顶角。

（5）方式（M）：更换倒角的模式，可以在距离和角度模式间切换。

（6）多个（U）：可以连续进行倒角操作，直至按回车键。

6.11.4 "倒角"命令的应用举例

【例 6.15】 利用"倒角"命令，绘制图 6-57 所示的"轴"图形，左端倒角尺寸为 2×45°，右端倒角尺寸为 1×45°。

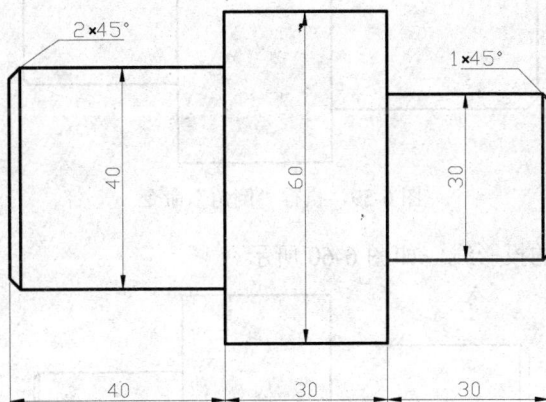

图 6-57 "倒角"命令应用图例

操作步骤：

（1）先绘出"轴"的不带倒角的图形，如图 6-58 所示。

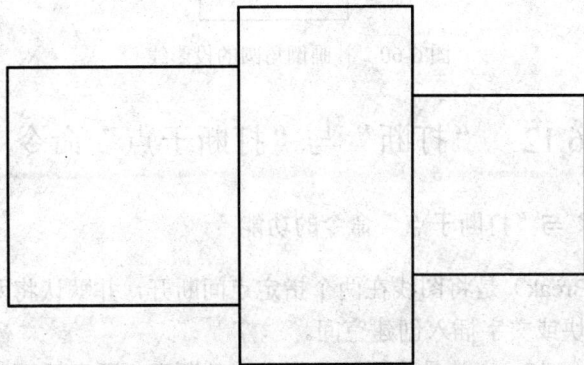

图 6-58 绘制轴的轮廓线

（2）启用"倒角"命令。选择"距离"选项。

（3）从命令行输入第一个倒角距离 2，按回车键；再输入第二个倒角距离 2，按回车键。

（4）再选择"多个"选项。

（5）分别单击左上倒角处的两条直线，这时出现左上倒角。接着再单击左下倒角处的两条直线，则生成左下倒角。

（6）选择"角度"选项。

（7）从命令行输入第一条直线的倒角长度 1，按回车键；再输入第一条直线的倒角角度 45，按回车键。

（8）分别单击右边上角的两条直线，这时右上倒角形成。接着再单击右下倒角的两条直线，则生成右下倒角，如图 6-59 所示。

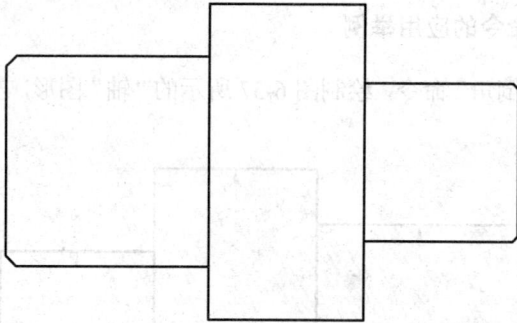

图 6-59   执行"倒角"命令

（9）补画倒角圆的投影线，如图 6-60 所示。

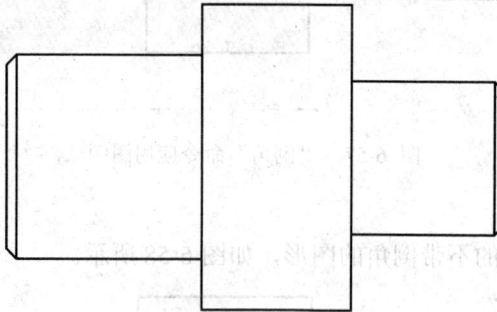

图 6-60   补画倒角圆的投影线

6.12   "打断"与"打断于点"命令

6.12.1   "打断"与"打断于点"命令的功能

"打断"命令（Break）是将图线在两个指定点间断开，并默认将两个打断点之间的部分删除。经常用于为块或文字插入创建空间。

"打断于点"命令（Break）是将图线从指定点处断开，断开后可以给每段线赋予不同的对象特性。

6.12.2 "打断"命令的操作步骤

"打断"命令的操作步骤为：

（1）从"修改"工具栏中单击"打断"命令图标。

命令区提示：选择对象：

（2）选择要打断的对象。

命令区提示：指定第二个打断点或[第一点(F)]:

（3）默认情况下，在其上选择对象的点为第一个打断点。如要重新选择第一个打断点，则输入 f（第一个），按回车键，然后指定第一个打断点。

（4）指定第二个打断点。

6.12.3 "打断"命令的应用举例

【例 6.16】 利用"打断"命令，将图 6-61 所示图形中与文字"等间距格栅"交叉的直线打断。

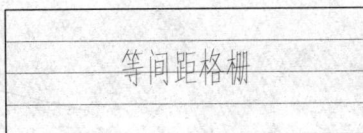

等间距格栅

图 6-61 "打断"命令应用图例

操作步骤：

（1）启用"打断"命令。

（2）单击直线上"等间距格栅"左边一点，然后再单击直线上"等间距格栅"右边一点，则直线被打断，如图 6-62 所示。

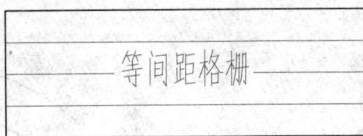

—— 等间距格栅 ——

图 6-62 打断与文字的交叉线

6.13 "合并"命令

6.13.1 "合并"命令的功能

"合并"命令（Join）用于将相似的对象合并为一个对象，也可以将圆弧或椭圆弧合并成完整的圆或椭圆。

6.13.2 "合并"命令的操作步骤

"合并"命令的操作步骤如下：

（1）从"修改"工具栏中单击"合并"命令图标。

命令区提示：选择源对象：

（2）选择直线、多段线或圆弧等作为源对象，根据源对象不同，显示不同提示。

如选择源对象为"直线"，命令行提示如下：选择要合并到源的直线：

（3）选择一条或多条直线并按回车键。

6.14 夹点编辑

夹点是一种较方便、灵活的编辑模式，在不启用命令的情况下选择对象，显示其夹点，此时夹点颜色是蓝色的，称为"冷夹点"；如果再次单击对象的某个夹点，则这个夹点变为红色，称为"暖夹点"。

在"暖夹点"状态，夹点可以被鼠标拖动或按输入的坐标点位移，图形的形状随之改变。通过拖动"暖夹点"，可以对图形进行拉长、平移、改变尺寸等操作。如图 6-63 所示为直线夹点编辑操作，图 6-64 所示为圆弧常用的夹点编辑操作。

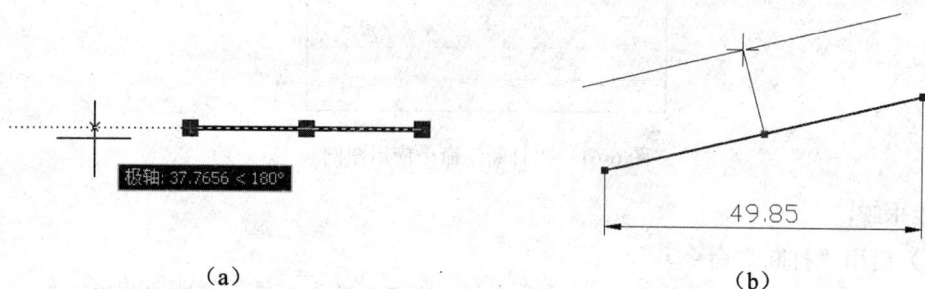

（a）   （b）

图 6-63　直线的夹点编辑

（a）直线的拉长；（b）直线的平移

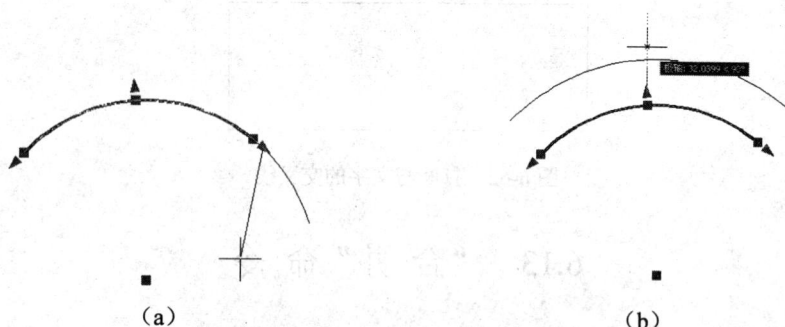

（a）   （b）

图 6-64　圆弧的夹点编辑

（a）圆弧的拉长；（b）圆弧的偏移

在"暖夹点"状态下，右击，在快捷菜单中将显示一系列的夹点编辑命令，如图 6-65 所示。

选择其中的选项可以进行对象的拉伸、移动、旋转、镜像、缩放、复制等夹点编辑操作，也可以通过连续按回车键来选择编辑操作的选项。

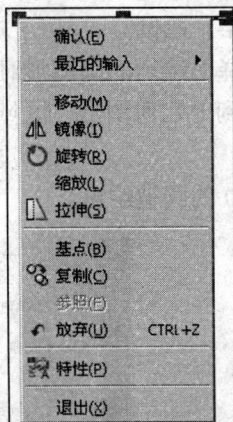

图 6-65　夹点快捷菜单

6.15　"特性"选项板

单击"标准"工具栏中"特性"图标按钮，则打开"特性"选项板，如图 6-66 所示。

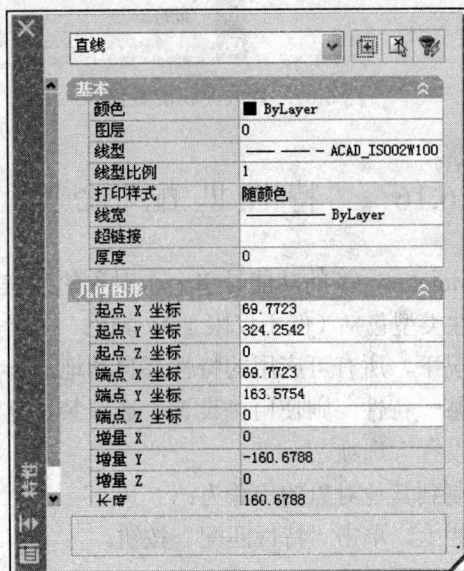

图 6-66　"特性"选项板

"特性"选项板内列出选定对象的当前特性设置；如果未选择对象，"特性"选项板只显示当前图层的基本特性；如果选择多个对象，"特性"选项板只显示选择集中所有对象的公共特性。

通过"特性"选项板可以更改图形、文字、尺寸标注等任何可以通过指定新值进行更改的特性。"特性"编辑器在 AutoCAD 中可称为"万能修改器"。

【例 6.17】　绘制面积为 10000 的圆。

操作步骤：

（1）启用"圆"命令，以任意半径画圆。

（2）打开"特性"选项板，选择已绘出的圆图形对象。

（3）在"特性"选项板中，找到"几何图形"区域中的"面积"显示框，并将其数值修改为 10000，如图 6-67 所示。

（4）按回车键，则面积为 10000 的圆被绘出。

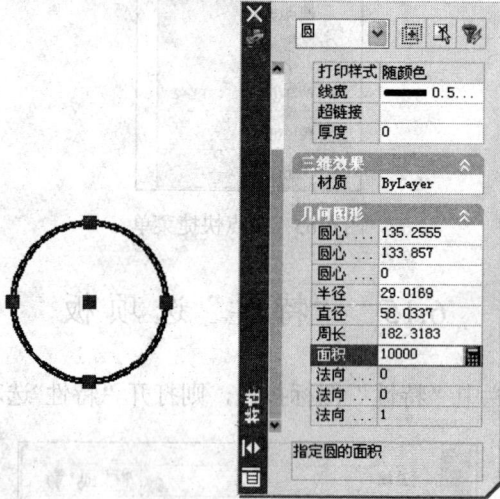

图 6-67　修改面积的数值

6.16　"特性匹配"命令

"特性匹配"命令（Matchprop）的功能是将一个对象的某些或所有特性直接复制给另一个对象。可以复制的特性类型包括（但不仅限于）：颜色、图层、线型、线型比例、线宽、打印样式和厚度。默认情况下，所有可应用的特性都自动地从选定的第一个对象复制到其他对象。如果不希望复制某一特性，则使用"设置"选项禁止复制该特性。可以在执行该命令的过程中随时选择"设置"选项。

将特性从一个对象复制到其他对象的步骤为：

（1）在"标准"工具栏上，单击"特性匹配"按钮。

（2）选择要复制其特性的源对象。

（3）如果要控制对象的某些特性不复制，则在命令栏输入 s（设置）后按回车键，则出现"特性设置"对话框。在对话框中，清除不希望复制的项目（默认情况下所有项目都打开）。

（4）选择被修改的对象，对象的特性立即更改为与源对象相同。

（5）按回车键结束。

6.17　"快速选择"命令

"快速选择"命令（Qselect）可以根据指定的颜色、线型或线宽等特性快速定义选择集。例如，只选择图形中所有红色的图线而不选择任何其他对象，或者选择除红色图线以外的所有其他对象。单击"工具"菜单中的"快速选择"命令，或在未有任何命令状态下在绘图窗口右击，在弹出的快捷菜单中选择"快速选择"，都可以打开"快速选择"对话框，如图 6-68 所示。

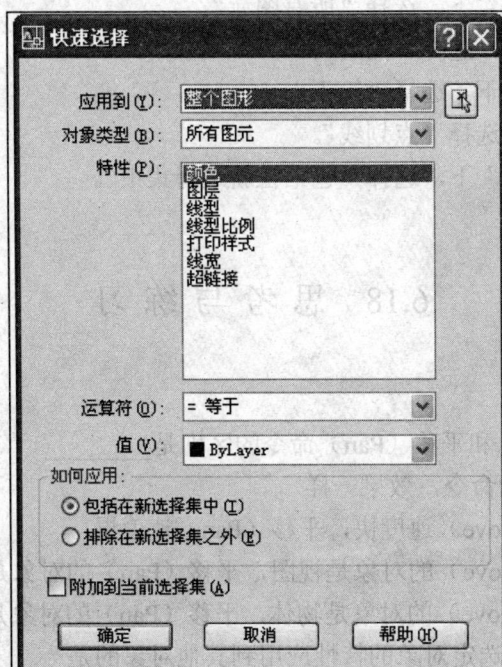

图 6-68　"快速选择"对话框

"快速选择"对话框的主要功能选项说明如下：

（1）应用到：将过滤条件应用到整个图形或当前选择集（如果存在）。也允许使用"选择对象"按钮选择要对其应用过滤条件的对象。

（2）对象类型：指定要包含在过滤条件中的对象类型，包括"所有图元"、"圆"等对象类型。

（3）特性：指定过滤器的对象特性。此列表包括选定对象类型的所有可搜索特性。选定的特性决定"运算符"和"值"中的可用选项。

（4）运算符：控制过滤的范围。根据选定的特性，选项可能包括"等于"、"不等于"、"大于"、"小于"和"*通配符匹配"。对于某些特性，"大于"和"小于"选项不可用。"*通配符匹配"只能用于可编辑的文字字段。

（5）值：指定过滤器的特性值。如果选定对象的已知值可用，则"值"成为一个列表，可以从中选择一个值；否则，要输入一个值。

（6）如何应用：指定是将符合给定过滤条件的对象包括在新选择集内或是排除在新选择集之外。

（7）附加到当前选择集：指定是由"快速选择"命令创建的选择集替换还是附加到当前选择集。

【例 6.18】　使用"快速选择"命令，选择图形中所有的"点划线"图层上的对象。

操作步骤：

（1）启用"快速选择"命令，打开"快速选择"对话框。

（2）在"快速选择"对话框的"应用到"下，选择"整个图形"。

（3）在"对象类型"下，选择"所有图元"。

（4）在"特性"下，选择"图层"。

（5）在"运算符"下，选择"等于"。

（6）在"值"下，选择"点划线"。

（7）在"如何应用"下，选择"包括在新选择集中"。

（8）单击"确定"。

6.18　思 考 与 练 习

6.18.1　选择题

（1）移动（Move）和平移（Pan）命令的区别是_____。

　　（A）都是移动命令，效果一样

　　（B）移动（Move）速度快，平移（Pan）速度慢

　　（C）移动（Move）的对象是视图，平移（Pan）的对象是物体

　　（D）移动（Move）的对象是物体，平移（Pan）的对象是视图

（2）下列命令中将选定对象的特性应用到其他对象的是_____。

　　（A）"夹点"编辑　　　　　　　　（B）复制

　　（C）特性　　　　　　　　　　　（D）特性匹配

（3）矩形阵列的方向是由_____确定的。

　　（A）行数和列数　　　　　　　　（B）行距和列距的大小

　　（C）图形对象的位置　　　　　　（D）行数和列数的正负

（4）一条直线有 3 个夹点，拖动中间夹点可以_____。

　　（A）移动直线　　　　　　　　　（B）拉伸直线

　　（C）复制直线　　　　　　　　　（D）倾斜直线

（5）通过对象"特性"不能修改圆的_____。

　　（A）半径　　　　（B）圆心位置　　　　（C）面积　　　　　　（D）线宽

6.18.2　思考题

（1）已知对象旋转后的位置，但不知道转角，如何旋转？

（2）可以沿着指定角度阵列对象吗？

（3）偏移直线和曲线时生成的新对象与原对象一定相同吗？

（4）创建环形阵列时有时候为什么会没有沿着想象中的中心点创建出正确的阵列？

（5）拉伸命令构造选择集的方式是什么？

（6）拉伸命令作用于圆会有什么结果？

（7）首尾相连的直线可以合并吗，用哪个命令？不相连的直线可以合并吗？

（8）利用夹点编辑功能可以实现哪些操作？

（9）如何绘制图 6-69 所示和图 6-70 所示的图形。

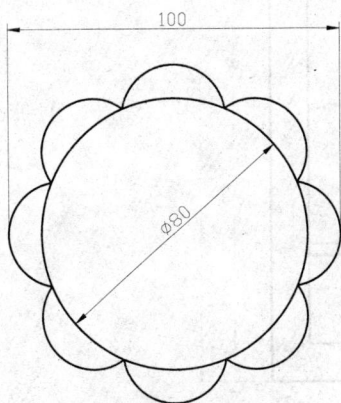

图 6-69　绘图法思考 1

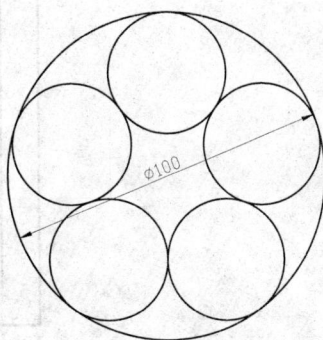

图 6-70　绘图法思考 2

6.18.3　上机练习与指导

【练习 6.1】　按尺寸 1:1 绘制图 6-71 所示的图形，不标注尺寸，完成后命名并保存。

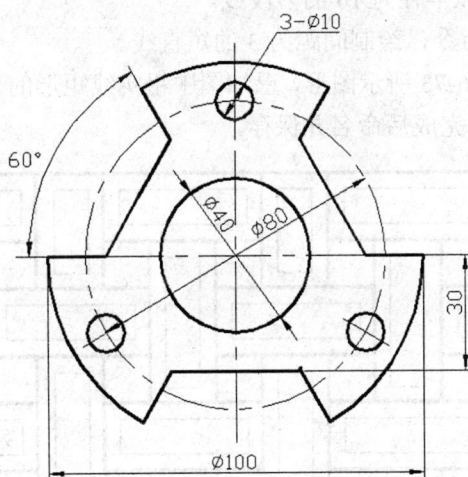

图 6-71　上机练习 6.1 图

绘图指导：

先绘出 φ80 的点划线圆和上部 φ10 的小圆，再画出下部 60 的缺口部分，然后用环形阵列命令，阵列复制 3 个 φ10 的小圆和缺口部分图形。最后画出 100 的圆，再将多余的线段剪裁。

【练习 6.2】　按尺寸 1:1 绘制图 6-72 所示的图形，不标注尺寸，完成后命名并保存。

绘图指导：

（1）启用"矩形"命令，绘制 52×116 和 72×136 的矩形，然后启用"平移"命令使两矩形中心对齐。

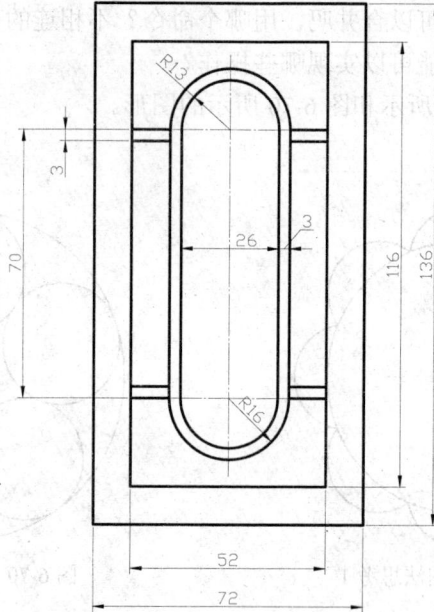

图 6-72　上机练习 6.2 图

（2）启用"多段线"命令，绘制宽为 26 的圆弧多段线，然后启用"偏移"命令，输入偏移距离为 3，绘出圆弧半径为 16 的多段线。

（3）启用"直线"命令，绘制间距为 3 的短直线。

【练习 6.3】　绘制图 6-73 所示图形，已知图中粗实线矩形的长和宽为 60×25，细实线矩形的长和宽为 48×13。完成后命名并保存。

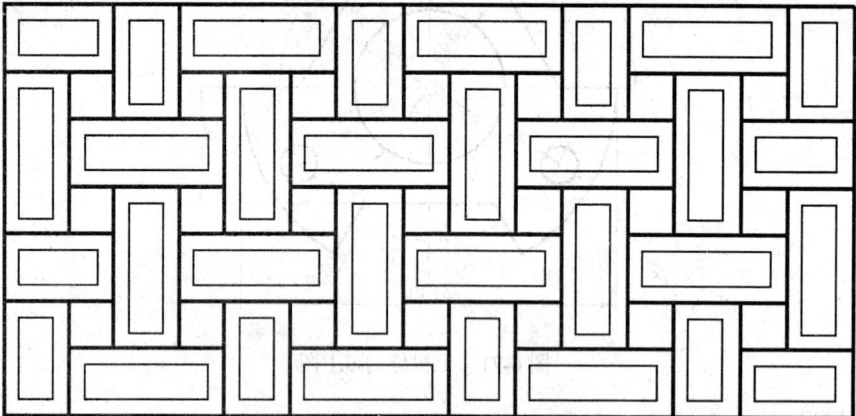

图 6-73　上机练习 6.3 图

绘图指导：

（1）设置"粗实线"和"细实线"图层。

（2）将粗实线图层设为当前层，用绘制"矩形"命令按尺寸绘出粗实线矩形线框。

（3）用"修改"工具栏中的"偏移"命令，绘出内矩形线框，并使用"特性"编辑器将其修改成细实线线框。绘出图形如图 6-74 所示。

（4）用"修改"工具栏中的"复制"命令，复制已绘出的两个矩形，并设置短边线中点为基点，捕捉原图形的长边线"中点"，将复制的图形放置到图 6-75 所示位置。

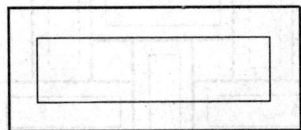

图 6-74 矩形绘制和偏移操作　　　　　　　图 6-75 复制操作

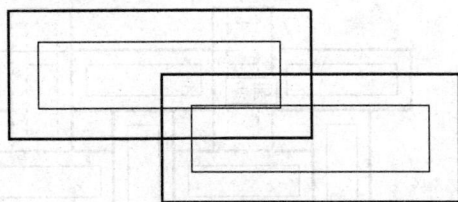

（5）用"修改"工具栏中的"旋转"命令，选择刚复制出的图形，旋转到图 6-76 所示的位置。

（6）选取已绘出的图形，用"复制"命令将其复制到如图 6-77 所示的位置。

（7）用"修改"工具栏中的"旋转"命令，将刚复制出的图形旋转到图 6-78 所示位置。

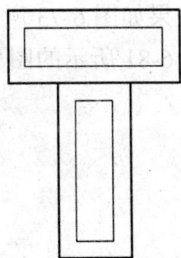

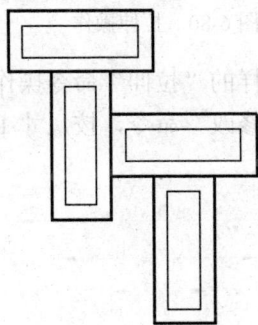

图 6-76 旋转操作　　　图 6-77 复制操作　　　图 6-78 旋转操作

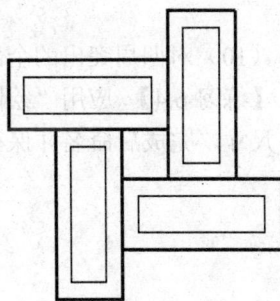

（8）用"修改"工具栏中的"阵列"命令，按 2 行 4 列，用鼠标拾取行间距和列间距，得到如图 6-79 所示图形。

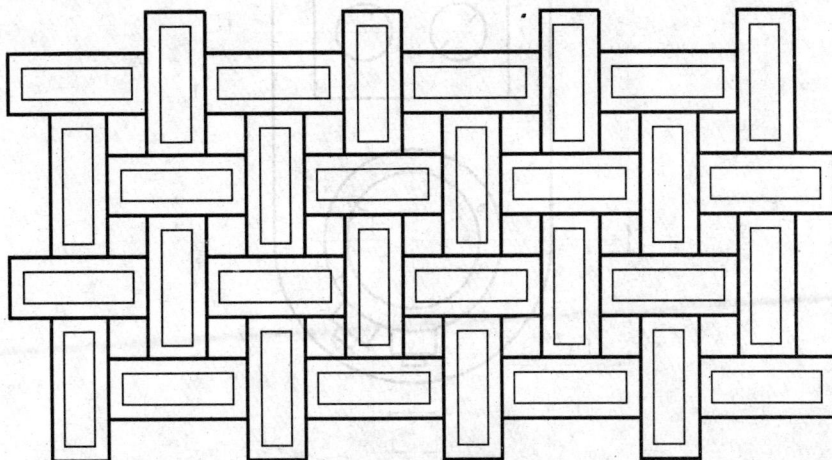

图 6-79 阵列操作

（9）用"修改"工具栏中的"拉伸"命令，选取上部突出的部分，用鼠标拖动收缩，捕捉到端点单击确认，如图 6-80 所示。

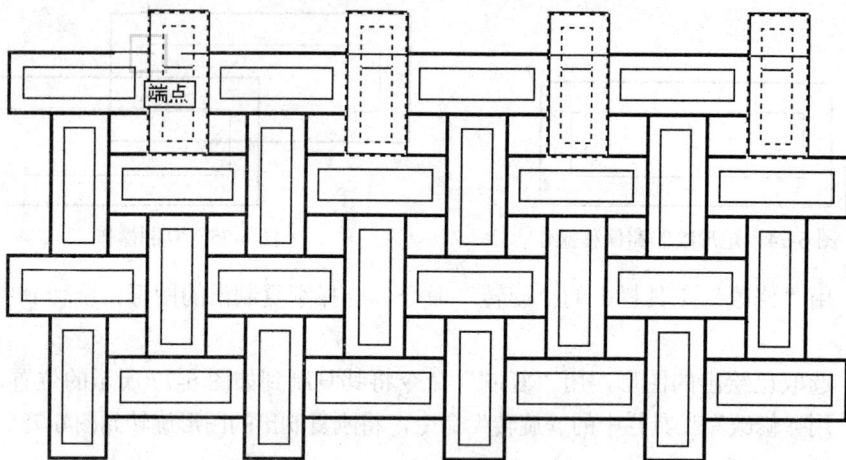

图 6-80　拉伸操作

（10）对四周突出的全部采用同样的"拉伸"命令操作，得到结果如图 6-73 所示。

【练习 6.4】 应用"绘图"和"修改"命令，按尺寸 1:1 绘制图 6-81 所示的图形，不标注尺寸，完成后命名并保存。

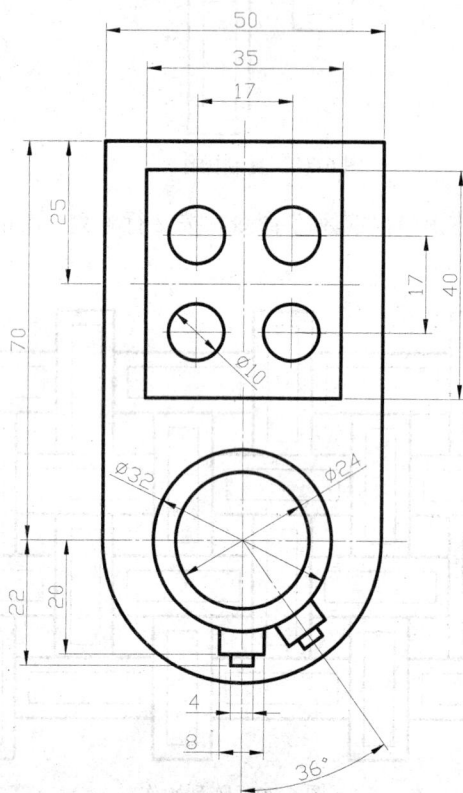

图 6-81　上机练习 6.4 图

绘图指导：

（1）启用"矩形"命令，画出 35×40 的矩形，如图 6-82 所示。

（2）启用"圆"命令，画出 10 的圆，并绘制圆中心线。然后启用"复制"命令，复制 4 个圆，再画出 4 个圆的中间对称线，如图 6-83 所示。

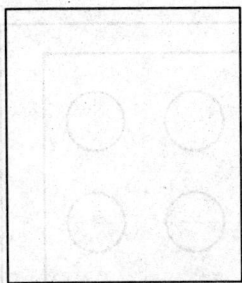

图 6-82　绘制矩形框

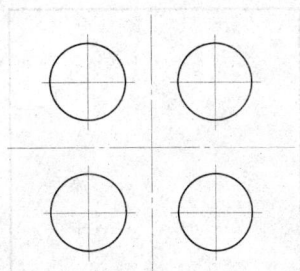

图 6-83　绘制小圆及中心线

（3）启用"平移"命令，将矩形中点平移到与 4 个圆的中间点对齐，如图 6-84 所示。

（4）启用"圆"命令，绘制 32 和 24 的圆及中心线，然后绘制圆下方尺寸为 4 和 8 的凸出部分的一半，如图 6-85 所示。

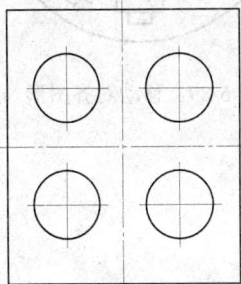

图 6-84　移动对齐图形

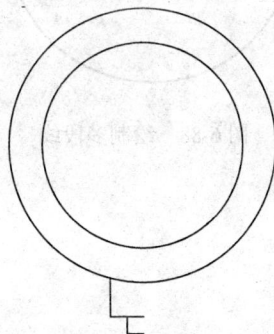

图 6-85　绘制凸台的一半

（5）启用"镜像"命令，绘出完整的凸出部分，如图 6-86 所示。

（6）启用"旋转"命令，旋转并复制凸出部分，如图 6-87 所示。

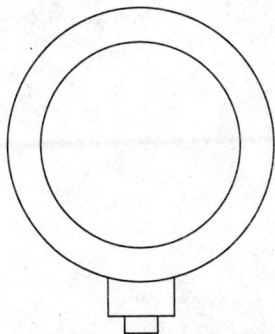

图 6-86　镜像凸台

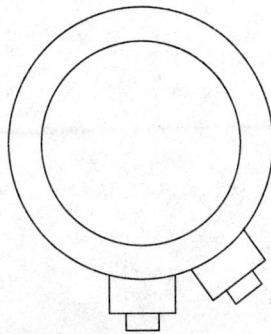

图 6-87　旋转凸台

（7）启用"多段线"命令，绘制多段线图形，并画出多段线的中心线，如图 6-88 所示。

（8）启用"平移"命令，将 35×40 矩形框图形与 32 和 24 圆及凸出部分图形平移到多段线中并对齐，如图 6-89 所示。

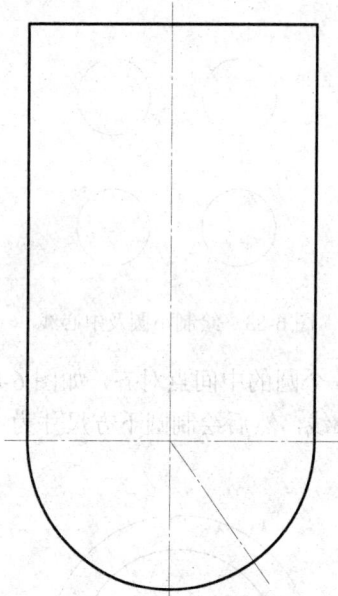

图 6-88　绘制多段线　　　　　　　　　图 6-89　移动对齐图形

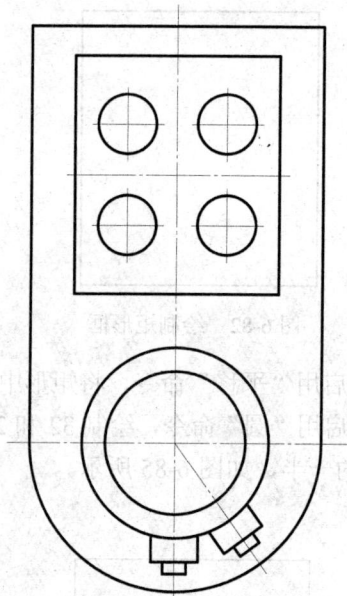

第7章 文字与表格

7.1 文字样式

7.1.1 文字样式的概念和分类

AutoCAD 的文字样式指文字的字体、字号、角度、方向及其他文字特征。

AutoCAD 软件提供的字体样式分为两类：

（1）TrueType 字体，字体扩展名为.tif，例如宋体、仿宋体、隶书、楷体等都是 TrueType 字体。但是该字体中不包含一些特殊字符，如 Φ。在 AutoCAD 中一般不使用 TrueType 字体。

（2）矢量字体，它存放在 AutoCAD 安装目录的 Fonts 文件夹中，字体扩展名为.shx，例如 txt.shx、gbeict.shx、gbenor.shx 等是矢量字体。矢量字体又称为单线体。

7.1.2 "文字样式" 的设置

打开菜单栏中"格式"下拉菜单，单击"文字样式"，则打开 "文字样式"对话框，如图 7-1 所示。

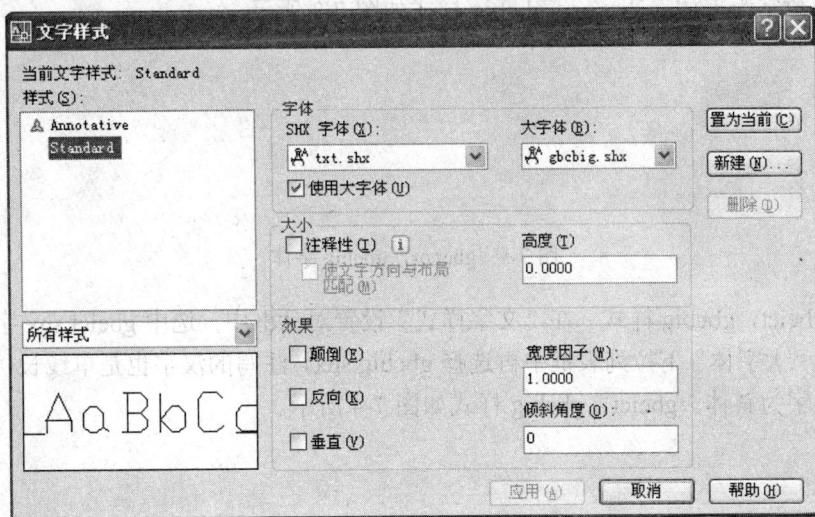

图 7-1 "文字样式"对话框

该对话框各选项说明如下：

（1）"样式"显示框：显示所有的文字样式名称，系统默认的样式为"Standard"。新建一个文字样式后，会自动添加在列表中。

（2）"字体"列表框：列出所有当前可用的字体样式。

（3）"注释性"：可以自动完成注释缩放过程。

（4）"高度"文本框：输入样式的字体高度，一般设为系统的默认值"0"，在进行文字标注时再根据需要设置高度。

（5）"大字体"复选框：只对后缀为 .shx 的字体有效。

（6）"颠倒"、"反向"、"垂直"："颠倒"是正常文字的倒像；"反向"是正常文字的右像；"垂直"是从上向下直排。

（7）"宽度因子"输入框：设置文字的宽度与高度之比，系统的默认值为"1.0"。

（8）"倾斜角度"输入框：设置文字的倾斜角度。

7.1.3　工程图中常用的几种文字样式

（1）txt，gbcbig 样式。是 AutoCAD 默认的文字样式。此默认样式下的汉字、数字、字母样式如图 7-2 所示，它是单线长仿宋体。

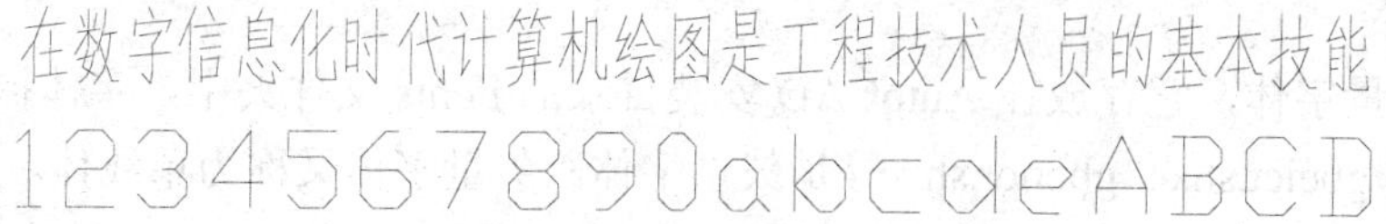

图 7-2　txt, gbcbig 字体

（2）gbenor，gbcbig 样式。在"文字样式"设置对话框中，选中 gbenor.shx 字体后勾选大字体，在"大字体"下拉列表框中再选择 gbcbig.shx，注写的汉字仍然是单线长仿宋体，英文字符和数字为正体。gbenor，gbcbig 样式如图 7-3 所示。

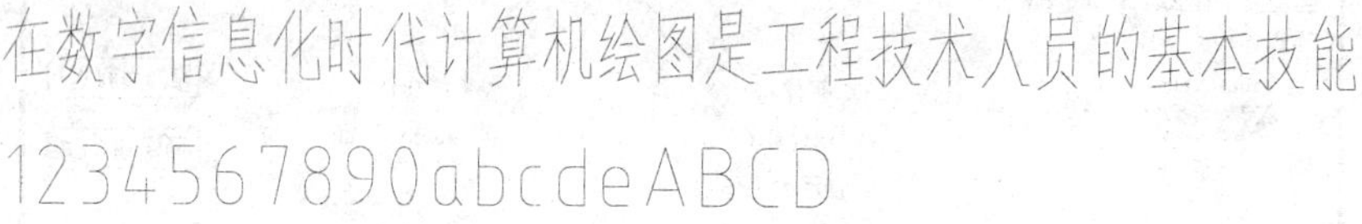

图 7-3　gbenor，gbcbig 字体

（3）gbeict，gbcbig 样式。在"文字样式"设置对话框中，选中 gbeict.shx 字体后勾选大字体，在"大字体"下拉列表框中再选择 gbcbig.shx，注写的汉字也是单线长仿宋体，英文字符和数字为斜体。gbeict，gbcbig 样式如图 7-4 所示。

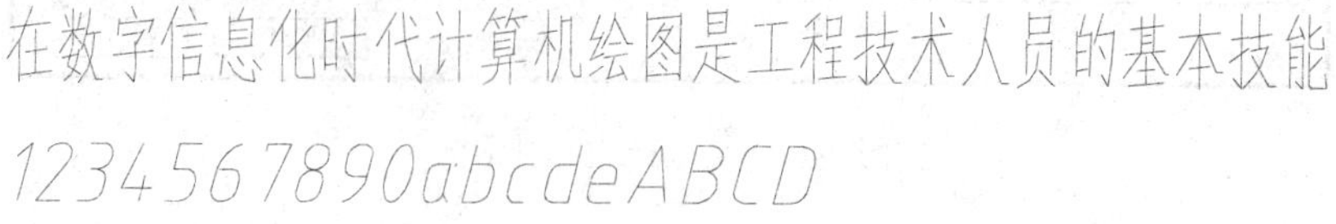

图 7-4　gbeict，gbcbig 字体

（4）"长仿宋体"样式。在"文字样式"设置对话框中，去掉"使用大字体"勾选框中的"√"，在"字体名"下拉列表框中再选择"仿宋 GB-2312"，在"宽度比例"输入框

中输入 0.75。"长仿宋体"样式如图 7-5 所示。

在数字信息化时代计算机绘图是工程技术人员的基本技能
1234567890abcdeABCD

图 7-5　长仿宋体

7.1.4　新建文字样式应用举例

【例 7.1】　新建用于建筑工程图文字注写的文字样式，要求为斜长仿宋体。

操作步骤：

（1）单击"文字样式"对话框中的"新建"按钮，则出现"新建文字样式"窗口，如图 7-6 所示。将默认的样式名"样式 1"重新命名为"斜体字"，单击"确定"。

图 7-6　文字样式名输入窗口

（2）打开"字体名"折叠列表菜单，在其中选取 gbeict.shx 字体，再勾选"使用大字体"，在"大字体"下拉列表框中选择 gbcbig.shx，如图 7-7 所示。

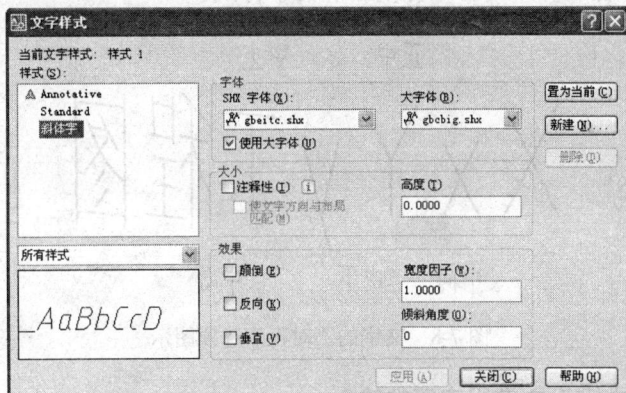

图 7-7　文字样式对话框设置

（3）其余的选项一般不需重新设置，采用默认值，单击"应用"，然后"关闭"。

7.2　"单行文字"命令

7.2.1　"单行文字"命令的功能

启用"单行文字"命令（Dtext）注写文字，文字只能是一种高度、一种样式。启用一次命令可以注写许多行文字，但每一行都是一个独立的对象，且不可再分解。

7.2.2　"单行文字"命令的操作步骤

（1）从"绘图"菜单中选择"文字"，然后选择"单行文字"。

命令区提示：指定文字的起点或[对正(J)/样式(S)]：

（2）用鼠标指定文字要插入的位置。

命令区提示：指定高度<2.5>:

（3）直接按回车键接受默认值，或从键盘输入字体的高度值，然后按回车键。此提示只有文字高度在当前文字样式中设置为 0 时才显示。

命令区提示：指定文字的旋转角度<0>:

（4）直接按回车键，默认角度值为 0。也可以根据需要输入角度值后按回车键。

命令区提示：输入文字:

（5）从键盘输入文字，在每行的结尾按回车键后，开始下一行文字的输入。每次按回车键后，都可以使用鼠标指定一个新的文字插入点。

（6）连续按两次回车键结束命令。

7.2.3 "单行文字"命令的选项说明

（1）"对正"：对正决定字符的哪一部分与插入点对齐。有以下对正选项：[对齐(A)/调整(F)/中心(C)/中间(M)/右(R)/左上(TL)/中上(TC)/右上(TR)/左中(ML)/正中(MC)/右中(MR)/左下(BL)/中下(BC)/右下(BR)]。各选项的具体位置见图 7-8 所示。

（2）"样式"：输入新样式名，替代当前文字样式。

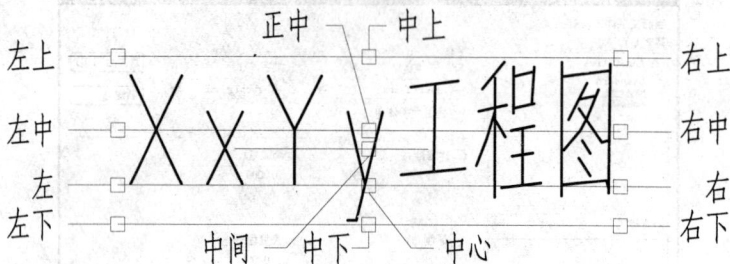

图 7-8　文字的"对正"选项图示

7.2.4 "单行文字"中常用字符的输入

一些常用字符，如直径符号、角度符号等，由于不能直接从键盘输入，所以 AutoCAD 提供了一部分符号的控制码，以达到快速书写特殊符号的目的，如表 7-1 所示的是常用控制码与字符的对照表。

表 7-1　常用控制码与字符的对照

控制码	含义	输入内容	输出结果
%%c	圆直径符号 φ	%%c80	φ80
%%p	正负符号 ±	%%p80	±80
%%d	度的符号（°）	80%%d	80°
%%%	百分符号%	80%%%	80%
%%u	文字下划线	%%u80	80

7.2.5 "单行文字"命令的应用举例

【例 7.2】 按图 7-9 所示的格式和尺寸绘制图形，用单行文字命令注写文字。字高分别为 500 和 300。

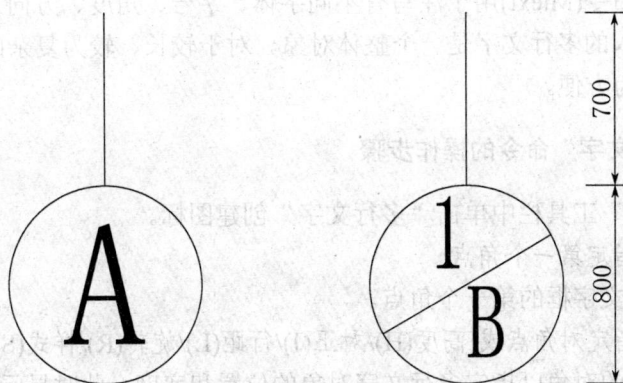

图 7-9 单行文字图例

操作步骤：

（1）按图 7-9 所示尺寸绘制图形。

（2）启用"单行文字"命令，在提示"指定文字位置"时，选择"对正"选项，在"对正"选项中再选择"正中"选项，然后单击左图的圆心。文字的位置被确定。

（3）在提示"指定高度"时，输入文字的高度为 500，回车。

（4）在提示"指定文字的旋转角度"时，直接回车输入默认值"0"。

（5）输入文字"A"，按回车键两次结束命令。

（6）注写右图的文字具有和左图相同的步骤，只是在对正选项时按图 7-10 所示选择。

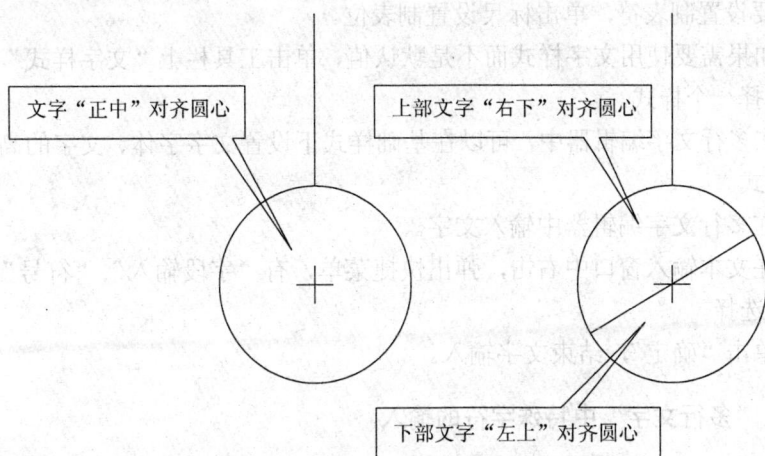

图 7-10 对正选项设置

7.3　"多行文字"命令

7.3.1　"多行文字"命令的功能

"多行文字"命令(Mtext)用于注写有不同字体、字号、角度、方向及其他文字特征的多行文字，一次输入的多行文字是一个整体对象。对于较长、较为复杂的内容，用"多行文字"命令注写较为方便。

7.3.2　"多行文字"命令的操作步骤

（1）从"绘图"工具栏中单击"多行文字"创建图标。

命令区提示：指定第一个角点：

（2）指定输入文字框的第一个角点。

命令区提示：指定对角点或[高度(H)/对正(J)/行距(L)/旋转(R)/样式(S)/宽度(W)]:

（3）指定边框的对角以指定多行文字对象的位置和宽度。此时显示多行文字编辑器，如图 7-11 所示（没完全显示）。

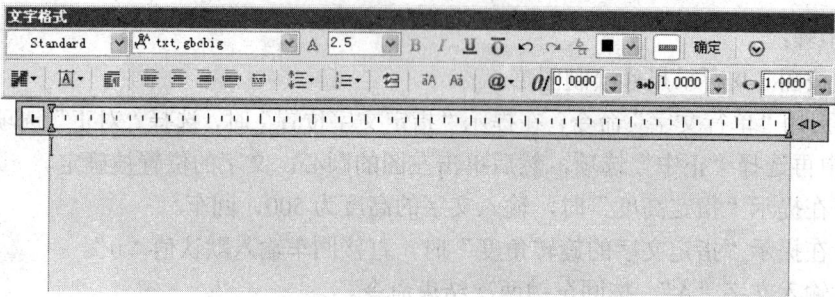

图 7-11　"多行文字格式"编辑窗口

（4）要设置制表符，单击标尺设置制表位。

（5）如果需要使用文字样式而不是默认值，单击工具栏上"文字样式"控件旁边的箭头，然后选择一个样式。

（6）在多行文字编辑器中，可以在基础样式下设置文字字体、文字的高度、文字的颜色等其他格式。

（7）在多行文字编辑器中输入文字。

（8）在文本输入窗口中右击，弹出快捷菜单，有"字段输入"、"符号"输入等选项，可根据需要选择。

（9）单击"确定"，结束文字输入。

7.3.3　"多行文字"中特殊字符的输入

在多行文字编辑器的右上角，有一个"选项"按钮，单击该按钮，则打开文字编辑选项列表，如图 7-12 所示。单击"符号"选项，可打开符号列表，如图 7-13 所示，从中可选择要插入的符号。如选择"其他"选项，将弹出"字符映射表"，从中可选择需要的其他特殊符号。

了解多行文字	
✓ 显示工具栏	
✓ 显示选项	
✓ 显示标尺	
不透明背景	
插入字段(L)... Ctrl+F	
符号(S) ▶	
输入文字(I)...	
缩进和制表位...	
项目符号和列表 ▶	
背景遮罩(B)...	
对正 ▶	
查找和替换... Ctrl+R	
全部选择(A) Ctrl+A	
改变大小写(H) ▶	
自动大写	
删除格式(R) Ctrl+Space	
合并段落(O)	
字符集 ▶	

度数(D)	%%d
正/负(P)	%%p
直径(I)	%%c
几乎相等	\U+2248
角度	\U+2220
边界线	\U+E100
中心线	\U+2104
差值	\U+0394
电相位	\U+0278
流线	\U+E101
标识	\U+2261
初始长度	\U+E200
界碑线	\U+E102
不相等	\U+2260
欧姆	\U+2126
欧米加	\U+03A9
地界线	\U+214A
下标 2	\U+2082
平方	\U+00B2
立方	\U+00B3
不间断空格(S)	Ctrl+Shift+Space
其他(O)...	

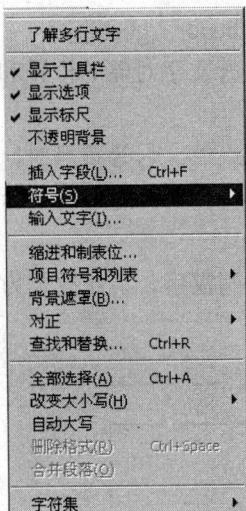

图 7-12 "选项"菜单   图 7-13 符号列表

7.3.4 "多行文字"中堆叠文字的创建

在"多行文字编辑器"中，在文字中夹入堆叠字符"^"、"/"和"#"，则应用"堆叠"命令可以将其转换为堆叠文字，如分数、公差、上标、下标等。表 7-2 列出了几种堆叠输入形式和堆叠效果（表中阴影为堆叠部分）。

表 7-2 堆叠输入形式和堆叠效果

输入形式与选中部分	堆叠效果
∅ 100+0.001^−0.002	$\varnothing 100^{+0.001}_{-0.002}$
64/100	$\dfrac{64}{100}$
1004^	100^4
100^2	100_2
64#100	$^{64}\!/_{100}$

7.3.5 "多行文字"命令的应用举例

【例 7.3】用"多行文字"命令，按图 7-14 所示内容和格式注写文字。

图形说明：

1、均匀分布的小孔，直径为∅2

2、图中 $\beta = 36°$

3、图中 $x_2 = 54.3389$

图 7-14 标注文字图例

操作步骤：

（1）将系统默认的 Standard 文字样式"字体"修改为 gbenor，gbcbig。

（2）启用"多行文字"命令，指定边框的对角以指定多行文字对象的位置和宽度。此时显示多行文字编辑器，如图 7-11 所示。

（3）在文字编辑窗口内输入图 7-14 所示文字，在输入 ∅、°、X_2 等符号时，应用多行文字编辑器右上角的"选项"功能，从"符号"选项中选取"直径"、"度数"、"角度"、"下标 2"插入。从"字符映射表"中复制 β 符号然后粘贴。

【例 7.4】 按图 7-15 所示的格式和尺寸绘制标题栏并注写汉字，字体样式为默认矢量字体，字高为 7.5mm 和 5mm。

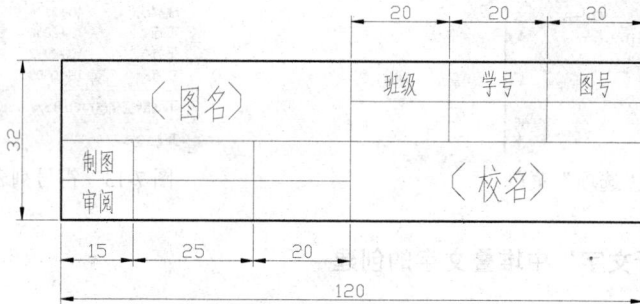

图 7-15　绘制标题栏图例

操作步骤：

（1）用粗实线绘制 120×32 的矩形标题栏外框；用细实线绘制标题栏的内格线段，如图 7-16 所示。注意每个内格要能捕捉到中点。

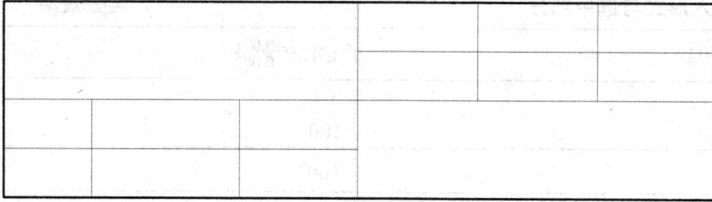

图 7-16　绘制标题栏框格

（2）启用"多行文字"命令，用鼠标捕捉要注写文字的框格对角点，弹出"文字格式"对话框，单击多行文字对正按钮，选择"正中"选项，如图 7-17 所示。

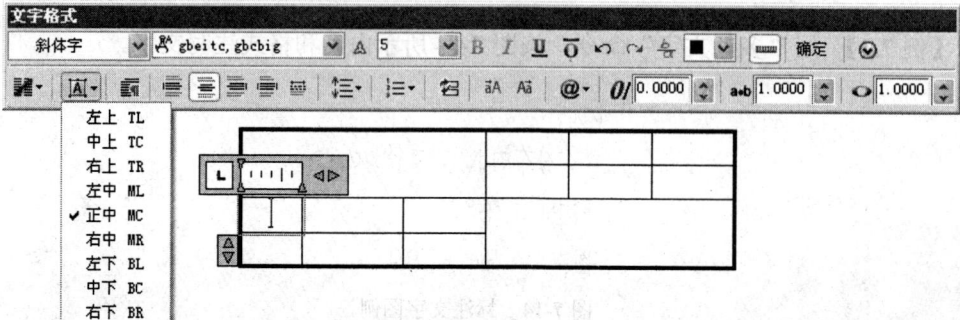

图 7-17　对正文字

（3）在文字高度输入框中输入文字的高度 5，输入汉字"制图"，按回车键，则第一个框格中的文字被输入，如图 7-18 所示。

（4）启用"复制"命令，将"制图"文字复制到各个框格的中心，如图 7-18 所示。

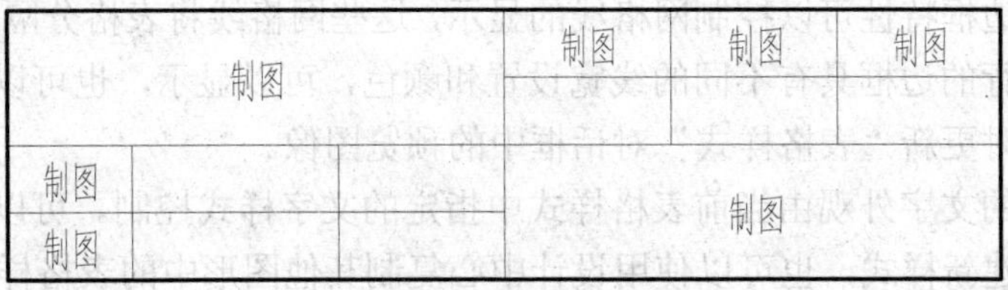

制图			制图	制图	制图
制图				制图	
制图					

图 7-18　注写和复制文字

（5）启用"文字编辑"命令，选择各框格中的文字按要求内容进行修改，如图 7-19 所示。

（6）启用"缩放"命令，分别选择"图名"和"校名"为缩放对象，以各自框格的中心为基点，输入比例因子为 1.5，回车，文字缩放后的标题栏如图 7-19 所示。

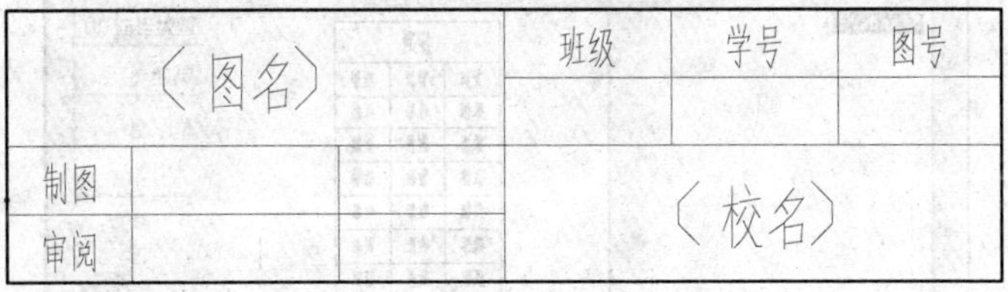

〈图名〉		班级	学号	图号
制图				
审阅		〈校名〉		

图 7-19　修改文字

7.4　文 字 的 修 改

创建的文字，同其他图形对象一样可以修改其内容，也可以对其进行移动、旋转、删除、复制等编辑操作。

文字的修改常用下述 3 种方式：

（1）修改文字，只需要在被修改的文字上双击，便可出现"文字修改"对话框，单行文字只能修改文字内容，多行文字内容与格式都能修改。

（2）从"修改"菜单中选择"对象"，然后选择"文字"，再选择"编辑"，便可出现"文字修改"对话框。

（3）选择要修改的文字，打开"特性"选项板进行修改。

7.5　表 格 样 式

7.5.1　"表格样式"的概念

表格样式控制表格的外观，可以修改或新建表格样式。

表格样式可以指定行的格式。例如，在 Standard 表格样式中，第一行是标题行，由文字居中的合并单元行组成；第二行是列标题行；其他行都是数据行。

　　表格样式可以为每行的文字和网格线指定不同的对齐方式和外观。例如，表格样式可以为标题行指定更大号的文字或为列标题行指定正中对齐，以及为数据行指定左对齐。

　　表格样式的边框特性可以控制网格线的显示，这些网格线将表格分隔成单元。标题行、列标题行和数据行的边框具有不同的线宽设置和颜色，可以显示，也可以不显示。选择边框选项时，会同时更新"表格样式"对话框中的预览图像。

　　表格单元中的文字外观由当前表格样式中指定的文字样式控制。可以使用图形中的任何文字样式或创建新样式，也可以使用设计中心复制其他图形中的表格样式。

7.5.2　"表格样式"设置

　　单击"格式"下拉菜单中"表格样式"命令，会弹出"表格样式"对话框，如图 7-20 所示。

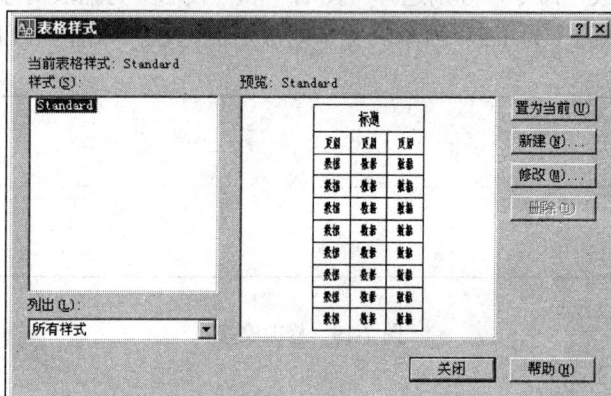

图 7-20　　"表格样式"对话框

　　在"表格样式"对话框中，单击"修改"按钮，将弹出"修改表格样式"对话框，如图 7-21 所示。

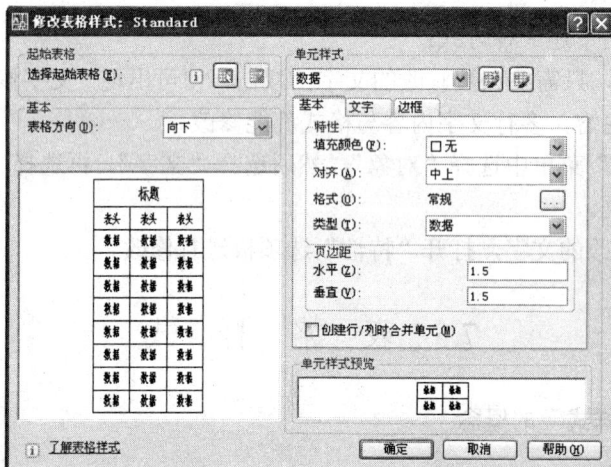

图 7-21　　"修改表格样式"对话框

在"单元样式"复选框中，有"数据"、"表头"、"标题"三个选项，每个选项其设置内容基本是相同的，下面以"数据"为例，各选项说明如下。

（1）表格方向：选择"向上"或"向下"。"向上"创建由下而上读取的表格；标题行和标题列都在表格的底部。

（2）页边距：输入单元边框和单元内容之间的水平和垂直间距。

（3）文字样式：选择文字样式或单击 [...] 按钮打开"文字样式"对话框并创建新的文字样式。

（4）文字高度：输入文字的高度。此选项仅在选定文字样式的文字高度为 0 时适用（默认文字样式 Standard，文字高度为 0）。如果选定的文字样式指定了固定的文字高度，则此选项不可用。

（5）文字颜色：选择一种颜色，或者单击"选择颜色"显示"选择颜色"对话框。

（6）填充颜色：选择"无"或选择一种背景颜色，或者单击"选择颜色"显示"选择颜色"对话框。

（7）对齐：为单元内容指定一种对齐方式。"中心"指水平对齐；"中间"指垂直对齐。

（8）边框特性按钮：单击按钮将线宽和颜色特性应用到所有的单元边框、外部边框、内部边框（不适用于"标题"选项卡）、无边框或底部边框。对话框中的预览将更新以显示设置后的效果。

（9）线宽：输入用于边框显示的线宽。如果使用加粗的线宽，可能必须修改单元边距才能看到文字。

（10）网格颜色：选择一种用于边框显示的颜色，或者单击"选择颜色"显示"选择颜色"对话框。

（11）起始表格：在图形中指定一个表格用做样例来设置此表格样式的格式。使用"删除表格"图标，可以将表格从当前指定的表格样式中删除。

7.6 插 入 表 格

启用"表格"命令（Table）后，会弹出"插入表格"对话框，如图 7-22 所示。在对话框中进行表格的"插入方式"、"列数和列宽"、"行数和行宽"等设置，单击"确定"按钮，则可以按指定的方式插入表格，然后输入表格数据。

对话框中各选项说明如下：

（1）表格样式设置。

● 表格样式名称：从列表框中选择一个表格样式。

● [...]：单击该按钮将打开"表格样式"对话框。

● 文字高度 4.5：说明当前表格数据行的文字高度为 4.5。

（2）插入方式。

● 指定插入点：即通过鼠标或坐标指定表格在图中的位置，表格的大小由列和行设置决定。

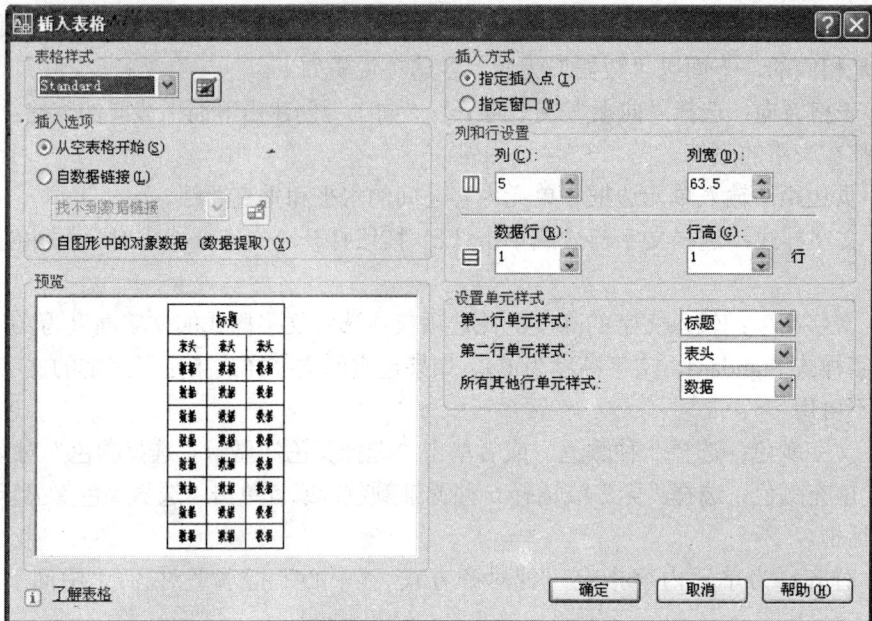

图 7-22   "插入表格"对话框

- 指定窗口：即通过鼠标或坐标指定表格的大小和位置，如果设置列数和行数，则列宽和行高由表格（窗口）的大小决定；如果设置列宽和行高，则列数和行数由表格（窗口）的大小决定。

（3）列和行设置。

- 列（C）：设置列数。
- 列宽（D）：设置列宽。如果使用窗口插入方法，用户可以选择列数或列宽，但是不能同时选择两者。
- 数据行（R）：设置数据行的行数。
- 行高（G）：设置数据行的高，行高的设置单位是"行"，1 个行单位≈（文字高度+1.5）+2×单元垂直边距，2 个行单位≈2×（文字高度+1.5）+2×单元垂直边距。如果使用窗口插入方法，用户可以选择行数或行高，但是不能同时选择两者。

7.7   编辑表格和表格单元

编辑表格是通过表格的快捷菜单来实现的。当选中整个表格时，其快捷菜单如图 7-23 所示；当选中表格单元时，其快捷菜单如图 7-24 所示。

7.7.1   编辑表格

从表格的快捷菜单中可以看到，能够对表格进行剪切、复制、删除、移动、缩放和旋转等操作，也可以均匀调整表格的行、列大小。当选择"输出"命令时还可以打开"输出数据"对话框，以.csv 格式输出表格中的数据。

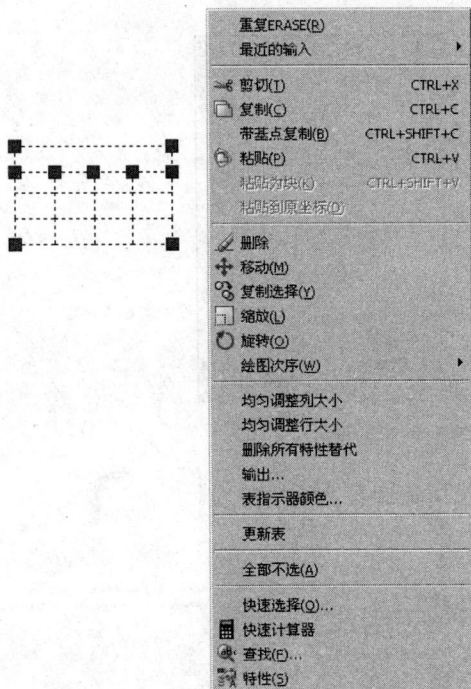

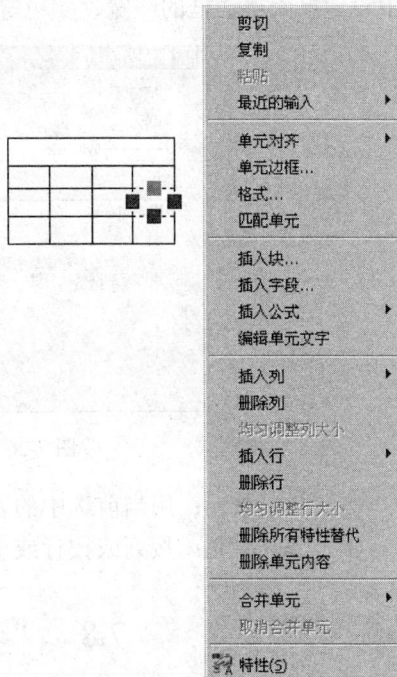

图 7-23 编辑整个表格时的快捷菜单 　图 7-24 编辑单元格时的快捷菜单

当选中表格后，也可以通过夹点来编辑表格，拖动夹点能够改变表格的列宽和行高，如图 7-25 所示。

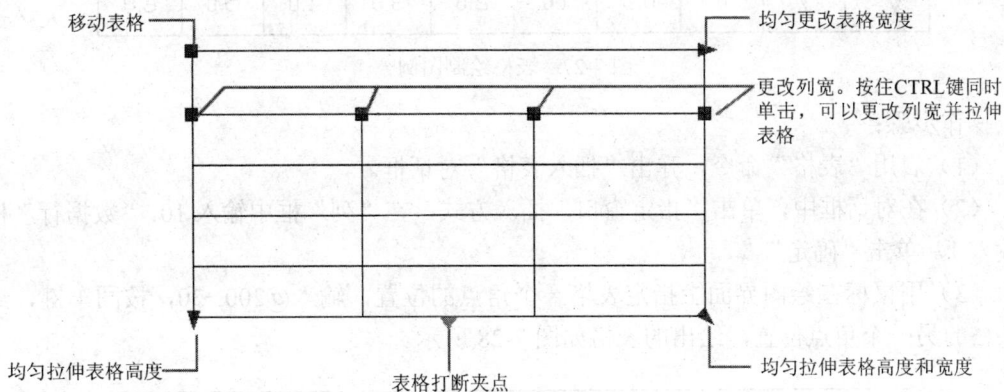

图 7-25 表格的夹点拖动

7.7.2 编辑表格单元

当选中单元格右击，弹出表格单元快捷菜单，如图 7-24 所示。其主要命令选项的功能说明如下：

（1）单元对齐：在次级菜单中选择数据在单元格中的对齐方式，有"左上、左中、左下、……"等九种对齐方式。

（2）单元边框：单击该命令将打开"单元边框特性"对话框，如图 7-26 所示，可以从中设置单元格边框的线宽、颜色等特性。

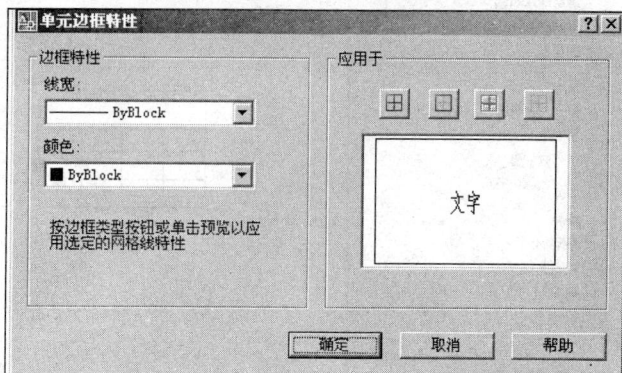

图 7-26 "单元边框特性"对话框

（3）匹配单元：用当前选中的表格单元特性复制给其他表格单元。

（4）合并单元：按列或按行或全部合并两个以上的单元格。

7.8 "表格"命令应用举例

【例 7.5】在绘图窗口中利用 AutoCAD 功能，绘制图 7-27 所示的表格。

╳	×	1	2.75	3.5	4.75	5.75	6.5	7.2	8.0
y	y	0	0.5	1.0	2.0	3.0	4.0	5.0	6.0

图 7-27 表格绘制图例

操作步骤：

（1）启用"表格"命令，弹出"插入表格"对话框。

（2）在对话框中，单击"指定窗口"插入方式，在"列"框中输入 10，"数据行"框中输入 1，单击"确定"。

（3）用鼠标在绘图界面上指定表格一个角点的位置，输入@200,-30，按回车键，给出表格的另一个角点位置，绘出的表格如图 7-28 所示。

图 7-28 标准样式表格

（4）单击表格中的最上一行，然后右击，从快捷菜单中选取"删除行"选项，如图 7-29 所示，则行被删除。

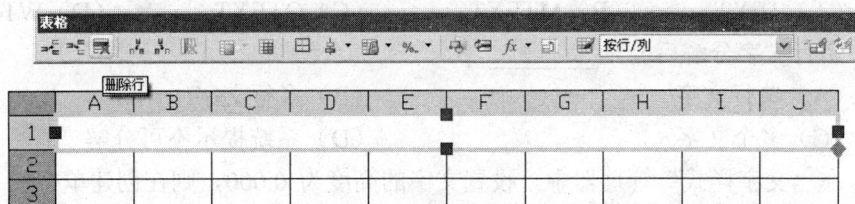

图 7-29　删除行操作

（5）按住 Shift 键，单击左边第一列空格，使第一列呈夹点编辑状态。再右击，从快捷菜单中的"合并单元"选项中选择"按列"，则选中的两个单元格合并成一个单元格，如图 7-30 所示。

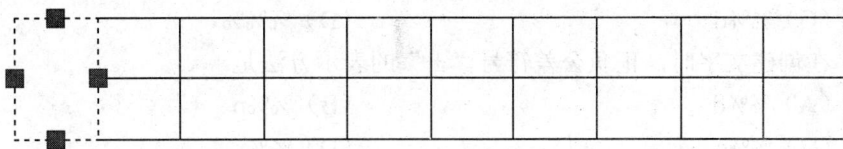

图 7-30　合并第一列单元格

（6）双击单元格，打开"文字格式"编辑器，如图 7-31 所示，在激活的单元格中输入文字和字母，用 Tab 键或移动键在单元格之间移动光标。

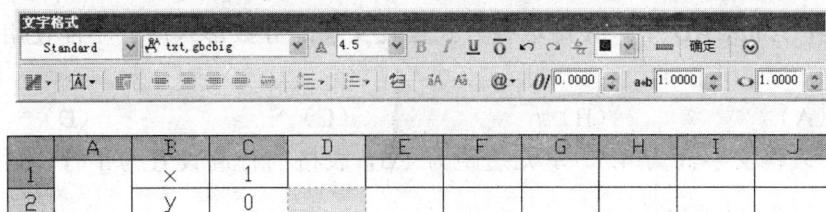

图 7-31　输入单元格数据

（7）数据输入完毕后，单击"确定"。最后在表格中用多段线绘出坐标图形。

7.9　思 考 与 练 习

7.9.1　选择题

（1）下面_____方法不能创建文字样式。

　　（A）输入 Style 命令

　　（B）单击"格式"菜单中的"文字样式"命令

　　（C）双击已输入的文字

　　（D）从"插入表格"对话框中创建

（2）在"文字样式"管理器中，系统默认的样式名是_____。

　　（A）默认　　　　（B）工程字　　　　（C）仿宋　　　　（D）Standard

（3）启用"多行文字"的命令是_____。

　　（A）TEXT　　　　（B）MTEXT　　　　（C）QTEXT　　　　（D）WTEXT

（4）多行文字分解后会是_____。

　　（A）单行文字　　　　　　　　　（B）多行文字

　　（C）多个文字　　　　　　　　　（D）系统提示不可分解

（5）在"文字样式"管理器中，设置文字的高度为 0.000，则在创建单行文字时，系统默认的文字高度为_____。

　　（A）0.000　　　　　　　　　　（B）2.5

　　（C）3.5　　　　　　　　　　　（D）上一次使用的文字高度

（6）如果在一个数值前面添加直径符号，则输入_____。

　　（A）%%c　　　　　　　　　　（B）%%p

　　（C）%%d　　　　　　　　　　（D）%%%

（7）在创建文字时，正负公差符号"±"的表示方法是_____。

　　（A）%%d　　　　　　　　　　（B）%%p

　　（C）%%c　　　　　　　　　　（D）%%r

（8）在文字输入过程中，输入 1 / 2，在 AutoCAD 中运用_____命令过程中可以把此分数形式改为水平分数形式。

　　（A）单行文字　　　　　　　　　（B）对正文字

　　（C）多行文字　　　　　　　　　（D）文字样式

（9）在 AutoCAD 中，使用堆叠方式设置文字的分数形式时，不能使用的分隔符号是_____。

　　（A）/　　　　　（B）#　　　　　（C）^　　　　　（D）-

（10）表格文字高为 4.5，单元边距为 1.5，表格的行高设置为 1 行，则表格的高度是_____。

　　（A）4.5　　　　（B）6　　　　　（C）9　　　　　（D）8.5

（11）在 AutoCAD 中，可以拖动表格的_____来编辑表格。

　　（A）边框　　　　（B）列　　　　（C）夹点　　　　（D）行

7.9.2　思考题

（1）为什么有时输入的文字高度无法改变？

（2）在打开 AutoCAD 图形文件时，文字显示为问号，可能是什么原因？

（3）已输入单行文字，想要改变字体，应该怎么办？

（4）怎样引用其他字处理软件编辑文字？

（5）想要改变多行文字的行间距，应该怎么办？

（6）用"表格"命令可以绘制一个标准的标题栏吗？

7.9.3　上机练习与指导

【练习7.1】　绘制如图 7-32 所示标题栏，用"单行文字"命令填写文字。要求：字体样式为单线长仿宋体，字高 5mm，填写在格的正中位置（不标注尺寸）。

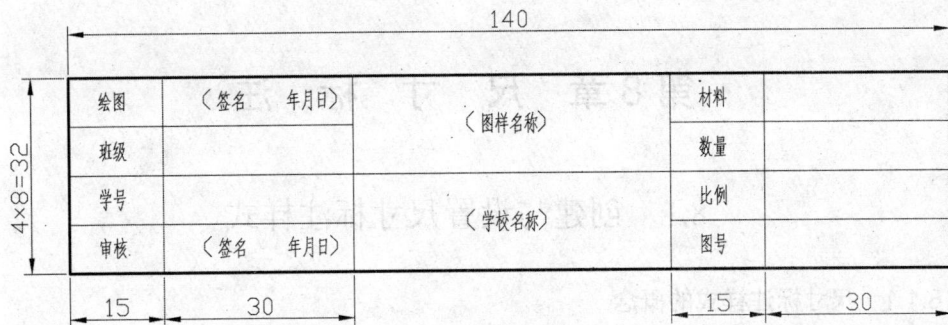

图 7-32 标题栏样式

【练习 7.2】 用"多行文字"命令注写如图 7-33 所示文字,第一行字高 10mm,第二行、第三行字高 7mm。

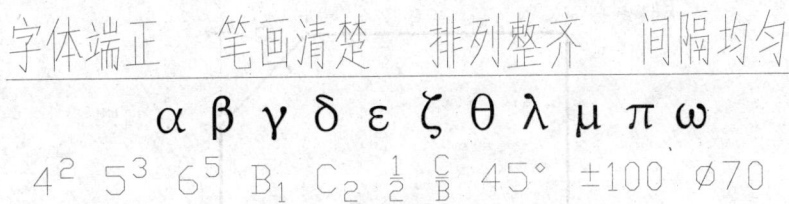

图 7-33 多行文字注写

【练习 7.3】 用表格命令绘制如图 7-34 所示的表格并填写内容(不标注尺寸)。

基本幅面与图框尺寸					
图幅代号	A0	A1	A2	A3	A4
L×B	1189×841	841×594	594×420	420×297	297×210
e	20				
c	10			5	
a	25				

图 7-34 创建表格

第8章 尺寸标注

8.1 创建与设置尺寸标注样式

8.1.1 尺寸标注样式的概念

尺寸标注样式控制尺寸标注四要素（尺寸界线、尺寸线、尺寸起止符号、尺寸数字）的大小、位置、格式，如图 8-1 所示。

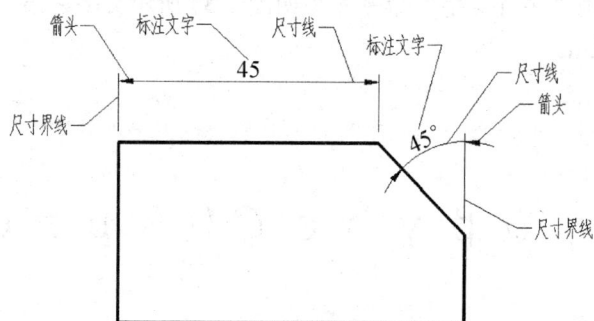

图 8-1 尺寸标注样式和尺寸标注四要素

尺寸标注是绘图设计中的一项重要内容，工程图中尺寸的标注样式必须符合相应的制图标准。在利用 AutoCAD 进行尺寸标注时，系统默认的标注样式为 ISO-25，与目前我国各行业的制图标准并不完全一致，因此，在标注时需要了解本行业尺寸标注的标准，新建或修改尺寸标注样式。

8.1.2 标注样式管理器

从"格式"下拉菜单中单击"标注样式"，将弹出"标注样式管理器"对话框，如图 8-2 所示。

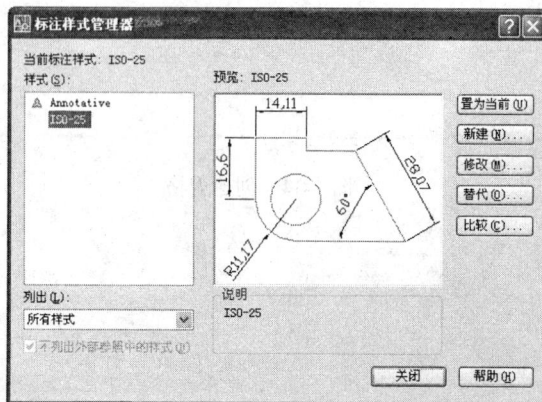

图 8-2 "标注样式管理器"对话框

"标注样式管理器"对话框各选项说明如下：

（1）"置为当前"按钮：将一种标注样式在样式列表框中选中，单击该按钮，确认为当前样式。绘图时可能需要创建许多的尺寸标注样式，只能将尺寸标注样式"置为当前"才能应用该样式进行标注。

（2）"新建"按钮：用于打开"创建新标注样式"对话框，如图 8-3 所示。在"新样式名"输入框中输入新建尺寸标注样式的名称，默认的新样式名为"副本 ISO-25"。在"基础样式"选择框中，可以打开下拉列表，从中选择一种样式作为基础样式。新建的标注样式只修改与基础样式不同的特性。在"用于"选择框中，打开如图 8-4 所示的标注子样式列表，从中选择一种标注类型作为标注子样式。单击"继续"按钮，弹出"新建标注样式"对话框，从中对新样式进行设置。

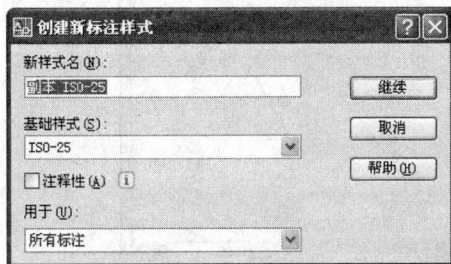

图 8-3　"创建新标注样式"对话框　　　　　图 8-4　标注子样式列表

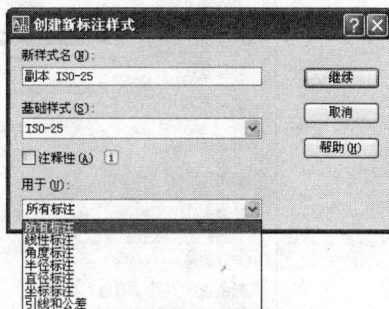

（3）"修改"按钮：用于打开"修改标注样式"对话框，内容与"新建标注样式"对话框相同，从中可以对标注样式进行修改。

（4）"替代"按钮：用于打开"替代当前样式"对话框，内容也与"新建标注样式"对话框相同，从中对要替代的当前标注样式进行修改。"替代"是替代当前标注样式的临时样式，用于个别尺寸样式的标注或修改。当重新设置"当前标注样式"后，替代样式失效。

（5）"比较"按钮：用于打开"比较标注样式"对话框，如图 8-5 所示，列表比较两个标注样式之间在特性设置上的不同之处。

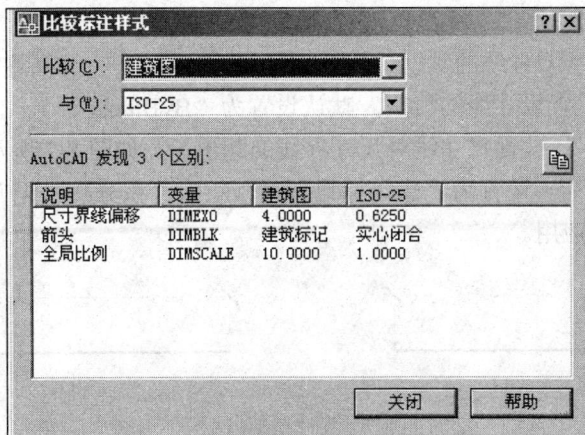

图 8-5　"比较标注样式"对话框

8.1.3　设置尺寸标注样式

如果在"创建新标注样式"对话框中，输入新样式名，如输入"建筑图"，单击"继续"按钮，则弹出"新建标注样式：建筑图"对话框，如图 8-6 所示。如果要修改已有的尺寸标注样式，在"标注样式管理器"对话框中单击"修改"按钮，弹出"修改标注样式"对话框。"新建标注样式"对话框与"修改标注样式"对话框内容完全相同，对话框中有"直线"、"符号和箭头"、"文字"、"调整"、"主单位"、"换算单位"、"公差"7 个选项卡，各选项说明如下。

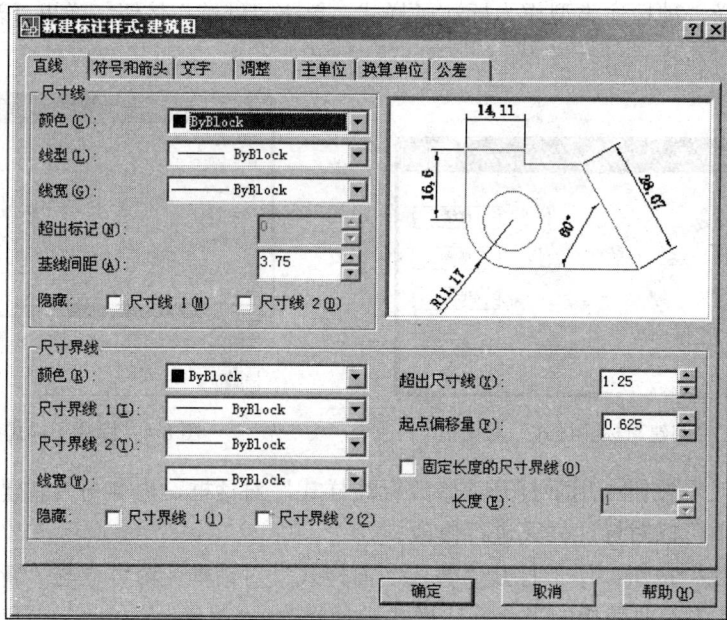

图 8-6　"新建标注样式：建筑图"对话框

8.1.3.1　"直线"选项卡

"直线"选项卡对话框如图 8-6 所示，有"尺寸线"、"尺寸界线"两个选项组。

（1）"尺寸线"选项组。

- "颜色"：设置尺寸线的颜色。默认设置为 ByBlock（与对象所在图块颜色保持一致）。
- "线宽"：设置尺寸线的线宽。默认设置为"ByBlock"。
- "超出标记"：设置尺寸线对尺寸界线的超出量，如图 8-7 所示。默认设置此选项不可用；当箭头设置为"建筑标记"、"倾斜"、"积分"、"无"等选项时，此选项才可设置并应用。

图 8-7　尺寸线超出标记

（a）超出标记设为 0 时；（b）超出标记设为 5 时

- "基线间距"：设置"基线"标注时尺寸线之间的距离，如图 8-8 所示，默认值为 3.75mm，在绘图中根据标注文字的高度来设置。

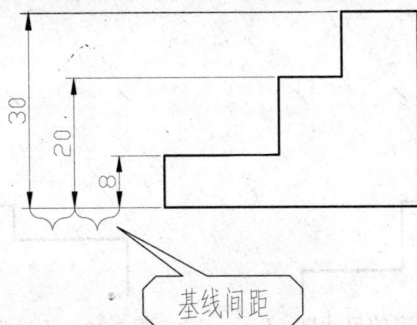

图 8-8 基线间距

- "隐藏"：使尺寸线不显示。选择"尺寸线 1"复选框，将隐藏第一条尺寸线；选择"尺寸线 2"复选框，将隐藏第二条尺寸线，如图 8-9 所示。标注尺寸时先单击的一端为"尺寸线 1"，后单击的一端为"尺寸线 2"。

图 8-9 尺寸线"隐藏"样式

（2）"尺寸界线"选项组。

- "颜色"：设置尺寸界线的颜色。
- "尺寸界线 1"：设置第一条尺寸界线的线型。
- "尺寸界线 2"：设置第二条尺寸界线的线型。
- "线宽"：设置尺寸界线的线宽。
- "隐藏"：使尺寸界线不显示。选择"尺寸界线 1"复选框，将隐藏第一条尺寸界线；选择"尺寸界线 2"复选框，将隐藏第二条尺寸界线，如图 8-10 所示。

图 8-10 尺寸界线与尺寸线"隐藏"样式

- "超出尺寸线"：设置尺寸界线超出尺寸线的长度，如图 8-11 所示。默认值为 1.25mm。
- "起点偏移量"：设置尺寸界线起点与图形上标注点的间距，如图 8-11 所示。

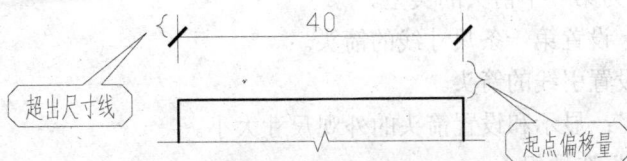

图 8-11 "超出尺寸线"与"起点偏移量"

- "固定长度的尺寸界线"：选择该复选框，在"长度"输入框中可设置尺寸界线的固定长度。图 8-12 为选择"固定长度的尺寸界线"，图 8-13 为不选择"固定长度的尺寸界线"。

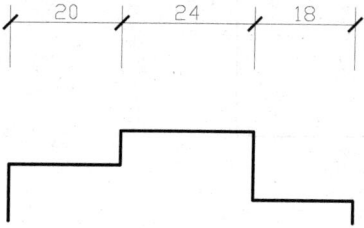

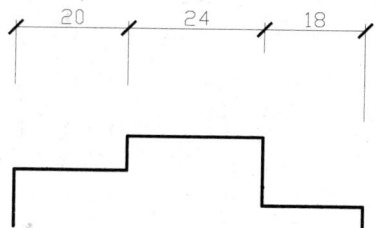

图 8-12　选择"固定长度的尺寸界线"　　　图 8-13　不选择"固定长度的尺寸界线"

8.1.3.2　"符号和箭头"选项卡

"符号和箭头"选项卡对话框如图 8-14 所示，包括"箭头"、"圆心标记"、"弧长符号"、"半径标注折弯"四个选项组。

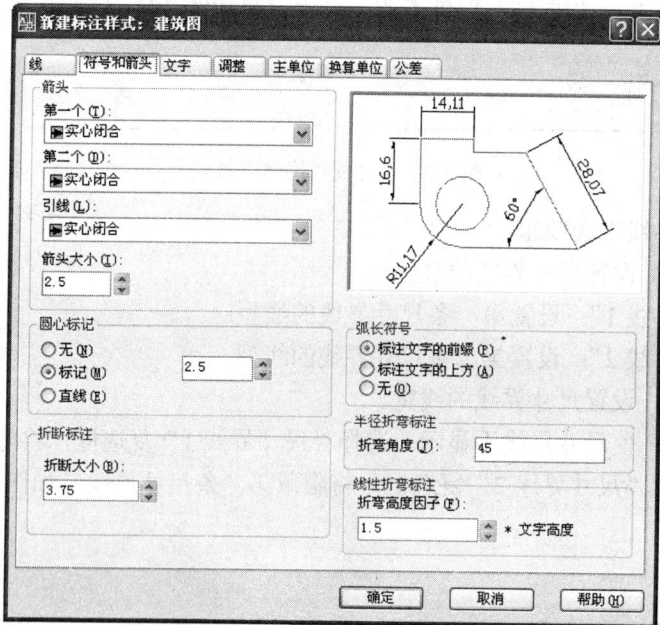

图 8-14　"符号和箭头"选项卡

（1）"箭头"选项组。

- "第一项"：设置第一条尺寸线的箭头。当改变第一个箭头的类型时，第二个箭头将自动改变为第一个箭头的类型。
- "第二个"：设置第一条尺寸线的箭头。
- "引线"：设置引线的箭头。
- "箭头大小"：显示和设置箭头的外观尺寸大小。

（2）"圆心标记"选项组。

- "无"：不显示圆心标记，如图 8-15（a）所示。

- "标记"：用设定的大小显示圆心标记，如图 8-15（b）所示。
- "直线"：用直线作为圆心标记，如图 8-15（d）所示。
- "大小"：设置圆心标记的尺寸大小，如图 8-15（c）所示。

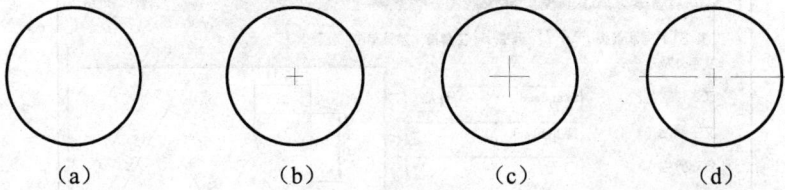

图 8-15　圆心标记显示

（a）无标记；（b）默认大小标记；（c）大小为 5 的标记；（d）直线标记

（3）"弧长符号" 选项组。

- "标注文字的前缀"：将弧长符号标注在尺寸数字的前方，如图 8-16（a）所示。
- "标注文字的上方"：将弧长符号标注在尺寸数字的上方，如图 8-16（b）所示。
- "无"：不显示弧长符号，如图 8-16（c）所示。

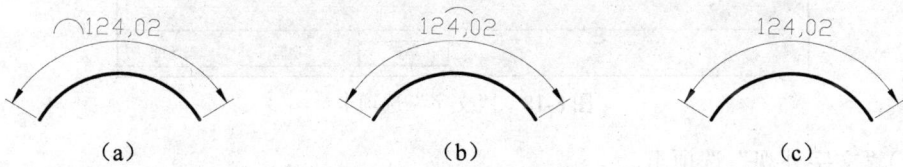

图 8-16　弧长标注样式

（a）弧长符号在数字前；（b）弧长符号在数字上；（c）无弧长符号

（4）"半径标注折弯" 选项组。

- "折弯角度"：设置折弯的角度，30°、45°、90° 的折弯标注样式如图 8-17 所示。

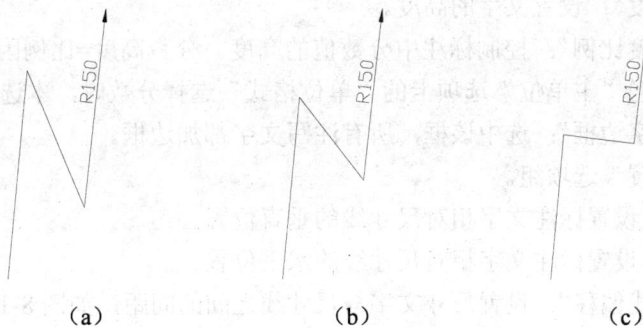

图 8-17　折弯标注样式

（a）30°；（b）45°；（c）90°

（5）"线性折弯标注" 选项组。

"折弯高度因子"：设置线性折弯符号的高度值。

（6）"折断标注" 选项组。

"折断大小"：设置断开部分的长度值。

8.1.3.3　"文字"选项卡

"文字"选项卡对话框如图 8-18 所示。包括"文字外观"、"文字位置"、"文字对齐"三个选项组。

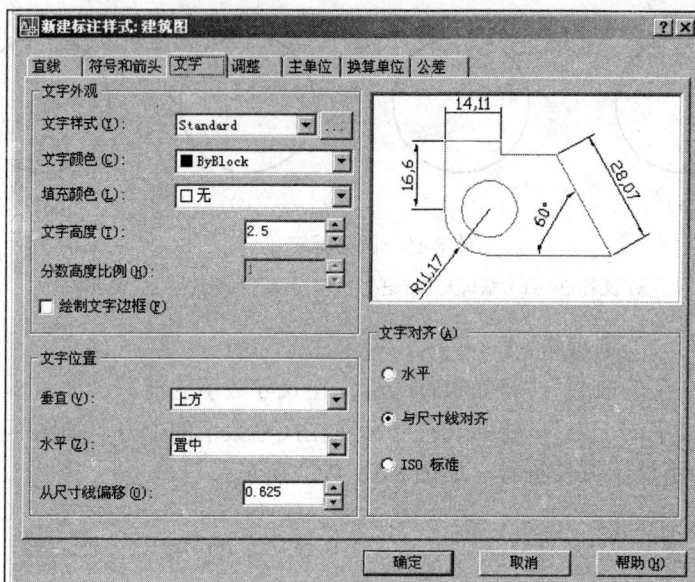

图 8-18　"文字"选项卡

（1）"文字外观"选项组。

- "文字样式"：选择已设置的文字样式，或单击列表旁边的按钮，打开"文字样式"对话框，进行新建或修改"文字样式"。
- "文字颜色"：设置注写文字的颜色。
- "填充颜色"：设置注写文字的背景颜色。
- "文字高度"：设置文字的高度。
- "分数高度比例"：控制标注中分数值的高度。分数高度=比例因子×标注文字高度。只有当"主单位"选项卡的"单位格式"选择分数时，本选项才可用。
- "绘制文字边框"：选中该框，所有注写文字都加边框。

（2）"文字位置"选项组。

- "垂直"：设置标注文字相对尺寸线的垂直位置。
- "水平"：设置标注文字相对尺寸线的水平位置。
- "从尺寸线偏移"：设置尺寸文字与尺寸线之间的间距，如图 8-19 所示。

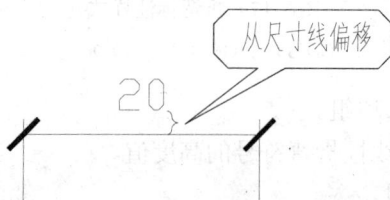

图 8-19　尺寸数字从尺寸线偏移

（3）"文字对齐"选项组。

- "水平"：不论尺寸线方向如何，尺寸标注文字一律水平注写，如图 8-20（a）所示。
- "与尺寸线对齐"：尺寸标注文字一律与尺寸线平行，标在上方，字头向上，如图 8-20（b）所示。
- "ISO 标准"：文字在尺寸界线内时，文字与尺寸线对齐；文字在尺寸界限之外时，文字水平排列，如图 8-20（c）所示。

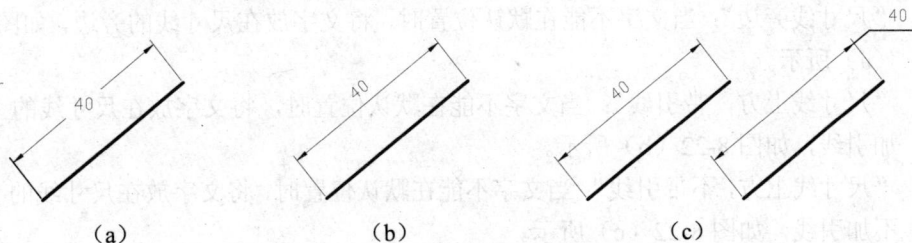

图 8-20   "文字对齐"各选项样式

（a）文字水平；（b）与尺寸线对齐；（c）ISO 标准

8.1.3.4   "调整"选项卡

"调整"选项卡对话框如图 8-21 所示。包括"调整选项"、"文字位置"、"标注特征比例"、"优化"四个选项组。

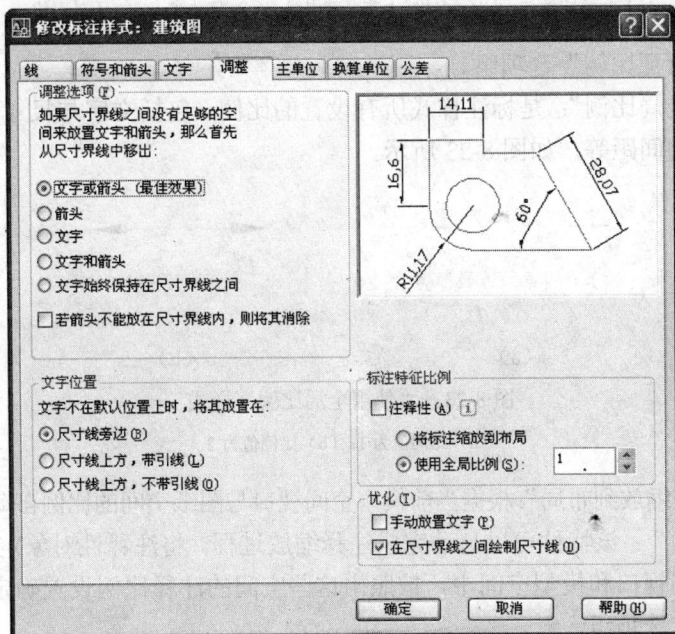

图 8-21   "调整"选项卡

（1）"调整选项"选项组。

- "文字或箭头（最佳效果）"：系统自动计算按最佳布局效果，确定文字和箭头的放置方式。
- "箭头"：当空间不足时，首先将箭头放在尺寸界线之外。

- "文字"：当空间不足时，首先将文字放在尺寸界线之外。
- "文字和箭头"：当空间不足时，将文字和箭头均放在尺寸界线之外。
- "文字始终保持在尺寸界线之间"：标注文字始终在尺寸界线之间，不管是否有空间。
- "若不能放在尺寸界线内，则消除箭头"：选中此项，在不能同时放置箭头和文字时消除箭头。

（2）"文字位置"选项组。

- "尺寸线旁边"：当文字不能在默认位置时，将文字放在尺寸线的旁边，如图 8-22（a）所示。
- "尺寸线上方，带引线"：当文字不能在默认位置时，将文字放在尺寸线的上方，加引线，如图 8-22（b）所示。
- "尺寸线上方，不带引线"：当文字不能在默认位置时，将文字放在尺寸线的上方，不加引线，如图 8-22（c）所示。

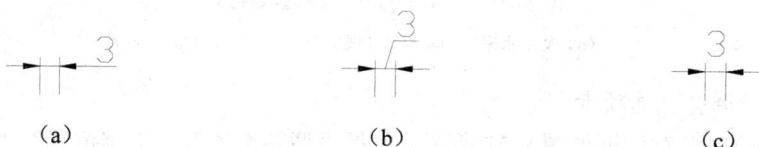

(a)   (b)   (c)

图 8-22   "文字位置"各选项样式

（a）尺寸线旁边；（b）尺寸线上方，带引线；（c）尺寸线上方，不带引线

（3）"标注特征比例"选项组。

- "使用全局比例"：是标注样式所有设置的比例，包括文字与尺寸箭头的大小、各种设定的间距等，如图 8-23 所示。

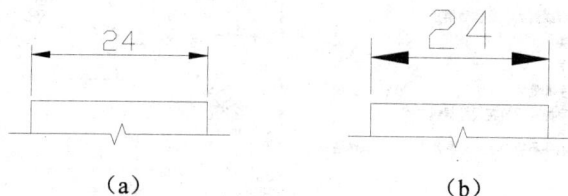

（a）   （b）

图 8-23   "使用全局比例"样式

（a）比例值为 1；（b）比例值为 2

- "将标注缩放到布局"：根据当前模型空间视口与图纸空间的比例自动确定比例因子。
- "注释性"：该特性可以自动完成注释缩放过程。将注释性对象定义为图纸高度，并在布局视口和模型空间中，按照由这些空间的注释比例设置确定的尺寸显示。

（4）"优化"选项组。

- "手动放置文字"：选中该项，在标注时手工指定标注文字的距离。
- "在尺寸界线之间绘制尺寸线"：将尺寸线放置在尺寸界线之间。

8.1.3.5   "主单位"选项卡

"主单位"选项卡对话框如图 8-24 所示。包括"线性标注"、"角度标注"等选项组。

（1）"线性标注"选项组。

- "单位格式"：设置标注文字显示的单位格式。可选项有"科学"、"小数"、"工程"、"建筑"、"分数"和"Windows 桌面"。

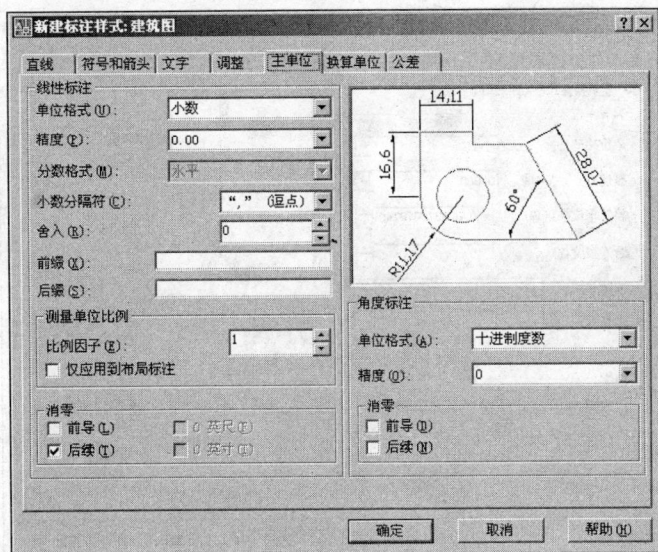

图 8-24 "主单位"选项卡

- "精度"：控制尺寸标注的显示精度。
- "分数格式"：设置分数的显示格式。可选项有："水平 1/2"、"对角（1/2）"、"不堆叠（1/2）"。
- "小数分隔符"：设置小数格式的分隔符。可选项有：句点（.）、逗点（,）、空格（ ）。
- "舍入"：设置尺寸标注时对标注测量值进行四舍五入的规则。
- "前缀"：输入要在尺寸标注中包含的前缀。
- "后缀"：输入要在尺寸标注中包含的后缀。
- "比例因子"：设置标注测量值的比例因子，角度除外。
- "仅应用到布局标注"：测量单位比例因子仅影响到在布局视口中进行的标注。
- "消零"：控制线性标注中，"前导"、"后续"、英尺、英寸里的零是否输出。

（2）"角度标注"选项组。

- "单位格式"：设置角度单位格式。
- "精度"：设置控制角度标注显示的精度。
- "消零"：控制角度标注中是否显示前导零或后续零。

8.1.3.6 "换算单位"选项卡

"换算单位"选项卡对话框如图 8-25 所示。包括"换算单位"、"消零"、"位置"等选项组。

- "显示换算单位"：为标注文字添加换算测量单位。选中该复选框后，"换算单位"选项组才可选。

（1）"换算单位"选项组。

- "单位格式"和"精度"：设置换算单位的"单位格式"和显示"精度"。

- "换算单位乘数"：输入主单位与换算单位之间的换算因子。
- "舍入精度"、"前缀"、"后缀"等选项的作用，参见"主单位"选项卡。

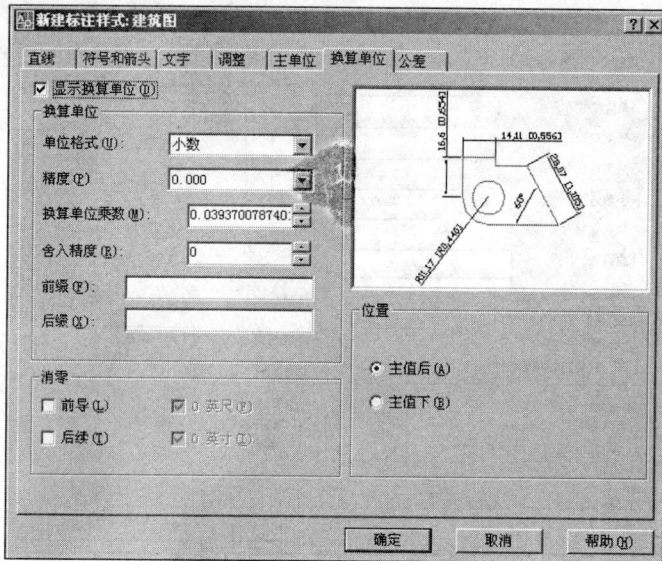

图 8-25　"换算单位"选项卡

（2）"消零"选项组。

参见"主单位"选项卡。

（3）"位置"选项组。

- "主值后"：换算单位放在主单位的后面，如图 8-26（a）所示。
- "主值下"：换算单位放在主单位的下面，如图 8-26（b）所示。

（a）　　　　　　　　　　　　　　　（b）

图 8-26　换算尺寸标注样式

（a）换算尺寸在主值后；（b）换算尺寸在主值下面

8.1.3.7　"公差"选项卡

"公差"选项卡对话框如图 8-27 所示。包括"公差格式"和"换算单位公差"选项组。

- 方式：设置公差标注的方式。可选项有"无"、"对称"、"极限偏差"、"极限尺寸"、"基本尺寸"。如选择"无"，则不添加公差。其他选项添加公差标注的样式如图 8-28 所示。
- "上偏差"：设置上偏差或最大公差值。
- "下偏差"：设置下偏差或最小公差值。
- "高度比例"：设置公差文字的当前高度。

- "垂直位置"：设置对称公差和极限公差的文字对齐方式。
- "换算单位公差"：设置换算公差单位的精度和消零的规则。

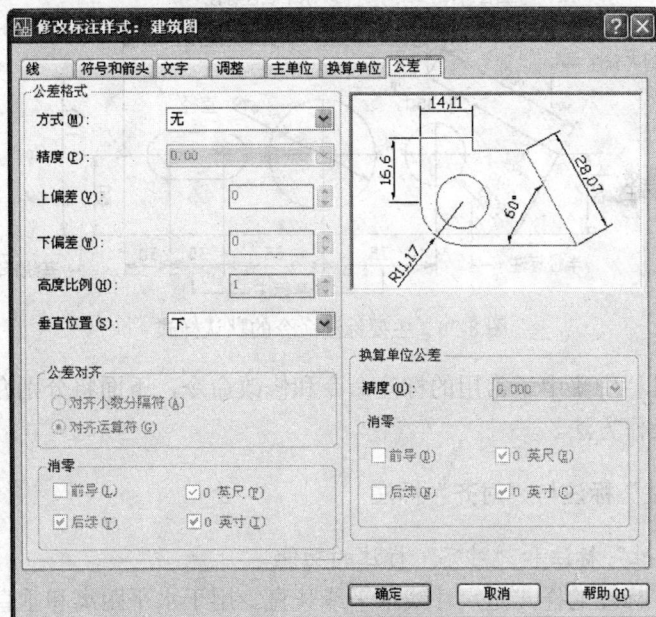

图 8-27   "公差"选项卡

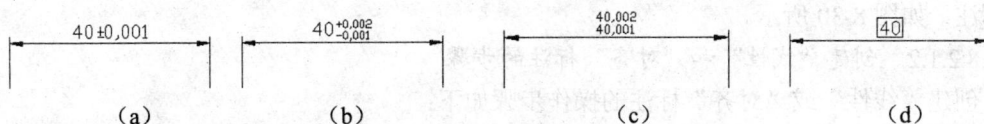

图 8-28   公差标注样式

（a）对称；（b）极限偏差；（c）极限尺寸；（d）基本尺寸

8.2 标注尺寸的方法

在标注尺寸时，是通过指定尺寸界线的起点或选择被标注的对象进行尺寸标注。系统能够精确测量标注对象的值，并自动产生相应的标注数字和符号，也可以在标注时对标注的文字内容进行修改。

"标注"工具栏的样式和名称如图 8-29 所示。

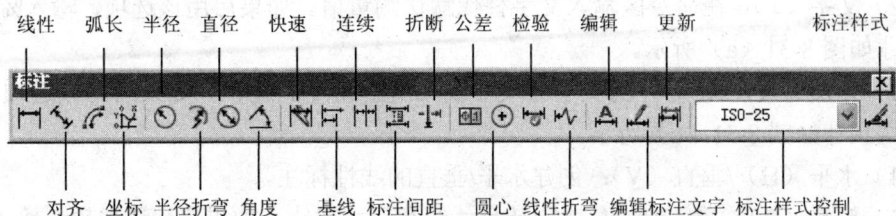

图 8-29   "标注"工具栏

图 8-30 为 AutoCAD 主要标注命令的默认样式。

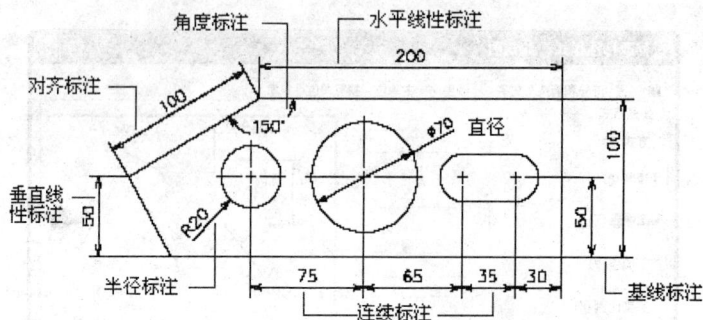

图 8-30　主要标注命令的默认样式

"标注"工具栏中集中了常用的标注命令和修改命令，下面将分别介绍和举例说明这些命令的功能和操作方法。

8.2.1　"线性"标注与"对齐"标注

8.2.1.1　"线性"标注和"对齐"标注的功能

（1）"线性"标注的样式是尺寸线水平或竖直。用于水平距离和垂直距离的标注，如图 8-30 所示。

（2）"对齐"标注的样式是尺寸线与尺寸界线两起点的边线平行。用于倾斜线段长度的标注，如图 8-30 所示。

8.2.1.2　创建"线性"和"对齐"标注的步骤

创建"线性"或"对齐"标注的操作步骤如下：

（1）从"标注"工具栏中单击"线性"或"对齐"命令图标。

命令区提示：指定第一条尺寸界线原点或<选择对象>:

（2）按回车键选择要标注的对象，或指定第一或第二尺寸界线原点。

命令区提示：指定尺寸线的位置或

[多行文字(M)/文字(T)/角度(A)/水平(H)/垂直(V)/旋转(R)]

（3）指定尺寸线的位置。标注命令结束。

命令区提示：标注文字=(数值)

8.2.1.3　"线性"和"对齐"标注的选项说明

（1）多行文字（M）：打开多行文字编辑器，编辑标注文字。

（2）文字（T）：在命令区输入文字替代默认测量值。如果启用该选项，输入%%C20，标注尺寸如图 8-31（a）所示。

（3）角度（A）：使标注的文字与尺寸线成所给角度的旋转。如果启用该选项，输入 45，标注尺寸如图 8-31（b）所示。

（4）水平（H）/垂直（V）：创建水平/垂直的线性标注。

（5）旋转（R）：按所给的角度旋转尺寸线和尺寸界线。如果启用该选项，输入 45，标注尺寸如图 8-31（c）所示。

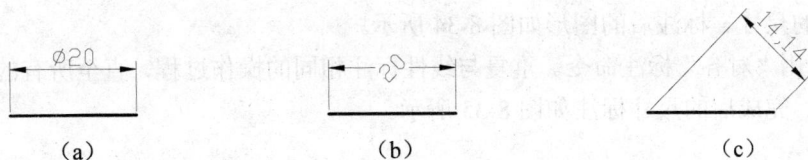

图 8-31 线性尺寸标注选项说明

(a) 标注符号；(b) 尺寸数字旋转 45°；(c) 尺寸界线旋转 45°

8.2.1.4 "线性"和"对齐"标注的应用举例

【例 8.1】 给图 8-32 所示图形标注尺寸，要求标注清晰，图面匀称，符合标准。

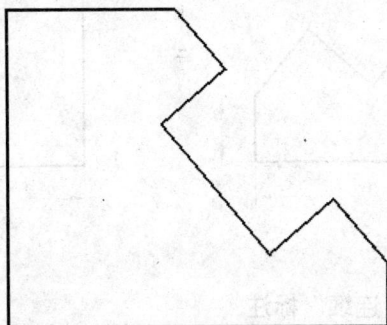

图 8-32 线性标注示例

操作步骤：

（1）打开"标注样式管理器"，将 ISO-25 默认标注样式中的"全局标注比例"由 1 修改为 1.5。

（2）启用"线性"标注命令，用鼠标捕捉最上端水平线的两个端点，然后追踪端点确定尺寸线的位置，输入追踪距离 8，按回车键，如图 8-33（a）所示。标注出 40 的水平尺寸样式如图 8-33（b）所示。

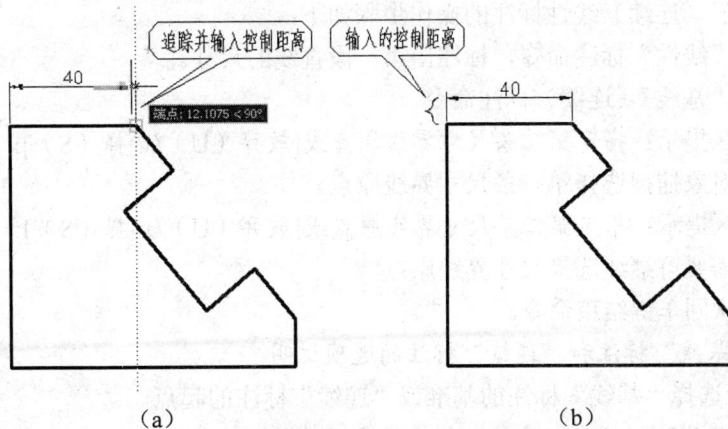

图 8-33 线性标注的方法

(a) 追踪尺寸线的位置；(b) 线性标注的效果

（3）按回车键，重新启用"线性"标注命令，重复上述标注过程，直至完成全部水平和竖直方向的尺寸。标注后的图形如图 8-34 所示。

（4）启用"对齐"标注命令。重复与线性标注相同的操作过程，直至所有的倾斜直线被全部标注。完成后的尺寸标注如图 8-35 所示。

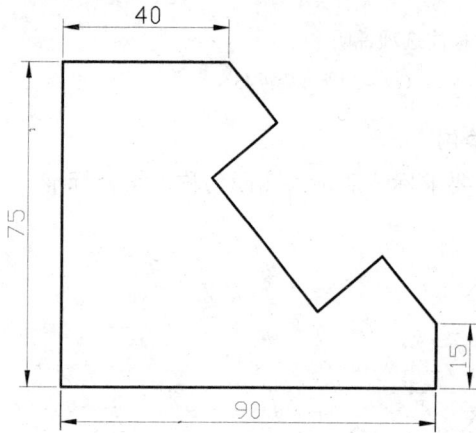

图 8-34   线性标注

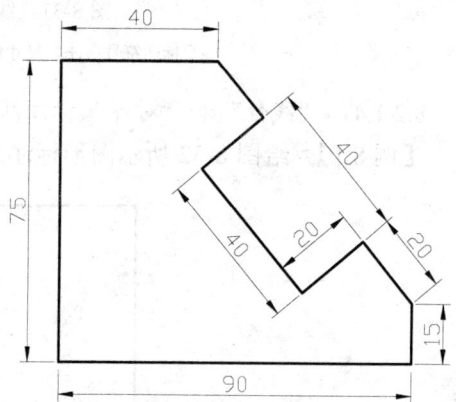

图 8-35   对齐标注

8.2.2   "基线"标注与"连续"标注

8.2.2.1   "基线"标注和"连续"标注的功能

（1）"基线"标注：在已存在尺寸标注的情况下，"基线"标注能够以同一条尺寸界线作为起点，作多个尺寸线平行、相距为设定值（基线间距）的尺寸标注，如图 8-30 所示。默认状态下，上一个创建的线性标注的原点是新基线标注的第一尺寸界线。

（2）"连续"标注：在已存在尺寸标注的情况下，"连续"标注能够连续进行尺寸线首尾相接且成直线排列的尺寸标注，如图 8-30 所示。

8.2.2.2   创建"基线"（连续）线性标注的步骤

创建"基线"（连续）线性标注的操作步骤如下：

（1）启用"线性"标注命令，标注出第一段直线的尺寸。

（2）启用"基线"（连续）标注命令。

     命令区提示：指定第二条尺寸界线原点或[放弃（U）/选择（S）]：

（3）使用对象捕捉选择第二条尺寸界线原点。

     命令区提示：指定第二条尺寸界线原点或[放弃（U）/选择（S）]：

（4）根据需要可继续选择尺寸界线原点。

（5）按两次回车键结束命令。

8.2.2.3   "基线"标注和"连续"标注的选项说明

选择：重新选择"基线"标注的基准或"连续"标注的起点。

8.2.2.4   "基线"标注和"连续"标注的应用举例

【例 8.2】 绘出图 8-36 所示的图形并按照样式标注尺寸，要求尺寸数字高为 3.5，尺寸箭头长为 3.5，尺寸线与图形轮廓线的间距为 8，尺寸线之间的间距也为 8，尺寸界线的起点偏移量为 3。

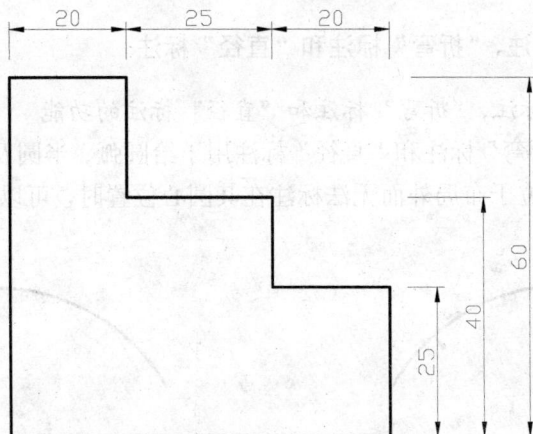

图 8-36 尺寸标注图例

操作步骤：

（1）单击"标注样式"图标按钮，弹出"标注样式管理器"对话框。

（2）单击"新建"按钮，在弹出的"创建新标注样式"对话框中，输入新样式名"连续标注"，单击"继续"，弹出"新建标注样式"对话框。

（3）单击"直线"选项卡，将"尺寸界线"选项组中的"起点偏移量"修改为 3，选中"固定尺寸线长度"复选框，设置长度为 5。在"符号和箭头"选项卡中，将"箭头大小"修改为 3.5。在"文字"选项卡中，将"文字高度"修改为 3.5。

（4）单击"确定"按钮，新建"连续标注"样式完成。

（5）再次新建标注样式，基础样式为"连续标注"，命名为"基线标注"。

（6）将"直线"选项卡中的"基线间距"修改为 8，去掉"固定尺寸线长度"复选框。

（7）从"标注"工具栏中，将"连续标注"样式置为当前，启用"线性"标注命令，标出左端第一个水平尺寸，控制尺寸线与图形轮廓线之间的距离为 8。再启用"连续"标注命令，标出其余水平方向的尺寸。标注的尺寸样式如图 8-37 所示。

（8）将"基线标注"样式置为当前，启用"线性"标注命令，先标注下端 25 的尺寸，控制尺寸线与图形轮廓线之间的距离为 8。再启用"基线"标注命令，与 25 尺寸的起点追踪对齐，标注出所有垂直尺寸，如图 8-38 所示。

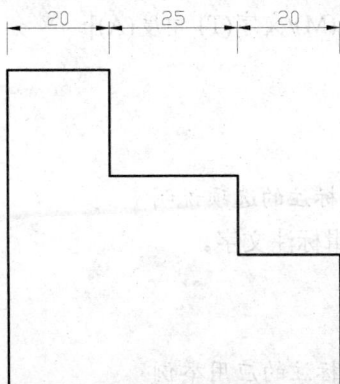

图 8-37 连续小尺寸样式标注　　　　图 8-38 标注完成图

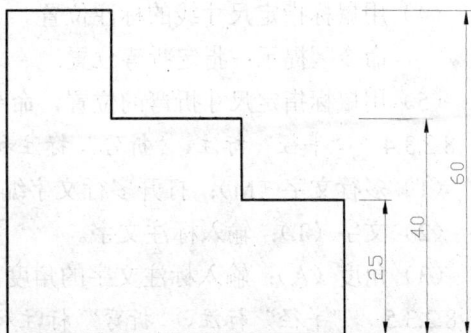

8.2.3 "半径"标注、"折弯"标注和"直径"标注

8.2.3.1 "半径"标注、"折弯"标注和"直径"标注的功能

"半径"标注、"折弯"标注和"直径"标注用于给圆弧、半圆及圆进行半径标注和直径标注。当圆弧的中心位于布局外而无法标注在其圆心位置时，可以创建"折弯标注"，如图 8-39 所示。

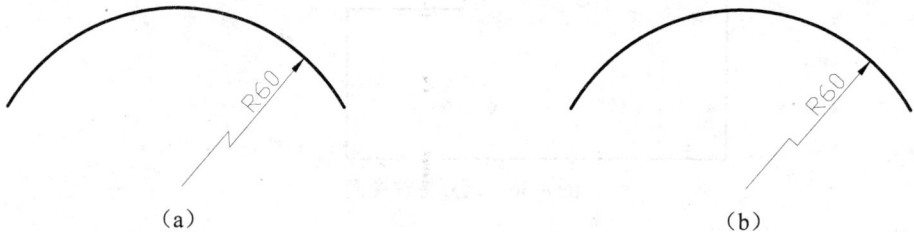

（a）　　　　　　　　　　　　　　（b）

图 8-39 　折弯标注样式

（a）45°折弯；（b）90°折弯

8.2.3.2 创建直径（半径）标注的操作步骤

（1）从"标注"工具栏中单击"直径"（"半径"）命令图标。

命令区提示：选择圆或圆弧：

（2）选择要标注的圆或圆弧。

命令区提示：指定尺寸线位置或[多行文字(M)/文字(T)/角度(A)]：

（3）指定尺寸线的位置。命令结束。

8.2.3.3 创建"折弯标注"的操作步骤

（1）启用"折弯标注"命令。

命令区提示：选择圆弧或圆：

（2）选择要标注的圆或圆弧。

命令区提示：指定中心位置替代：

（3）单击图中一点作为折弯标注尺寸线的起点。

命令区提示：标注文字 ＝ 60

　　　　　　　　指定尺寸线位置或 [多行文字(M)/文字(T)/角度(A)]：

（4）用鼠标指定尺寸线的标注位置。

命令区提示：指定折弯位置：

（5）用鼠标指定尺寸折弯的位置，命令结束。

8.2.3.4 "半径"标注、"折弯"标注和"直径"标注的选项说明

（1）多行文字（M）：打开多行文字编辑器，编辑标注文字。

（2）文字（T）：输入标注文字。

（3）角度（A）：输入标注文字的角度。

8.2.3.5 "半径"标注、"折弯"标注和"直径"标注的应用举例

【例 8.3】 给图 8-40 所示图形标注尺寸。要求标注清晰、美观，符合标准。

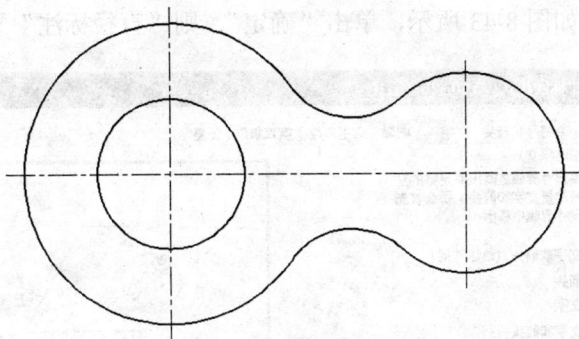

图 8-40　直径、半径标注图例

尺寸标注分析：如果用默认标注样式 ISO-25 标注圆和圆弧，标注的尺寸样式如图 8-41 所示。可以看出默认样式中的"直径"标注不符合我国技术制图的国家标准，必须修改标注样式。本例新建 ISO-25 默认样式下的"直径"子样式，用于直径标注。

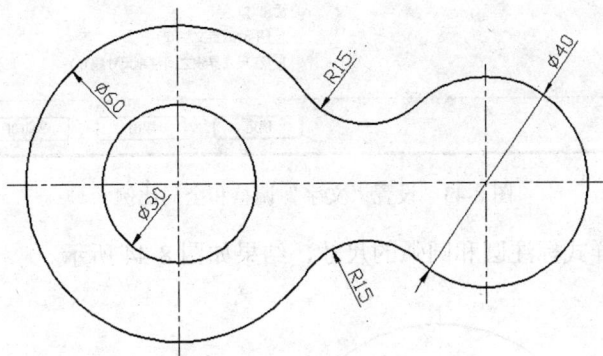

图 8-41　默认标注样式

操作步骤：

（1）打开"标注样式管理器"，单击"新建"，弹出"创建新标注样式"对话框，在"用于"一项下拉列表中选择"直径标注"，如图 8-42 所示，新创建默认样式下的"直径标注"子样式。

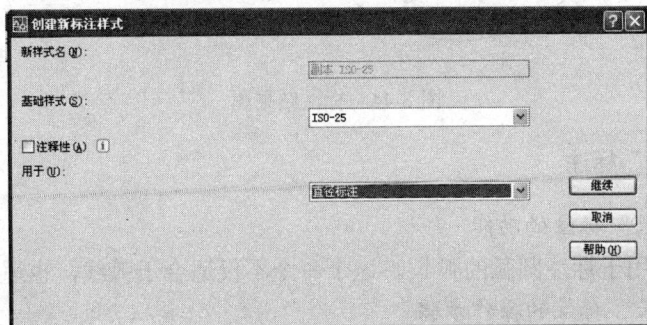

图 8-42　新建直径标注子样式

（2）单击"继续"。在"调整"选项卡中，将"调整选项"选择"文字"，将"使用全局比例"修改为 2，如图 8-43 所示，单击"确定"，则"直径标注"子样式设置完成。

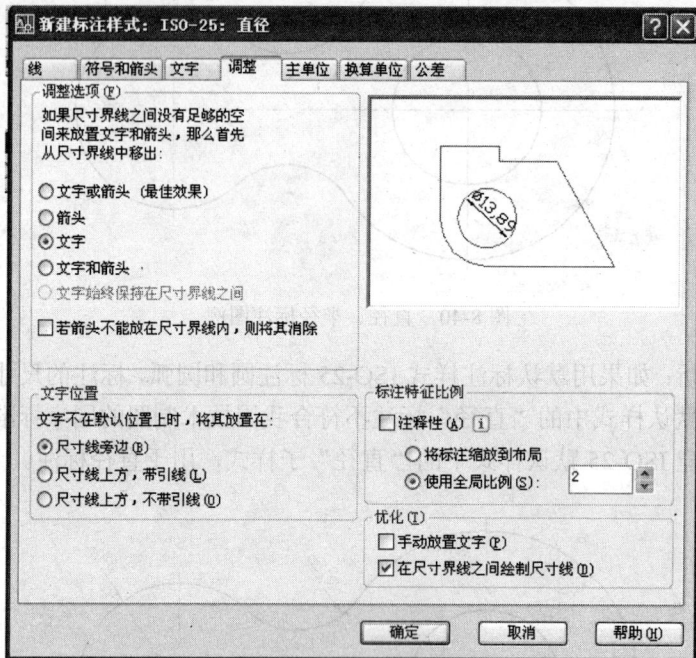

图 8-43　设置"文字"调整和全局比例

（3）使用默认样式标注圆和圆弧的尺寸，结果如图 8-44 所示。

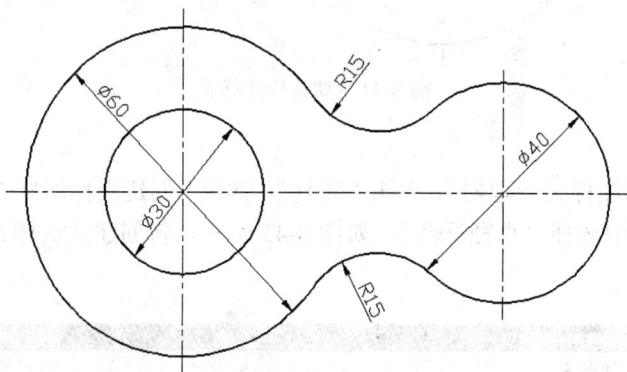

图 8-44　标注结果图

8.2.4　"弧长"标注

8.2.4.1　"弧长"标注的功能
"弧长"标注用于标注圆弧的弧长。这个命令不仅适合于弧线，也适合于多段弧线。

8.2.4.2　"弧长"标注的操作步骤
（1）启用"弧长"标注命令。

　　　命令区提示：命令 dimarc

选择弧线段或多段线的弧线段：

（2）用鼠标选择要标注的圆弧。

　　　命令区提示：指定弧长标注位置或[多行文字(M)/文字(T)/角度(A)/部分(P)/引线(L)]:
　　　　　　　　指定点或输入选项。

（3）用鼠标或输入追踪距离指定弧长尺寸线的标注位置。

用户可以在"标注样式管理器"对话框的"符号和箭头"选项卡中设置标注样式。

8.2.4.3　"弧长"标注的选项说明

（1）多行文字（M）：启用"多行文字"对话框输入标注文字。

（2）文字（T）：输入单行标注文字。

（3）角度（A）：输入标注文字的旋转角度。

（4）部分（P）：选择该项，可以缩短弧长标注的长度。

　　　命令区提示：指定弧长标注的第一个点：[指定圆弧上弧长标注的起点]
　　　　　　　　　指定弧长标注的第二个点：[指定圆弧上弧长标注的终点]

（5）引线（L）：选择该项，可以添加引线对象。仅当圆弧（或弧线段）大于 90 时才会显示此选项。引线指向所标注圆弧的圆心。

8.2.5　"形位公差"标注

8.2.5.1　形位公差的概念

形位公差分形状公差和位置公差两种。形状公差是对被测要素的形状设置要求，例如圆度、直线度、平面度、圆柱度等，没有基准要素；位置公差是对被测要素相对于基准要素的位置要求的，例如垂直度、同轴度、平行度、对称度等，如图 8-45 所示。

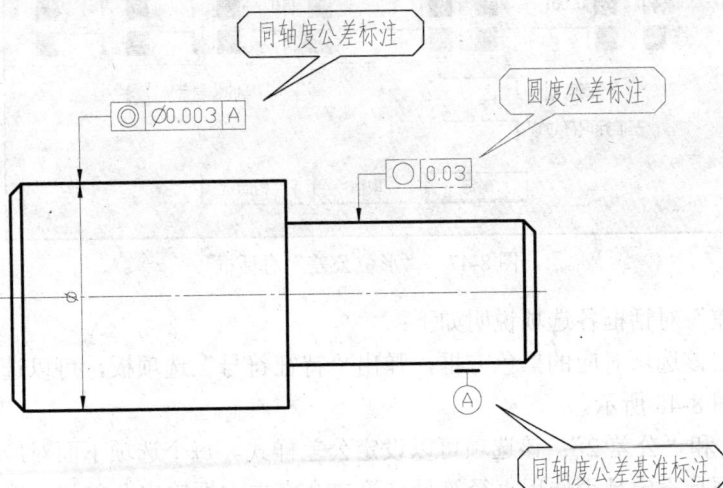

图 8-45　"形位公差"标注样式

8.2.5.2　形位公差标注的操作步骤

公差标注可以直接启用"公差"命令进行标注操作，但标注后还要再单独绘制指引线和箭头。另外，也可以启用"快速引线命令"，将公差与引线一次性标注，这种标注方法比较常用。

下面介绍应用"快速引线"命令标注公差的操作。

（1）在命令区输入"qleader"。

（2）启用"设置"选项，打开"引线设置"对话框，如图 8-46 所示，从中将"注释类型"选择为"公差"。

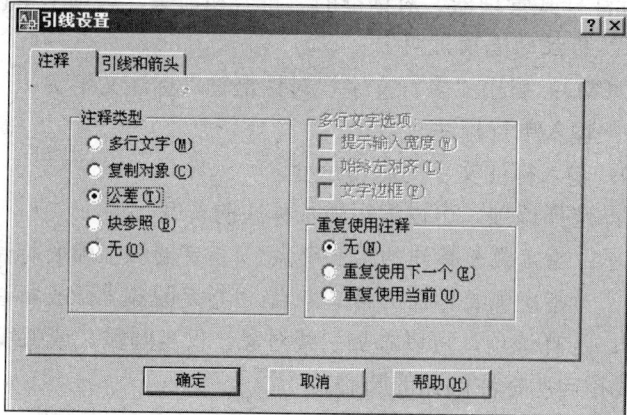

图 8-46　"引线设置"对话框

（3）用鼠标指定公差引线的位置，按公差样式画出引线后，系统自动打开"形位公差"对话框，如图 8-47 所示。

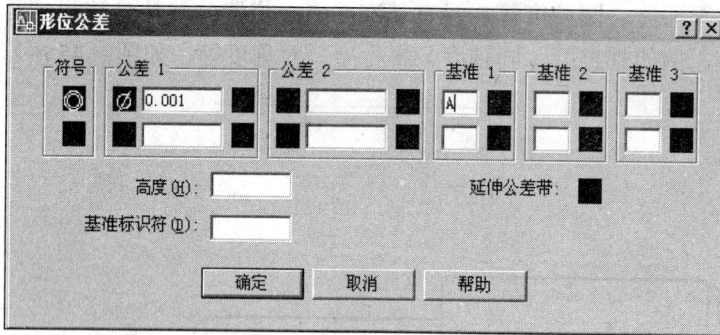

图 8-47　"形位公差"对话框

"形位公差"对话框各选项说明如下：

符号：单击该选项对应的黑色方框，弹出"特征符号"选项板，可以选择需要的形位公差符号，如图 8-48 所示。

"公差 1"和"公差 2"：该选项可以设定公差样式。每个选项下面对应有三个方框：第一个黑色方框是设定是否选用直径符号；第二个空白方框输出公差值；第三个方框选择"附加符号"，如图 8-49 所示。

"基准 1"、"基准 2"和"基准 3"：该选项中空白方框输入形位公差的基准要素代号，黑色方框是附加符号。

"高度"：该选项创建特征控制框中的投影公差零值。

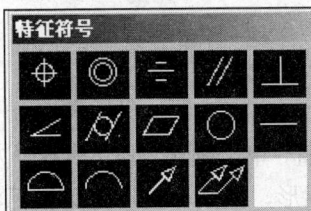

图 8-48　"特征符号"选项板　　　　图 8-49　"附加符号"选项板

"延伸公差带"：该选项在延伸公差带值的后面插入延伸公差带符号。

"基准标识符"：该选项创建由参照字母组成的基准标识符。

（4）设置"形位公差"对话框，设置完成后单击"确定"，公差标注完成。

8.2.6　快速标注

8.2.6.1　快速标注的功能

AutoCAD 的"快速标注"功能可以一次标注多个尺寸并具有智能标注的特点。快速标注是一个交互式的、动态的、自动化的尺寸标注生成器，它可以快速地创建一系列的基线标注、连续标注、相交标注、坐标标注、多个圆和圆弧的半径和直径标注。

8.2.6.2　快速标注的操作步骤

"快速标注"命令的操作步骤如下：

（1）从"标注"工具栏中单击"快速标注"命令图标。

命令区提示：选择要标注的几何图形：

（2）选择要标注的对象。

命令区提示：指定尺寸线位置或[连续(C)/并列(S)/基线(B)/坐标(O)/半径(R)/直径(D)/基准点(P)/编辑(E)设置(T)] <连续>：

（3）按回车键结束命令。

8.2.6.3　快速标注的选项说明

（1）连续（C）/并列（S）/基线（B）/坐标（O）/半径（R）/直径（D）：选择一种标注方式。

（2）基准点（P）：为基线标注和坐标标注选择新的基准点。

（3）编辑（E）：编辑一系列标注。AutoCAD 提示在现有标注中添加或删除点。

（4）设置（T）：为指定尺寸界线原点设置默认对象捕捉。

8.2.6.4　快速标注的应用举例

【例 8.4】用快速连续标注方式给图 8-50 标注尺寸。

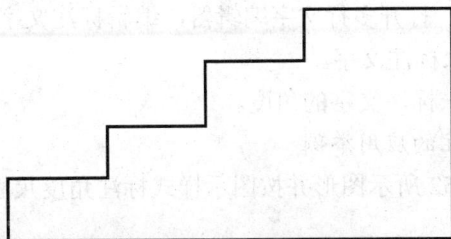

图 8-50　快速标注图例

操作步骤：

（1）在"标注"工具栏中单击"快速标注"图标按钮。

（2）用 W 窗口方式全部选中图形，按回车键。

（3）用鼠标拖动尺寸线放置于图形上方合适位置，单击确认，则完成水平方向尺寸标注。

（4）重新调用"快速标注"命令。选中全部图形，按回车键。拖动鼠标将尺寸线放置于图形的左边合适位置，单击确认，则完成竖直方向尺寸标注。结果如图 8-51 所示。

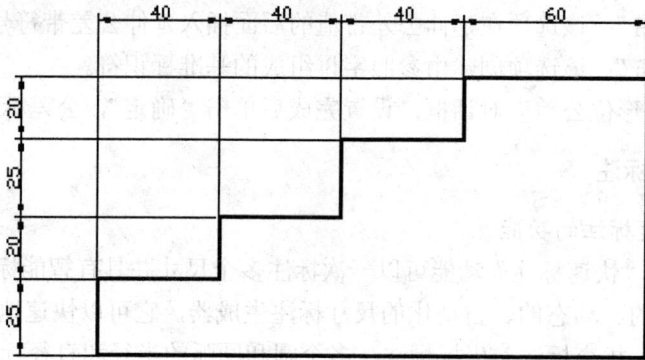

图 8-51　快速标注图样

8.2.7　"角度"标注

8.2.7.1　"角度"标注的功能

"角度"标注命令用于对圆和圆弧中心角、指定的三个点、两条相交直线进行角度标注，尺寸线呈一个圆弧。角度标注是通过指定三点（角的顶点和角的两个端点）来创建的。

8.2.7.2　创建"角度"标注的操作

（1）从"标注"工具栏中单击"角度"命令图标。

　　　命令区提示：选择圆弧、圆、直线或<指定顶点>:

（2）使用以下方法之一：

● 　要标注圆，则在角的第一端点处选择圆，然后指定角的第二端点。

● 　要标注直线，则选择第一条直线，然后选择第二条直线。

● 　要标注圆弧，则选择圆弧。

　　　命令区提示：指定标注弧线的位置或[多行文字(M)/文字(T)/角度(A)]:

（3）指定尺寸线圆弧的位置。

8.2.7.3　"角度"标注的选项说明

（1）多行文字（M）：打开多行文字编辑器，编辑标注文字。

（2）文字（T）：输入标注文字。

（3）角度（A）：输入标注文字的角度。

8.2.7.4　"角度"标注的应用举例

【例 8.5】　绘出图 8-52 所示图形并按图示样式标注角度尺寸。

操作步骤：

（1）绘出图 8-53 所示角度线。

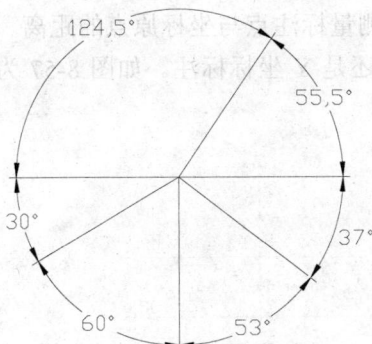

图 8-52　角度标注图例

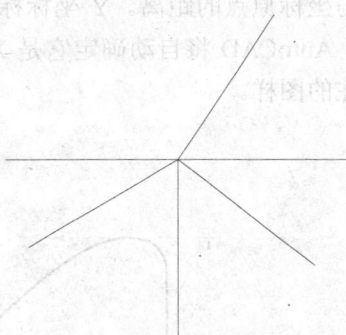

图 8-53　绘制角度线

（2）新建 ISO-25 标注样式的 "角度" 子样式，将 "文字对齐" 一项选择 "水平"。

（3）启用 "标注" 工具栏中 "角度" 命令。标注各角度尺寸如图 8-54 所示。

（4）打开 "标注样式管理器" 对话框，单击 "替代"，打开 "替代当前样式：ISO-25" 对话框，将 "文字位置" 选项组中的 "垂直" 复选框设置为 "外部"，关闭 "标注样式管理器"。

（5）启用 "标注更新" 命令，单击 40° 尺寸，则该尺寸被替代样式更新，如图 8-55 所示。

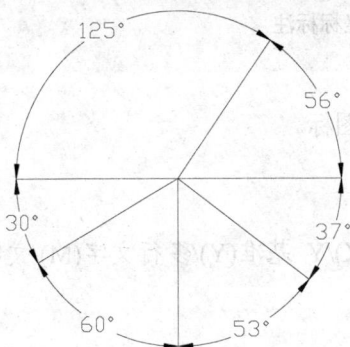

图 8-54　文字水平置中的角度尺寸

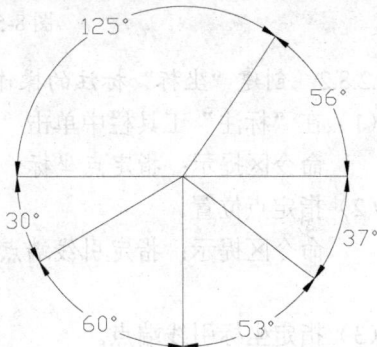

图 8-55　替代 37° 尺寸

（6）再次打开 "标注样式管理器" 对话框，单击 "替代"，打开 "替代当前样式：ISO-25" 对话框，将 "文字位置" 选项组中的 "垂直" 复选框设置为 "置中"，将 "角度标注" 选项组中的 "精度" 复选框设置为 0.0，关闭 "标注样式管理器"。

（7）启用 "标注更新" 命令，单击 56°和 125° 尺寸，则两尺寸被替代样式更新，如图 8-56 所示。

8.2.8　"坐标" 标注

8.2.8.1　"坐标" 标注的功能

"坐标" 标注用于在当前用户坐标系标注一个点的 X 坐标或 Y 坐标。"坐标" 标注由 X 或 Y 值和引线组成。X 坐标标注沿 X 轴测量

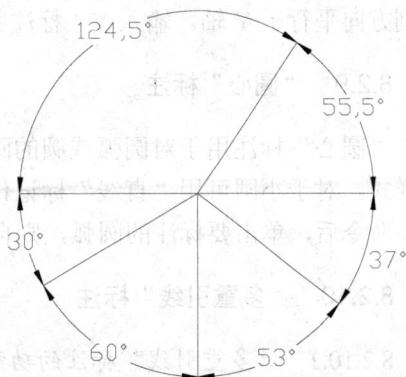

图 8-56　替代 124.5°和 55.5° 尺寸

标注点与坐标原点的距离。Y 坐标标注沿 Y 轴测量标注点与坐标原点的距离。如果指定一个点，AutoCAD 将自动确定它是 X 坐标标注还是 Y 坐标标注。如图 8-57 为坝面曲线坐标标注的图样。

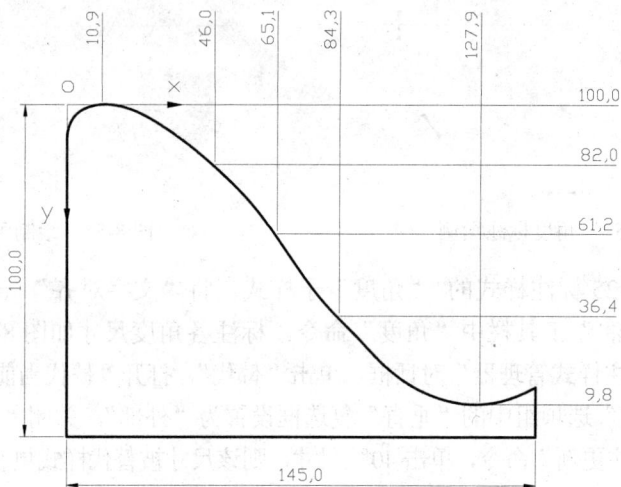

图 8-57　坝面曲线坐标标注

8.2.8.2　创建"坐标"标注的操作步骤

（1）在"标注"工具栏中单击"坐标"命令图标。

命令区提示：指定点坐标。

（2）指定点位置。

命令区提示：指定引线端点或[X 基准(X)/Y 基准(Y)/多行文字(M)/文字(T)/角度(A)]：

（3）指定坐标引线端点。

8.2.8.3　"坐标"标注的选项说明

（1）指定引线端点：光标引导引线沿水平（X 轴）方向移动，标注 Y 坐标；沿竖直（Y 轴）方向移动，标注 X 坐标。

（2）X 基准（X）/Y 基准（Y）：输入 X，即测量并标注 X 坐标，引线和标注文字的排列方向平行于 Y 轴。输入 Y，标注并测量 Y 坐标。

8.2.9　"圆心"标注

"圆心"标注用于对圆弧或圆的圆心作出标记，分为"无"、"标记"、"直线"三种标记样式。对于小圆可用"直线"标记代替中心线。圆心标注的操作较简单，启用"圆心标注"命令后，单击要标注的圆弧，则自动为圆添加设置的标记。

8.2.10　"多重引线"标注

8.2.10.1　"多重引线"标注的功能

"多重引线"命令不是用来标示距离尺寸，而是引导一个注释文本，指示对象的一个辅助信息。引线对象通常包含箭头、可选的水平基线、引线或曲线和多行文字对象或块，如图 8-58（a）所示。可以从图形中的任意点或部件创建引线并在绘制时控制其外观。引线可以是直线段或平滑的样条曲线。引线颜色由当前的尺寸线颜色控制。引线比例由当前标注样式中设置的全局标注比例控制。箭头（如果显示一个箭头）的类型和尺寸由当前多重引线标注样式中定义的第一个箭头控制。

8.2.10.2 "多重引线"样式

用户可以使用默认多重引线样式 STANDARD，如图 8-58（a）所示，也可以创建自己的多重引线样式，如图 8-58（b）所示。

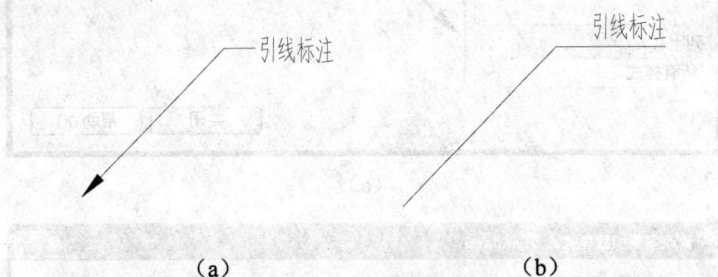

图 8-58 引线样式

(a) 默认样式；(b) 新建样式

要创建或修改多重引线样式，则从格式菜单中单击"多重引线样式"，弹出多重引线样式管理器，如图 8-59（a）所示，其中"新建"按钮为创建自己的多重引线样式，"修改"按钮为修改已存在的多重引线样式，"置为当前"按钮为应用该多重引线样式。

单击"修改"按钮，打开"修改多重引线样式"窗口，如图 8-59（b）所示，其中有"引线格式"、"引线结构"、"内容"三个标签，其中选项说明如下。

（1）"基本"选项组：控制多重引线的基本外观。

（2）"箭头"选项组：控制多重引线箭头的外观，如将此选项组中的"符号"选项框中设置为"无"，则箭步消失，如图 8-58（b）所示。

（3）"引线打断"选项组：控制将折断标注添加到多重引线时使用的设置。

（4）"约束"选项组：控制多重引线的最大点数、设置引线的角度。

（5）"基线设置"选项组：控制多重引线的基线设置。

（6）"比例"选项组：控制多重引线的缩放。

（7）"多重引线类型"：确定多重引线是包含文字还是包含块。

（8）"文字选项"选项组：控制多重引线文字的外观。

（9）"引线连接"选项组：控制多重引线的引线连接设置。其中"连接位置 - 左"选项控制引线位于文字左侧时基线连接到多重引线文字的方式，如将此选项设置为"最后一行加下划线"，则引线样式如图 8-58（b）所示；"连接位置 - 右"选项控制引线位于文字右侧时基线连接到多重引线文字的方式；"基线间隙"选项指定基线和多重引线文字之间的距离。

（10）"块选项"选项组：控制多重引线对象中块内容的特性。

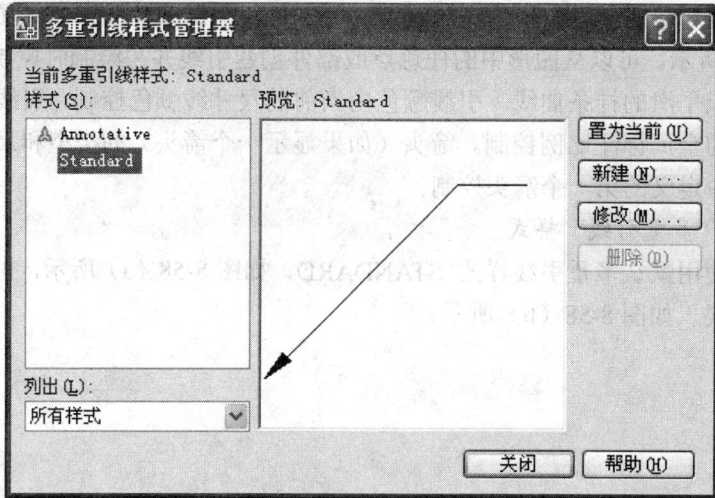

（a）

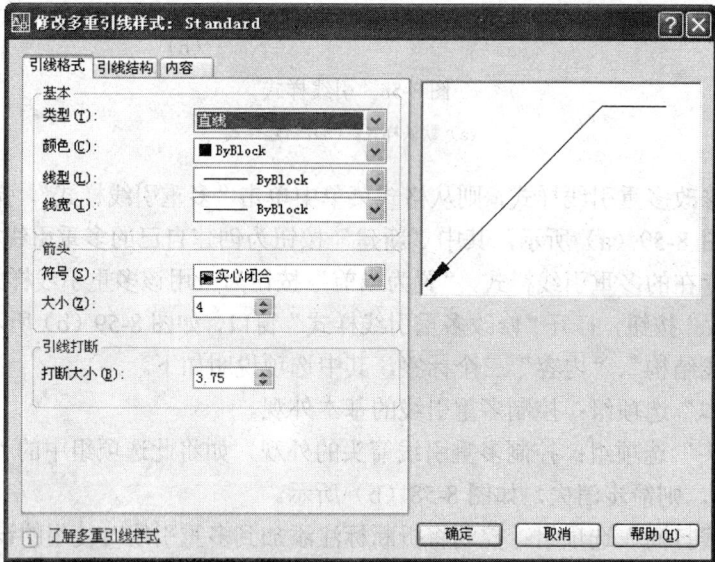

（b）

图 8-59 "多重引线样式"管理器

8.3　尺寸标注的修改

AutoCAD 具有"编辑标注"、"编辑标注文字"和"标注更新"三个修改标注的命令，分别介绍如下。

8.3.1　"编辑标注"命令

8.3.1.1　"编辑标注"命令的功能

"编辑标注"命令用于修改、旋转标注的文字，也可调整尺寸界线的倾斜角。

8.3.1.2 "编辑标注"命令的操作步骤

（1）从"标注"工具栏中单击"编辑标注"命令图标。

命令区提示：输入编辑标注的类型[默认(H)/新建(N)/旋转(R)/倾斜(O)]<默认>:

（2）选择一个选项，根据提示输入修改数据或选择要修改的尺寸标注对象。

8.3.1.3 "编辑标注"命令的选项说明

（1）"默认"：将尺寸数字的标注位置恢复到标注样式默认设置的状态。

（2）"新建"：使用文字编辑器修改标注文字。

（3）"旋转"：将标注文字旋转给定的角度。

（4）"倾斜"：将尺寸界线倾斜给定的角度。

8.3.1.4 "编辑标注"命令的应用举例

【例 8.6】 修改图 8-60 中的尺寸标注，将尺寸数字 40 修改为 φ 40；将尺寸数字 80 修改为"L4600"。

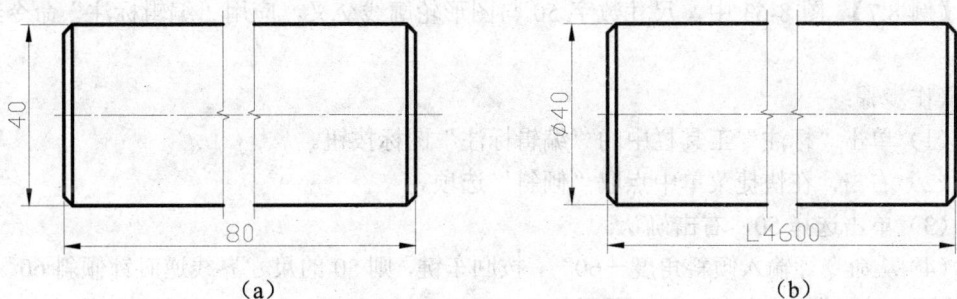

图 8-60 尺寸标注修改图例

操作步骤：

（1）单击"标注"工具栏中的"编辑标注"图标按钮。

（2）右击，在快捷菜单中单击"新建"选项，弹出"文字格式"编辑框，如图 8-61 所示。

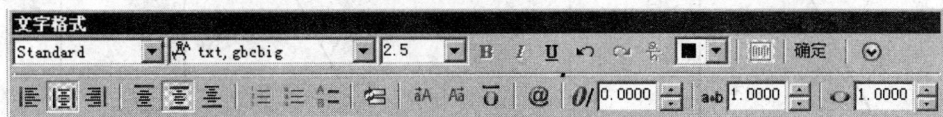

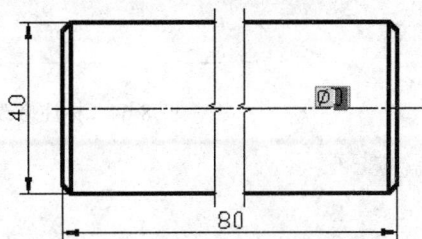

图 8-61 尺寸标注修改文字格式对话框

（3）在文本输入框中输入%%c（φ），单击"确定"。单击要修改的尺寸 40，右击确认，则尺寸数字被修改为φ40。

（4）重新启用"编辑标注"命令，右击，弹出快捷菜单，单击"新建"选项。在文本编辑框中，删除符号 0，输入 L4600。单击"确定"，单击尺寸 80，右击确认，尺寸数字被修改为 L4600。结果如图 8-62 所示。

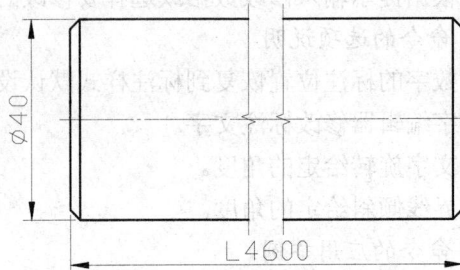

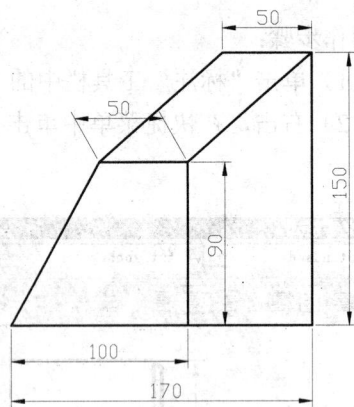

图 8-62　尺寸标注修改后的图样

【例 8.7】　图 8-63 中，尺寸数字 50 与图形轮廓线交叉，应用"编辑标注"命令给予修改。

操作步骤：

（1）单击"标注"工具栏中的"编辑标注"图标按钮。

（2）右击，在快捷菜单中点取"倾斜"选项。

（3）单击选择 50，右击确认。

（4）从命令行输入倾斜角度−60°，按回车键，则 50 的尺寸界线逆时针倾斜 60°角，命令自动结束。修改后如图 8-64 所示。

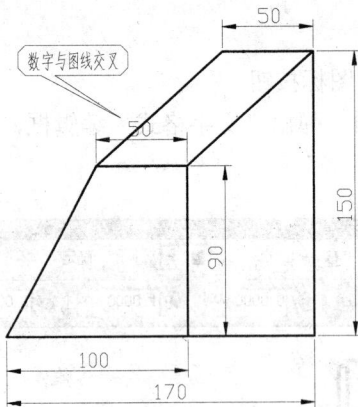

图 8-63　编辑标注图例　　　　　　　　图 8-64　标注修改后样式

8.3.2　"编辑标注文字"命令

8.3.2.1　"编辑标注文字"命令的功能

"编辑标注文字"命令用来修改尺寸数字的放置位置或对标注文字进行旋转。当标注中发现尺寸数字的位置或方向不合适时，用此命令可方便地修改尺寸数字到指定的位置或方向。

8.3.2.2 "编辑标注文字"命令的操作步骤

（1）从"标注"工具栏中单击"编辑标注文字"命令图标。

命令区提示：选择标注：

（2）选择要修改的尺寸标注。

命令区提示：指定标注文字的新位置或[左(L)/右(R)/中心(C)/默认(H)/角度(A)]:

（3）指定尺寸标注的新位置。

8.3.2.3 "编辑标注文字"命令的选项说明

（1）"左（L）"选项：将尺寸数字移到尺寸线左边。

（2）"右（R）"选项：将尺寸数字移到尺寸线右边。

（3）"中心（C）"选项：将尺寸数字移到尺寸线正中。

（4）"默认（H）"选项：回退到编辑前的尺寸标注状态。

（5）"角度（A）"选项：将尺寸数字旋转指定的角度。

8.3.2.4 "编辑标注文字"命令的应用举例

应用"编辑标注文字"命令，将图 8-65（a）所示尺寸标注样式修改为图 8-65（b）所示的样式。

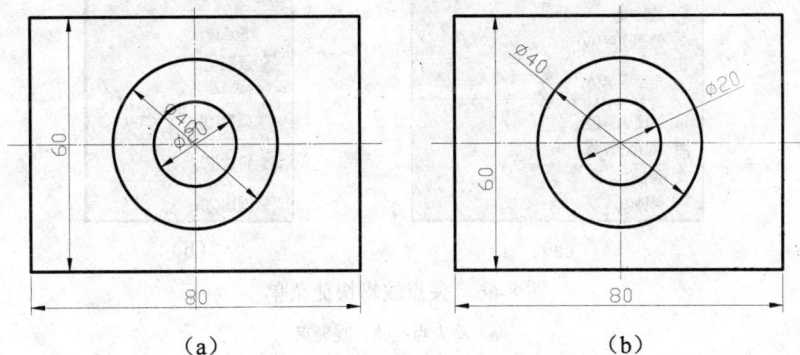

图 8-65 尺寸标注图例

(a) 错误的标注；(b) 正确的标注

操作说明：

启用"编辑标注文字"命令，单击要修改的尺寸对象，拖动到正确的位置再单击。对于尺寸 80 需修改中心线的长度，使其不与尺寸数字交叉。

8.3.3 "标注更新"命令

"标注更新"命令把当前标注样式赋予指定的尺寸标注。在标注中如果发现尺寸标注样式不对，可将正确的样式置为当前，用"标注更新"命令直接更改为当前样式。

8.3.4 "夹点编辑"尺寸标注

使用"夹点"来编辑尺寸标注，实际上是最快捷、最简单的方法，选中要修改的尺寸后，则尺寸显示夹点，可以直接拖动夹点调整尺寸线、尺寸界线和尺寸数字的位置。

在尺寸标注"冷夹点"状态下，右击，出现图 8-66（a）所示的快捷菜单，从中可以选择修改尺寸的标注文字位置、尺寸测量值的精度、标注样式及翻转尺寸箭头等操作。

在尺寸标注"暖夹点"状态下，右击，出现图 8-66（b）所示的快捷菜单，从中可以选择进行拉伸、移动、复制或镜像标注对象等编辑操作。

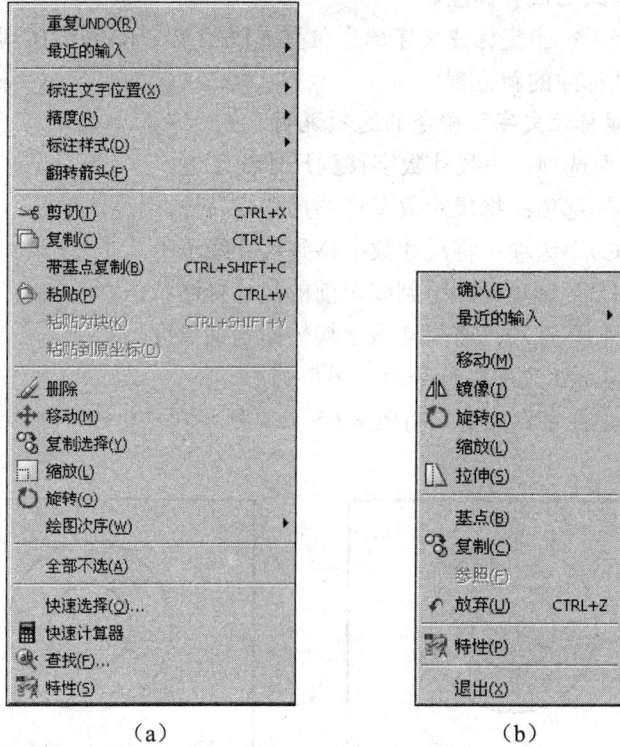

（a）   （b）

图 8-66　夹点编辑快捷菜单

（a）冷夹点；（b）暖夹点

8.3.5　"标注间距"命令

可以自动调整图形中现有的平行线性标注和角度标注，以使其间距相等或在尺寸线处相互对齐。图 8-67（a）所示为间距不等的平行线性标注，图 8-67（b）所示为使用"标注间距"命令修改之后的平行线性标注。

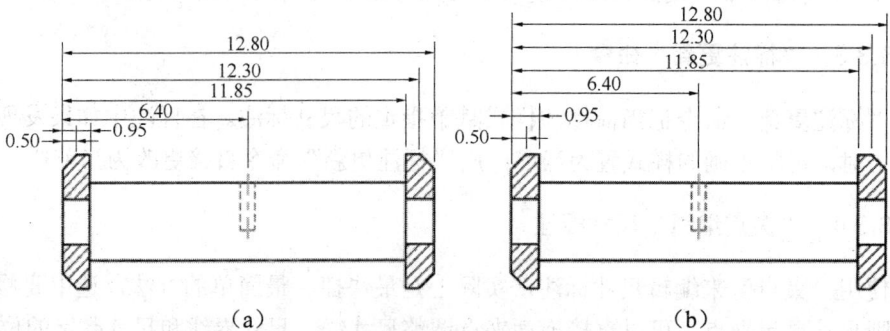

（a）   （b）

图 8-67　"标注间距"应用图例

8.3.6 "折断标注"命令

当标注尺寸界线与图线交叉时,将尺寸界线打断,图 8-68 所示为应用"折断标注"命令的图例。可以自动或手动将折断标注添加到标注或多重引线。

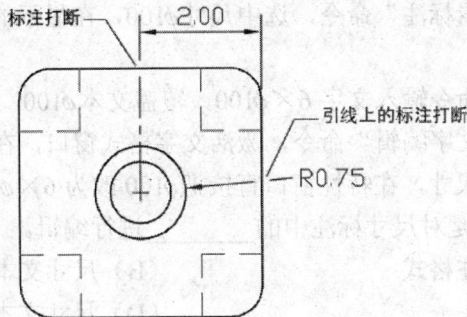

图 8-68 "折断标注"应用图例

8.3.7 "折弯线性"命令

为线性标注添加折弯线,如图 8-69 所示。折弯线用于表示不显示实际测量值的标注值。通常,标注的实际测量值小于显示的值。

8.3.8 "检验标注"命令

"检验标注"使用户可以有效地传达检查所制造的部件的频率,以确保标注值和部件公差位于指定范围内。如图 8-70 所示为一种检验标注的样式。检验标注最多可以包含三种不同的信息字段:检验标签、标注值和检验率。

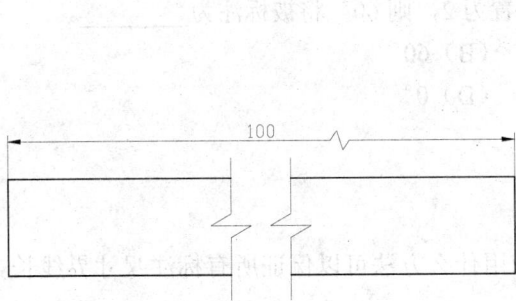

图 8-69 "折弯线性"应用图例　　　图 8-70 "检验标注"应用图例

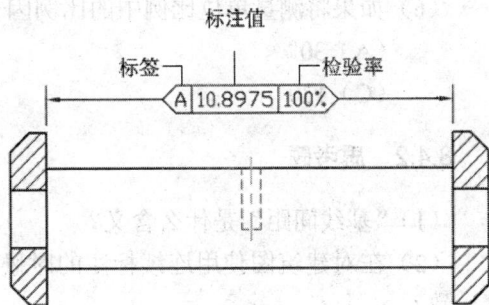

8.4 思 考 与 练 习

8.4.1 选择题

(1)修改标注样式中的设置后,图形中_____将自动使用更新后的样式。

(A)当前选择的尺寸标注

（B）当前图层上的所有标注

（C）使用修改样式的所有标注

（D）除了当前选择以外的所有标注

（2）将尺寸文本 $\phi100$ 改为 $6×\phi100$，下面操作中不可行的是_____。

（A）用"编辑标注"命令，选中尺寸 $\phi100$，在显示的矩形窗口中，在 $\phi100$ 前添加 $6×$

（B）用文本命令输入文字 $6×\phi100$，覆盖文本 $\phi100$

（C）使用"文字编辑"命令，激活文字格式窗口，在原来的文字前面加上 $6×$

（D）选中该尺寸，在特性窗口直接把 $\phi100$ 改为 $6×\phi100$

（3）"文字编辑"是对尺寸标注中的_____进行编辑。

（A）尺寸标注格式　　　　　　　（B）尺寸文本

（C）尺寸箭头　　　　　　　　　（D）尺寸文本在尺寸线上位置

（4）下面关于角度标注的说法，错误的是_____。

（A）选择边的先后顺序不一样，其角度值就不同

（B）选择边的先后顺序与标注的角度值之间没有关系

（C）十字光标的位置决定角度的文本放置位置

（D）十字光标的位置与所标注的角度值有关系

（5）选用连续标注时，如果起点是对齐标注，则连续标注的结果是_____。

（A）线性标注

（B）对齐标注

（C）平行标注

（D）可以在标注的过程中设置是线性标注还是对齐标注

（6）如果将测量单位比例中的比例因子设置为 2，则 $60°$ 将被标注为_____。

（A）$30°$　　　　　　　　　　　（B）$60°$

（C）$120°$　　　　　　　　　　　（D）$0°$

8.4.2　思考题

（1）"基线间距"是什么含义？

（2）在对建筑图使用连续标注的时候，使用什么方法可以保证所有标注尺寸界线长度一致？

（3）标注角度单位 $45°25'30''$，应该如何设置？

（4）在建筑图的标注中，如何使线性标注的箭头采用"建筑标记"，而角度、半径、直径的标注箭头采用"实心闭合"？

（5）标注样式的"替代"有什么作用？

8.4.3　上机练习与指导

【练习 8.1】 绘制图 8-71 所示的图形（或打开保存的图），并应用"线性"和"连续"命令标注尺寸。要求标注清晰，图形匀称，符合标准。标注完成后命名"练习 8.1"并保存。

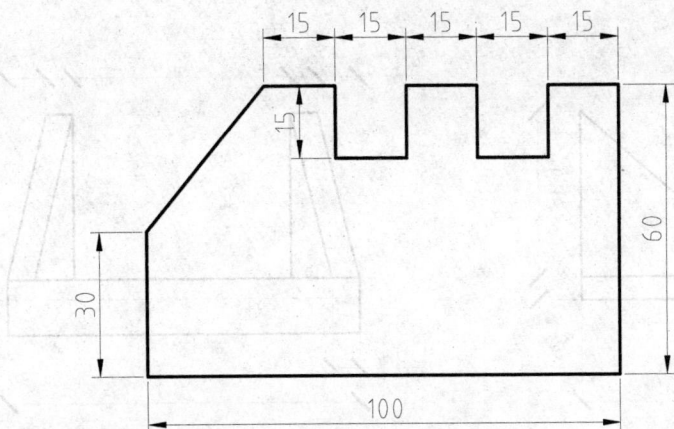

图 8-71　上机练习 8.1 图

绘图指导：

修改尺寸标注样式 ISO-25，将"文字高度"改为 3.5。

【练习 8.2】　绘制图 8-72 所示的图形（或打开保存的图），并应用"对齐"和"角度"命令标注尺寸。要求标注清晰，图形匀称，符合标准。标注完成后命名"练习 8.2"并保存。

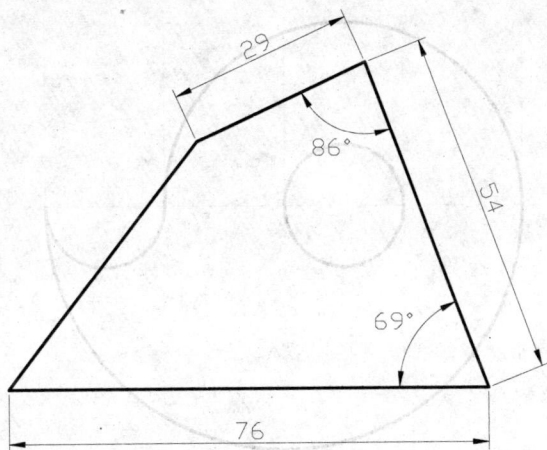

图 8-72　上机练习 8.2 图

绘图指导：

新建 ISO-25 "角度"子样式，将"文字对齐"选择为"水平"，"文字位置"的"垂直"项选择"外部"。

【练习 8.3】　绘制图 8-73 所示的图形（或打开保存的图），并按照图中样式标注尺寸。要求标注清晰，图形匀称，符合标准。标注完成后命名"练习 8.3"并保存。

绘图指导：

（1）在 ISO-25 基础上，新建尺寸标注样式"工程图 8.3"，修改"箭头"为"倾斜线"，修改"使用全局比例"为 80，标注出所有尺寸。

（2）打开"替代当前样式"对话框，修改"文字位置"选项为"尺寸线上方，带引线"，"标注更新"上部的 300 两个尺寸。

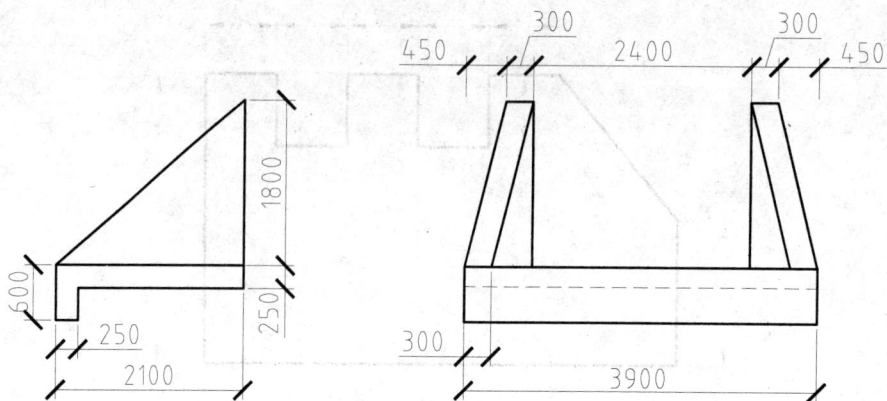

图 8-73　上机练习 8.3 图

【练习 8.4】　绘制图 8-74 所示的图形（或打开保存的图），并应用"线性"和"连续"命令标注尺寸。要求标注清晰，图形匀称，符合标准。标注完成后命名"练习 8.4"并保存。

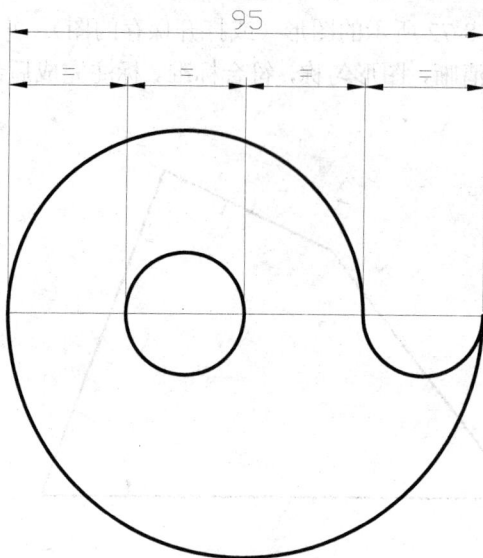

图 8-74　上机练习 8.4 图

绘图指导：

先标注出尺寸，然后用"文字编辑"命令将数字修改成"="。

【练习 8.5】　绘制图 8-75 所示的图形（或打开保存的图），并应用"角度"和"直径"等命令标注尺寸。要求标注清晰，图形匀称，符合标准。标注完成后命名"练习 8.5"并保存。

绘图指导：

（1）新建 ISO-25"角度"子样式，将"文字对齐"选择为"水平"，"文字位置"的"垂直"项选择"外部"。

（2）新建 ISO-25"直径"子样式，在"调整选项"中选择"文字"一项。

（3）标注出所有尺寸。

（4）用"文字编辑"命令，在尺寸 100 前加 ϕ，在尺寸 ϕ10 前加 3 - 。

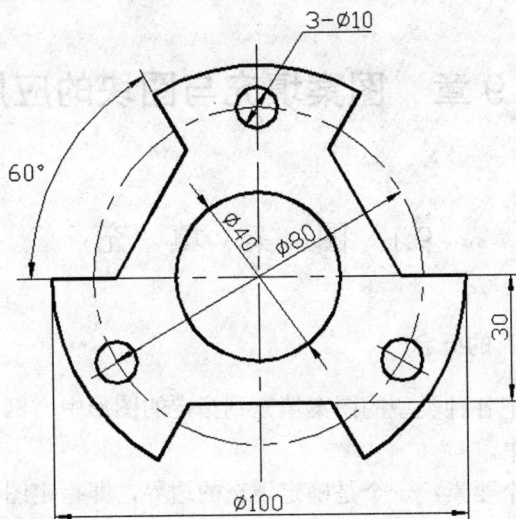

图 8-75　上机练习 8.5 图

【练习 8.6】　绘制图 8-76 所示的图形（或打开保存的图），并应用"半径"和"连续"等命令标注尺寸。要求标注清晰，图形匀称，符合标准。标注完成后命名"练习 8.6"并保存。

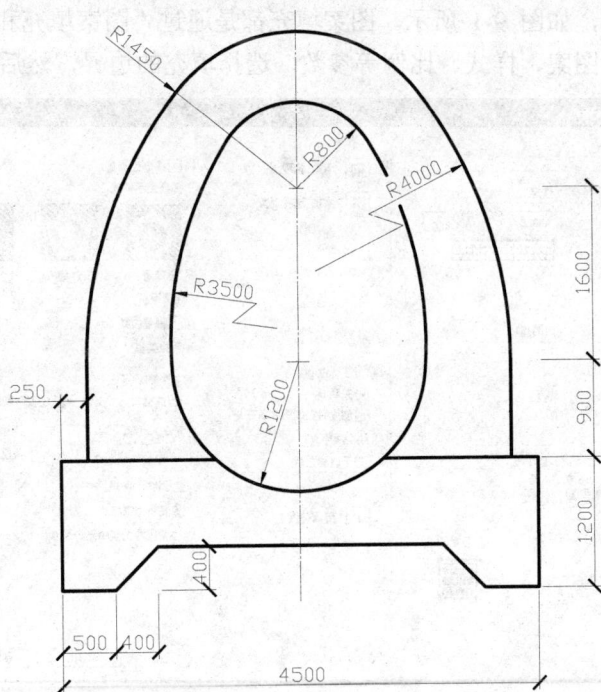

图 8-76　上机练习 8.6 图

绘图指导：

（1）修改 ISO-25 尺寸标注样式，将"箭头"选择为"建筑标记"，"使用全局比例"改为 50。

（2）新建 ISO-25"半径"子样式，将"箭头"选择为"实心闭合"。

第 9 章　图案填充与图块的应用

9.1　图　案　填　充

9.1.1　"图案填充"的概念

"图案填充"是指把各种类型的图案填充到指定的图形中。例如，可以将材料剖面符号填充到剖视和剖面图中。

"图案填充"有两个要素：一个是确定填充的边界，即指定图案填充的区域范围；另一个是选择填充的图案。

9.1.2　创建图案填充

创建"图案填充"对应的命令为 BHatch 或 H，启用"图案填充"命令将弹出"图案填充和渐变色"对话框，如图 9-1 所示。图案填充都是通过"图案填充和渐变色"对话框来实现的，设置填充的图案、样式、比例等参数，选择填充的边界，然后单击"确定"。

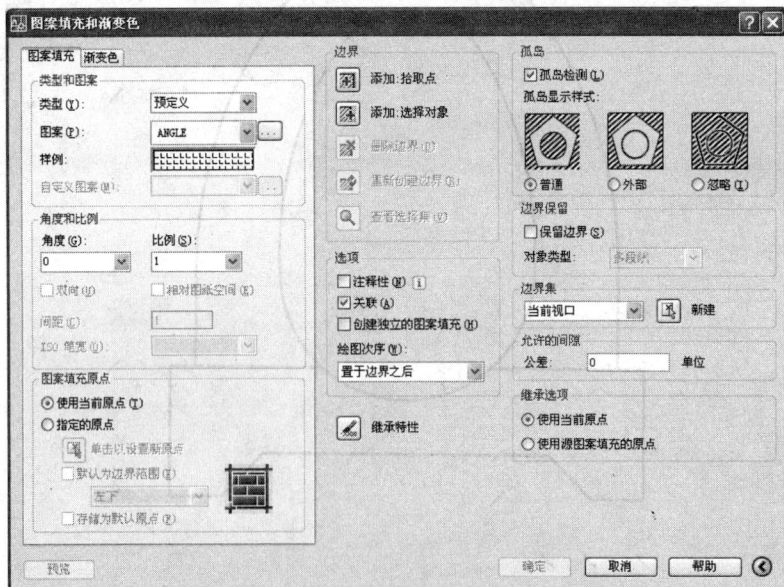

图 9-1　"图案填充和渐变色"对话框

"图案填充和渐变色"对话框包括"图案填充"和"渐变色"两个选项卡。各选项卡选项说明如下。

9.1.2.1　"图案填充"选项卡

打开"图案填充"选项卡，如图 9-1 所示。包括"类型和图案"、"角度和比例"、"图案填充原点"、"边界"、"选项"、"继承特性"、"孤岛"、"边界保留"、"边界集"、"允许的间隙"、"继承选项"等选项组。

（1）"类型和图案"选项组。

- "类型"下拉列表框：用来选择填充图案的类型，包括"预定义"、"用户定义"和"自定义"三个选项。
- "图案"下拉列表框：当用户在"类型"列表中选择"预定义"时，单击"图案"一侧的浏览按钮，将弹出"填充图案选项板"对话框，如图 9-2 所示。在"填充图案选项板"中提供了实体填充和 50 多个符合工业标准的填充图案（可以表现泥土、混凝土、金属、砖、木材、块石、陶瓷等材质）。

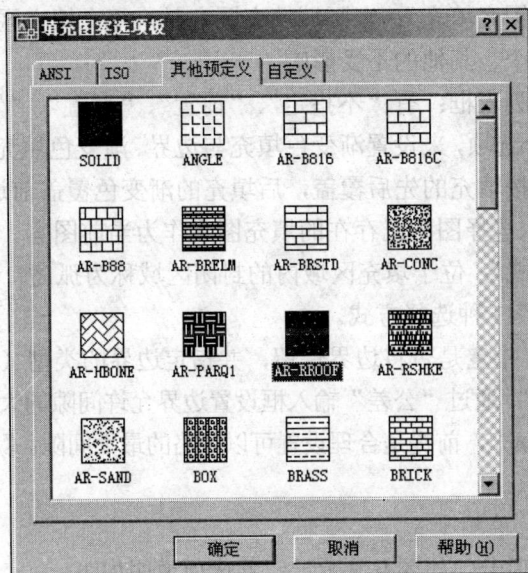

图 9-2　填充图案选项板

- "样例"框：显示当前的填充图案，预览填充效果。

（2）"角度和比例"选项组。

- "角度"：用于指定填充图案中的线条与当前坐标系中 X 轴的夹角。
- "比例"：指定填充图案的比例系数，该系数控制图案的疏密度。
- "双向"：当在"图案填充"选项卡中"类型"下拉列表框中选择"用户定义"选项时，该选项才可用。选中该复选框，则使用一组互相垂直的平行线填充图形。
- "相对图纸空间"：相对于图纸空间单位缩放填充图案。
- "间距"：设置填充平行线之间的距离。

（3）"图案填充原点"选项组。图案填充原点是填充图案与填充边界的对齐点。

- "使用当前原点"：使用当前 UCS 的原点为图案填充原点。
- "指定的原点"：通过指定点的位置作为图案填充原点。其中，"单击以设置新原点"是从绘图窗口中选择某一点作为图案填充原点；"默认为边界范围"可以选择填充边界的左下角、右下角、左上角、右上角、圆心为图案填充原点；"存储为默认原点"是将指定的点存储为默认图案填充原点。

（4）"边界"选项组。

- "添加拾取点"：单击要填充的线框内的一点，系统自动计算点周围的边界，定义要填充的区域。

- "添加选择对象"：选择多段线对象作为填充边界。

- "删除边界"：取消已选择的边界。

- "重新创建边界"：围绕选定的图案填充或填充对象创建多段线或面域，并使其与图案填充对象相关联（可选）。此按钮只有在图案填充编辑时可用。

（5）其他选项组。

- "关联"：填充区域是否随边界的改变而自动变化。

- "创建独立的图案填充"：多区域填充图案时，每个填充区域都是一个独立对象，修改其中的一个，其他的不受影响。

- "绘图次序"列表框：有"不指定"、"前置"、"后置"、"置于边界之后"、"置于边界之前"5 个选项，来设置渐变色填充与边界、渐变色填充之间的覆盖关系。"不指定"选项是按填充的先后覆盖，后填充的渐变色覆盖前边的。

- "继承特性"：选择图中已存在的填充图案作为当前图案。

- "孤岛显示样式"：位于填充区域内的封闭区域称为孤岛，该组包括"普通"、"外部"和"忽略"3 种选择方式。

- "保留边界"：指定是否将边界保留，并指定边界的类型（多段线或面域）。

- "允许的间隙"：通过"公差"输入框设置边界允许间隙的大小。可以对图形中的不封闭区域进行填充，前提是合理设置可以忽略的最太间隙。默认值为 0，必须是封闭区域。

9.1.2.2 "渐变色"选项卡

打开"渐变色"选项卡，如图 9-3 所示。各选项说明如下。

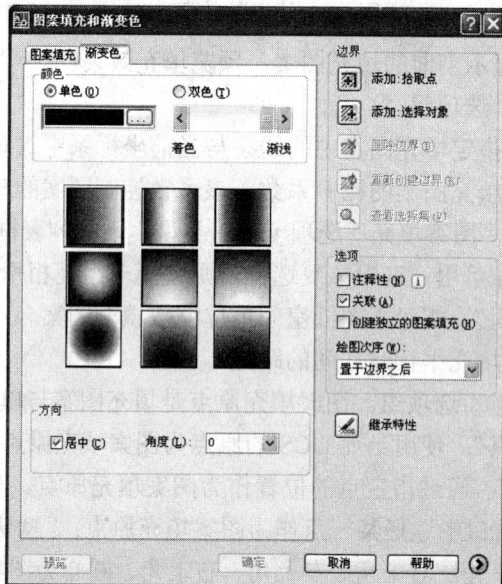

图 9-3 渐变色选项卡

（1）"单色"：用一种颜色产生的渐变色来填充图形。单击浏览按钮可打开"选择颜色"对话框，可在对话框中选择颜色和调节颜色深浅。

（2）"双色"：可以使用两种颜色产生的渐变色来填充图形。

（3）"居中"：指定对称的渐变色。

（4）"角度"：指定渐变填充的角度。

9.1.3 "图案填充"的应用举例

【例 9.1】 绘制图 9-4 所示的图形，填充"金属"剖面符号。

绘图步骤：

（1）按尺寸绘出如图 9-5 所示的图形。

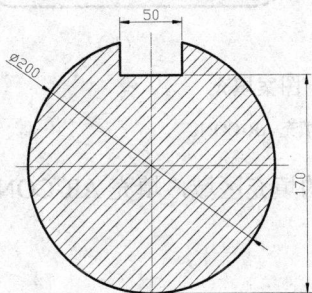

图 9-4 "轴断面图"填充图例

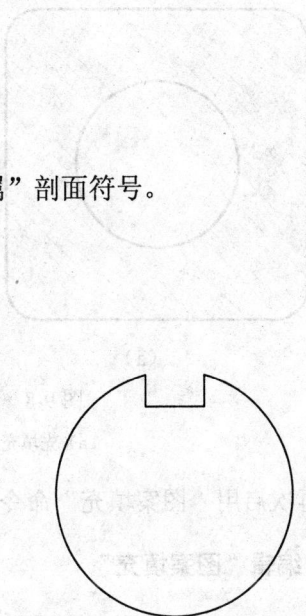

图 9-5 绘制图形

（2）启用"图案填充"命令，在"图案填充与渐变色"对话框中，打开"图案填充选项板"，从中选择填充图案为 ANSI31。在"比例"一栏内输入比例值 2，单击"添加：选择点"按钮，在圆内点击任意一点，按回车键确认。

（3）在返回的"图案填充与渐变色"对话框中，单击"确定"。填充效果如图 9-6 所示。

（4）最后补画中心线并标注尺寸。

【例 9.2】 绘制如图 9-7 所示图形，材料为钢筋混凝土。

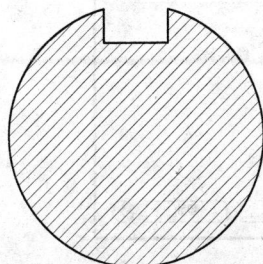

图 9-6 图案填充效果

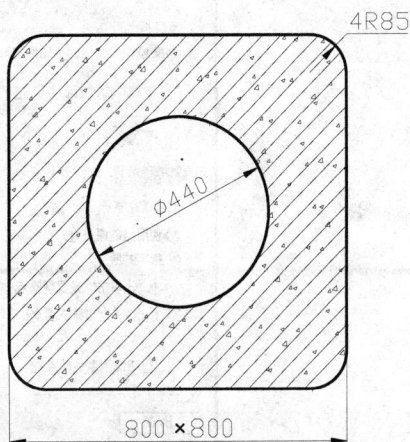

图 9-7 "钢筋混凝土"填充图例

绘图步骤：

（1）按尺寸绘出图形的轮廓图。

（2）启用"图案填充"命令，选择填充区域，填充 ANSI31 图案。如图 9-8 所示。

　　　　（a）　　　　　　　　　　　　　　　　　（b）

图 9-8　　"钢筋混凝土"图案填充

（a）先填充 ANSI31；（b）再填充 AR-CONC

（3）再次启用"图案填充"命令，选择相同的填充区域，填充 AR-CONC 图案。

9.1.4　编辑"图案填充"

图案填充后，有时需要修改图案填充区域的边界、填充图案比例等。双击填充图案，则打开"图案填充编辑"对话框，如图 9-9 所示，它与"填充图案与渐变色"对话框内容相同，从中可以对所有的选项进行重新认识设置，单击"确定"，则新的设置被赋予该图案填充。

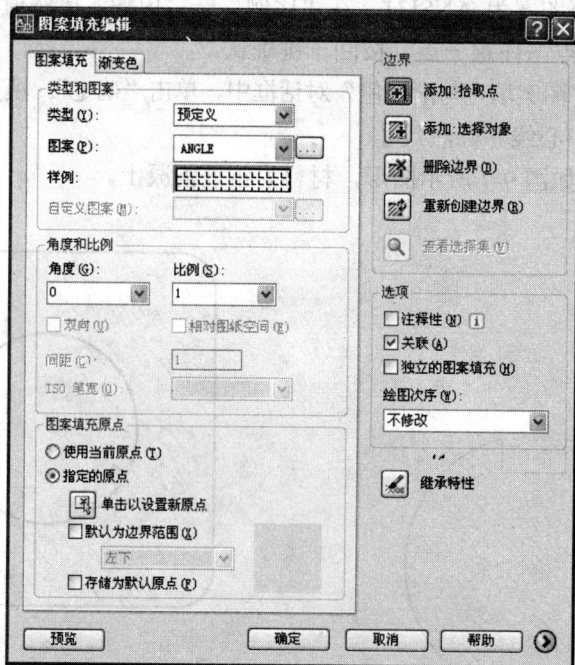

图 9-9　　"图案填充编辑"对话框

另外，填充图案可以被"修剪"命令整体修剪，操作如同修剪图线一样。如图 9-10（a）可以被修剪成图 9-10（b）所示图形。

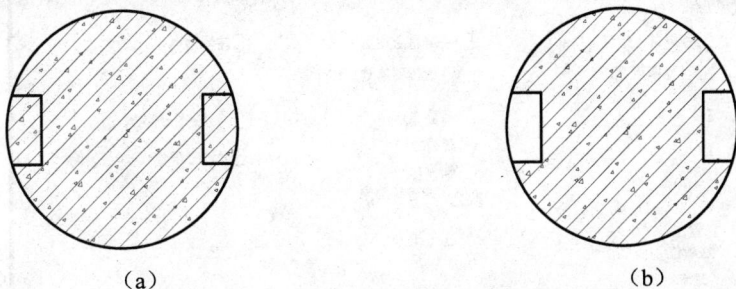

图 9-10　修剪图案填充

（a）修剪前；（b）修剪后

9.2　图块的应用

图块是一组图形对象的集合。一组图形对象组合成图块，则组对象就被赋予一个块名，用户可以根据作图需要用这个块名将该组对象插入到图中任意指定的位置，而且在插入时还可以指定不同的比例系数和旋转角度。

组成块的对象可以有自己的图层、线型和颜色。但 AutoCAD 把块当作一个单一的对象来处理，即点取块内的任何一个对象，就可以对整个块进行编辑操作，也可以通过"分解"命令来分解块，让它还原成各个单独对象。块可以嵌套，即一个块中可以包含另一个或几个块。

9.2.1　创建图块

创建图块的对应命令有两个：BLOCK 和 WBLOCK。BLOCK 命令创建附属图块；WBLOCK 命令创建独立图块。两者保存方式不同，附属图块随创建图块的图形保存，本图使用方便，但其他图形不好寻找。独立图块以一个独立的图形文件保存，其他图形能方便地寻找并插入使用。

启用 BLOCK 命令，将弹出"块定义"对话框，如图 9-11 所示；启用 WBLOCK 命令，弹出的是"写块"对话框，如图 9-12 所示。启用命令后在相应的对话框中设置图块的名称、插入基点，选择创建为块的对象，然后单击"确定"。

可以看出，创建附属图块和独立图块的对话框基本相同，都包括给块命名、选择组块的对象、确定块插入时的基点、设置块单位等选项。所不同的是独立图块要选择图块保存的路径，以便"块插入"时根据这个路径找到这个图块。

"块定义"对话框与"写块"对话框各主要选项说明如下：

（1）"名称"下拉列表框：用于输入图块的名称，名称长度不能超过 255 个字符。

（2）"基点"：单击"拾取点"按钮，用鼠标拾取该块的插入基准点，也就是块插入时的定位点。该点也可以在拾取点下面的 X、Y、Z 输入框中输入基准点的坐标来定义。

（3）"对象"：单击"选择对象"按钮，选择组成图块的图形对象。下面有"保留"、"转换为块"、"删除"三个选项按钮，可选取图形对象被创建为块后原对象的处理方式。

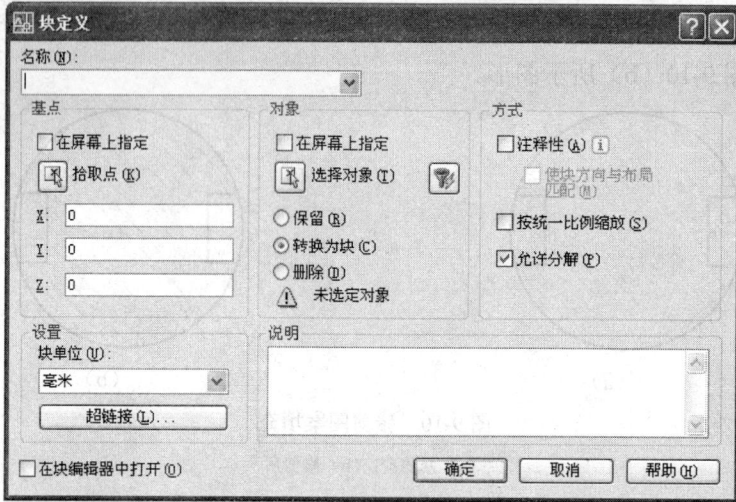

图 9-11 "块定义"对话框

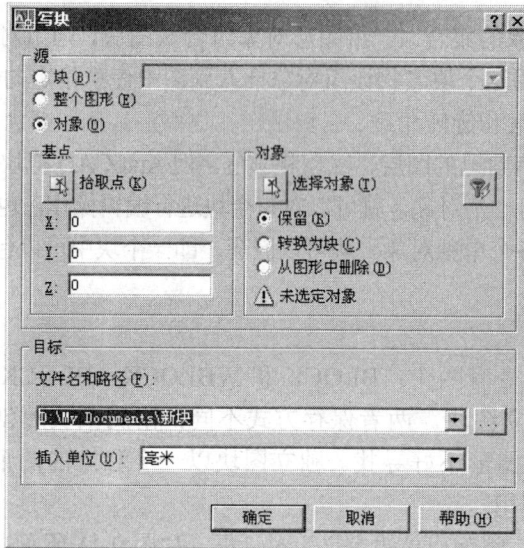

图 9-12 "写块"对话框

（4）"设置"选项组："块单位"，用于确定图块的单位。"按统一比例缩放"复选框，可以指定是否阻止块参照不按统一比例缩放。"允许分解"复选框，可以指定块参照是否能被分解。"说明"文本框，用于输入与当前图块有关的文字说明。"超链接"按钮，打开"插入超链接"对话框，插入超链接文档。

（5）"在块编辑器中打开"：在"块编辑器"中打开当前的块定义。

9.2.2 插入图块

插入图块是在当前图形中的指定位置插入已创建的附属图块或独立图块。相应的命令为 Insert 或 I。另外，利用"工具选项板"或"设计中心"也能插入图块。

9.2.2.1　用"块插入"命令插入图块

从"绘图工具栏"单击"块插入"图标，启用"块插入"命令，弹出如图 9-13 所示的 "插入"对话框。在该对话框中找到插入图块的路径、名称，设置缩放比例、旋转角度等 参数，然后单击"确定"。

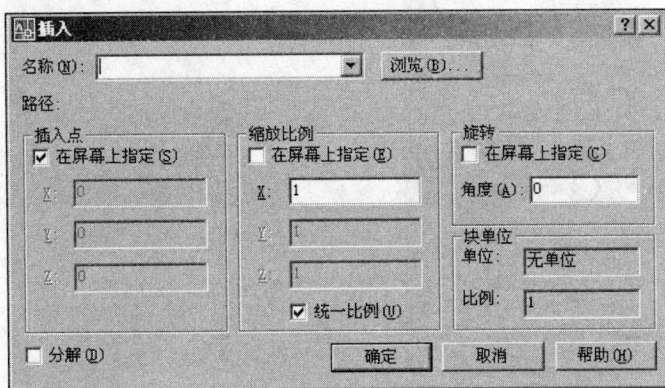

图 9-13　"插入"对话框

"插入"对话框各主要选项说明如下：

（1）"名称"下拉列表框：用于输入将要插入的图块名称，或用"浏览"按钮从文件 夹中寻找图块文件。

（2）"插入点"：可以选中"在屏幕上指定"复选框，也可以输入点的坐标指定插入点。

（3）"缩放比例"：设置块的插入比例，可以在 X、Y、Z 三个方向上设置不同的百分比，也可直接在屏幕上指定百分比。

（4）"旋转"：设置块插入时的旋转角度。

（5）"分解"复选框：用于设置是否将插入的块分解成块 的各自独立对象。

9.2.2.2　从"工具选项板"中插入图块

"工具选项板"是常用工具的集合。图 9-14 所示是默认 显示的"工具选项板"，包括图形"注释"、"建筑"、"机械"、 "电力"、"土木工程与结构"等选项卡，集合了工程制图常用 的图形块。

打开"工具选项板"的对应命令为 ToolPalettes。另外， 单击"标准"工具栏中的"工具选项板"的图标，或从"工具" 菜单中选择"工具选项板"，或使用 Ctrl+3 快捷键，都能打开 "工具选项板"。

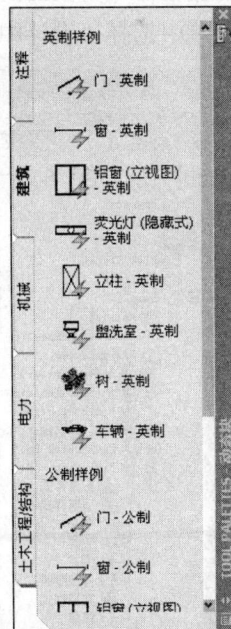

图 9-14　工具选项板

显示在选项板上的图块，可以单击并按住左键直接向当前 图形中拖放，将图块添加到当前图形中。也可以单击选项板上 的图块，然后通过命令行的提示对图块进行指定基点、缩放比 例、旋转角度等操作。图 9-15 就是从"工具选项板"上拖放到图中的"限速标志"图块。

也可以把当前图形包含的图块添加到"工具选项板"。添加图块时，先选中图形中的图块，然后按住右键直接拖到"工具选项板"。图 9-16 就是从图形中拖放到"工具选项板"上的"基线间距"图块。

图 9-15　从"工具选项板"拖放图块　　　　　　图 9-16　将图块添加到"工具选项板"

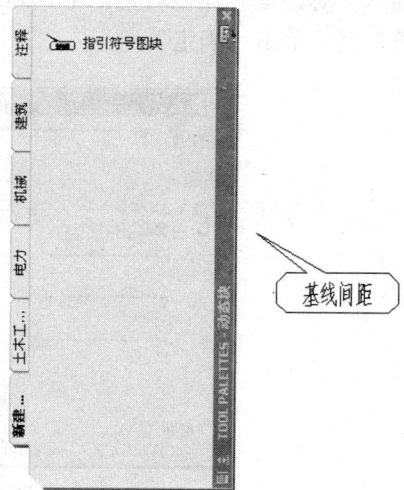

"工具选项板"上的图块，可以通过快捷菜单删除。

9.2.2.3　从"设计中心"插入图块

"设计中心"是类似于"资源管理器"的工具，如图 9-17 所示，打开"设计中心"对话框的相应命令为 Adcenter。另外，单击"标准"工具栏中的"设计中心"图标，或从"工具"菜单中选择"设计中心"，或使用 Ctrl+2 快捷键，都能打开"设计中心"对话框。

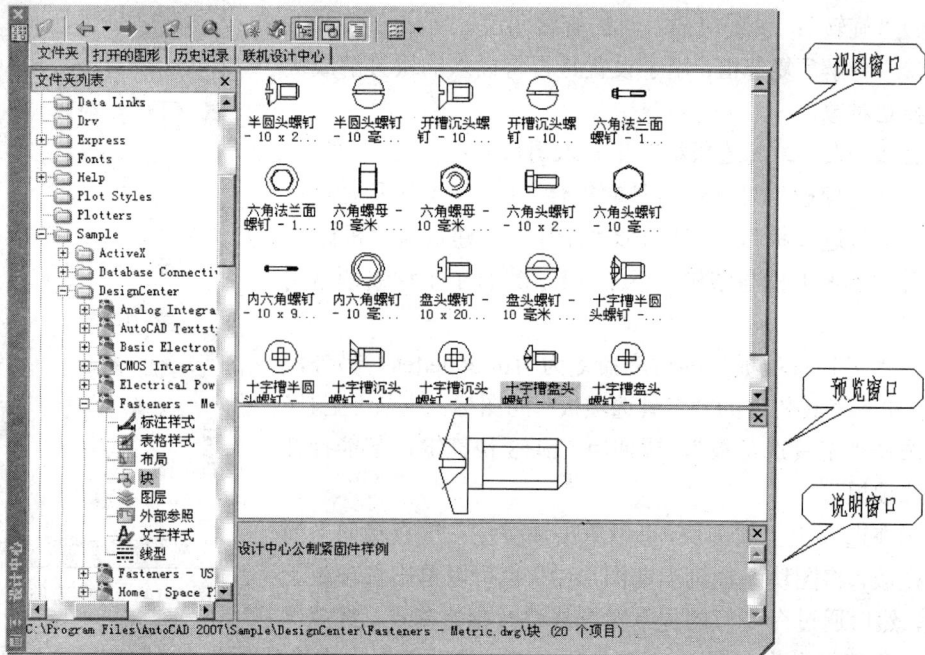

图 9-17　"设计中心"对话框

在设计中心的"文件夹列表"窗口能够方便地查找需要的图形文件，单击图形文件名前面的"+"号可将其展开，再单击文件包含的"图块"选项，则该图形中包含的所有图块都在设计中心右上角的"视图窗口"中列表显示，从中可以用左键将图块直接拖放到当前图形中。也可以用右键拖放设计中心的图块，这时会显示包括"插入块"和"取消"两个命令的快捷菜单，如果选择"取消"，则取消执行这次块插入命令；如果选择"插入块"，则弹出"插入"对话框，从中设置后单击"确定"，图块被插入到当前图形。

AutoCAD 设计中心 DesignCenter 文件夹中预存有多个图形文件，包含机械、建筑、电力、园林等专业的常用图块。这些图块文件保存在 C:\Program Files\AutoCAD 2007\Sample\DesignCenter 文件夹中。下列是设计中心 Design Center 文件夹中所包含的图块文件系统列表。

（1）Analog：集成电路图块。

（2）Basic：电子电路图块。

（3）CMOS：集成电路图块。

（4）Electrical：电力设备图块。

（5）Fasteners：紧固系列标准件图块。

（6）Home：家居用品图块。

（7）House：住宅用品图块。

（8）HVAC：暖通空调图块。

（9）Hydraulic：液压气动控制图块。

（10）Kitchens：厨房用品图块。

（11）Landscaping：园林设计图块。

（12）Pipe Fittings：管道配件图块。

（13）Plant process：工厂生产用图块。

（14）Welding：焊接系列标准件。

9.2.3 创建图块举例

【例 9.3】 绘制如图 9-18 所示的图形，将其创建成独立图块保存，命名为"粗糙度符号"。

操作步骤：

（1）把"0"图层置为当前，按尺寸绘出图 9-18 所示图形。

（2）从命令行输入 wblock 回车，弹出"写块"对话框如图 9-12 所示。

（3）单击"拾取点"按钮，单击图形的下角点作为基点。

图 9-18 创建块图例

（4）单击"选择对象"按钮，拾取图形符号，右击确认。

（5）在"文件名与路径"文本框中输入"D:\My Documents\表面粗糙度"，单击"确定"。

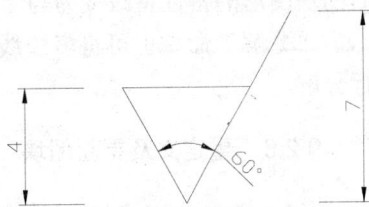

9.2.4 块创建与块插入的特性变化

一般情况下，"0"图层上的对象创建的图块，在块插入时，图块的对象特性会自动更改为与当前图层的特性相同。如图 9-19 所示，在"0"图层上创建的图块为细实线，当它插入到"粗实线"图层上时，则插入的图块为粗实线。

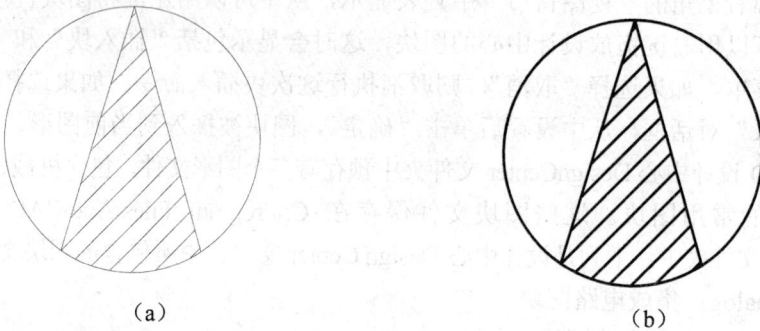

图 9-19　"0"图层创建的图块

（a）"0"图层上"随层"创建的图块；（b）"粗实线"图层上插入的图块

其他层上的对象创建的图块，在块插入时如果当前图形中存在图块的同名图层，则图块特性随"同名"图层的特性发生变化，如果当前图形中没有同名图层，则插入的图块特性不发生变化。

只有"随块"创建的图块，在"随块"插入时，图块的特性才不发生变化。

在插入图块时要注意到图块对象的图层是否和当前图形的图层重名。如果不想让图块在插入时发生变化，在创建图块时最好在特殊命名的图层上绘制和定义。

9.2.5　块分解

"分解"命令在修改工具栏的最下方，执行该命令能将图块分解成各自独立的对象，分解后就可删除或修改这些组合对象的每一组成部分。如果图块为嵌套块，一次执行分解命令只能分解一级。

图块分解后各组成单元的对象特性将与写块时的同名图层相同。例如在"图层 0"上定义的块，在"图层 1"上插入，块的特性与"图层 1"的特性相同，当块被分解后，分解后的块图形的特性将改变为与"图层 0"的特性相同。

"分解"命令也可将多段线、矩形、正多边形、剖面线、尺寸标注等系统定义图块进行分解。

9.2.6　重定义及更新图块

（1）修改由 BLOCK 命令创建的图块。先修改这种图块中的任意一个，然后以同样的图块名再用 BLOCK 命令重新定义一次，重新定义后，AutoCAD 将立即修改该图形中所有已插入的同名附属图块。

（2）修改由 WBLOCK 命令创建的图块。用 OPEN 命令指定路径打开该图块文件，修改后保存，然后再执行一次"插入"命令，按提示确定"重新定义"后，AutoCAD 将会修改所有图形文件中已插入的同名独立图块。

9.3　块属性的应用

块属性是图块在插入过程中按提示输入的文字信息，在插入一个带属性的块时，固定的属性值随块自动添加到图形中，可变的属性值被提示后输入。块属性用于图形相同而注释不同的情况，比如高程标注中的标高值、电阻的阻值、图框标题栏的文字标注等都可以通过块属性来绘制。对于一个带属性的块，可以修改属性值，可以提取属性信息。

9.3.1　创建块的属性定义

创建带属性的图块，首先必须创建块的属性定义，然后用 WBLOCK 命令创建带属性的图块。

创建块的属性定义，有两种方法启用命令：一是从"绘图"菜单下"块"的次级菜单中单击"定义属性"；二是在命令行中输入 attdef 或 att 后回车。启用命令后，会弹出如图 9-20 所示的"属性定义"对话框。在此对话框中可以定义块的属性。

对话框中主要选项说明如下：

（1）"模式"：选择"不可见"，表示该属性在随块插入后看不到；选择"固定"，表示该属性将预设的属性值赋予图块，在插入图块时不再提示输入属性值，插入后该属性值不可更改；选择"验证"，表示插入块时，会提示检查该属性的正确性；选择"预置"，表示该属性将预设的属性值赋予图块，在插入图块时不再提示输入属性值，插入后该属性值可以更改。

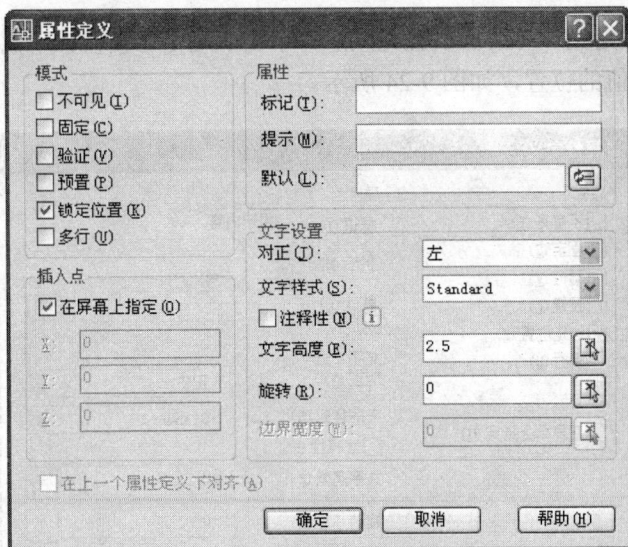

图 9-20　"属性定义"对话框

（2）"属性"："标记"文本框中输入属性的标记；"提示"文本框输入属性的提示信息；"值"文本框输入属性的预设值。

（3）"插入点"：可以利用该选项区来确定属性文本插入时的基点。

（4）"文字选项"：可以利用该选项区来确定属性文本的格式，包括对正方式、文字样式、文字高度、文字倾斜角度。

9.3.2　属性块的创建与插入

块的属性被定义后，用"块创建"的命令可以把带属性的块创建成独立图块或附属图块。用"块插入"命令插入已创建的属性块，插入过程中一般需要按命令行的提示输入属性值。下面以示例说明属性块的创建与插入的操作。

【例 9.4】　创建属性块，标记为"提示内容"，命名为"文字提示框"，然后插入该块，显示为图 9-21 所示提示内容。

操作步骤：

（1）绘制如图 9-22 所示图形。矩形框长 30、宽 10、倒角 4×4。尖角尾端宽为 5、长为 15、角度 30。（尺寸可以根据需要和爱好自拟）

图 9-21　属性块应用图例　　　　　　　　　图 9-22　提示框图形

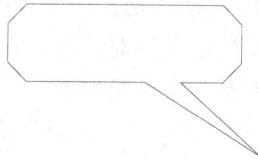

（2）在命令行输入 att 后回车，打开"属性定义"对话框，在属性"标记"文本框中输入"提示内容"；在文字"对正"选项框中选择"正中"，文字高度设为 5。如图 9-23 所示。

（3）在"属性定义"对话框设置完成后，单击"确定"按钮，用鼠标捕捉矩形框的中心，单击指定属性值的位置，如图 9-24 所示。

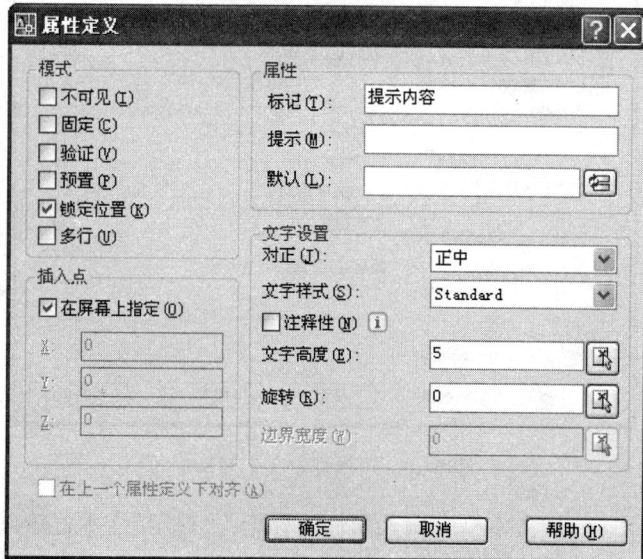

图 9-23　"属性定义"对话框

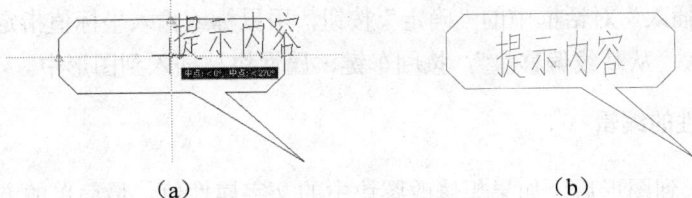

（a）　　　　　　　　　　　　　　　　　（b）

图 9-24　定义属性

（a）捕捉属性文字的对正位置；（b）显示的属性标记

（4）在命令行输入 wblock 回车，弹出"写块"对话框，选择尖角端点为"基点"，选择矩形框和属性标记为"对象"，在"文件名和路径"文本框中，选择保存位置为 D：\My Documents，输入图块名称为"文字提示框"，如图 9-25 所示。单击"确定"按钮，属性块创建完成，被保存在指定位置。

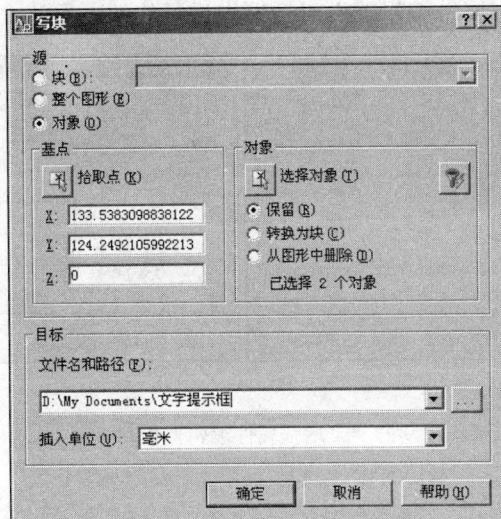

图 9-25　"写块"对话框

（5）启用"块插入"命令，弹出"插入"对话框，在"名称"选择框中输入图块名"文字提示框"，如图 9-26 所示。

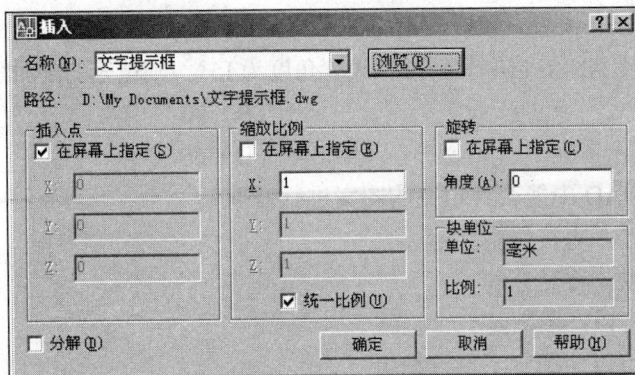

图 9-26　"插入"对话框

（6）单击"插入"对话框中的"确定"按钮，用鼠标或输入坐标值指定图块的插入位置，在命令行输入"从基线偏移量"，按回车键，属性块被插入到图形中。

9.3.3　块属性的编辑

在属性块插入到图形后，如果想修改图块中的文字属性值，最简单的方法就是双击属性值，在弹出的"增强属性编辑器"中直接修改相应的选项设置，单击"确定"后，图块中的属性即被修改。

图 9-27 所示为"增强属性编辑器"对话框，有"属性"、"文字选项"、"特性"选项卡。在"属性"选项卡中，修改属性值，如图 9-27（a）所示；在"文字选项"选项卡中，修改"文字样式"、"高度"等设置，如图 9-27（b）所示；在"特性"选项卡中，修改"图层"、"线型"、"颜色"、"线宽"等选项。单击右上角的"选择块"按钮，可从当前图形中重新选择属性块添加到"增强属性编辑器"对话框中进行修改。

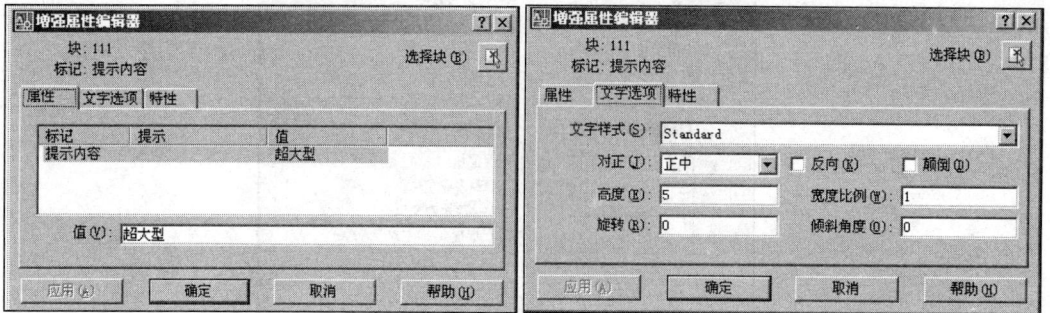

（a）　　　　　　　　　　　　　　（b）

图 9-27　"增强属性编辑器"对话框

（a）"属性"选项卡；（b）"文字选项"选项卡

9.4　思 考 与 练 习

9.4.1　选择题

（1）在使用图案 ANSI31 进行填充时，设置角度为 15°，则填充的剖面线的角度是_____。

　　（A）15°　　　　　　　　　　　　　（B）30°

　　（C）45°　　　　　　　　　　　　　（D）60°

（2）在 AutoCAD 中能否对填充的图案进行修剪？

　　（A）可以，直接修剪

　　（B）可以，将其分解

　　（C）不可以，图案是一个整体

　　（D）不可以，图案不可以编辑

（3）图案填充操作中，说法正确是_____。

（A）只能单击填充区域中任意一点来确定填充区域

（B）所有的填充样式都可以调整比例和角度

（C）图案填充可以和原来轮廓线关联或者不关联

（D）图案填充只能一次生成，不可以编辑修改

（4）将填充图案填充于图形中的多个区域，如果要修改一个区域中的填充图案而不影响其他区域，最好的办法是_____。

（A）在创建图案填充后，分解修改

（B）在创建图案填充时，分两次填充

（C）在创建图案填充时选择"创建独立的图案填充"

（D）在创建图案填充时选择"关联"

（5）用下面_____命令可以创建图块，且只能在当前图形文件中调用，而不能在其他图形中调用。

（A）BLOCK

（B）WBLOCK

（C）EXPLODE

（D）MBLOCK

（6）关于属性的定义，下列说法正确的是_____。

（A）块必须定义属性

（B）一个块只能定义一个属性

（C）多个块不可以共用一个属性

（D）一个块中可以定义多个属性

（7）使用增强属性管理器，不能修改_____。

（A）属性的可见性

（B）单一的块参照属性

（C）属性的旋转角度

（D）属性图层

（8）关于编辑块属性的途径，说法错误的是_____。

（A）单击属性定义进行属性编辑

（B）双击包含属性的块进行属性编辑

（C）应用块属性管理器编辑属性

（D）只可以用命令进行编辑属性

9.4.2　思考题

（1）在不封闭的图形中可以进行图案填充吗？

（2）如何创建图 9-28 所示的图案填充？

（3）为什么定义好的图块在插入时，有时候图块插入到距离光标很远的位置，甚至显示区域内都不可见？

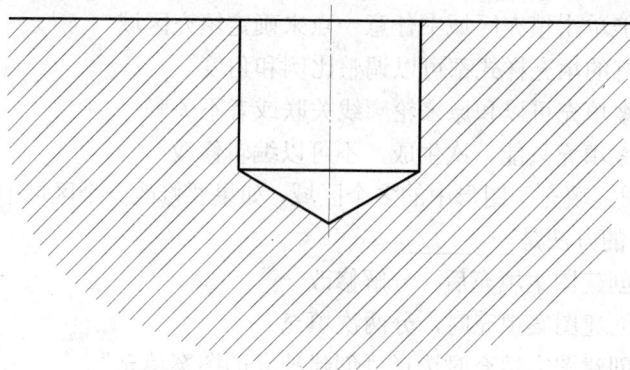

图 9-28　无边界的图案填充图例

（4）为什么有时调用其他文件里的图块时，插入的块要么很大，要么很小，与当前图形的大小相差较大？

（5）为什么有时定义的块插入到其他图层时，块的特性（如颜色、线型等）随插入的图层变化，有时又不变化？

（6）带有属性的引用块被分解后，属性显示的是属性值吗？

9.4.3　上机练习与指导

【练习 9.1】　按尺寸绘制"正五角星"图形，并照图 9-29 所示样式填充图案。

绘图指导：

（1）启用"正多边形"命令，绘制正五边形，尺寸随意。

（2）连接各角点并修剪成图示五角星形状。

（3）启用"缩放"命令，利用"参照"选项，参照长度从图中捕捉，如图 9-30 所示，输入新长度 100，确定 100 的高度尺寸。

（4）填充图案 ANGLE。然后复制出两个图形。

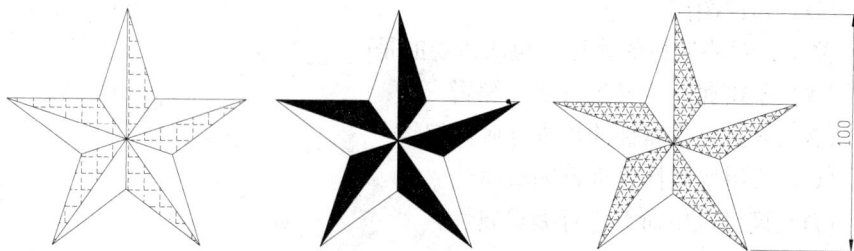

图 9-29　上机练习 9.1 图

（5）修改填充图案，将图案改为 SOLID 和 NET3。

【练习 9.2】　画出图 9-31 所示图形并填充，材料为混凝土。

绘图指导：

选择填充图案为 AR-CONC。

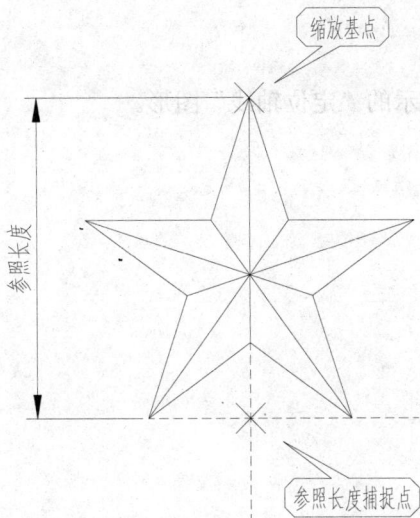

图 9-30　"参照"缩放图示

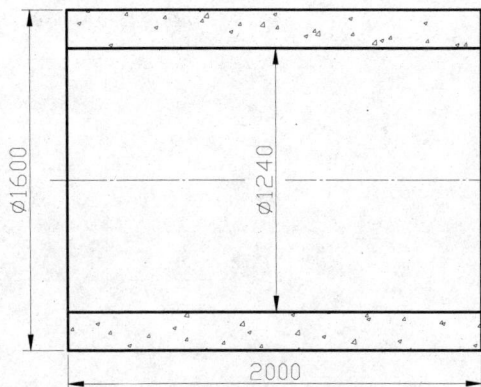

图 9-31　上机练习 9.2 图

【练习 9.3】　自拟尺寸绘制图 9-32 所示图形，创建为 3 个独立图块保存，并分别添加到"工具选项板"。

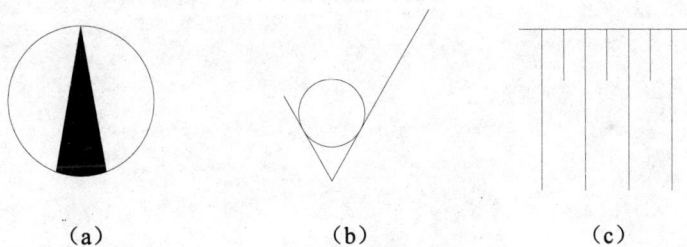

（a）　　　　　　　　　（b）　　　　　　　　（c）

图 9-32　上机练习 9.3 图

（a）指北针符号；（b）粗糙度符号；（c）示坡线

【练习 9.4】　绘制样条曲线，从设计中心调用图块，绘出图 9-33 所示图形。

图 9-33　上机练习 9.4 图

绘图指导：

该图块在 Landscaping 文件中。

【练习 9.5】 创建属性块，绘制如图 9-34 所示的"定位轴线"图形。

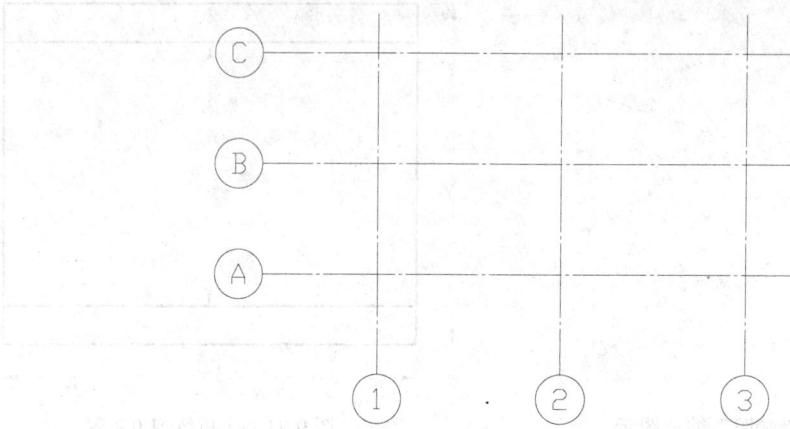

图 9-34　上机练习 9.5 图

　　【练习 9.6】 创建一个标题栏属性块，插入时只需输入图样名称、图号、材料、比例等参数就可以得到定制好的标题栏。

第 10 章 图形打印与图形管理

10.1 图 形 打 印

在绘图工作完成后，将图形在图纸上打印出来，是 AutoCAD 绘图中最重要的环节。AutoCAD 提供了两个放置对象的空间，即模型空间和布局空间。在打印图形时，即可以从模型空间打印图形，也可以创建布局从布局空间打印图形。绘图窗口下端"模型"和"布局"选项卡用来切换模型空间和布局空间。

10.1.1 从模型空间打印图形

AutoCAD 提供的一个无限的绘图区域，称为模型空间。在模型空间中，可以按 1:1 的比例绘制和编辑图形，也可以在模型空间直接打印图形。从模型空间打印图形的设置与常用的文本打印相似，即先进行页面设置然后再预览打印，所以易于掌握。

10.1.1.1 图形打印页面设置

打印图形的页面设置在"页面设置管理器"对话框中进行，如图 10-1 所示。单击"文件"菜单中的"页面设置管理器"或输入 pagesetup 命令可以打开该对话框。

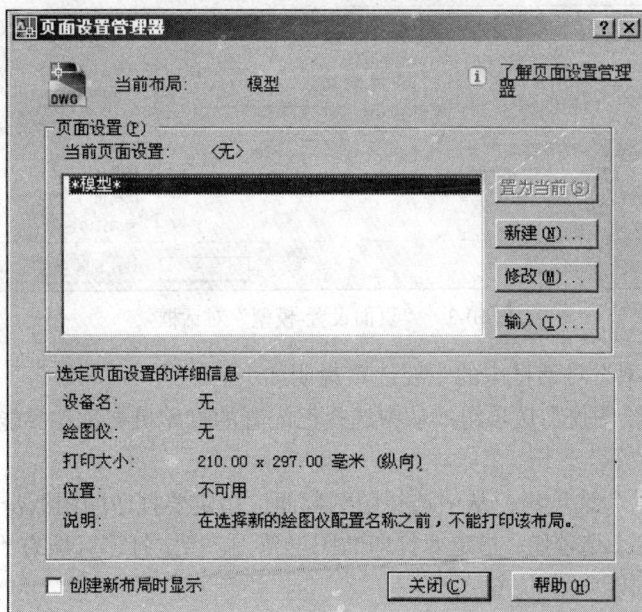

图 10-1 "页面设置管理器"对话框

单击"页面设置管理器"对话框中的"新建"按钮，打开"新建页面设置"对话框，如图 10-2 所示，在该对话框中的"新页面设置名"文本框中输入新建设置的名称。在"基

础样式"窗口，如果选择"上一次打印"则可以用上一次打印时的页面设置为基础进行修

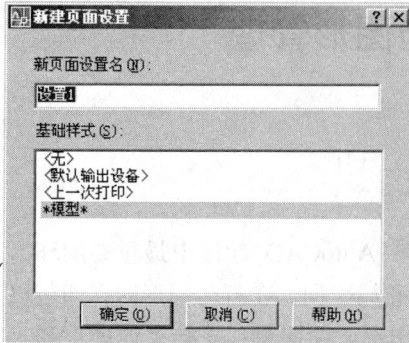

图 10-2　"新建页面设置"对话框

改，而不必逐步设置。

单击"新建页面设置"对话框中的"确定"按钮，打开"页面设置-模型"对话框，如图 10-3 所示。在页面设置对话框中设置打印图纸、打印范围、打印样式等，完成后单击"确定"，对话框关闭，返回到"页面设置管理器"对话框。该页面设置名称和内容被保存在"页面设置管理器"中，在执行图纸打印时可以选用已命名的页面设置，而不用每次打印图纸都要逐项对页面重新设置。

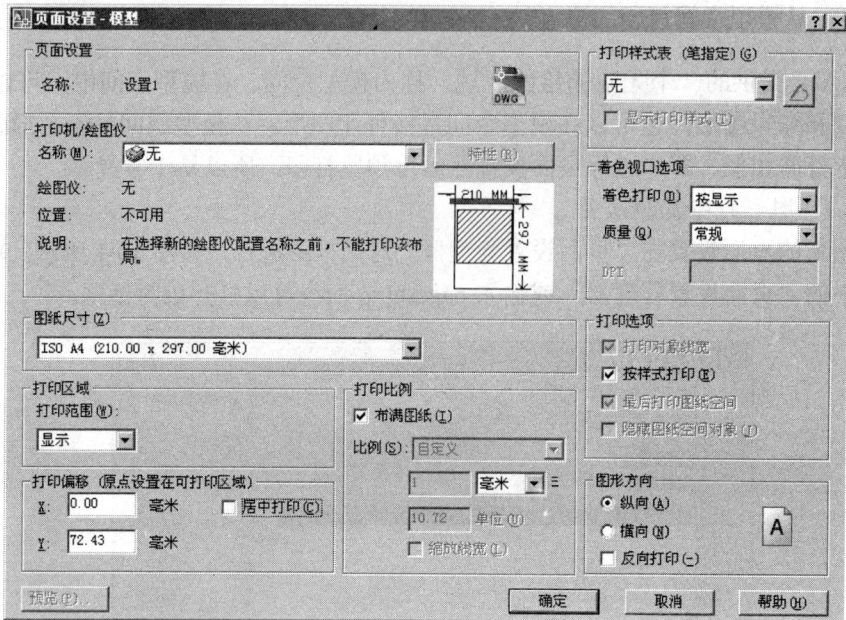

图 10-3　"页面设置-模型"对话框

"页面设置-模型"对话框中的主要选项说明如下。

（1）"打印机/绘图仪"选项组：从中选择已配置的打印机名称，并能预览设置的图纸和打印区域的相对位置。

（2）"图纸尺寸"选项组：从中选择图纸幅面，指定要打印的图纸份数。

（3）"打印区域"选项组：指定要打印的图形范围。指定打印区域有"窗口"、"范围"、"图形界限"和"显示"等方式。

● "窗口"：用鼠标或输入坐标指定一个矩形窗口对角点，窗口内的图形被打印。选择该选项，对话框临时关闭，指定打印窗口区域后，对话框返回，增加"窗口"按钮，用于修改打印窗口的区域。

● "范围"：将所有的图形都选择为打印对象。

- "图形界限"：打印图形界限区域内的图形。
- "显示"：打印当前绘图界面上显示的图形部分。

（4）"打印偏移"选项组：通过"X"和"Y"的设置，控制打印区域在图纸上的偏移位置。勾选"居中打印"，则打印的图形在图纸的正中间，没有偏移。

（5）"打印比例"选项组：设置打印图形的精确比例。如果选择"布满图纸"，则系统自动计算缩放比例，使打印图形布满整个图纸幅面。

（6）"打印样式表"选择框：选择图纸的打印样式名。打印样式控制图形打印的线宽、颜色等特性，例如，选择 monochrome.ctb 样式，则打印图形时，无论哪种颜色的图线都黑色。如果不选择打印样式，则保持原样打印。

（7）"图形方向"选项组：选择图形的方向是横向还是纵向。选中"反向打印"，图形在图纸上倒置打印。

10.1.1.2　图形打印

图形打印是在"打印-模型"对话框中完成的。打开"打印-模型"对话框的方法有以下几种：输入图形打印命令 plot；单击"标准"工具栏中的"打印"命令图标；从"文件"菜单中选择"打印"；使用 Ctrl+P 快捷键。

打开的"打印-模型"对话框如图 10-4 所示，可以看出，"打印-模型"对话框与"页面设置"对话框的内容是相同的，如果有已命名的页面设置，在"页面设置"区的"名称"列表中将其选择，可以直接利用该页面设置进行打印，也能对该页面设置进行修改后执行打印。如果没有命名的页面设置，也可在"打印-模型"对话框中临时进行页面设置，然后执行打印。在"打印-模型"对话框中单击"预览"可以查看设置的打印效果，如果不满意，则返回到对话框修改页面设置。在"打印-模型"对话框中单击"确定"则执行打印。

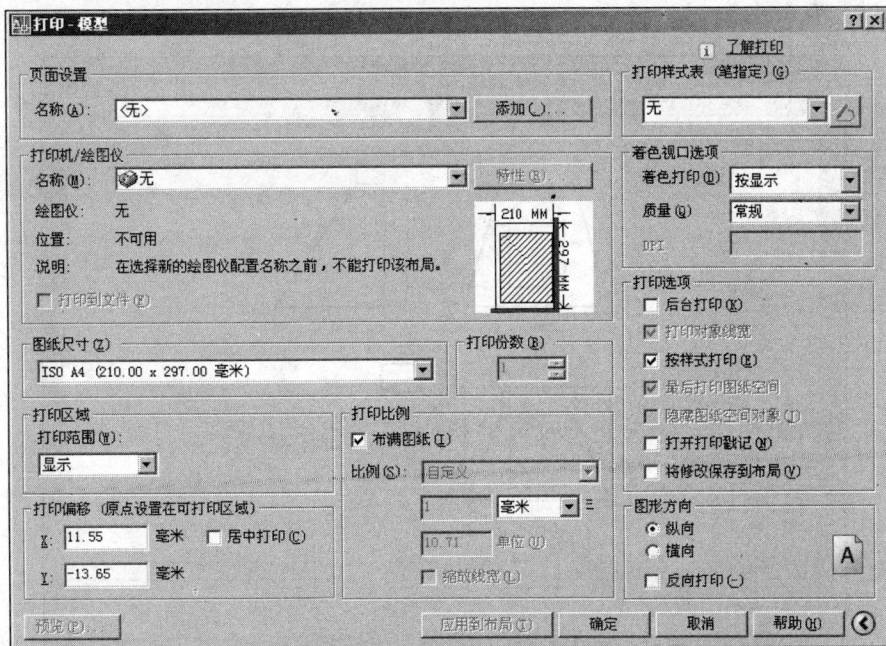

图 10-4　"打印-模型"对话框

10.1.1.3　模型空间的图形打印举例

【例 10.1】　图 10-5 所示为打开的"涵洞工程图"，在模型空间对该图形进行打印页面设置。要求：使用 A3 图纸打印，插入"图框"块，不留装订边，布局匀称。

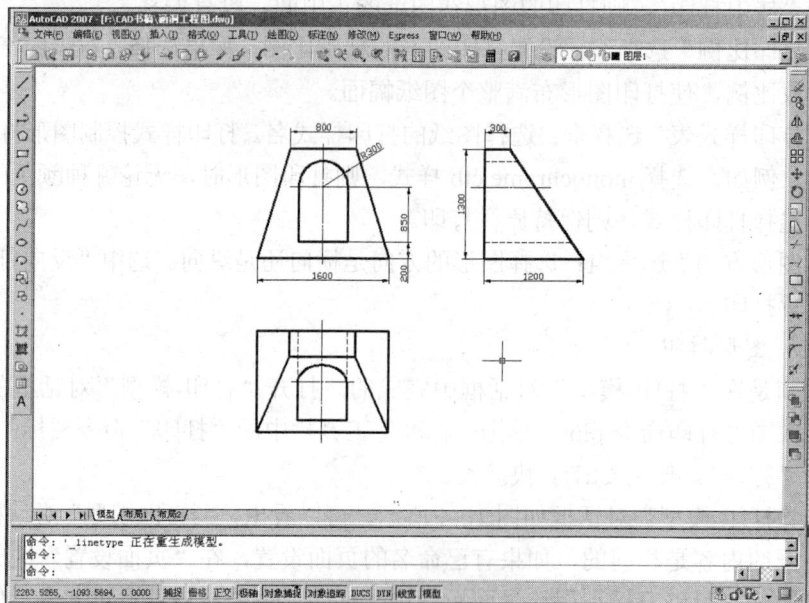

图 10-5　涵洞工程图

操作步骤：

（1）打开"涵洞工程图"，启用"块插入"命令，插入已创建的"A3 图框与标题栏"图块，如图 10-6 所示。

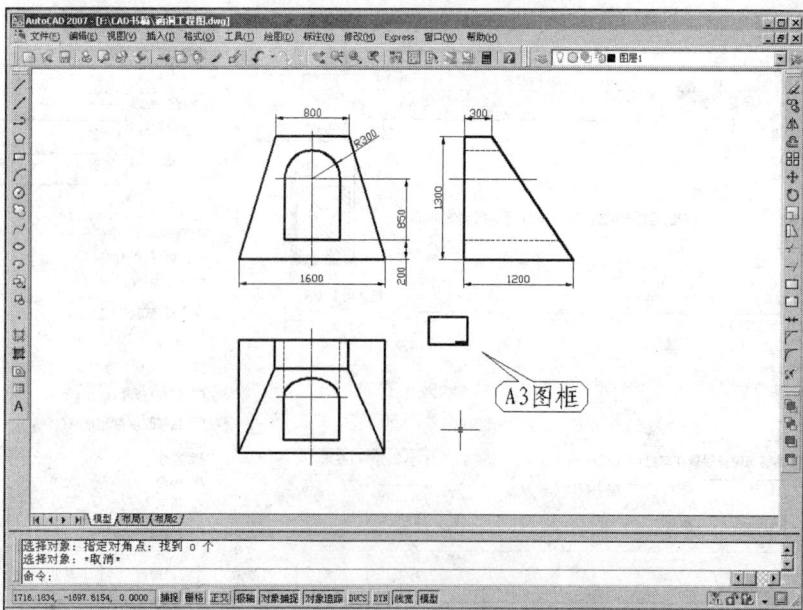

图 10-6　插入"A3 图框与标题栏"图块

（2）启用"缩放"命令，将"A3 图框与标题栏"图块放大 15 倍。再启用"移动"命令，调整布图，如图 10-7 所示。

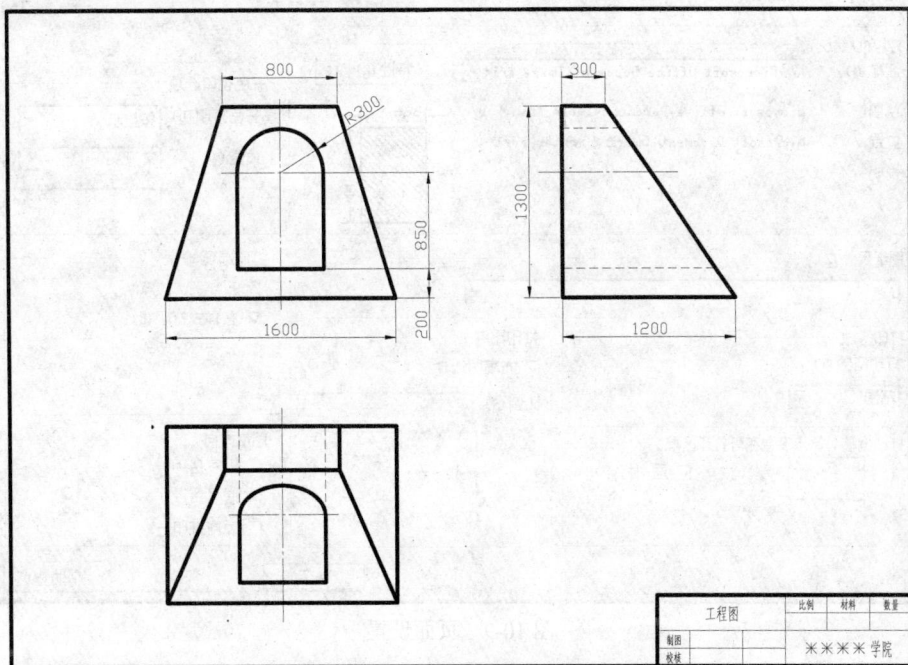

图 10-7　图形的幅面布置

（3）打开"页面设置管理器"对话框，单击"新建"按钮，打开"新建页面设置"对话框，输入新建页面设置的名称为"A3 涵洞工程图"，单击"确定"按钮，如图 10-8 所示。

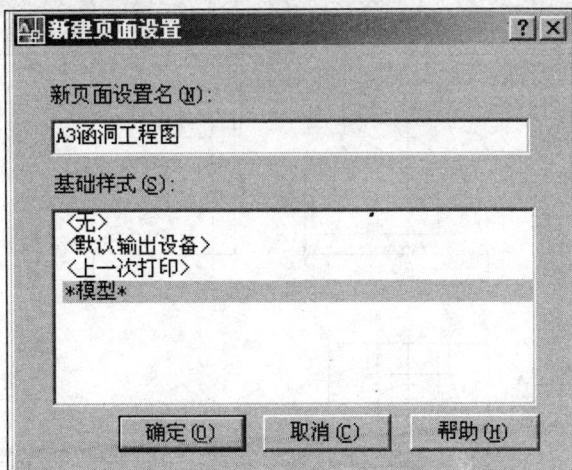

图 10-8　命名新页面设置

（4）在弹出的"页面设置-A3 涵洞工程图"对话框中，选择打印机名称 Microsoft Office Document Image Writer；选择"图纸尺寸"为 A3；勾选"布满图纸"和"居中打印"；"打印范围"选择"范围"；打印方向选择"横向"，如图 10-9 所示。

图 10-9 页面设置

（5）单击"预览"按钮，则预览打印效果，如图 10-10 所示。

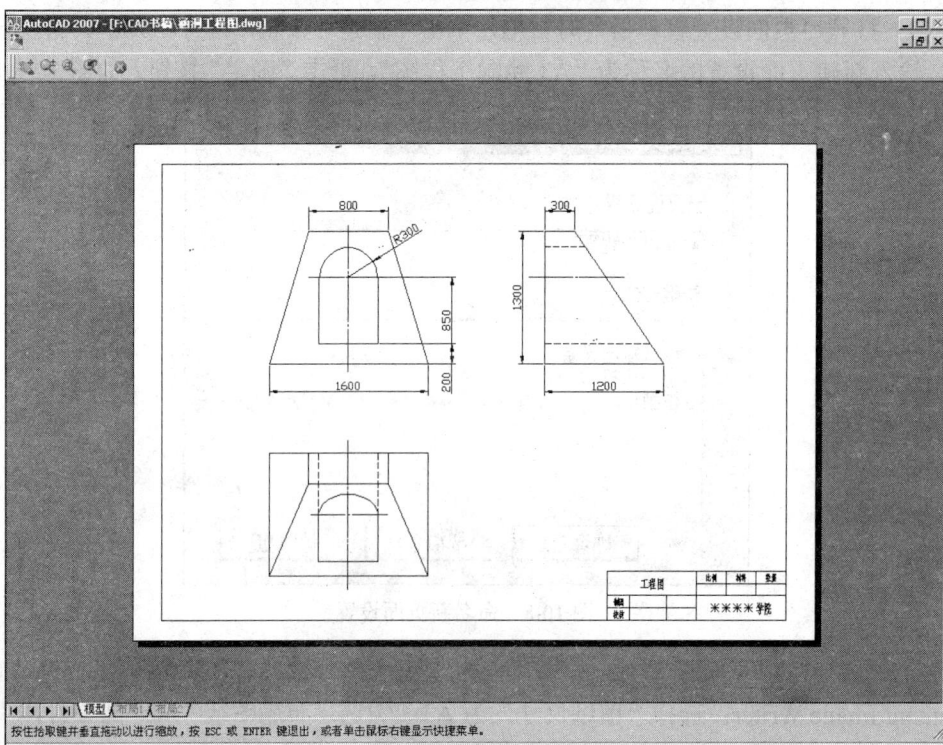

图 10-10 打印预览

（6）关闭打印预览窗口，返回"页面设置-A3 涵洞工程图"对话框，单击"确定"按钮，返回"页面设置管理器"对话框，"页面设置"显示区出现"A3 涵洞工程图"，如图 10-11 所示。

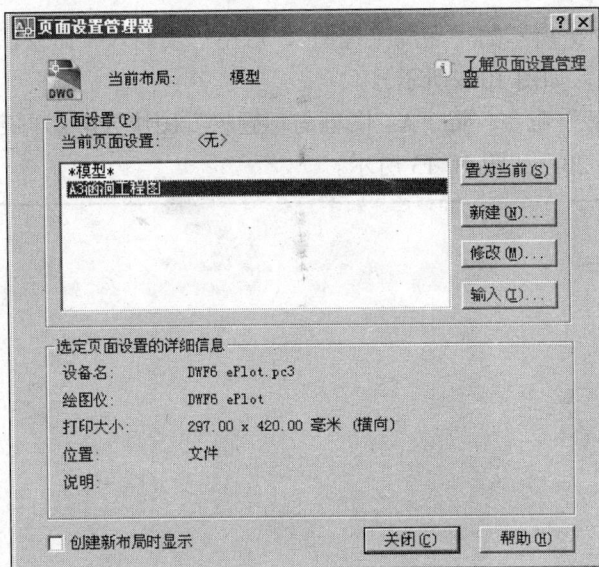

图 10-11　显示新页面设置名称

（7）关闭"页面设置管理器"对话框，启用"打印"命令，在弹出的"打印-模型"对话框中将"页面设置名称"选择为"A3 涵洞工程图"，然后单击"确定"，则执行设定的打印。而且在下一次打印时不用再重复页面设置。

10.1.2　创建布局从布局空间打印图形

10.1.2.1　布局的概念

布局就是图纸空间环境，它实质上是一个打印页面的设置和模拟图纸预览。一个图形文件可以有多个布局，每个布局代表一张图纸。在一个布局中可以创建并放置多个视口，每个视口有不同的打印设置。

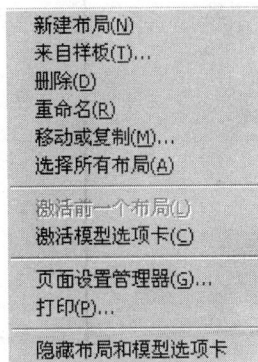

图 10-12　布局快捷菜单

10.1.2.2　创建布局

创建布局就是对布局进行页面设置。在绘图窗口的左下端，有默认的"布局 1"、"布局 2"选项卡，在"布局"选项卡上右击，则显示布局快捷菜单，如图 10-12 所示。从中选择快捷菜单的"新建布局"命令，能够新建并命名多个布局；通过"来自样板"命令可以选择样板文件中的布局；通过"删除"和"重命名"命令可以删除和重命名布局；通过"页面设置管理器"命令可以对布局进行页面设置；通过"打印"命令可以打印已设置好的布局，"打印"命令也可以临时进行页面设置并打印图形，但设置不会被保存。

下面通过图例来说明创建布局的操作步骤。

　　【例 10.2】　如图 10-5 所示的"涵洞工程图"创建布局。要求：布局名为"A3 涵洞工程图"，设置 A3 图纸横向打印，左边装订，装订边宽 20mm，布图匀称。

　　操作步骤：

　　（1）打开图 10-5 所示的"涵洞工程图"，启用"块插入"命令，插入已创建的"A3 图框与标题栏"图块，如图 10-6 所示。

　　（2）启用"分解"命令，将"A3 图框与标题栏"图块分解。再启用"复制"命令，将左边框线向右偏移 20，如图 10-13 所示。

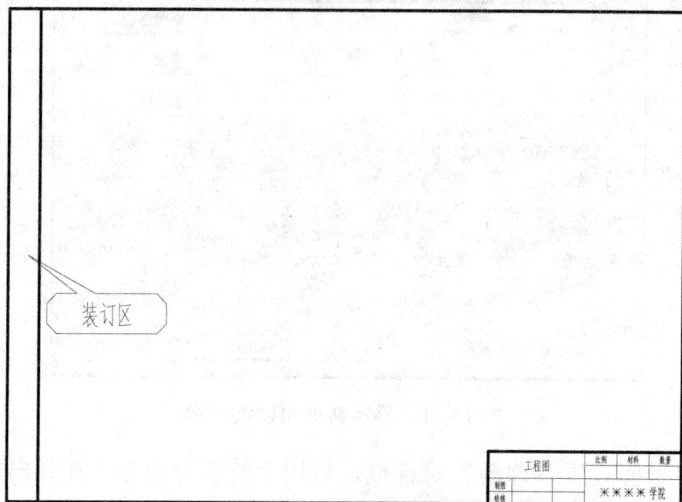

图 10-13　绘制装订线

　　（3）将装订线的线型修改为"虚线"，并注写文字"装订线"。然后，将"A3 图框与标题栏"图块放大 15 倍。再启用"移动"命令，调整布图，如图 10-14 所示。

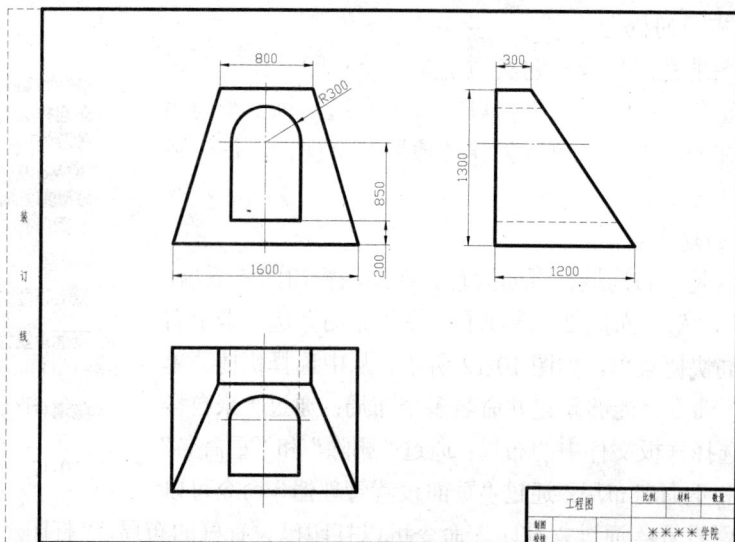

图 10-14　图形幅面布置

　　（4）单击"布局 1"选项卡，绘图窗口从模型空间转换到图纸空间，如图 10-15 所示。

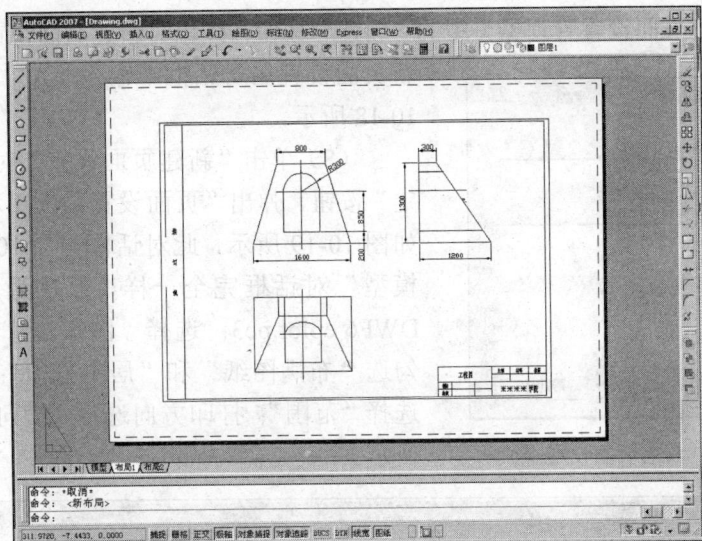

图 10-15 图纸空间

（5）右击"布局 1"选项卡，弹出图 10-12 所示的快捷菜单，单击"重命名"命令，弹出"重命名布局"对话框，输入布局名"A3 涵洞工程图"，单击"确定"，如图 10-16 所示。

图 10-16 命名布局

（6）再次右击"布局 1"选项卡，在快捷菜单中单击"页面设置管理器"，弹出"页面设置管理器"对话框，显示："当前布局：A3 涵洞工程图"，如图 10-17 所示。

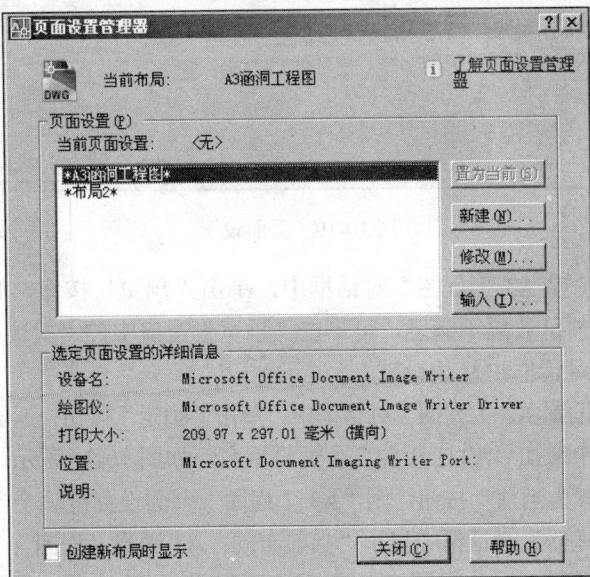

图 10-17 页面设置管理器

（7）单击"页面设置管理器"中的"新建"按钮，弹出"新建页面设置"对话框，在新页面设置名对话框中输入"A3 工程图"，如图 10-18 所示。

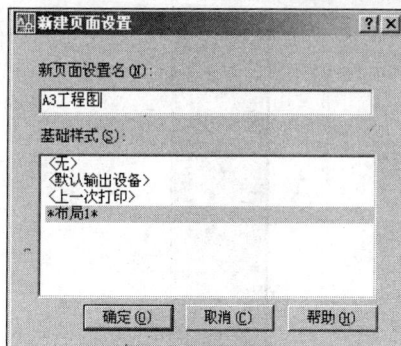

图 10-18　命名页面设置

（8）单击"新建页面设置"对话框中的"确定"按钮，弹出"页面设置- A3 工程图"对话框，如图 10-19 所示，此对话框与图 10-3"页面设置-模型"对话框完全一样，从中选择打印机名称 DWF6 eplot.pc3；选择"图纸尺寸"为 ISO A3；勾选"布满图纸"和"居中打印"；"打印范围"选择"范围"；打印方向选择"横向"，如图 10-19 所示。

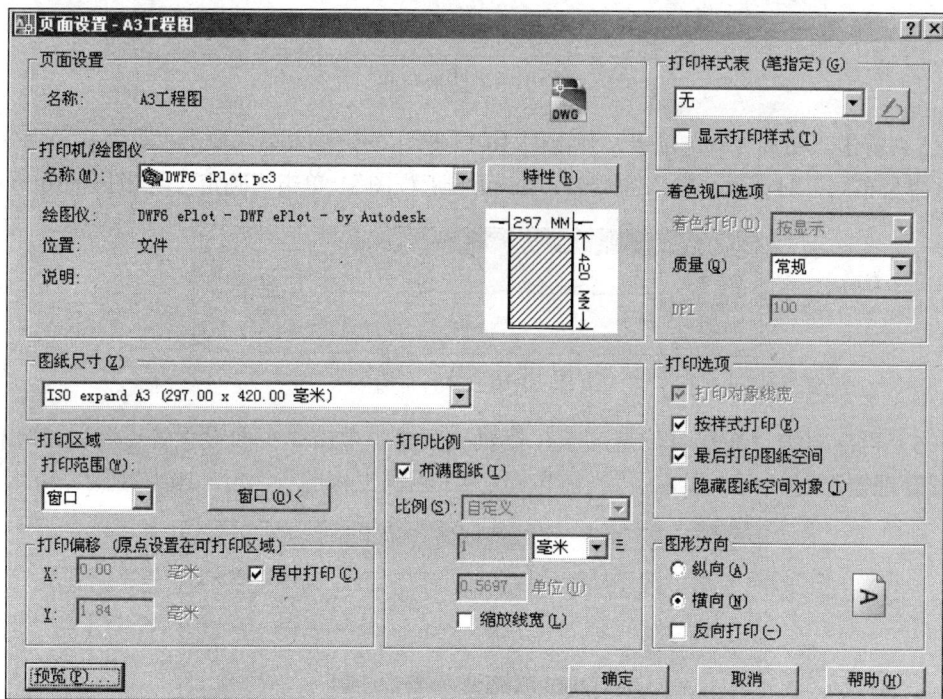

图 10-19　页面设置

（9）在"页面设置-A3 工程图"对话框中，单击"预览"按钮，则出现预览窗口，如图 10-20 所示，如果预览效果不满意，可单击"预览"窗口中的"关闭"按钮，可返回"页面设置-A3 工程图"对话框中修改设置。

（10）在"页面设置-A3 工程图"对话框中，单击"确定"按钮，返回"页面设置管理器"对话框，在显示窗口中增加"A3 工程图"页面设置名，如图 10-21 所示。选中"A3 工程图"页面设置名，单击"置为当前"按钮，则"A3 工程图"页面设置被赋予当前布局"A3 涵洞工程图"，"页面设置管理器"对话框中显示"当前布局：A3 涵洞工程图"；"当前页面设置：A3 工程图"显示窗口中显示"* A3 涵洞工程图（A3 工程图）*"，如图 10-22 所示。

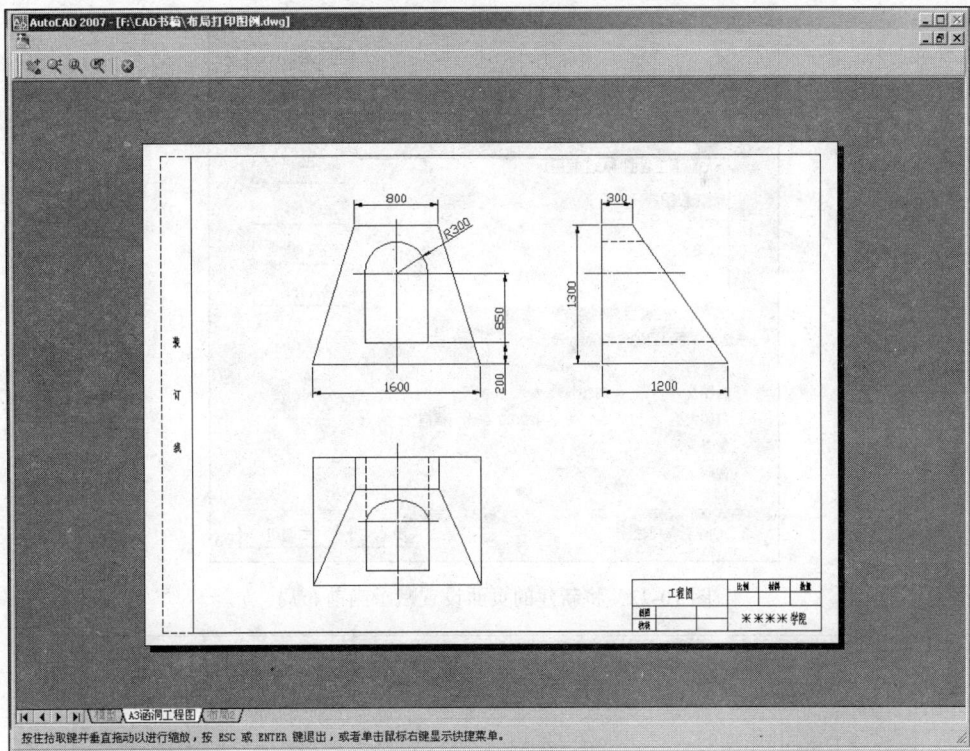

图 10-20 页面设置预览

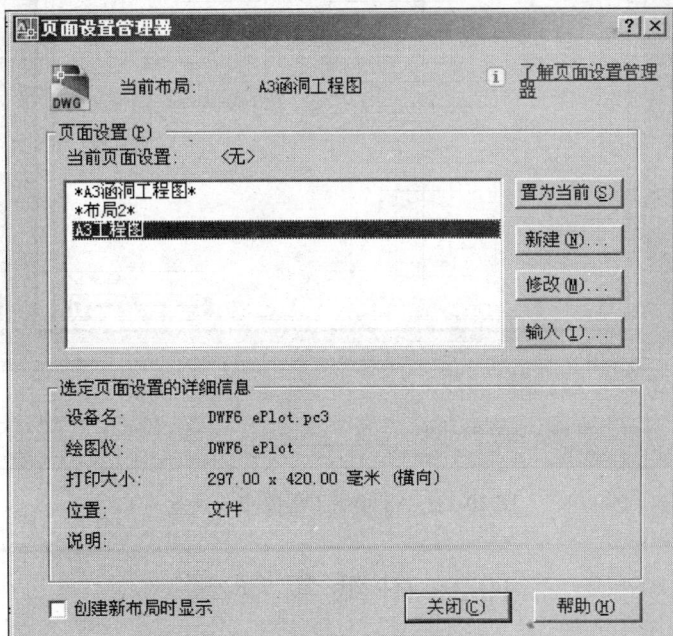

图 10-21 新建的页面设置名显示

（11）关闭"页面设置管理器"对话框，显示"A3 涵洞工程图"布局预览，如图 10-23 所示。

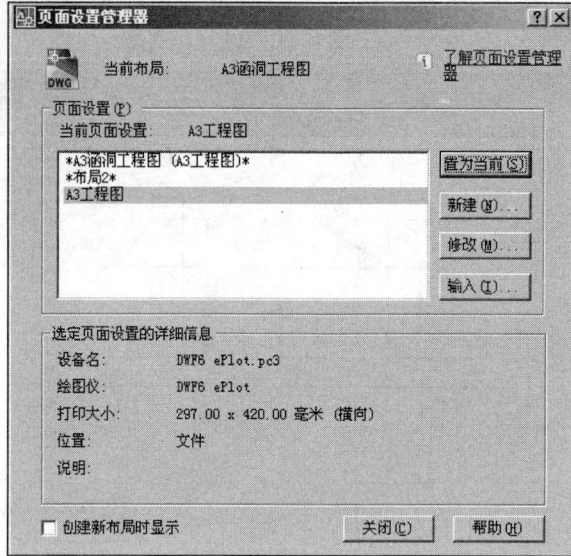

图 10-22　将新建的页面设置赋予当前布局

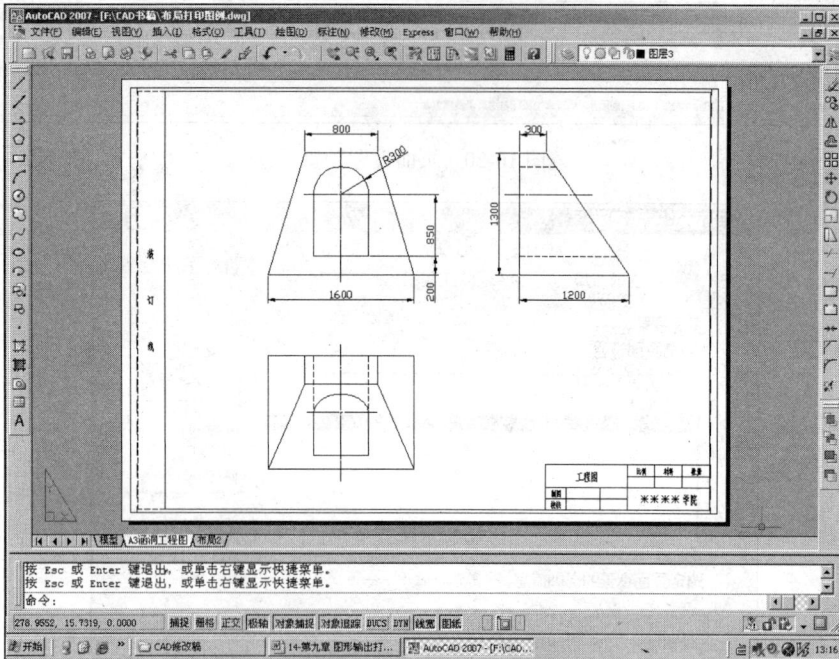

图 10-23　A3 涵洞工程图布局预览

10.2　图 纸 集 管 理

10.2.1　图纸集的概念

图纸集是来自许多图形文件布局的有序集合，在图纸集中的一张图纸就是图形文件中的一个布局。管理图纸集的工具是"图纸集管理器"。使用"图纸集管理器"，可以从任何图形将布局作为图纸输入到图纸集中，按照逻辑类别进行分类，也可以从图纸集中删除图纸。图纸集可以对图形文件的布局作为一个整体进行打印、传递、发布、归档。用户在利用图纸集管理器访问图纸集时，双击图纸便可将其打开。

图纸集具有以下的特点：

（1）每张图纸指向一个布局，即一个布局可以创建一张图纸。

（2）可以从具有多个布局的图形文件中创建几张图纸。

（3）可以添加、删除图纸和对每张图纸重新编号。

（4）多个用户可以同时访问一个图纸集，但是只有一个用户能够编辑同一图纸。

（5）每个布局只能属于一个图纸集。

10.2.2　创建图纸集

图纸集的创建是通过"创建图纸集"向导进行的。在向导中，创建图纸集的方法有两种：从图纸集样例创建和从现有图形创建。

（1）使用图纸集样例创建的图纸集是个框架结构和默认设置，图纸集中不包含图纸，可将现有的图形布局导入到图纸集中。

（2）从现有图形创建图纸集是指将保存图形布局的文件夹导入到图纸集中来创建图纸集。需指定一个或多个包含图形文件的文件夹，这些文件夹的图形布局可自动输入到图纸集，图形文件夹的结构就是图纸集的结构。

10.2.2.1　创建样例图纸集

选择"文件"菜单中"新建图形集"命令，打开如图 10-24 所示的"创建图纸集-开始"对话框，在其中选择"样例图纸集"。

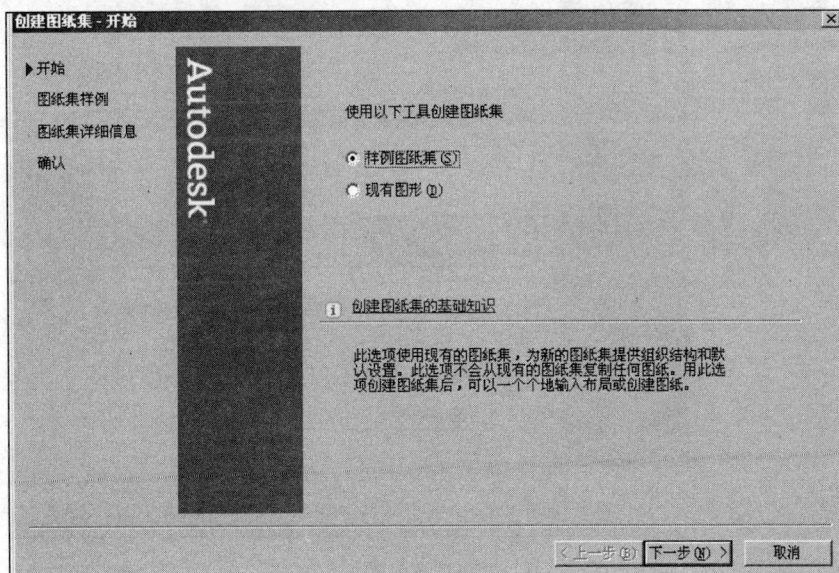

图 10-24　"创建图纸集-开始"对话框

在"创建图纸集-开始"对话框中，单击"下一步"按钮，打开"创建图纸集-图纸集样例"

对话框。在该对话框中选择一个样例（如 Manufacturing Metric Sheet Set），如图 10-25 所示。

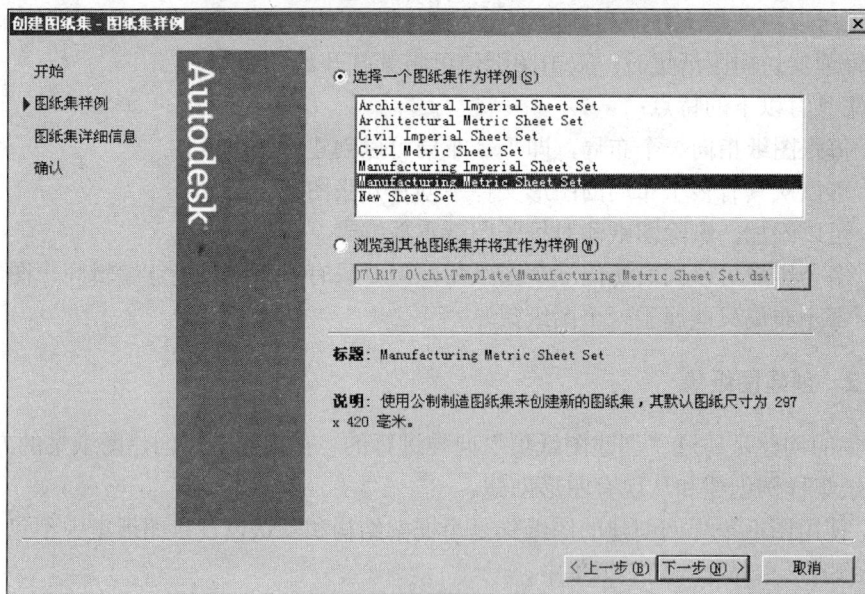

图 10-25　选择图纸集样例

在"创建图纸集-图纸集样例"对话框中，单击"下一步"按钮，打开"创建图纸集-图纸集详细信息"对话框，如图 10-26 所示。可以在该对话框中的"新图纸集的名称"文本框中输入图纸集的名称，默认名称为"新建图纸集"。

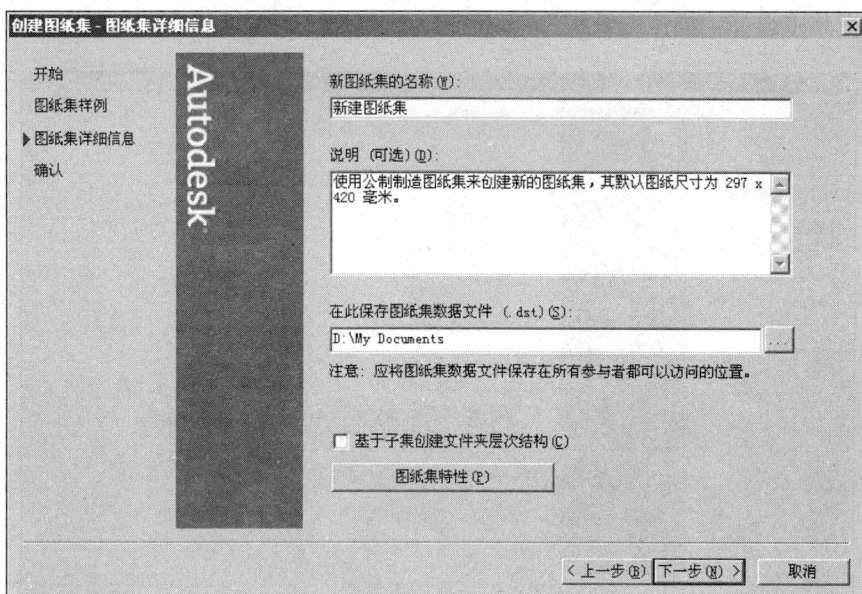

图 10-26　命名图纸集

在"创建图纸集-图纸集详细信息"对话框中单击"下一步"，打开"创建图纸集-确认"对话框，在如图 10-27 所示，显示的是关于图纸集信息的预览。

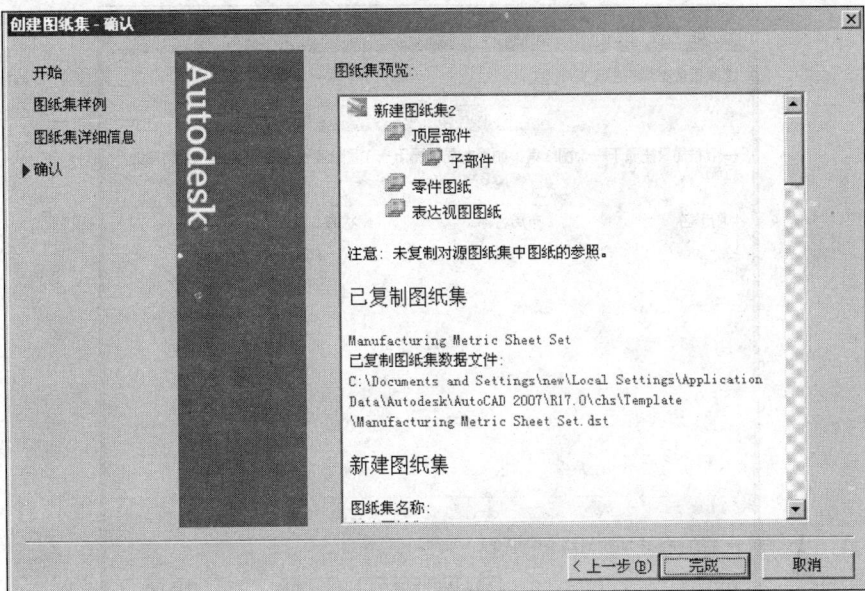

图 10-27　图纸集预览

在"创建图纸集-确认"对话框中，单击"完成"按钮，完成从图纸集样例创建图纸集的过程。系统打开图纸集管理器，如图 10-28 所示。

创建了图纸集样例后，可在图纸集管理器中右击相应子集，弹出快捷菜单，如图 10-29 所示。

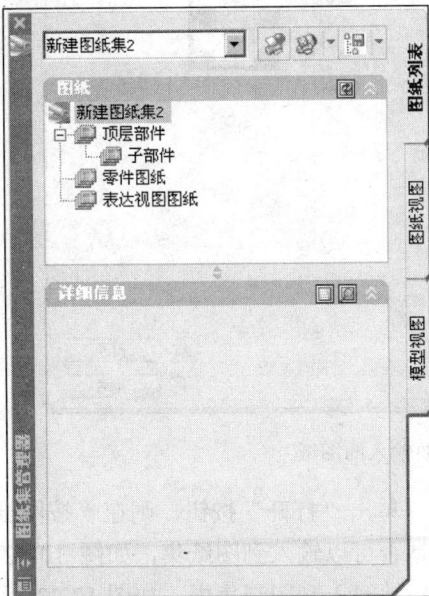

图 10-28　创建的样例图纸集

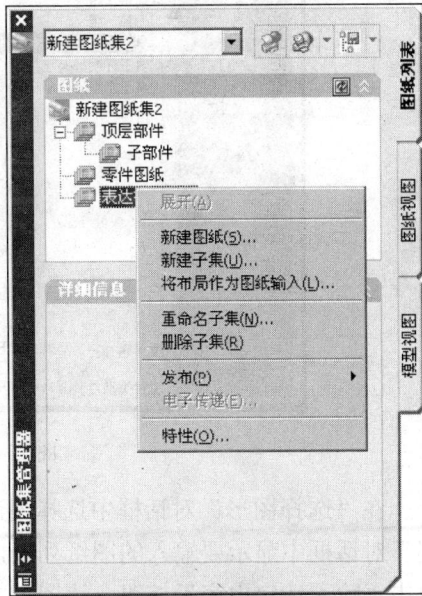

图 10-29　图纸集快捷菜单

从快捷菜单中选择"按图纸输入布局"选项，打开"按图纸输入布局"对话框，如图 10-30 所示。在该对话框中单击"浏览图形"按钮，打开"选择图形"对话框，如图 10-31 所示，在该对话框中选择要输入到图纸集中的图形文件。

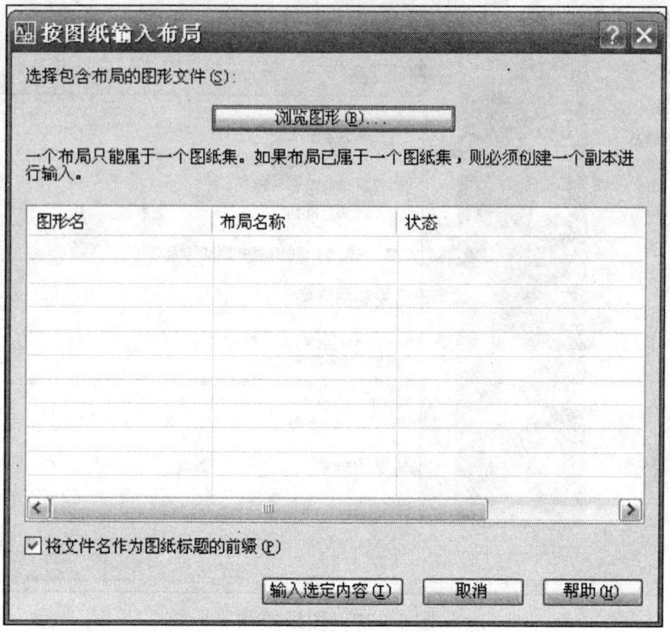

图 10-30   "按图纸输入布局"对话框

图 10-31   选择要输入的图纸

    在"选择图形"对话框中选择图形文件后，单击"打开"按钮，则在"按图纸输入布局"对话框中显示要输入的图纸列表，并提示是否可以输入到图纸集，如图 10-32 所示。单击"输入选定内容"按钮，该图形文件的布局被输入到图纸集中，如图 10-33 所示。

    10.2.2.2   从"现有图形"创建图纸集

    从"现有图形"创建图纸集，先将设置好布局的图形文件保存在文件夹中，然后创建该文件夹中图形文件的图纸集。下面以创建"制图习题集"为例说明从"现有图形"创建图纸集的操作过程。

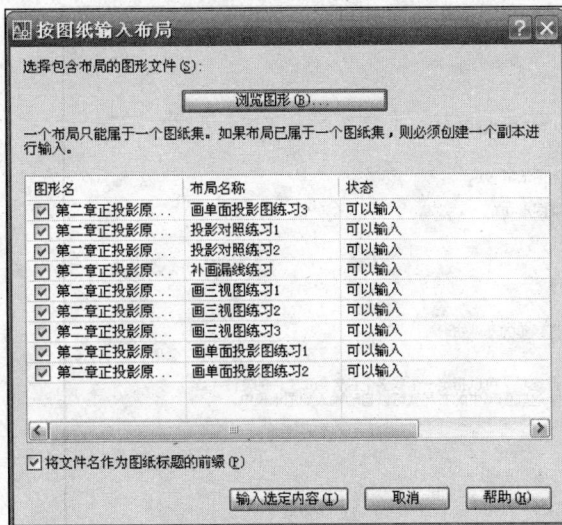

图 10-32 输入图纸的列表预览与提示

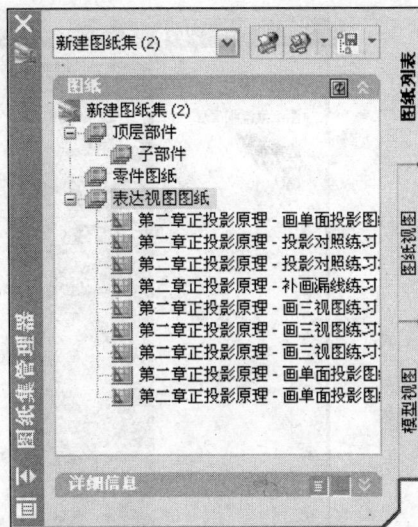

图 10-33 输入到图纸集的图纸列表

【例 10.3】 图形文件保存在"制图习题集"文件夹中，如图 10-34 所示。试创建"制图习题集"图纸集。

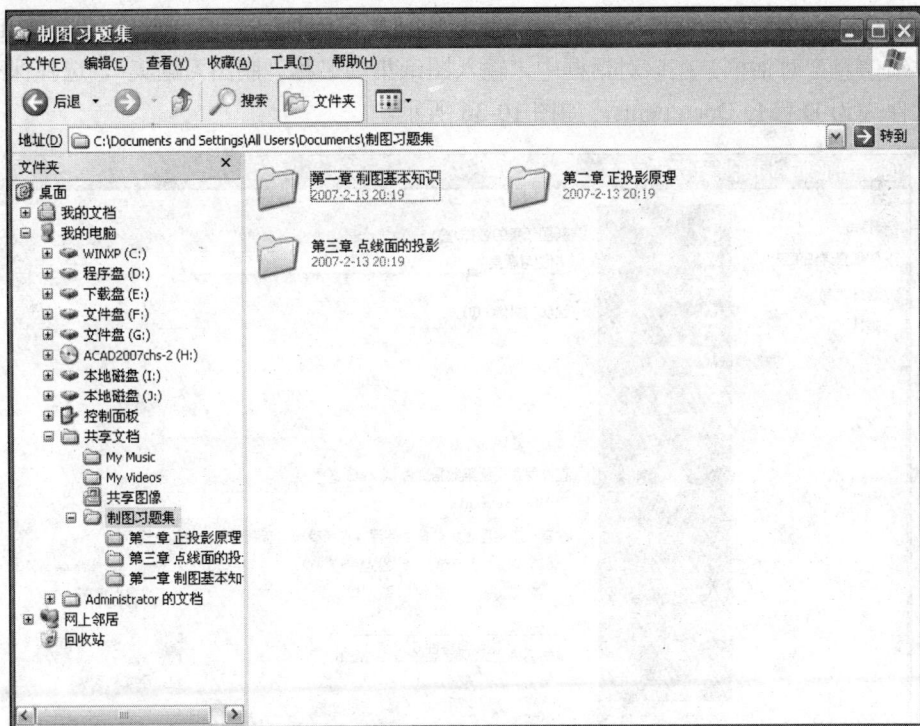

图 10-34 图形文件夹

操作步骤：

（1）选择"文件"菜单中"新建图纸集"命令，打开 "创建图纸集-开始"对话框，选择"现有图形"，如图 10-35 所示。

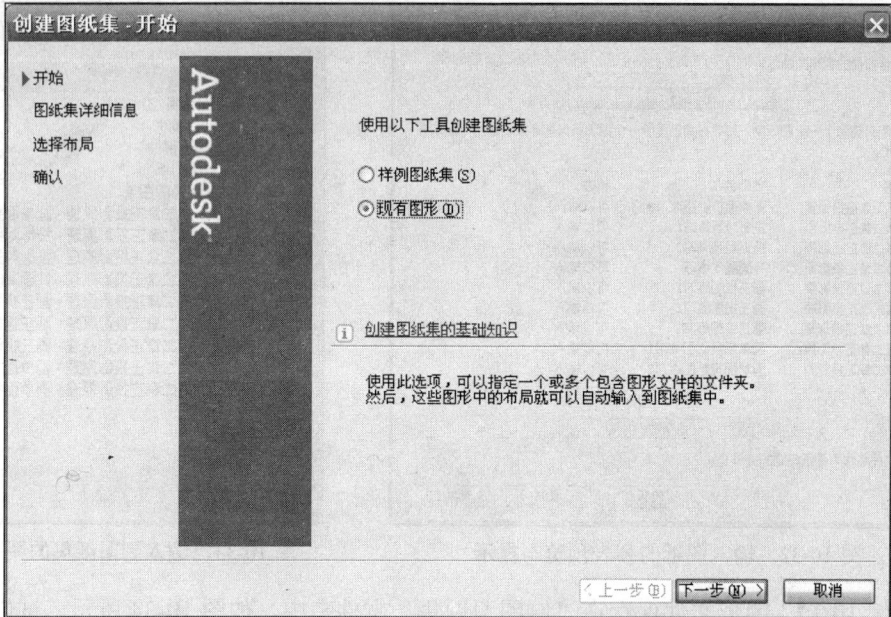

图 10-35　"创建图纸集-开始"对话框

（2）在"创建图纸集-开始"对话框中，单击"下一步"按钮，打开"创建图纸集-图纸集详细信息"对话框。在该对话框中，输入图纸集的名称"制图习题集"，选择保存图纸集的文件夹为 D:\ My Documents，如图 10-36 所示。

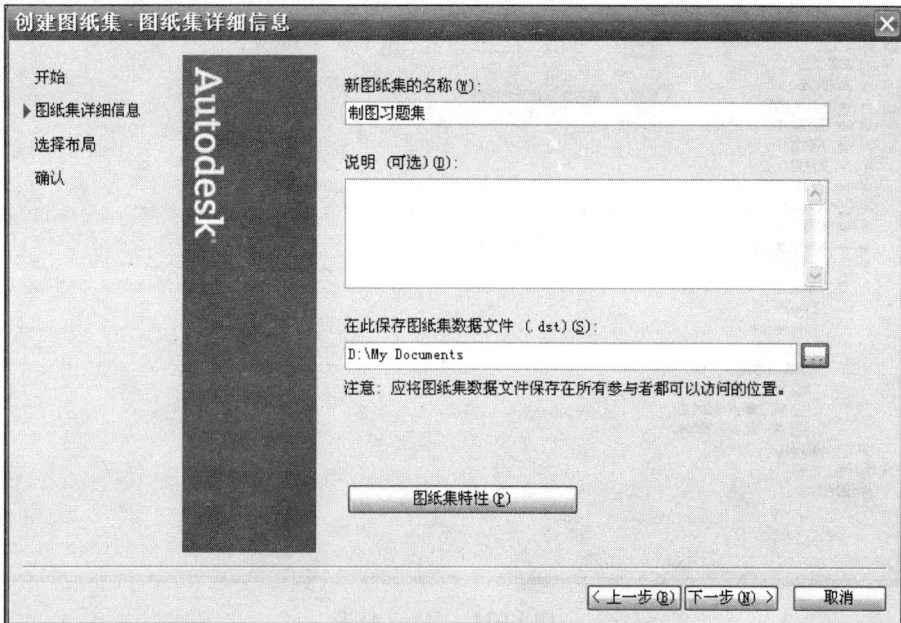

图 10-36　命名图纸集

（3）在"创建图纸集-图纸集详细信息"对话框中，单击"下一步"按钮，打开"创建图纸集-选择布局"对话框，如图 10-37 所示。

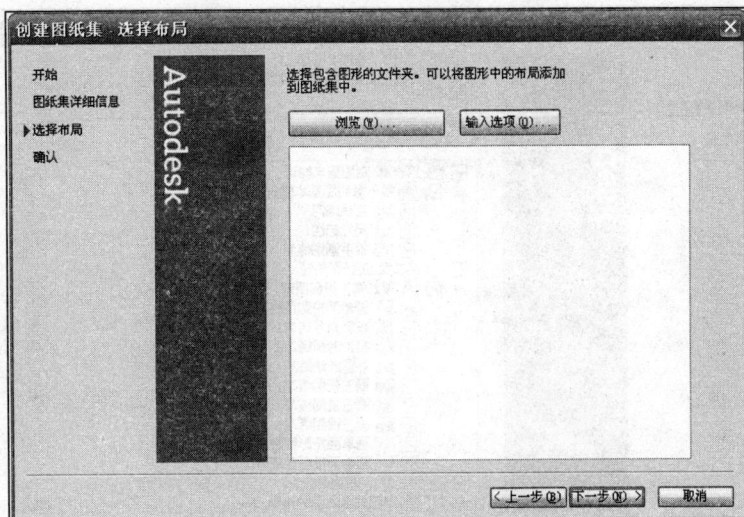

图 10-37　"选择布局"对话框

（4）在"创建图纸集-选择布局"对话框中，单击"浏览"按钮，打开"浏览文件夹"对话框，找到并选中"制图习题集"文件夹，如图 10-38 所示。

（5）单击"浏览文件夹"对话框中的"确定"按钮，返回"创建图纸集-选择布局"对话框，此时文件夹中的图形文件显示在对话框中，如图 10-39 所示。单击文件夹前的"+"号可以将文件夹展开，可以预览文件夹中包含的布局，如图 10-40 所示，默认情况下文件夹中所有图形文件的布局都被输入到图纸集中，如果不希望某图形文件或其中的布局被输入图纸集，可以去除其前面的复选标记。

图 10-38　选择图形文件夹

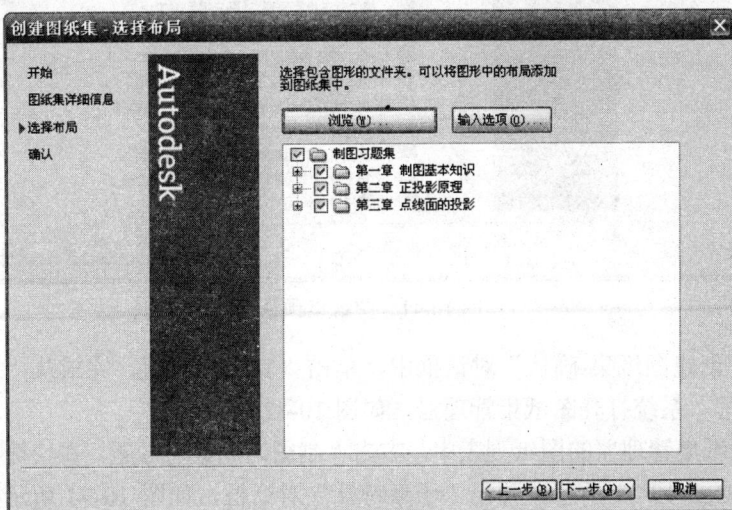

图 10-39　显示被选择的文件夹

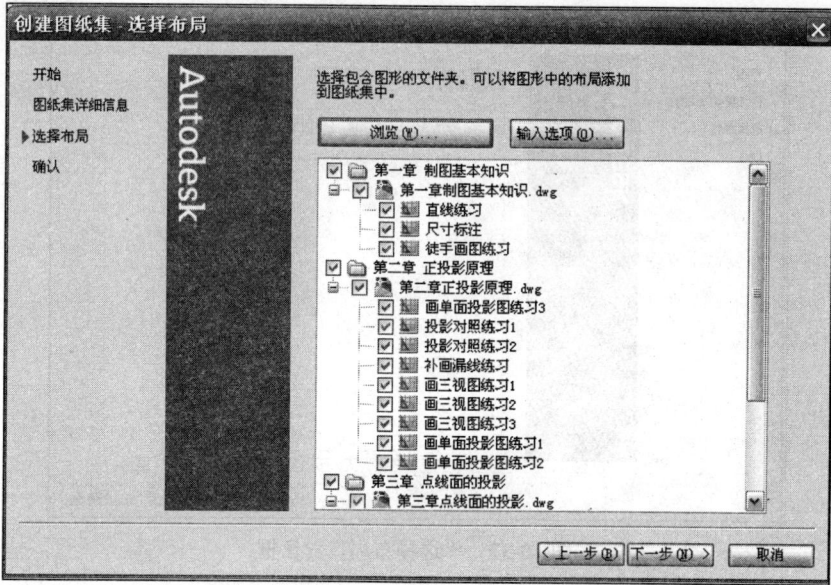

图 10-40　被选择的文件夹展开

（6）在"创建图纸集-选择布局"对话框中，单击"下一步"按钮，打开"创建图纸集-确认"对话框，如图 10-41 所示，该对话框中是关于图纸集名称和相关信息的预览。

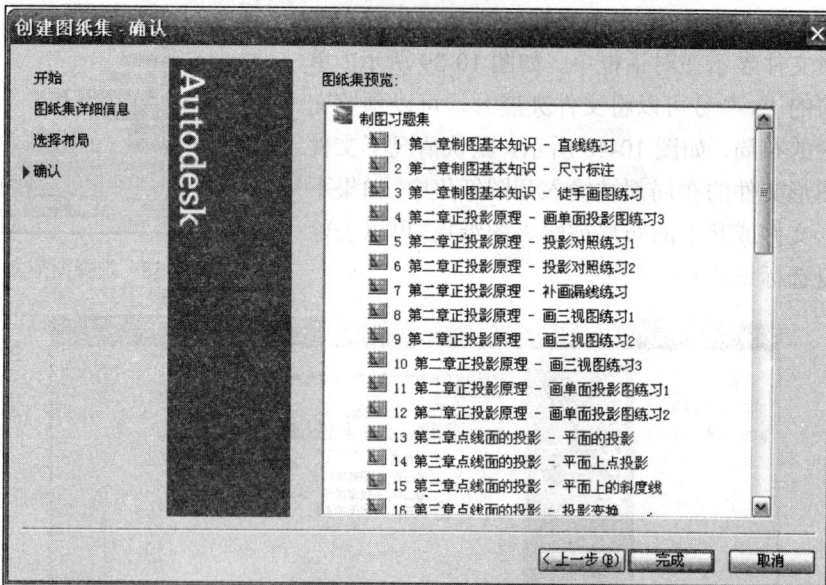

图 10-41　图纸集预览

（7）在"创建图纸集-确认"对话框中，单击"完成"按钮，完成从"现有图形"创建图纸集的过程。系统打开图纸集管理器，如图 10-42 所示。

（8）在图纸集管理器的图纸列表中，右击"制图习题集"标题，在快捷菜单中选择新建子集命令，如图 10-43 所示，弹出"子集特性"对话框，如图 10-44 所示，从中对新建子集进行命名。新建子集如图 10-45 所示。

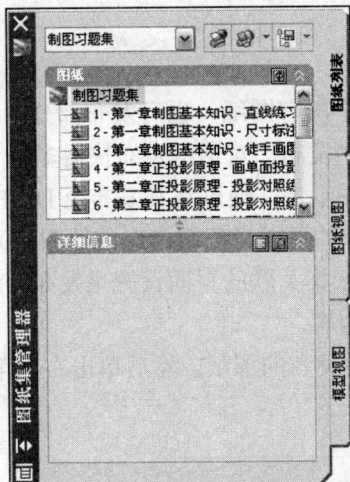

图 10-42　创建的图纸集列表显示

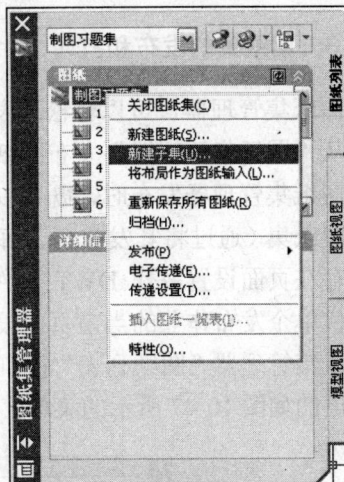

图 10-43　图纸集快捷菜单

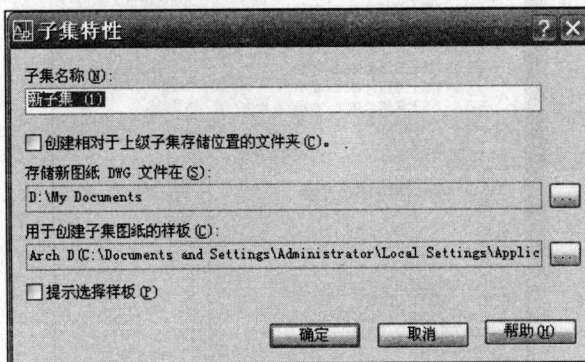

图 10-44　命名图纸集子集

（9）在图纸列表中，使用左键拖动图纸，放在相应的子集中，如图 10-46 所示。

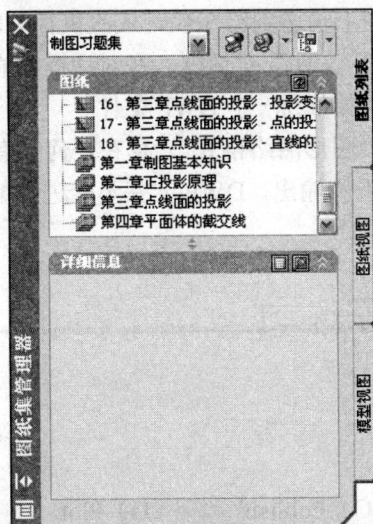

图 10-45　显示新建子集

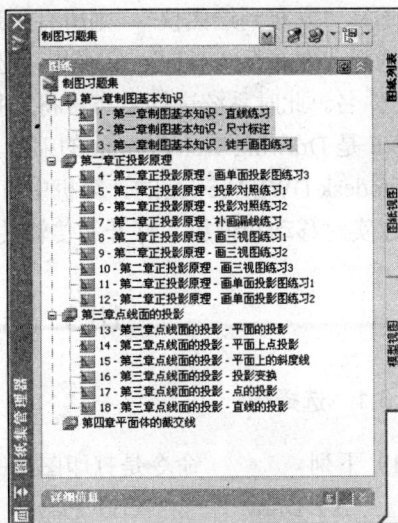

图 10-46　将图纸拖入相应的子集

10.2.3 图纸集的发布和打印

通过图纸集管理器，可以轻松地发布图纸集中所有图纸，也可发布部分图纸或单张图纸。直接从"图纸集管理器"发布图纸集要比从"发布"对话框发布快得多。

当从图纸集管理器发布时，既可以发布电子图纸集（通过将其发布至 DWF 文件），也可以发布图纸集（通过将其发布至于每张图纸关联的页面设置重命名的绘图仪），还可以通过使用保存在页面设置替代 DWT 文件中，与图纸集关联的页面设置来发布图纸，此页面设置将替代单个发布作业的当前页面设置的设置内容。

在图纸集管理器"图纸列表"窗口，先选择要发布的图纸，然后单击右上角的"发布"按钮，弹出的如图 10-47 所示的菜单。

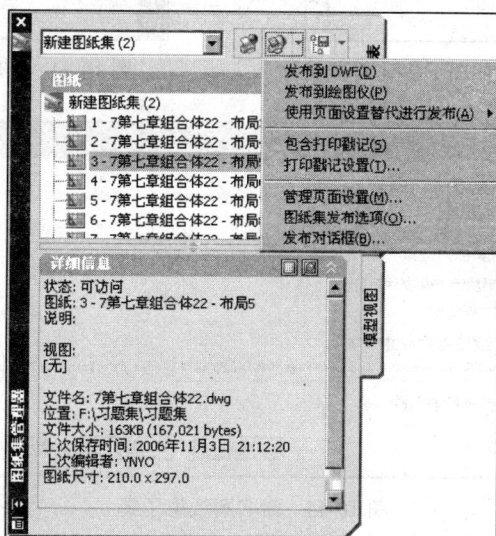

图 10-47 发布菜单

如选择"发布到绘图仪"，则所有被选择的图形输送到绘图仪，依次执行打印操作。

如选择"发布至 DWF"，则弹出"选择 DWF 文件"对话框，在对话框中输入发布的 DWF 文件名。此时系统进行发布，将选择的图纸发布到一个 DWF 文件。

DWF 是 Drawing Web Format 的缩写，译为"图形网络格式"。可在任何装有网络浏览器和 Autodesk DWF Viewer 的计算机中打开、查看和输出。DWF 文件不能进行编辑，在查看时可以实时移动和缩放，打开和传输的速度也较快。

10.3 思 考 与 练 习

10.3.1 选择题

（1）下列_____命令是打印图纸的命令。

　　（A）Draw　　　　（B）Play　　　　（C）Publish　　　　（D）Plot

（2）如果一个图形有两个布局，那么_____。

　　（A）只有一个布局可以添加到图纸集中

　　（B）两个布局都可以添加到图纸集中

　　（C）都不能添加到图纸集中

　　（D）以上都不正确

（3）关于图纸集中的图纸，以下说法正确的是_____。

　　（A）在图纸集管理器中，只能以只读的方式打开图纸

　　（B）从图纸列表中删除图纸，也删除了图纸布局

　　（C）从图纸列表中删除图纸，也删除了图纸布局以及图形文件

　　（D）从图纸列表中删除图纸，不能删除图纸布局和图形文件

（4）必须交流图纸时，为防止图形文件被修改，可以_____。

　　（A）给图形加密码　　　　　　　　（B）关闭或冻结图层

　　（C）将图形文件设置为"只读文件"　（D）将图形输出为.dwf 文件公开

10.3.2　思考题

（1）是否每个布局只能属于一个图纸集？

（2）图纸集是否可以重名？

（3）DWF 是什么样的文件，有什么作用？怎样才能打开 DWF 文件？

（4）有时候图形文件不能创建图纸集，是什么原因？

10.3.3　上机练习与指导

【练习 10.1】设置图 10-48 所示图形，用 A3 或 A4 图纸从模型空间打印。

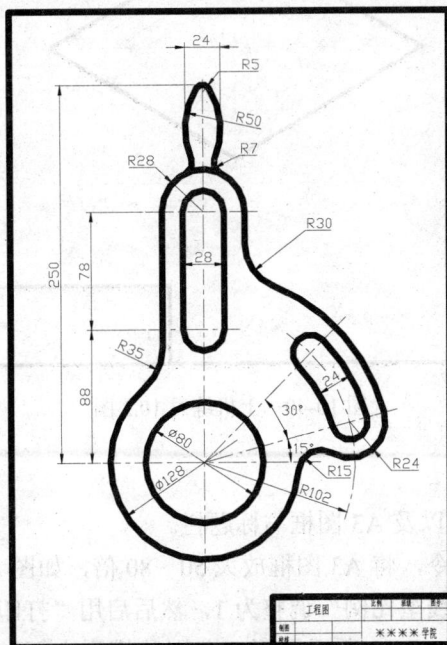

图 10-48　上机练习 10.1 图

练习指导：

（1）按 1∶1 绘制图形以及图框与标题栏，如图 10-48 所示。

（2）可以直接启用"打印"命令，在打印对话框中进行页面设置，预览后单击"确定"。也可以先打开"页面设置管理器"，进行页面设置，然后启用"打印"命令。

【练习 10.2】设置图 10-49 所示图形，创建布局用 A3 或 A4 图纸打印。

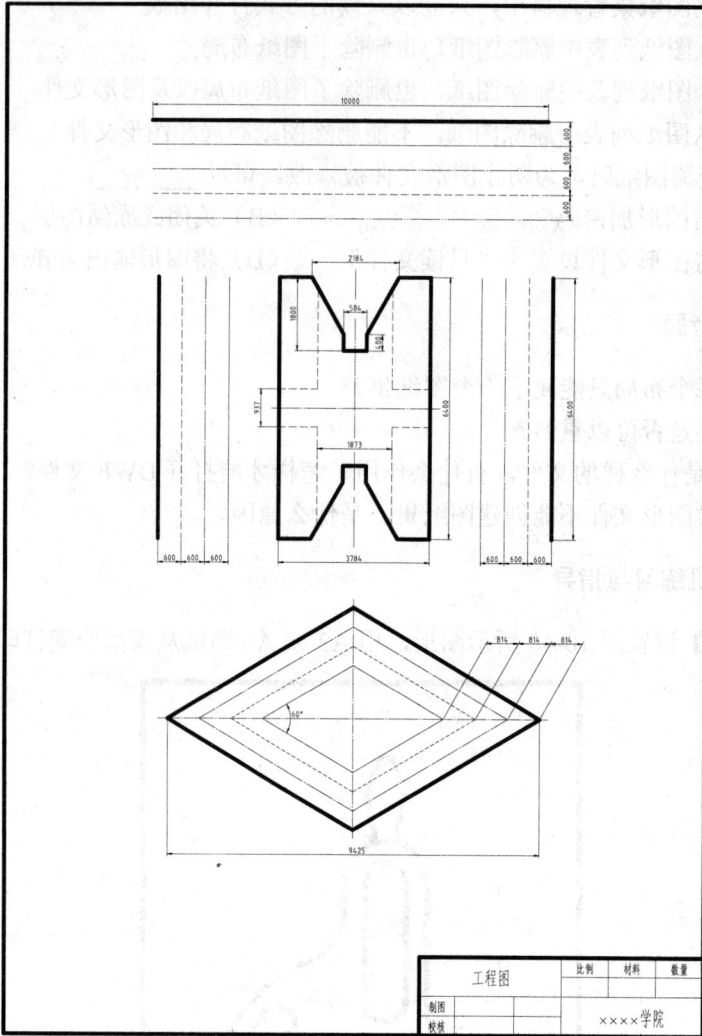

图 10-49　上机练习 10.2 图

练习指导：

（1）按 1∶1 绘制图形以及 A3 图框与标题栏。

（2）启用"缩放"命令，将 A3 图框放大 50～80 倍，如图 10-49 所示。

（3）创建布局，将"线型比例"调整为 1，然后启用"打印"命令。

【练习 10.3】　设置图 10-50 所示图形，分别从模型空间和布局空间用 A3 或 A4 图纸打印。

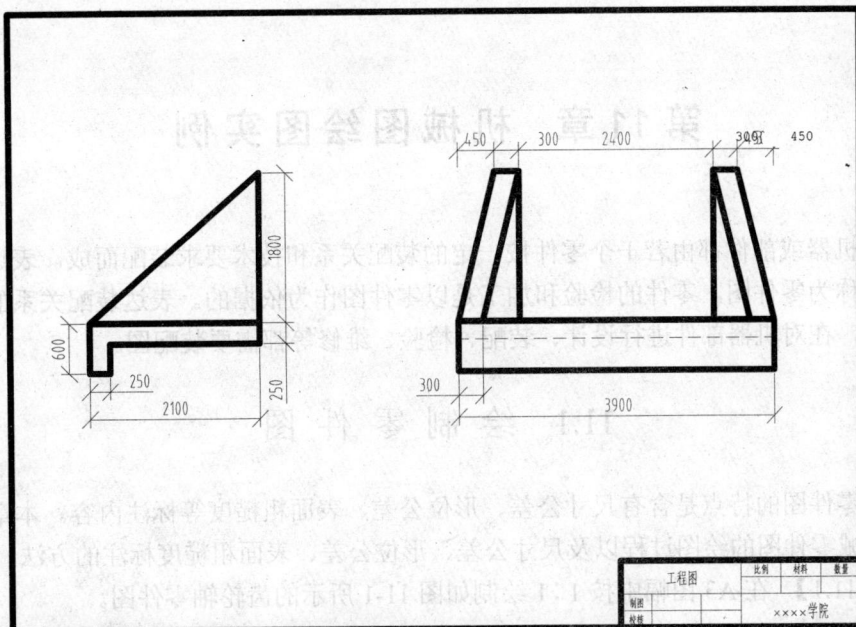

图 10-50　上机练习 10.3 图

【练习 10.4】 创建个人作业图形集，形式如图 10-51 所示，将练习图 "01" 和练习图 "02" 添加到图纸集。

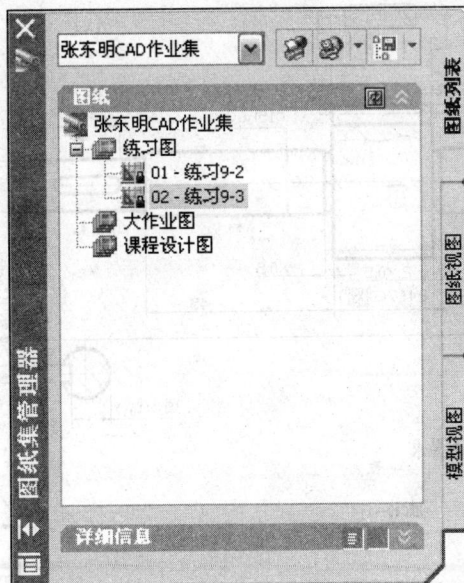

图 10-51　图形集样例

第11章　机械图绘图实例

任何机器或部件都由若干个零件按一定的装配关系和技术要求装配而成。表达单个零件的图样称为零件图，零件的检验和加工是以零件图作为依据的。表达装配关系的图样称为装配图，在对机器部件进行设计、装配、检验、维修等都需要装配图。

11.1　绘制零件图

机械零件图的特点是含有尺寸公差、形位公差、表面粗糙度等标注内容。本章通过实例说明机械零件图的绘图过程以及尺寸公差、形位公差、表面粗糙度标注的方法。

【例 11.1】　在 A3 图幅中按 1∶1 绘制如图 11-1 所示的齿轮轴零件图。

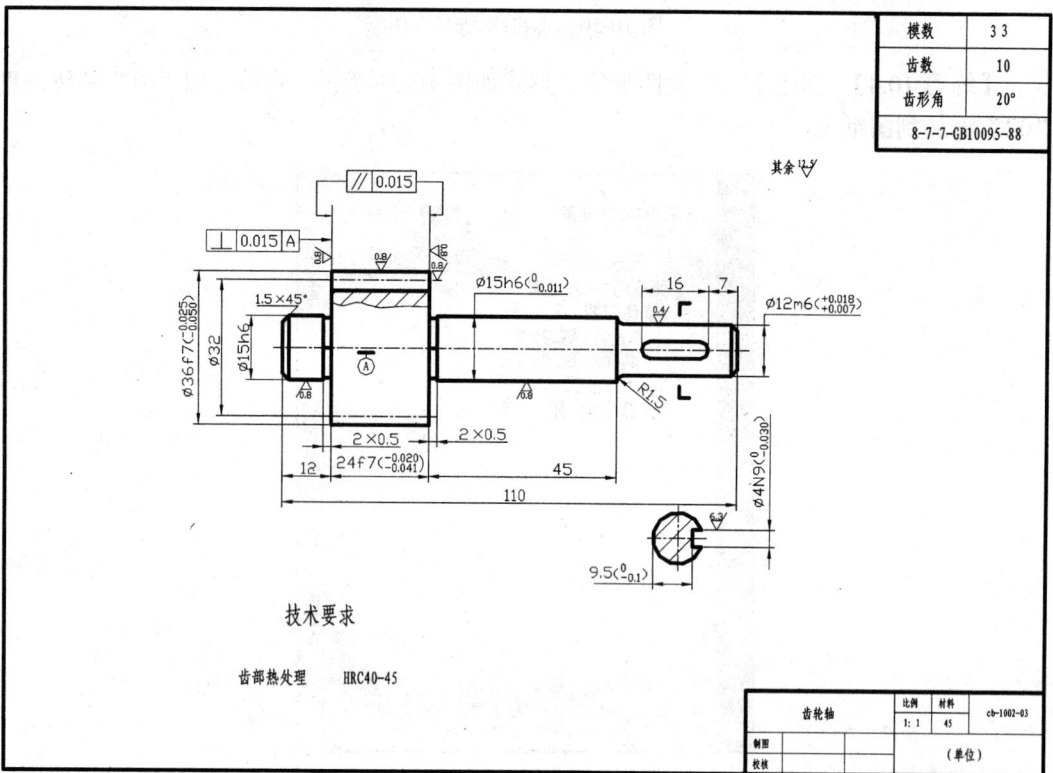

图 11-1　齿轮轴零件图

操作步骤：

（1）新建"粗实线"、"细实线"、"点划线"、"尺寸标注"、"文字注写"等图层，按尺寸绘出"齿轮轴"的轮廓图，如图 11-2 所示。

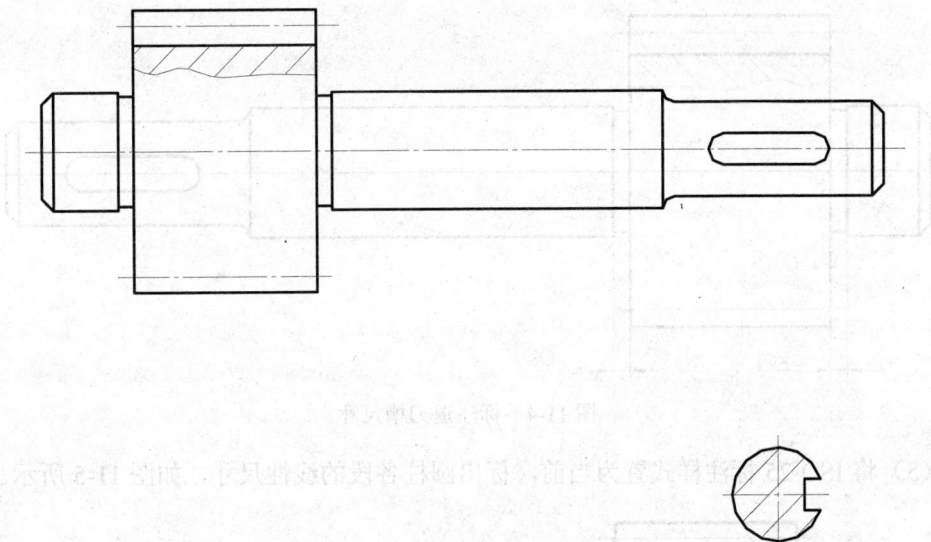

图 11-2　绘齿轮轴的轮廓图

（2）新建文字样式"斜体标注"，字体名选择为 gbeict.shx。

（3）新建"退刀槽"标注样式，将文字样式选择为"斜体标注"，在"后缀"输入框中输入"×0.5"，如图 11-3 所示。

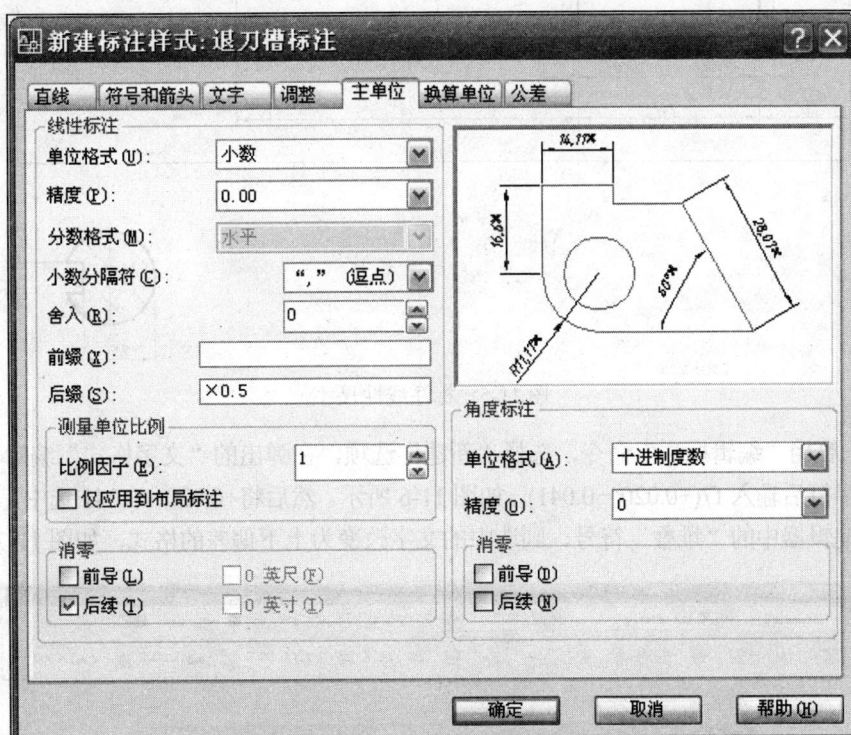

图 11-3　添加"后缀"标注

（4）将"退刀槽"标注样式置为当前，标出退刀槽的尺寸，如图 11-4 所示。

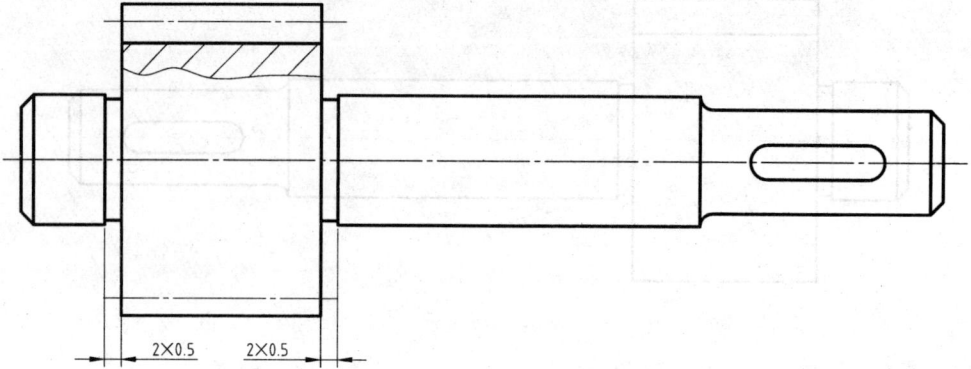

图 11-4 标注退刀槽尺寸

（5）将 ISO•25 标注样式置为当前，标出圆柱各段的线性尺寸，如图 11-5 所示。

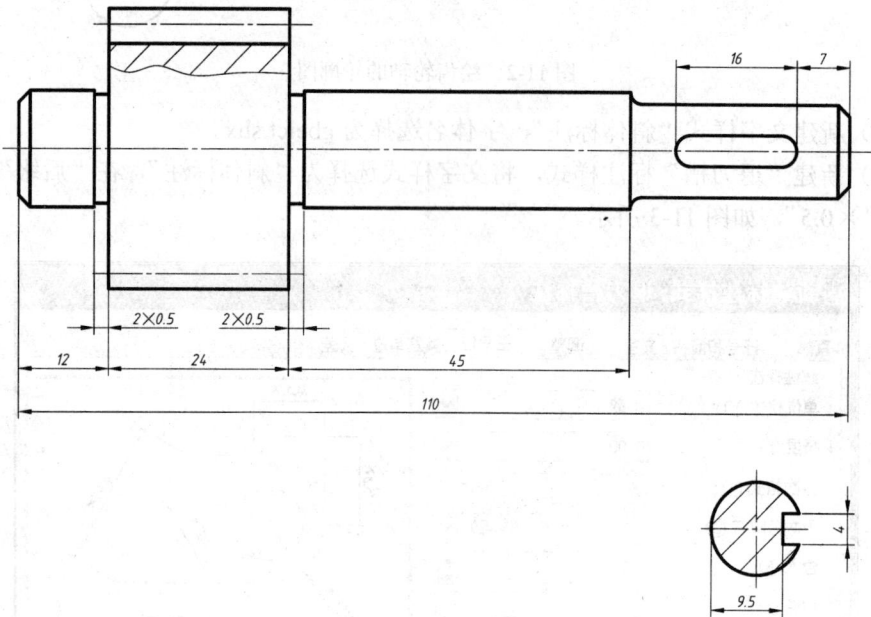

图 11-5 标注线性尺寸

（6）启用"编辑标注"命令，选择"新建"选项，在弹出的"文字格式"编辑器中，在文字标注字符后输入 f7(+0.020^−0.041)，如图 11-6 所示。然后将+0.020^−0.041 选中，单击"文字格式"编辑器中的"堆叠"符号，则选中的文字改变为上下偏差的格式，如图 11-7 所示。

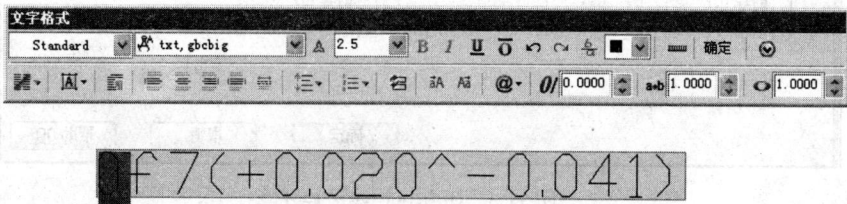

图 11-6 文字格式编辑器

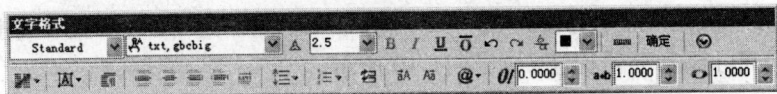

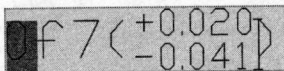

图 11-7　文字堆叠

（7）单击"文字格式"编辑器中的"确定"按钮，然后选中 24 线性尺寸，则该尺寸更新为"文字格式"编辑器中的内容和格式，用同样的方法，为"键槽"的宽度尺寸 4 添加公差，如图 11-8 所示。

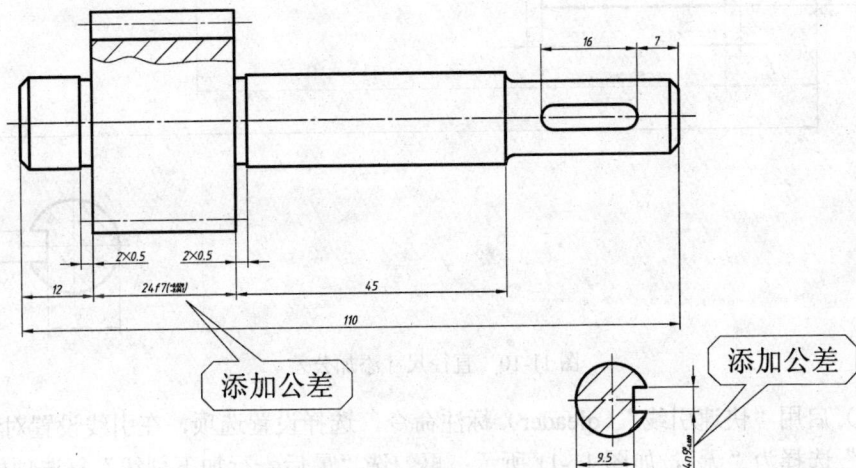

图 11-8　宽度尺寸添加公差

（8）新建"轴直径"标注样式，将将文字样式选择为"斜体标注"，在"前缀"输入框中输入%%C，将该标注样式置为当前，标出齿轮轴的直径尺寸，如图 11-9 所示。

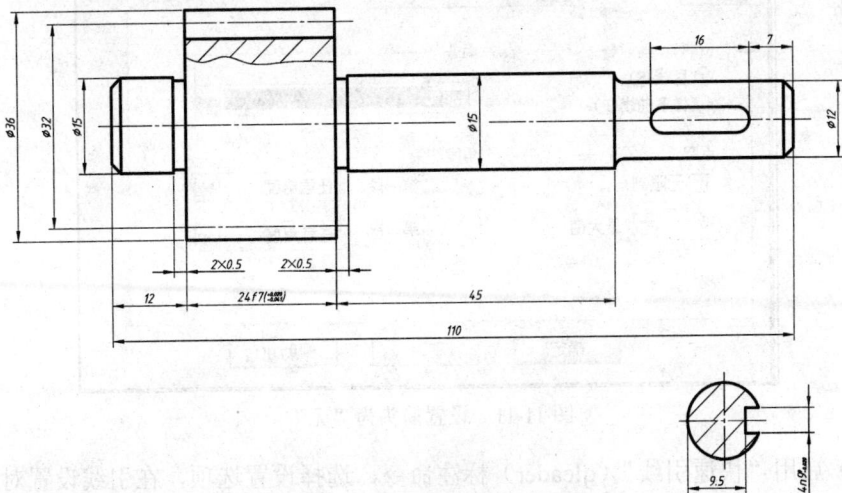

图 11-9　带前缀 ϕ 的直径标注

（9）启用"编辑标注"命令，在"文字格式"编辑器中应用"堆叠"功能，为 36、15、12 等直径尺寸添加公差标注，如图 11-10 所示。

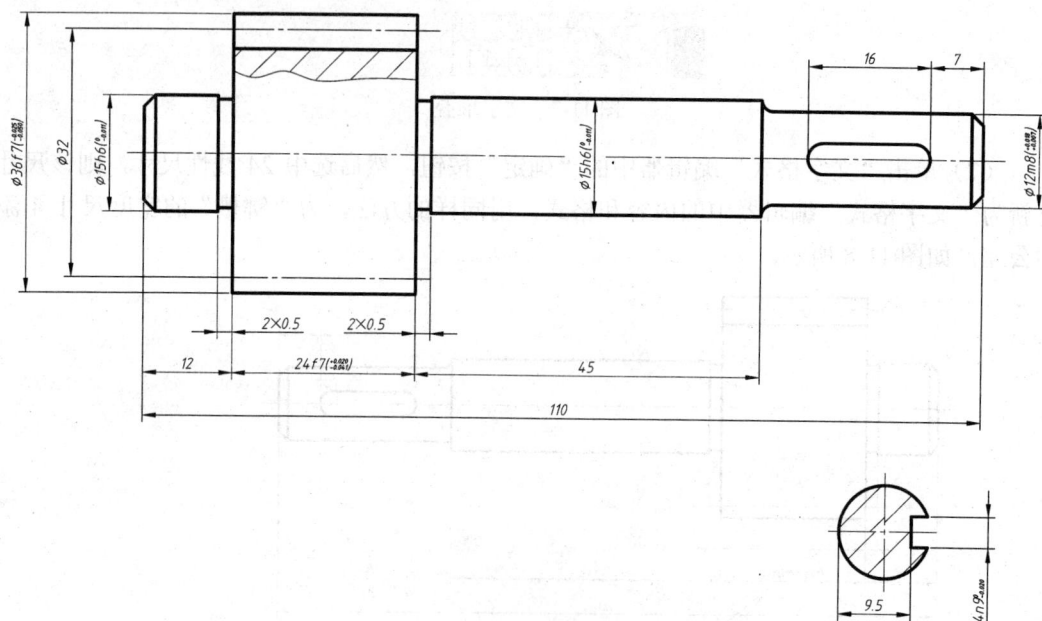

图 11-10   直径尺寸添加公差

（10）启用"快速引线"（qleader）标注命令，选择设置选项，在引线设置对话框中，将"箭头"选择为"无"，如图 11-11 所示；再勾选"最后一行加下划线"复选项框，如图 11-12 所示。然后标注出倒角的尺寸 1.5×45°，如图 11-13 所示。

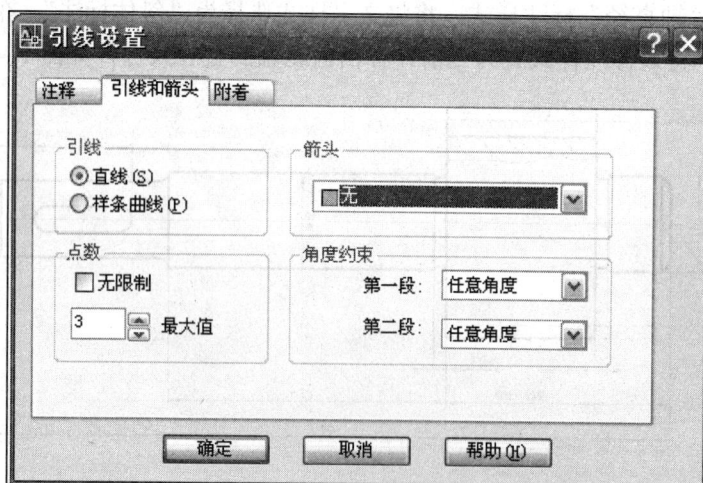

图 11-11   设置箭头为"无"

（11）启用"快速引线"（qleader）标注命令，选择设置选项，在引线设置对话框中，将"箭头"选择为"实心闭合"，将"注释类型"选择为"公差"，如图 11-14 所示。

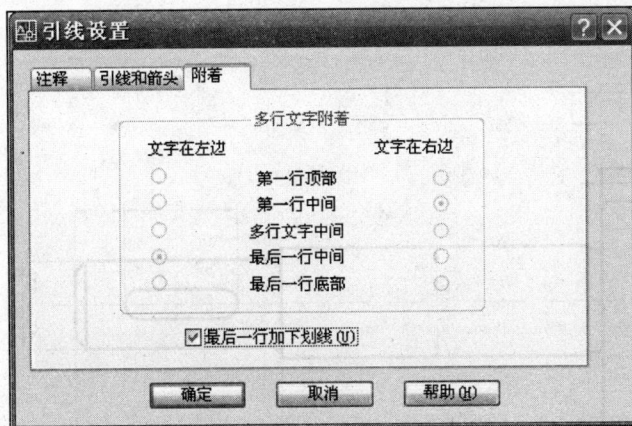

图 11-12　设置"最后一行加下划线"

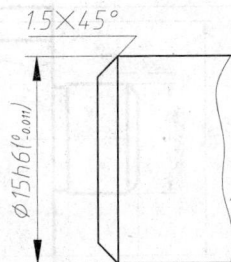

图 11-13　标注倒角尺寸

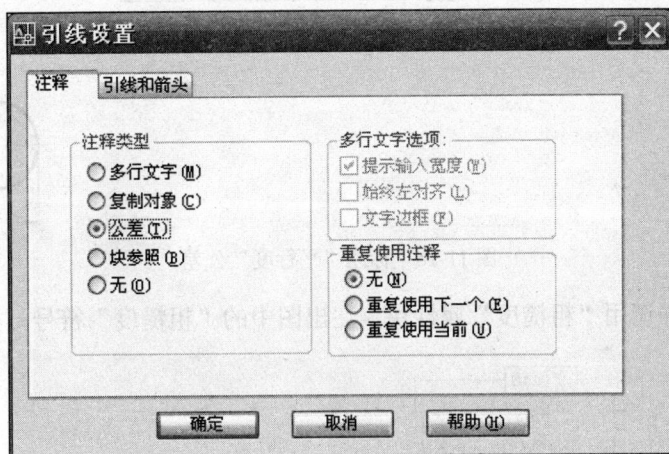

图 11-14　"注释类型"选择为"公差"

（12）单击引线设置对话框中"确定"按钮，指定引线的起点和公差的位置，将弹出"形位公差"对话框，在其中选择"垂直度"的公差符号"⊥"，输入公差值 0.015 和基准符号 A，如图 11-15 所示。

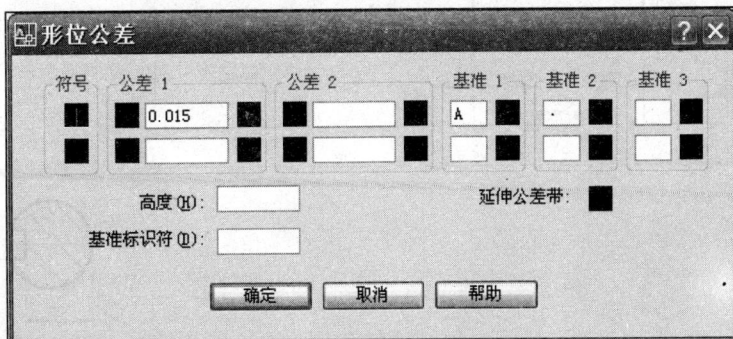

图 11-15　设置形位公差

（13）单击"形位公差"对话框中"确定"按钮，则形位公差被注出，再绘制该公差的基准符号，用同样的方法注出"平行度"公差的符号，如图 11-16 所示。

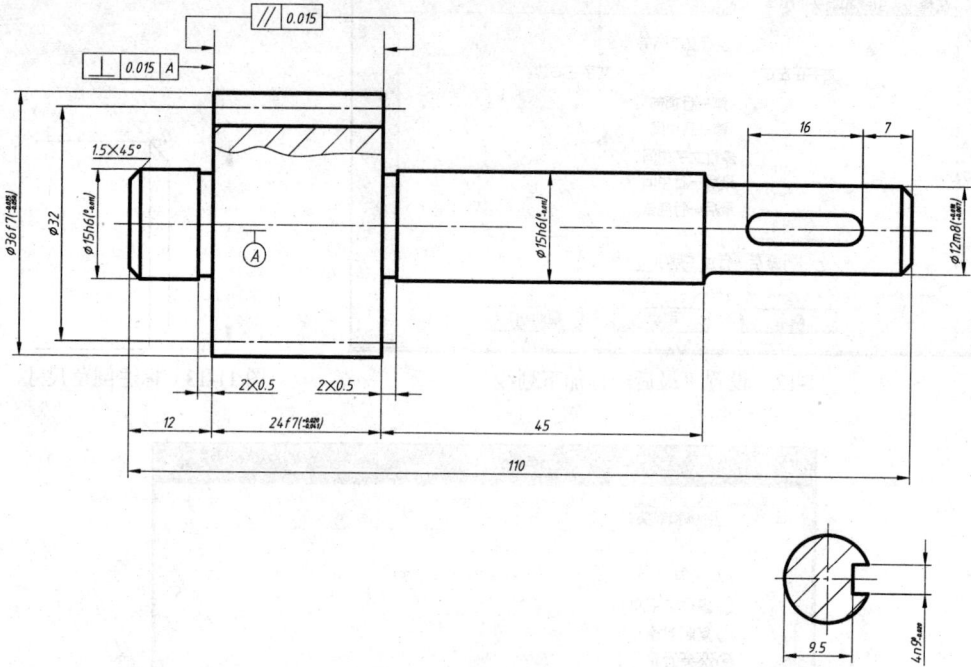

图 11-16　标注"平行度"公差

（14）创建并调用"粗糙度"属性块，注出图中的"粗糙度"符号，如图 11-17 所示。

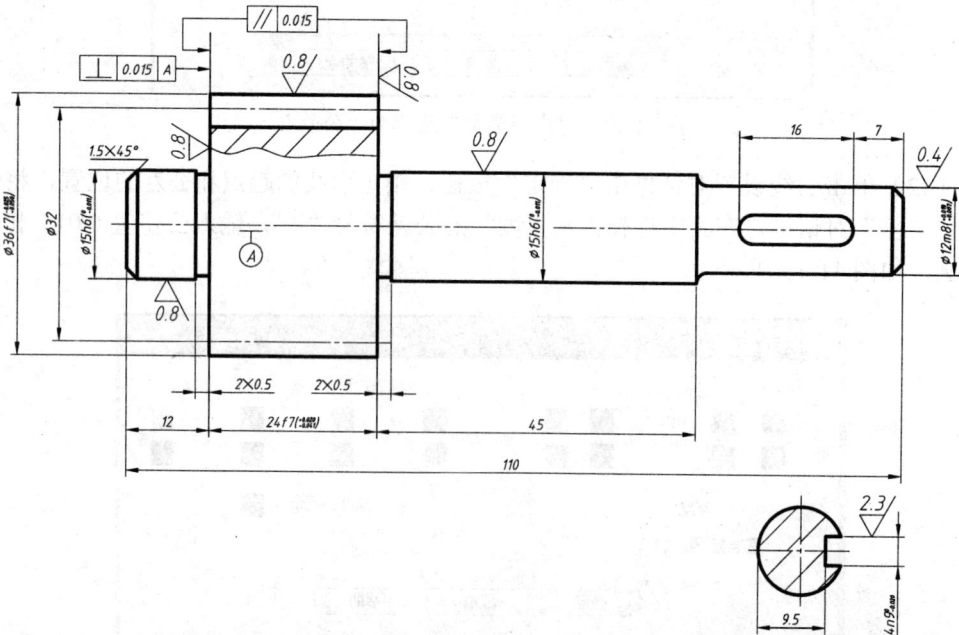

图 11-17　标注"粗糙度"符号

（15）绘制或插入 A3 幅面的图框和标题栏，如图 11-18 所示。

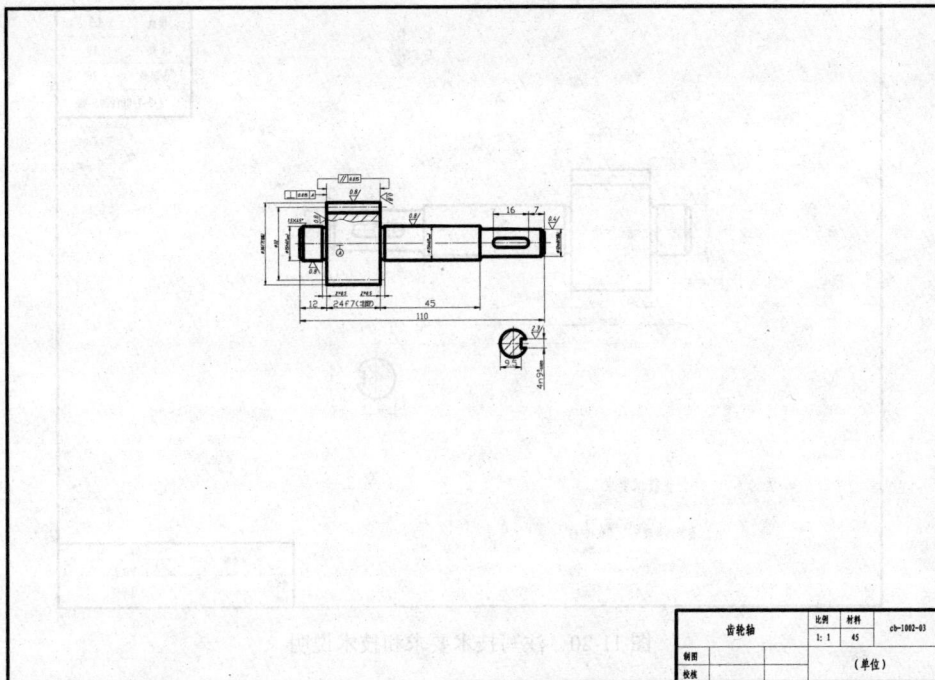

图 11-18　插入图框和标题栏

（16）启用"缩放"命令，将图框和标题栏缩小，缩放比例因子为 0.5，如图 11-19 所示。

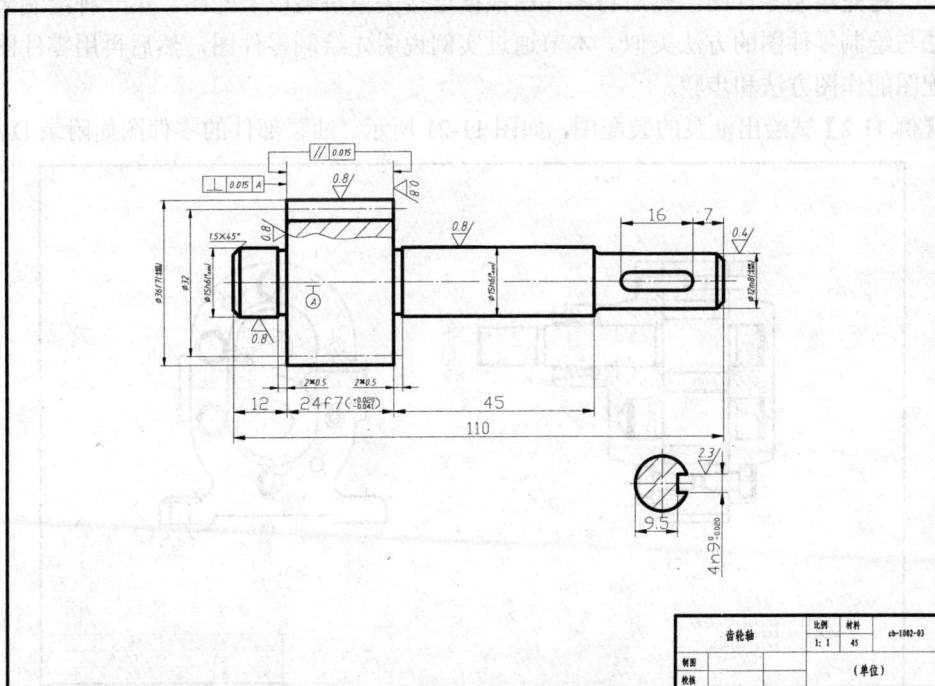

图 11-19　缩放图框与标题栏

（17）新建文字样式"长仿宋体"，注写图中的技术要求和技术说明，如图 11-20 所示。

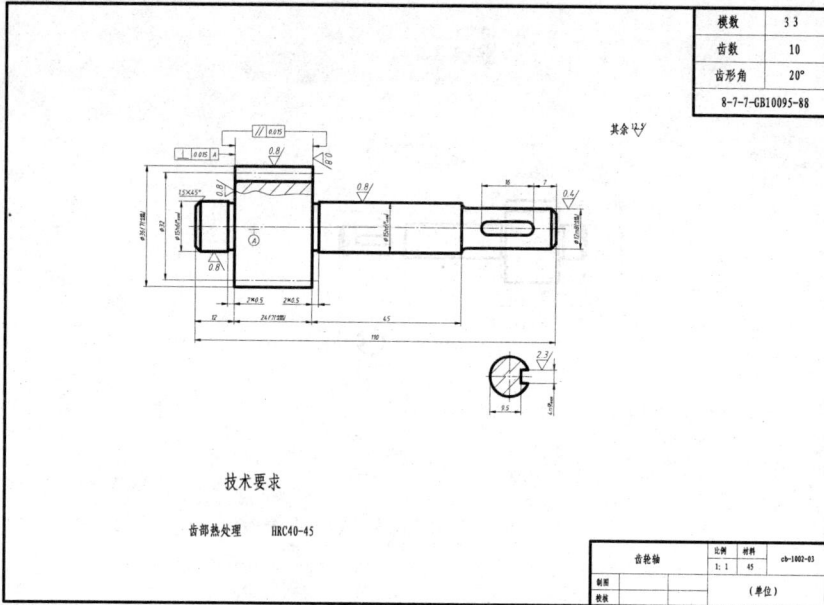

图 11-20　注写技术要求和技术说明

11.2　绘制装配图

应用 AutoCAD 绘制装配图有两种形式：一是根据零件草图和设计示意图，直接绘制装配图；二是先绘制零件图，然后将零件图根据连接关系拼装成装配图。第一种绘制装配图的方法与绘制零件图的方法类似。本节通过实例说明先绘制零件图，然后再用零件图连接成装配图的作图方法和步骤。

【例 11.2】试绘出油泵的装配图，如图 11-21 所示。油泵部件的零件图如附录 D 所示。

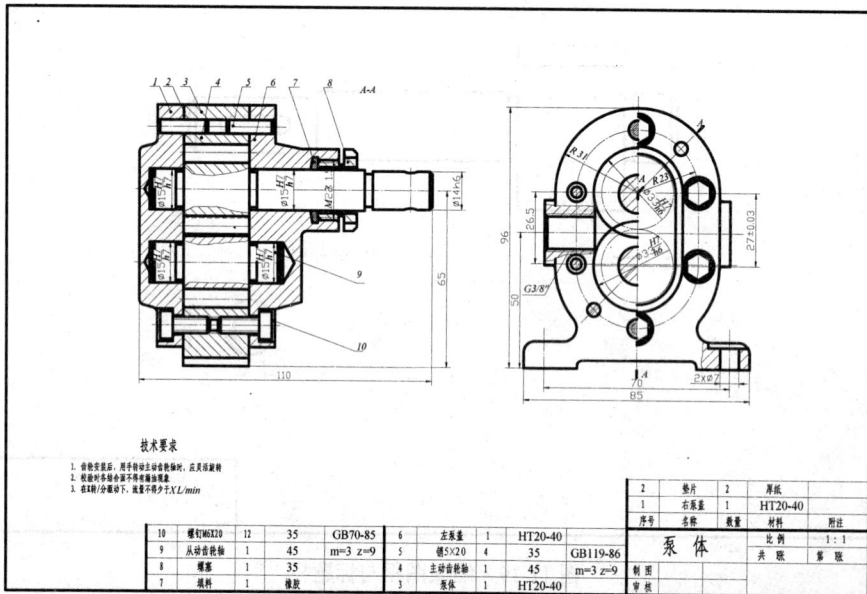

图 11-21　油泵装配图

绘图步骤：

（1）依次打开"油泵"各部件的零件图，关闭尺寸标注、图案填充和图框与标题栏所在的图层，将各零件图的主视图和左视图分别创建成独立图块，图块的基点应利于装配定位。

（2）新建一张图，保存为"油泵装配图"，插入"泵体"零件图中主、左视图图块，如图 11-22 所示。

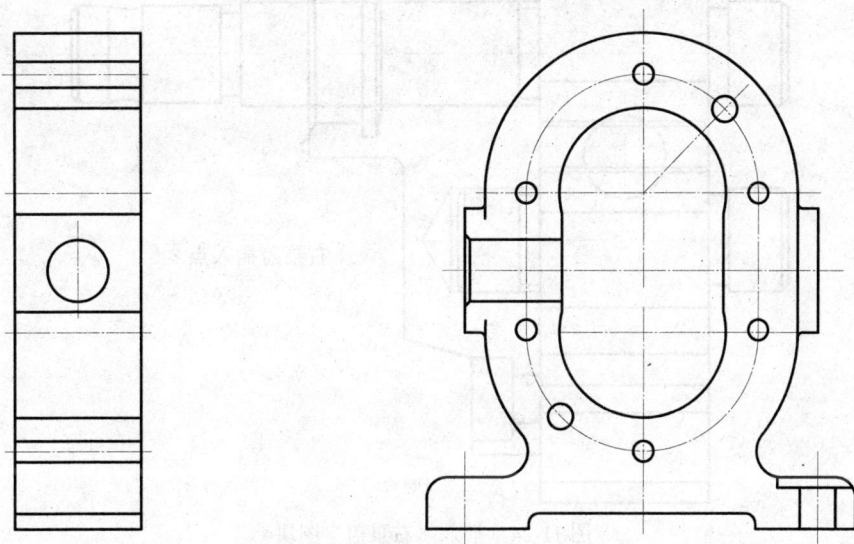

图 11-22 插入"泵体"主、左视图图块

（3）找准插入点，将"齿轮轴"和"从动齿轮"图块插入到泵体中，如图 11-23 所示。

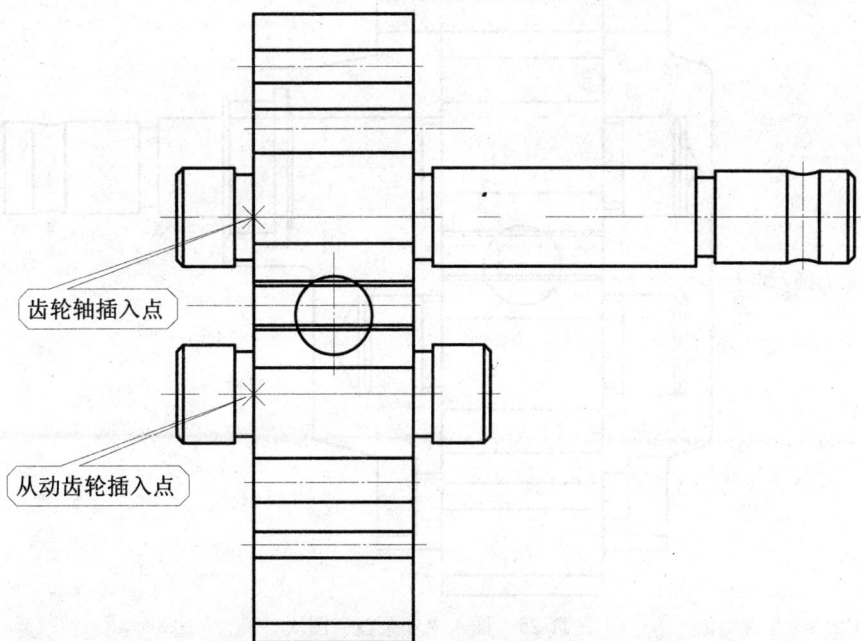

齿轮轴插入点

从动齿轮插入点

图 11-23 插入"齿轮轴"和"从动齿轮"图块

（4）找准插入点，将 1 号泵盖零件图块插入泵体中，如图 11-24 所示。

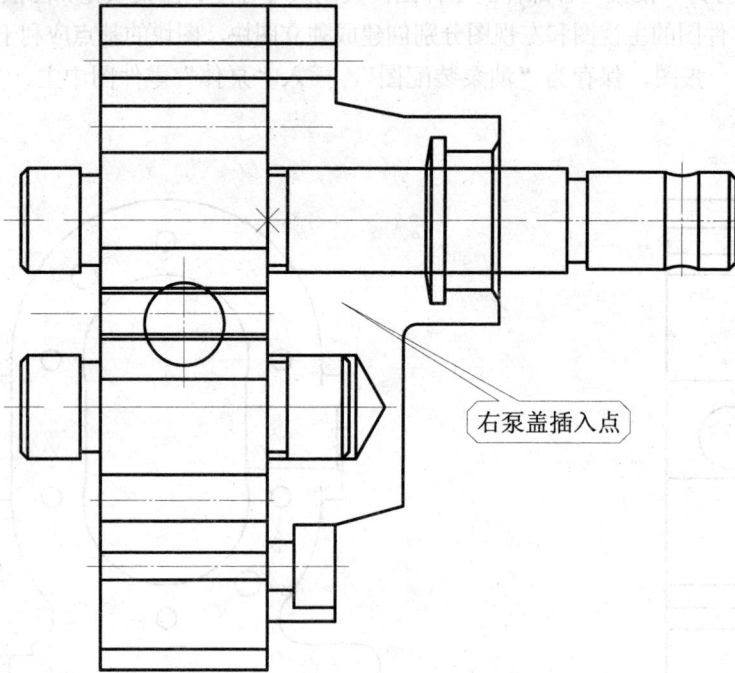

图 11-24　插入"右泵盖"图块

（5）找准插入点，将 6 号泵盖零件图块插入泵体中，如图 11-25 所示。

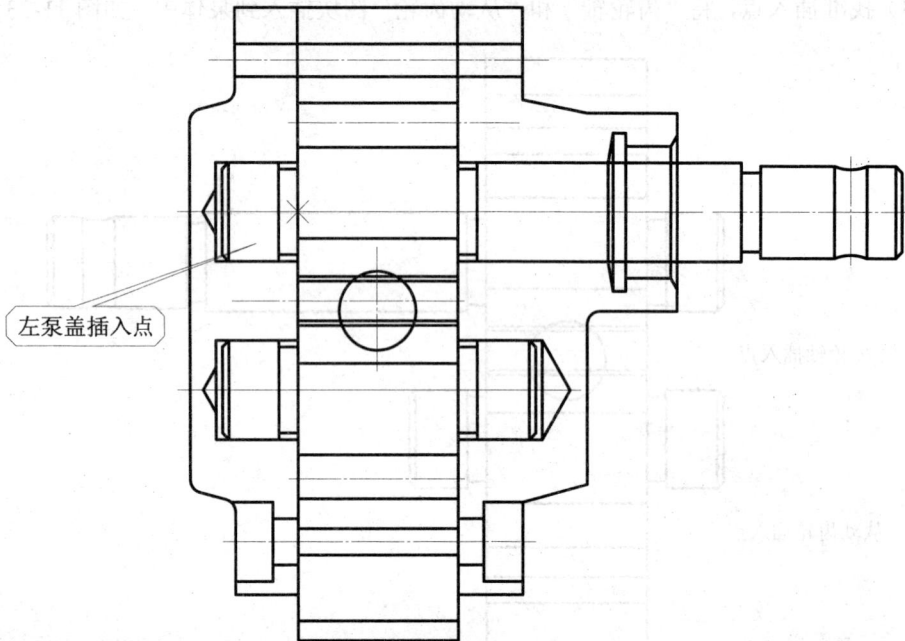

图 11-25　插入"左泵盖"图块

（6）找准插入点，将 8 号螺塞零件的图块插入泵体中，如图 11-26 所示。

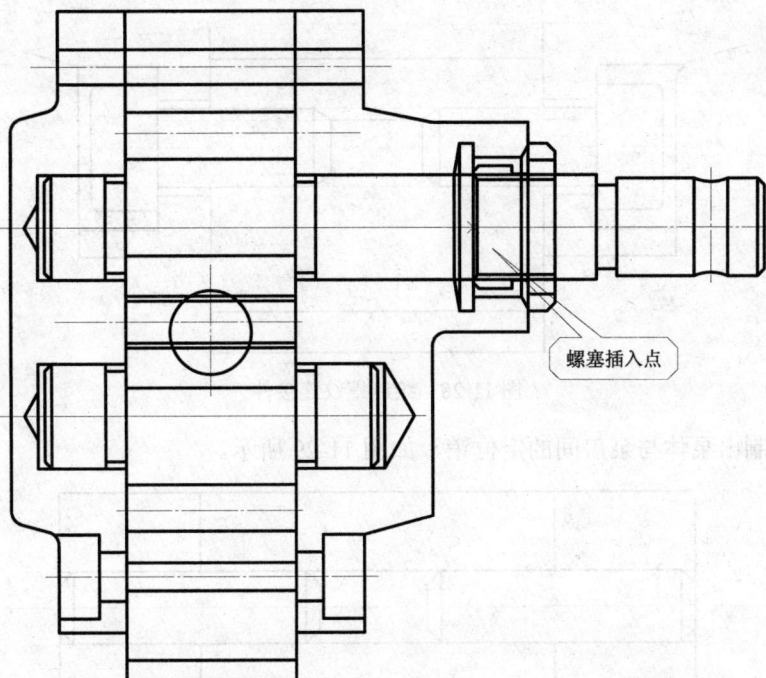

图 11-26 插入"螺塞"图块

（7）删除和修剪被齿轮轴遮挡的图线，如图 11-27 所示。

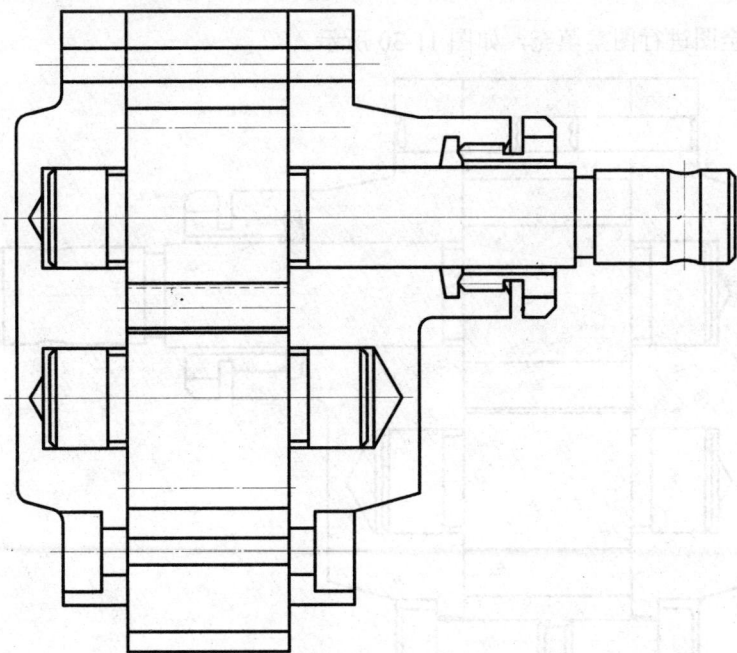

图 11-27 消除被遮挡的图线

（8）绘制螺纹连接图形，如图 11-28 所示。也可以打开"工具选项板"，从中将"螺柱"动态块拖入到图中，再按螺纹连接的规定画法进行修改。

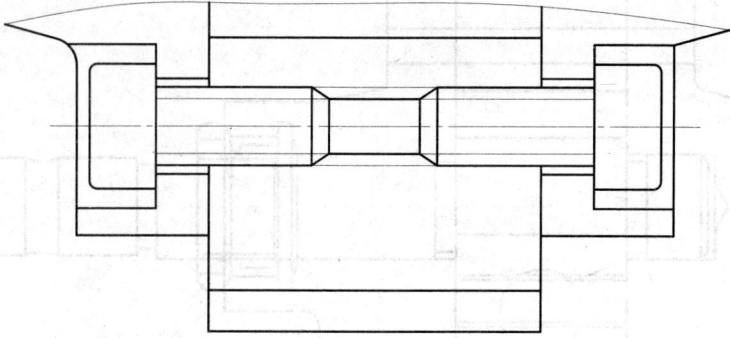

图 11-28　绘制螺纹连接件

（9）绘制出泵体与泵盖间的定位销，如图 11-29 所示。

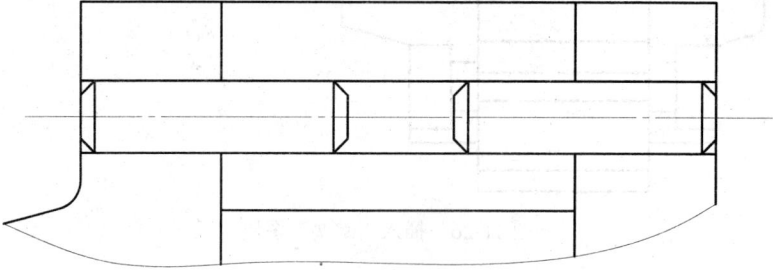

图 11-29　绘制定位销

（10）对全图进行图案填充，如图 11-30 所示。

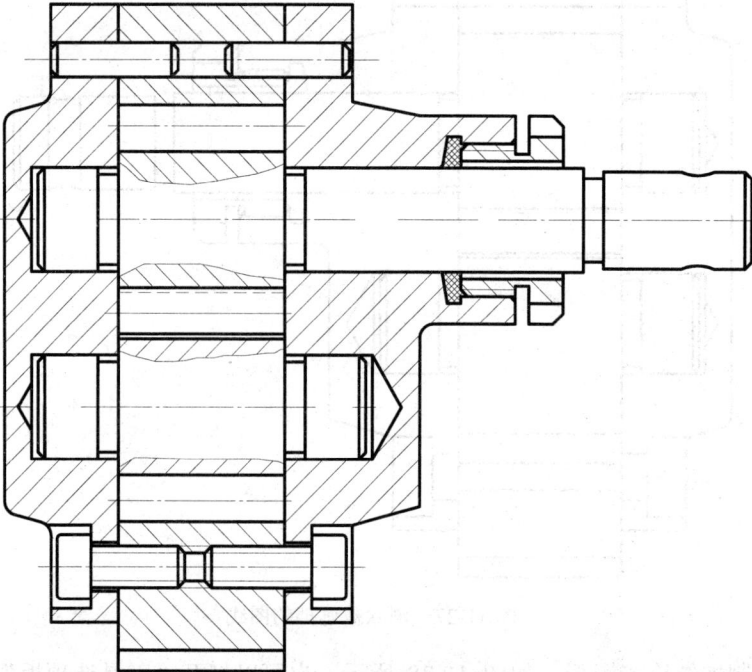

图 11-30　图案填充

（11）显示"泵体"零件的主视图图块，如图 11-31 所示。

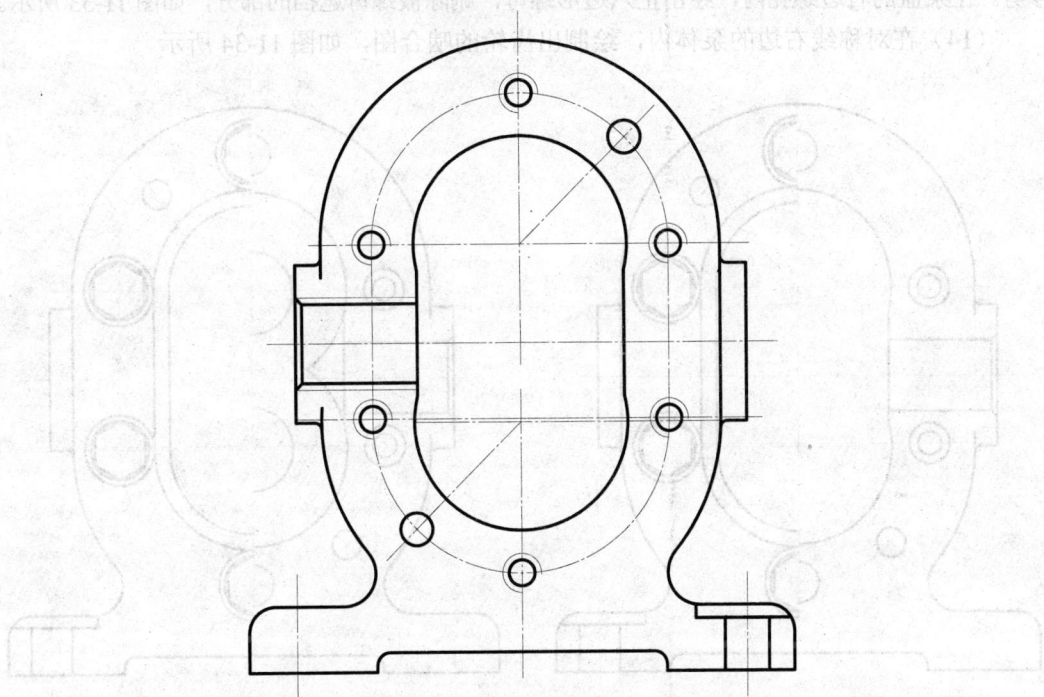

图 11-31 "泵体"的主视图图块

（12）找准插入点，将 1 号泵盖零件的主视图图块插入到泵体中，如图 11-32 所示。

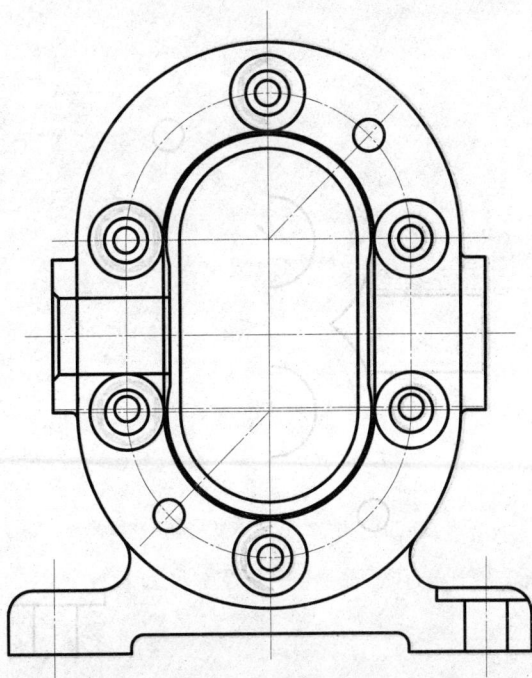

图 11-32 插入"右泵盖"主视图图块

（13）分解"泵盖"图块，以对称线为界，按半剖视图的要求将泵盖的左边图形删除或修剪。在泵盖的右边螺孔内，绘出正六边形螺母，删除被螺母遮挡的部分，如图 11-33 所示。

（14）在对称线右边的泵体内，绘制出齿轮的啮合图，如图 11-34 所示。

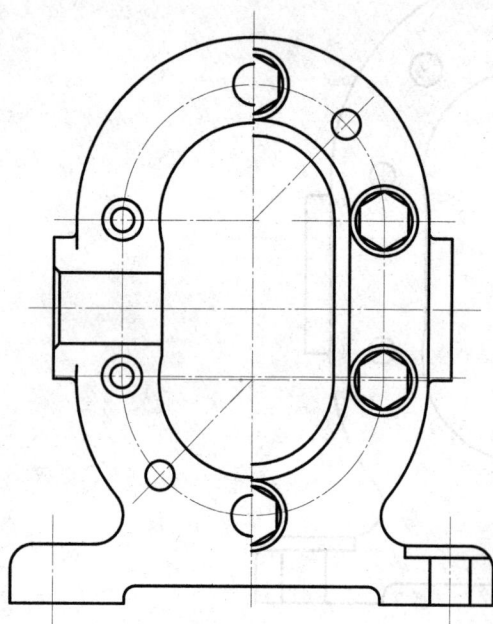

图 11-33　修剪成半剖视并绘制螺母　　　　　　　图 11-34　绘制齿轮啮合部分图形

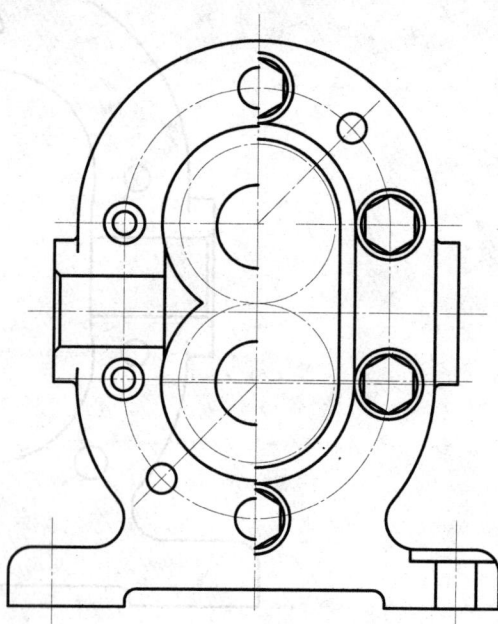

（15）依照图 11-21 所示的各零件的剖面图案样式进行图案填充，如图 11-35 所示。

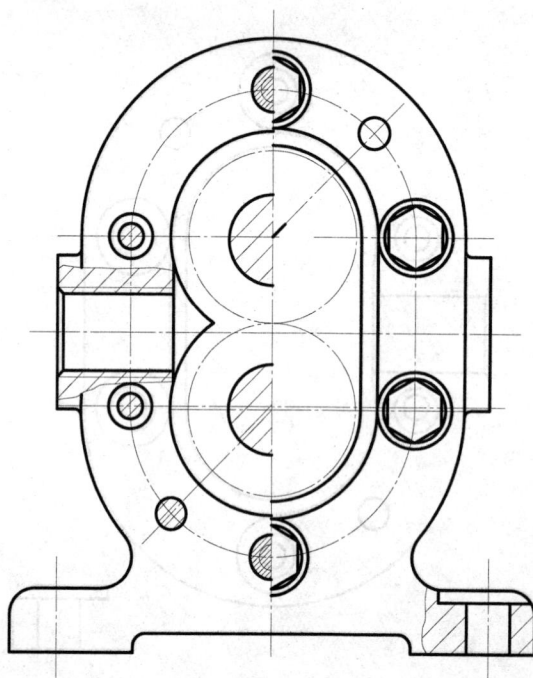

图 11-35　图案填充

（16）对全图标注尺寸，如图 11-36 所示。

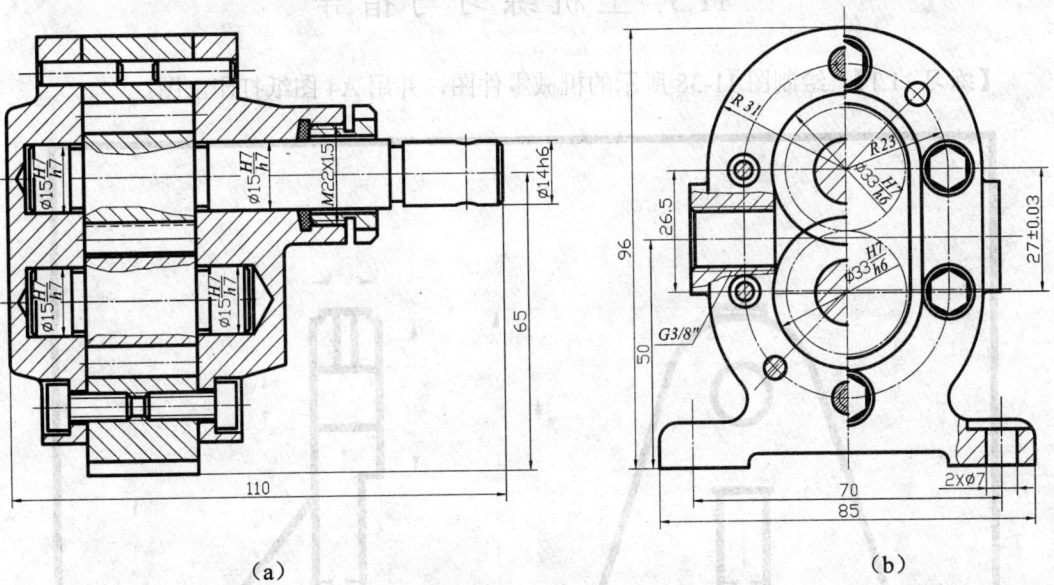

(a)　　　　　　　　　　　　　　　　　　　(b)

图 11-36　标注尺寸

（17）编写序号，插入并缩放图框和标题栏，注写文字说明，注写标题栏，如图 11-37 所示。

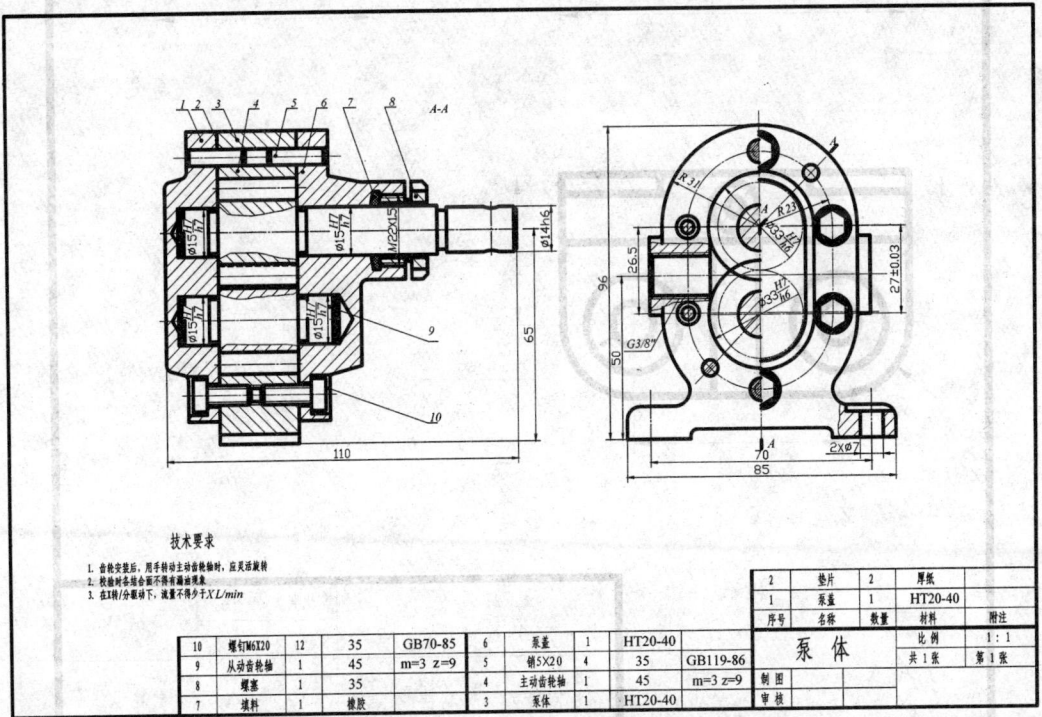

图 11-37　插入图框并注写文字

11.3　上机练习与指导

【练习 11.1】　绘制图 11-38 所示的机械零件图，并用 A4 图纸打印出图。

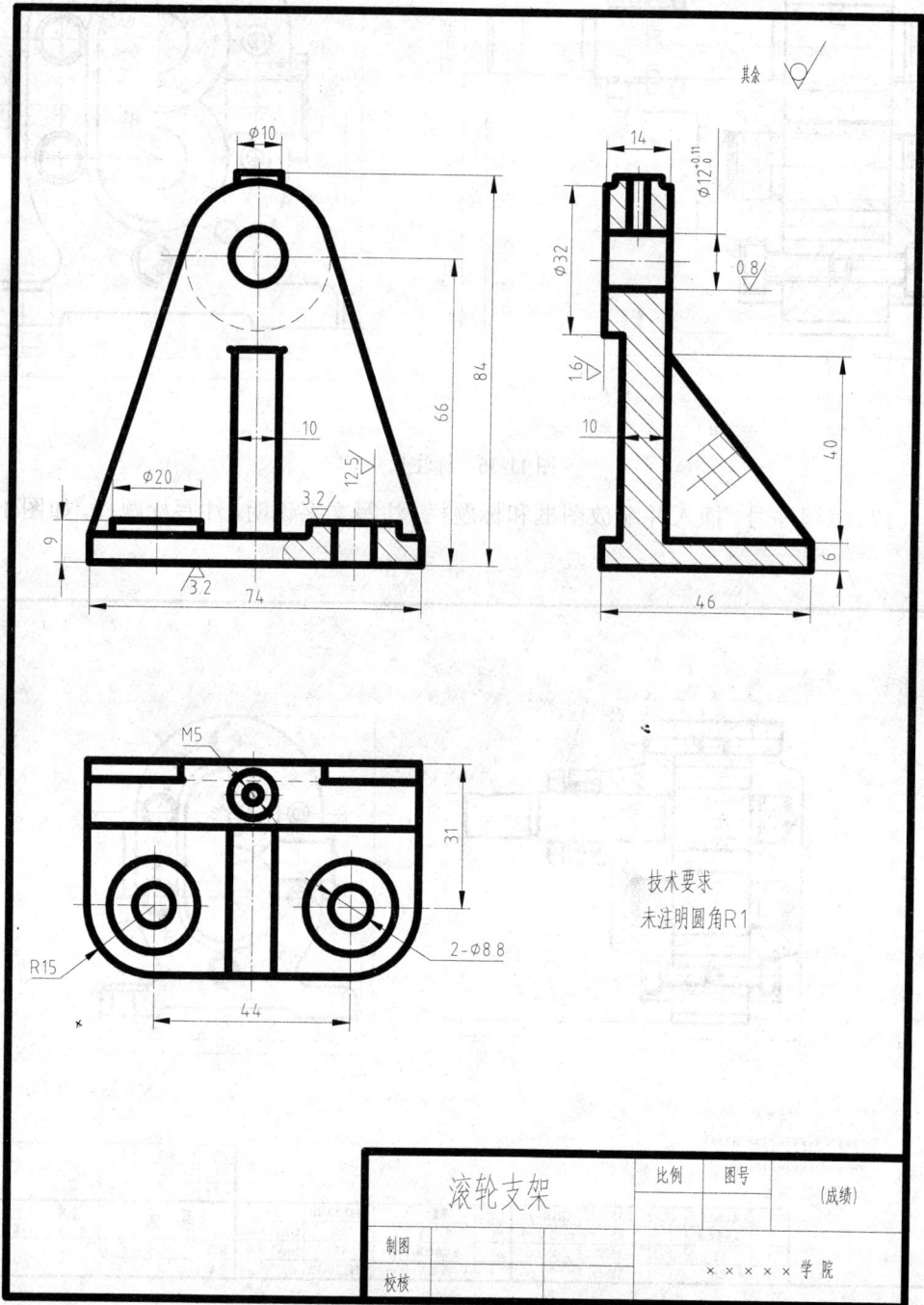

图 11-38　机械零件图练习图例

第 12 章　建筑图绘图实例

房屋建筑图中的墙线用"多线"命令绘制比较快捷，在用"多线"命令绘制墙线时，一般将多线样式设置为"起点"、"端点"直线封口，其余默认；设置多线绘图"比例"选项为墙的厚度数值，如 240 或 370 等；再设置多线"对正"选项为"无"。

房屋建筑立面图中也有较多的高程标注，在绘图时，一般是将世界坐标系的 Y 坐标等同高程，高程数值可以用"坐标标注"命令标出。

12.1　绘制房屋建筑图

【例 12.1】　绘制如图 12-1 所示建筑平面图。

操作步骤：

（1）新建并设置"粗实线"、"点划线"和"细实线"图层，并设置合适的"线型全局比例因子"。

（2）将"点划线"图层置为当前层，按尺寸完成轴网的绘制，门、窗留出空隙，如图 12-2 所示。

（3）将"粗实线"图层置为当前层，启用"多线"命令，将多线"对正"选项选择"无"，"比例"选项设置为 240。捕捉点画线的端点绘出墙线，如图 12-3 所示。

（4）用"多线编辑工具"编辑墙线，如图 12-4 所示。

（5）将"细实线"图层置为当前层，绘制"窗"的示意图形，复制到要求的位置，按尺寸绘出所有"门"的示意图,如图 12-5 所示。

（6）绘制矩形墙柱的单个图形，并填充，然后复制墙柱插入到墙轴线的交叉点，如图 12-6 所示。

（7）绘出楼梯图，如图 12-7 所示。

（8）注写文字，如图 12-8 所示。

（9）修改尺寸标注样式：勾选固定长度的尺寸界线，长度设为 5；将箭头修改为建筑标记；"使用全局比例"设置为 100。依次对全图标注尺寸。

（10）调用 A3 图框线和标题栏。启用"缩放"命令，将图框与标题栏放大 100 倍；再启用"移动"命令，将图形移动到图框内完成布局，如图 12-9 所示。

【例 12.2】　按尺寸绘制如图 12-10 所示的楼梯图。

操作步骤：

（1）根据尺寸绘制楼梯梁板的图形，如图 12-11 所示。

（2）在两楼梯板之间绘制竖直线和水平线，用"定数等分"点的命令将绘出的竖直线九等分，将水平线八等分。如图 12-12 所示。

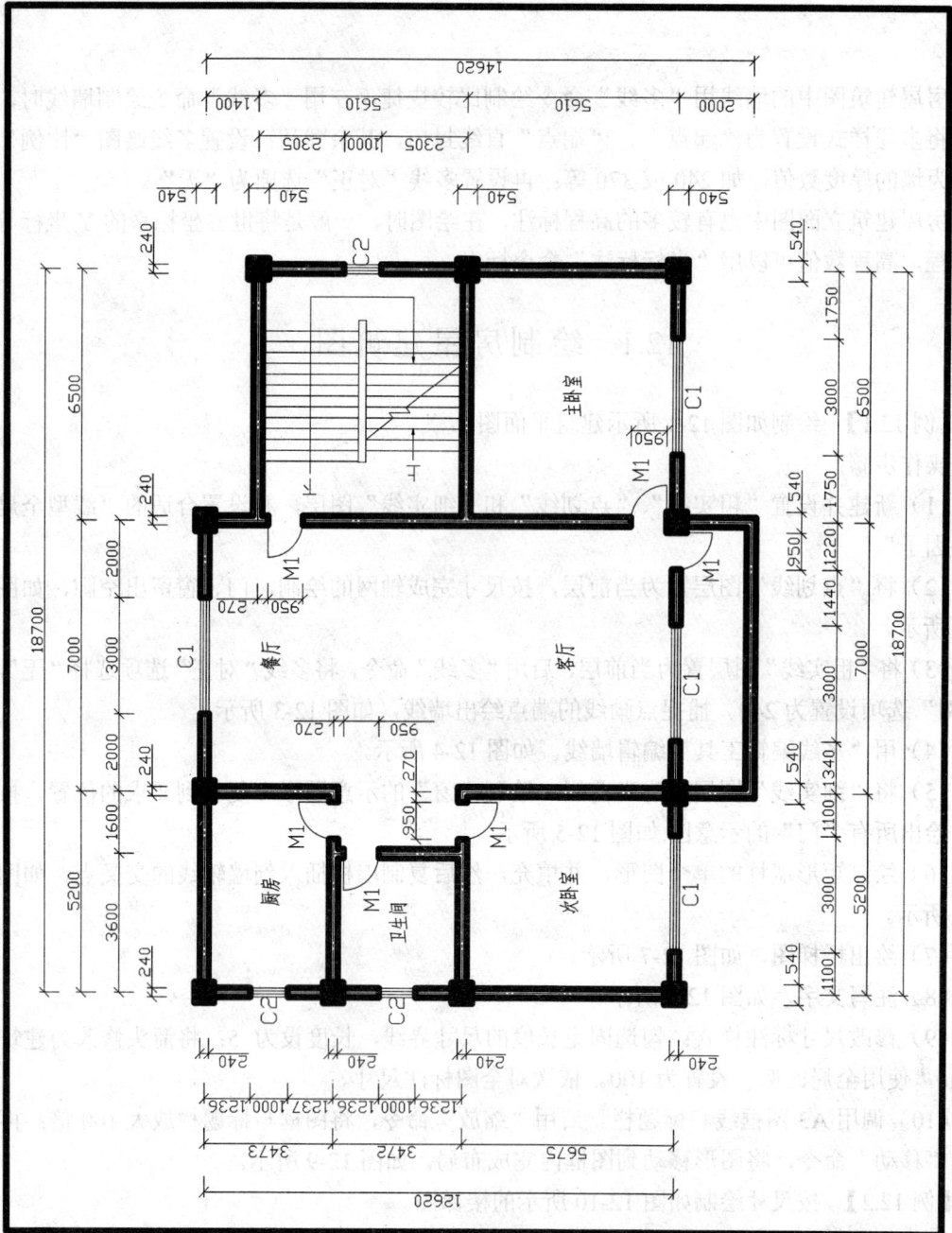

图 12-1　"多线"命令应用图例

图 12-2 绘制轴网

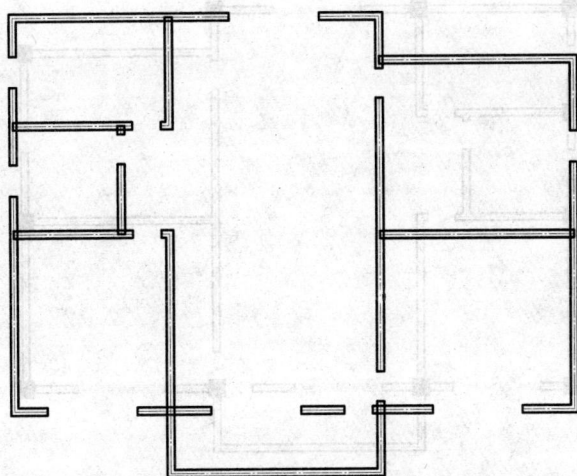

图 12-3 绘制和编辑墙线

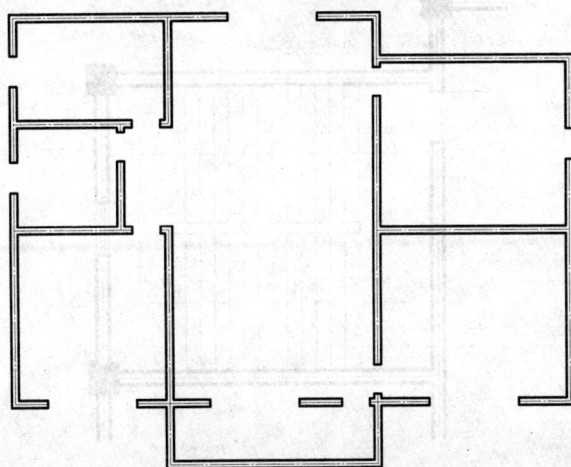

图 12-4 编辑墙线

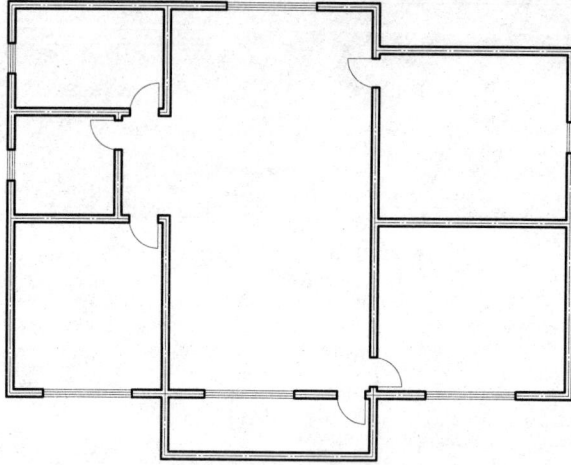

图 12-5 　插入和绘制门窗

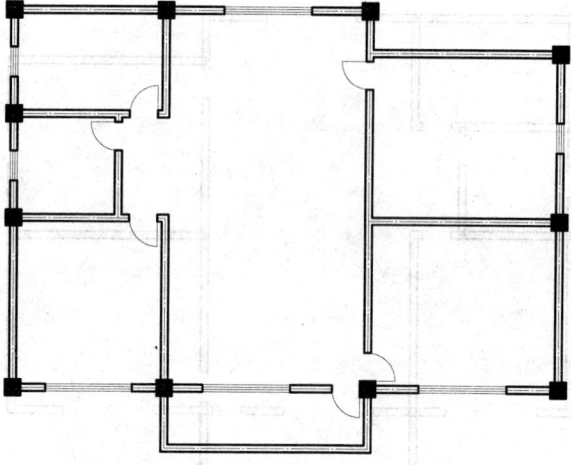

图 12-6 　复制墙柱

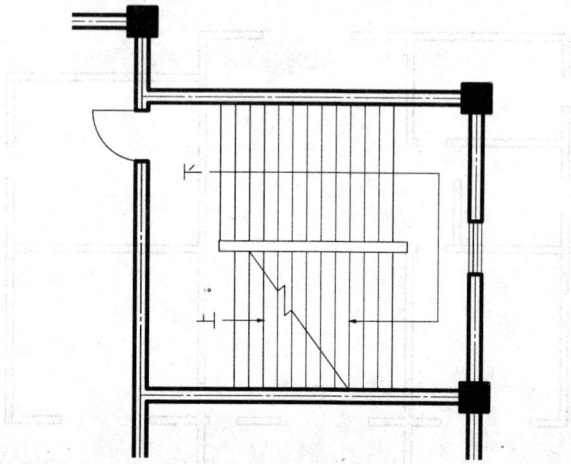

图 12-7 　绘制楼梯图

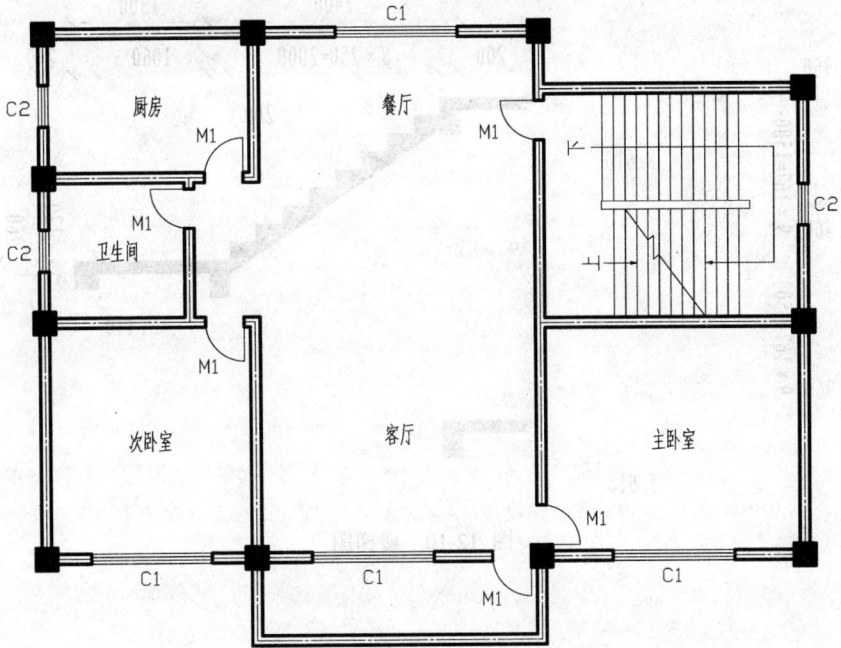

图 12-8 注写文字

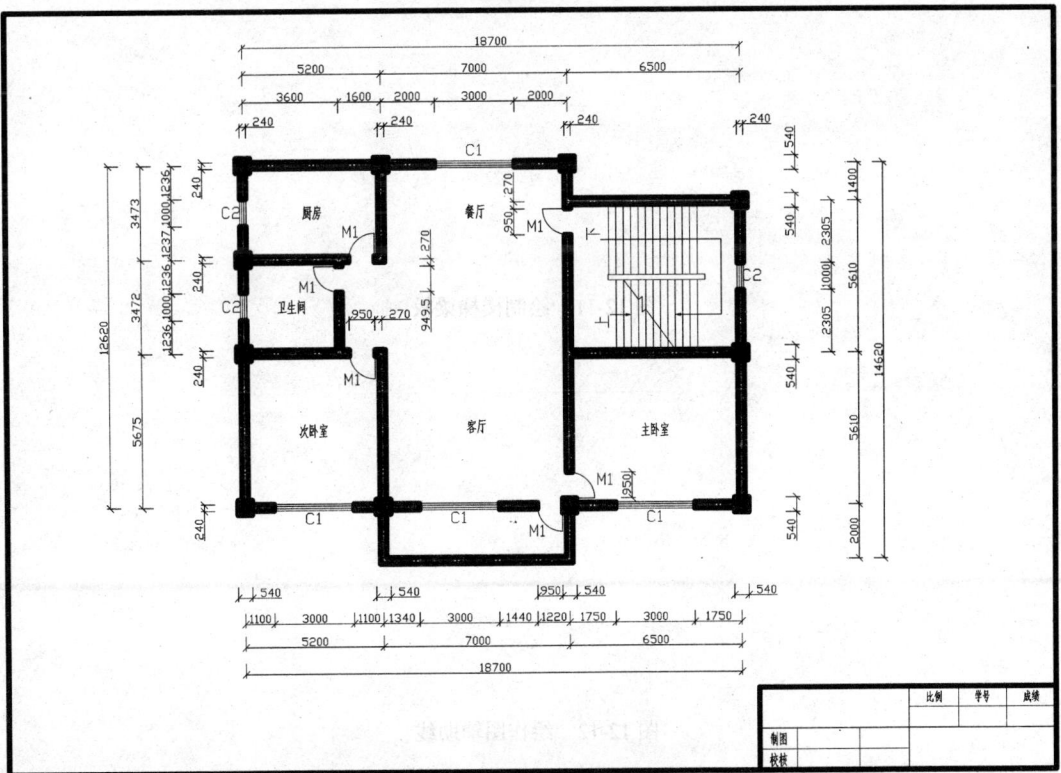

图 12-9 图形布局

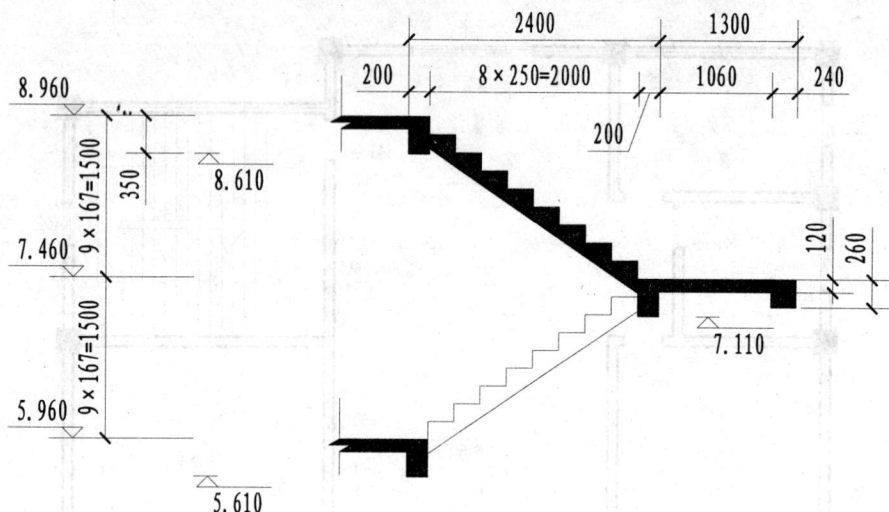

图 12-10   楼梯图

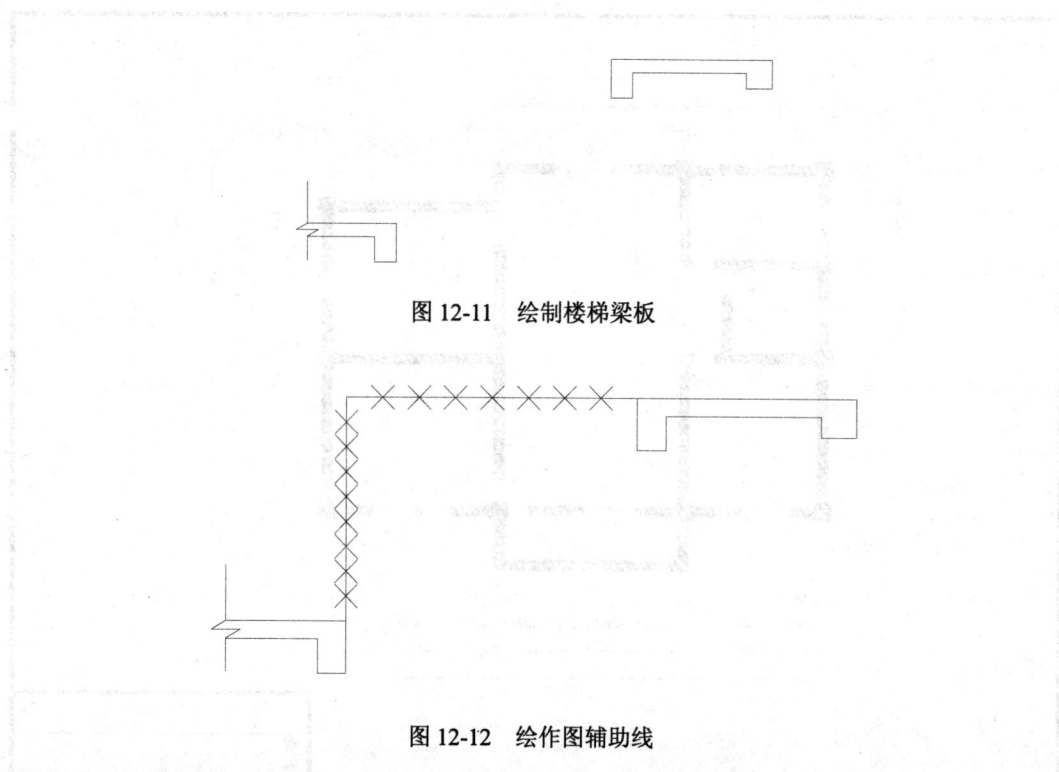

图 12-11   绘制楼梯梁板

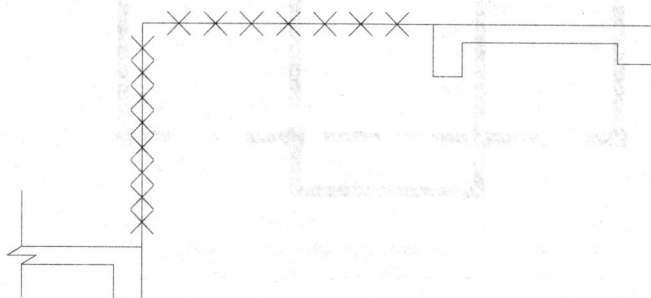

图 12-12   绘作图辅助线

（3）可直接捕捉节点画出楼梯的台阶,也可画出一阶楼梯然后应用"阵列"或"复制"命令绘制楼梯。如图 12-13 所示。

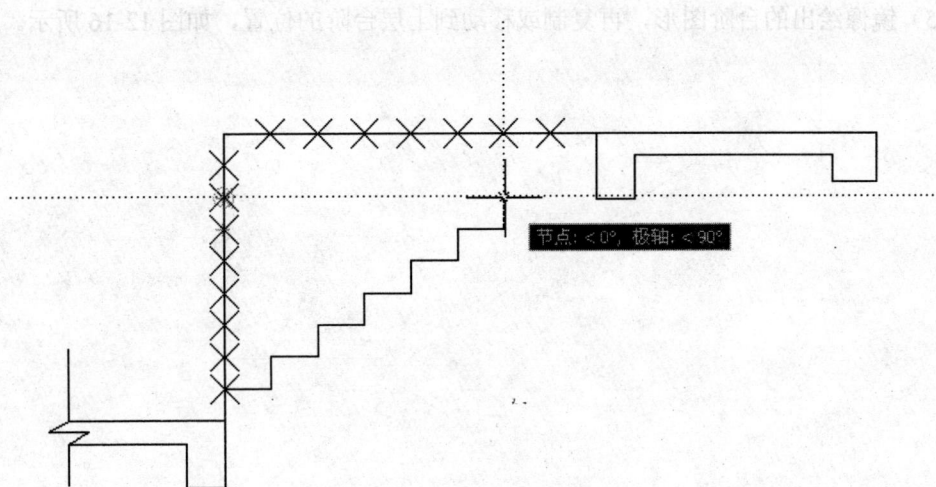

图 12-13   绘楼梯台阶

（4）追踪台阶角点画出楼梯底部斜直线，如图 12-14 所示，并延伸到楼梯梁，如图 12-15 所示。

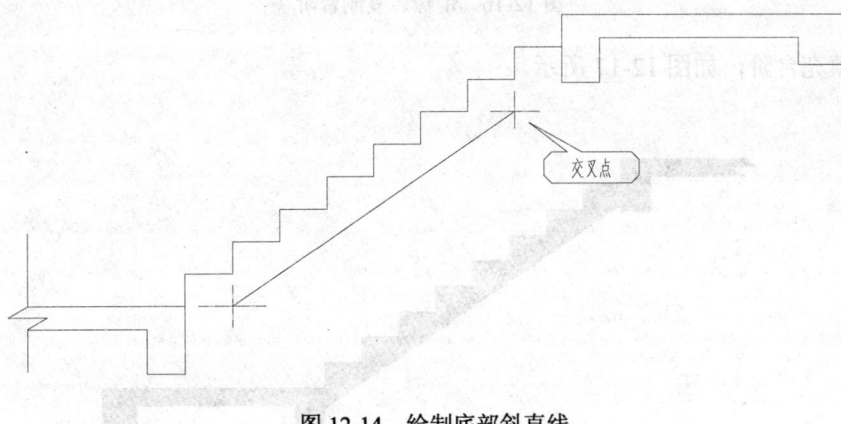

图 12-14   绘制底部斜直线

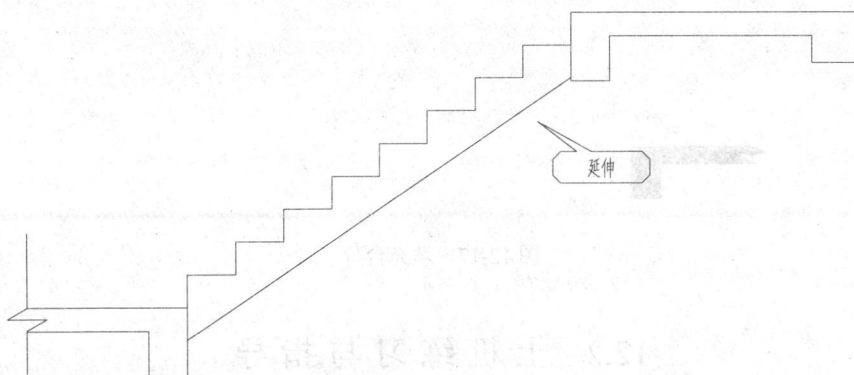

图 12-15   延伸底部斜直线

（5）镜像绘出的台阶图形，再复制或移动到上层台阶的位置，如图 12-16 所示。

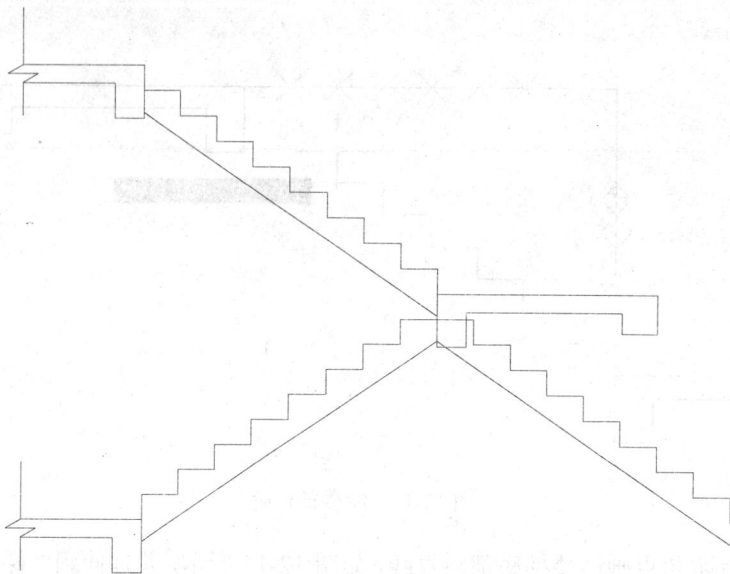

图 12-16　镜像、复制台阶

（6）填充台阶，如图 12-17 所示。

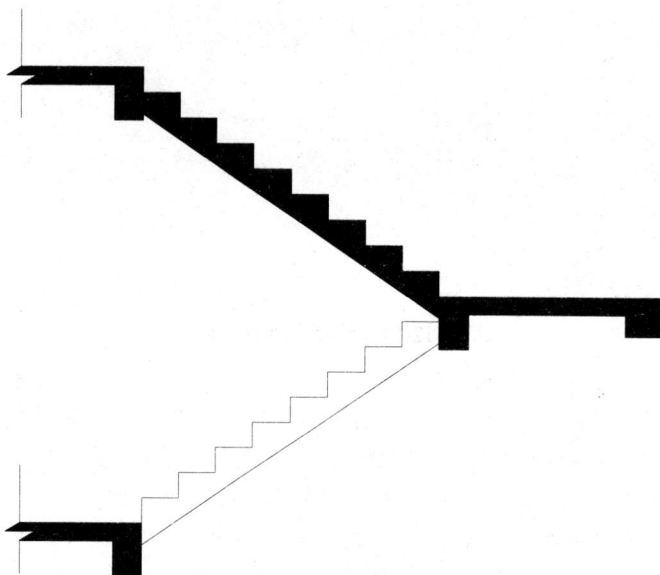

图 12-17　填充台阶

12.2　上机练习与指导

【练习 12.1】　绘制图 12-18 所示房屋建筑平面图。

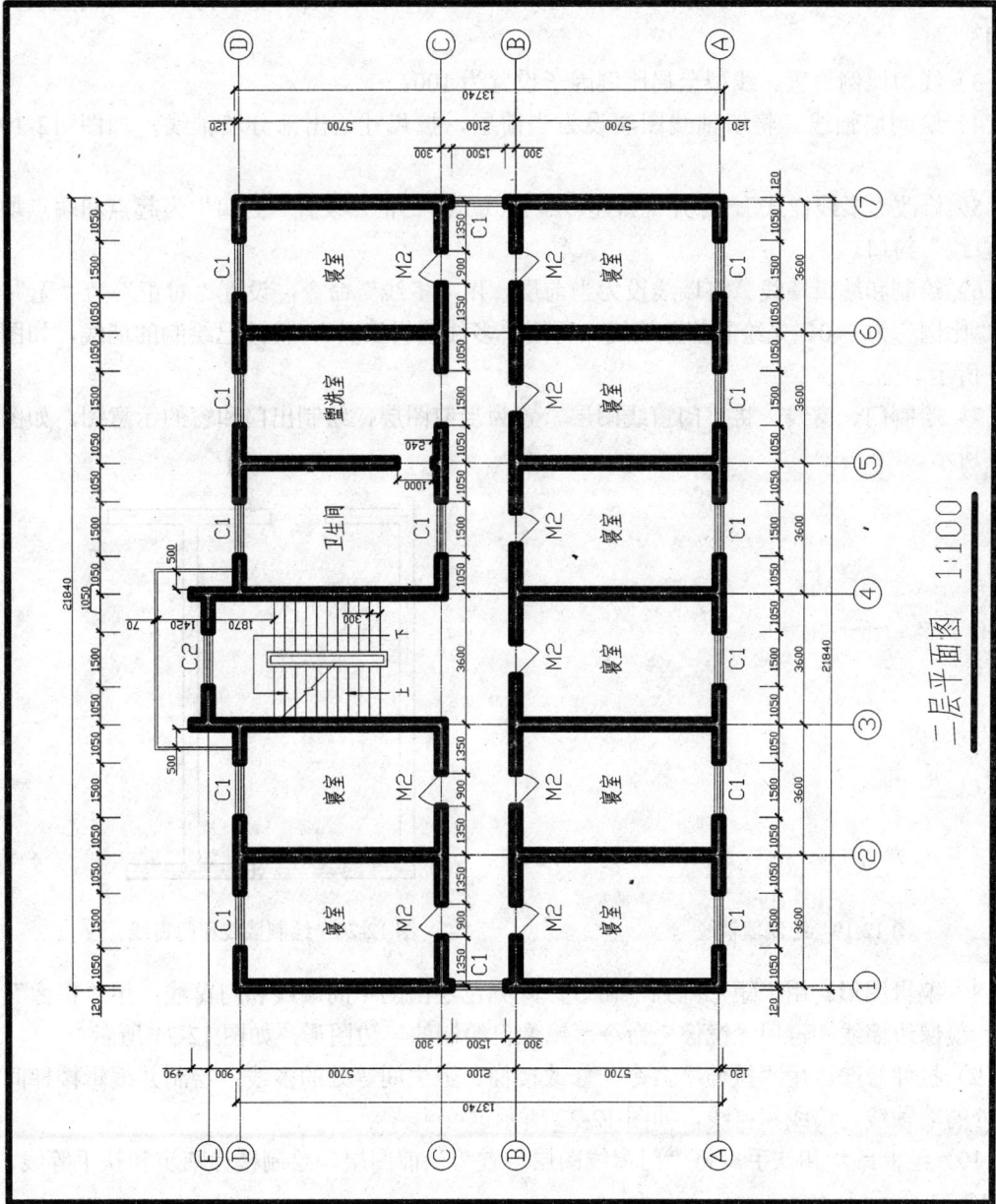

二层平面图　1:100

图 12-18　学生宿舍二层平面图

绘图指导：

（1）图形界限设置。图形总长为 21840，总宽为 15250，设置图形界限为 22000，16000。

（2）图层设置。新建四个图层，可命名为：墙线层、墙轴线层、尺寸层、文字层。其中墙线层线宽设为 0.5，尺寸层和文字层线宽为 0.15，墙轴线层线宽设为 0.13，线型设为 JIS8-15。

（3）线型比例设置。线型全局比例因子设置为 100。

（4）绘制墙轴线。将墙轴线图层设为当前层，按尺寸绘出部分墙轴线，如图 12-19 所示。

（5）修改"多线样式"。打开"新建多线样式"对话框，设置"封口"为起点和端点均为"直线"封口。

（6）绘制和编辑墙线。将墙线设为当前层，用"多线"命令，设置"对正"为"无"；设置"比例"为240。先绘制部分墙线，再用"多线编辑工具"，修改已绘制的墙线，如图 12-20 所示。

（7）绘制门、窗线。将"门窗线图层"置为当前图层，绘制出门和窗的示意图，如图 12-20 所示。

图 12-19　绘制墙轴线

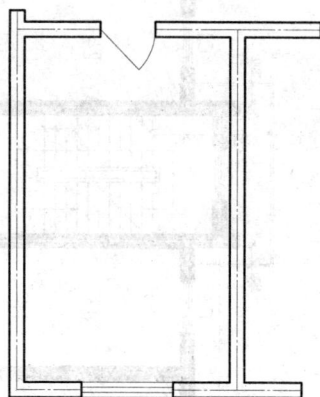

图 12-20　绘制墙线和门窗线

（8）编辑图形。用"矩形阵列"命令，阵列已绘出的中间墙线和门窗线；用"镜像"命令，镜像边墙线；再用"镜像"命令，镜像已绘制的半边图形，如图 12-21 所示。

（9）拉伸修改。用"拉伸"命令，修改楼梯、卫生间等处的多线；绘制并编辑楼梯间进口处的墙轴线、墙线和窗线，如图 12-22 所示。

（10）绘制踏步和扶手。将"门窗线图层"置为当前图层，绘制楼梯踏步和扶手等线，如图 12-23 所示。

（11）整理图形、注写文字。绘制窗线和雨篷线，绘制和复制内门；注写文字和门窗代号（文字高度设为 600，字母高度设为 400），如图 12-24 所示。

（12）标注尺寸、绘制墙轴线符号。调出"标注"工具栏，新建并设置"标注样式"，标注全图尺寸；绘制墙轴线符号（圆直径 800，字高 450），如图 12-25 所示。

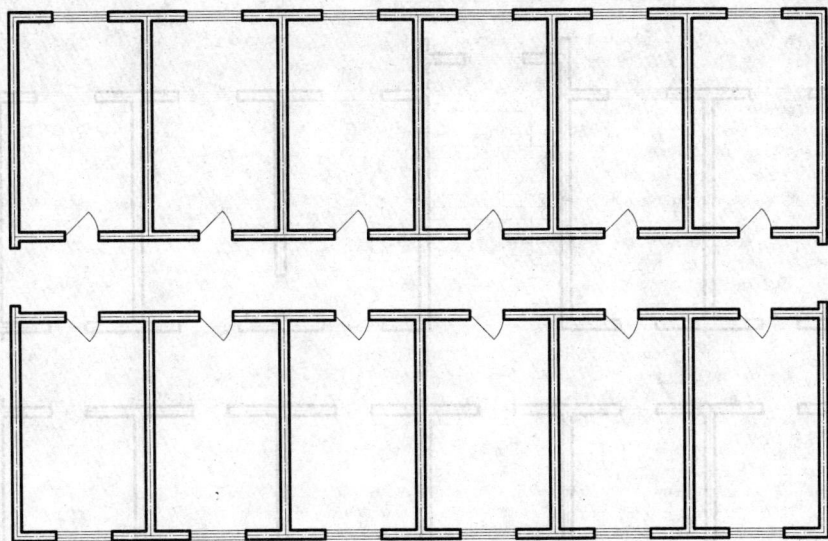

图 12-21　阵列与镜像图形

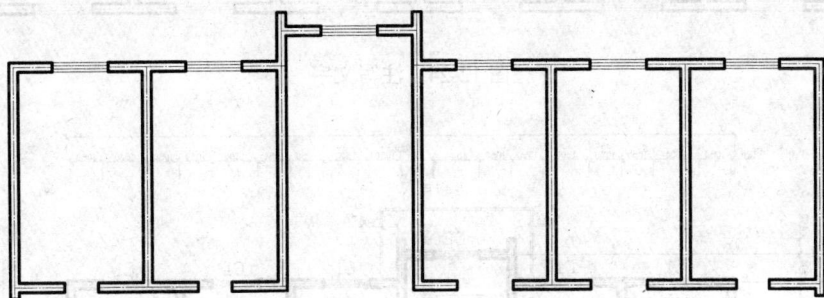

图 12-22　绘制楼梯间进口

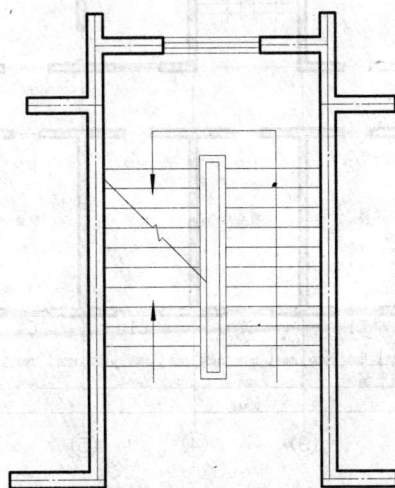

图 12-23　绘制楼梯踏步和扶手

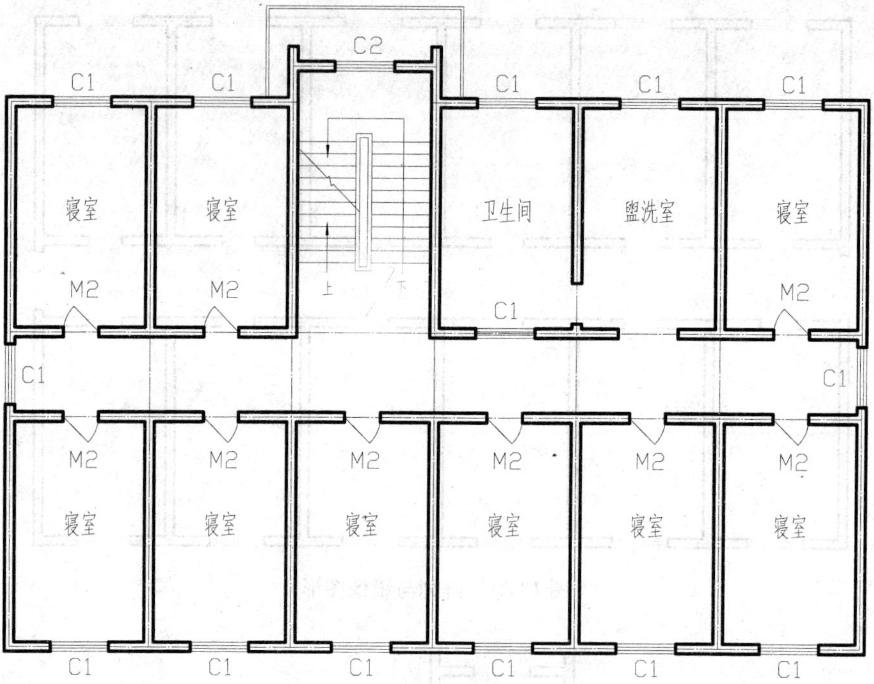

图 12-24 注写文字

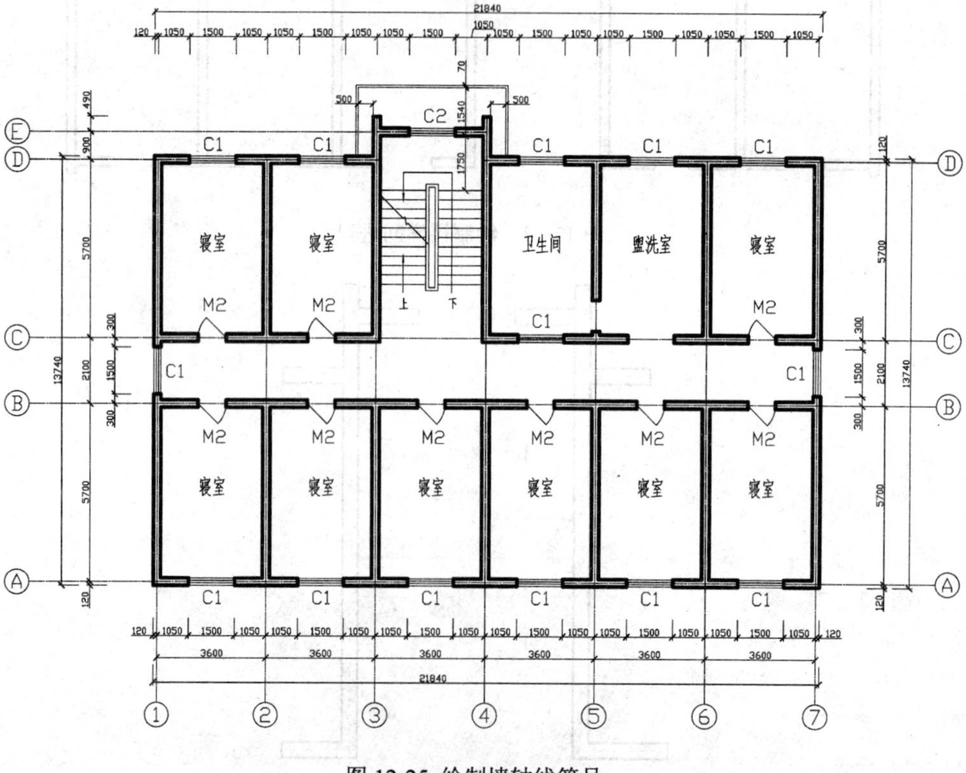

图 12-25 绘制墙轴线符号

【练习 12.2】 绘制如图 12-26 所示住宅楼建筑立面图（与[练习 12.1]为同一建筑物）。

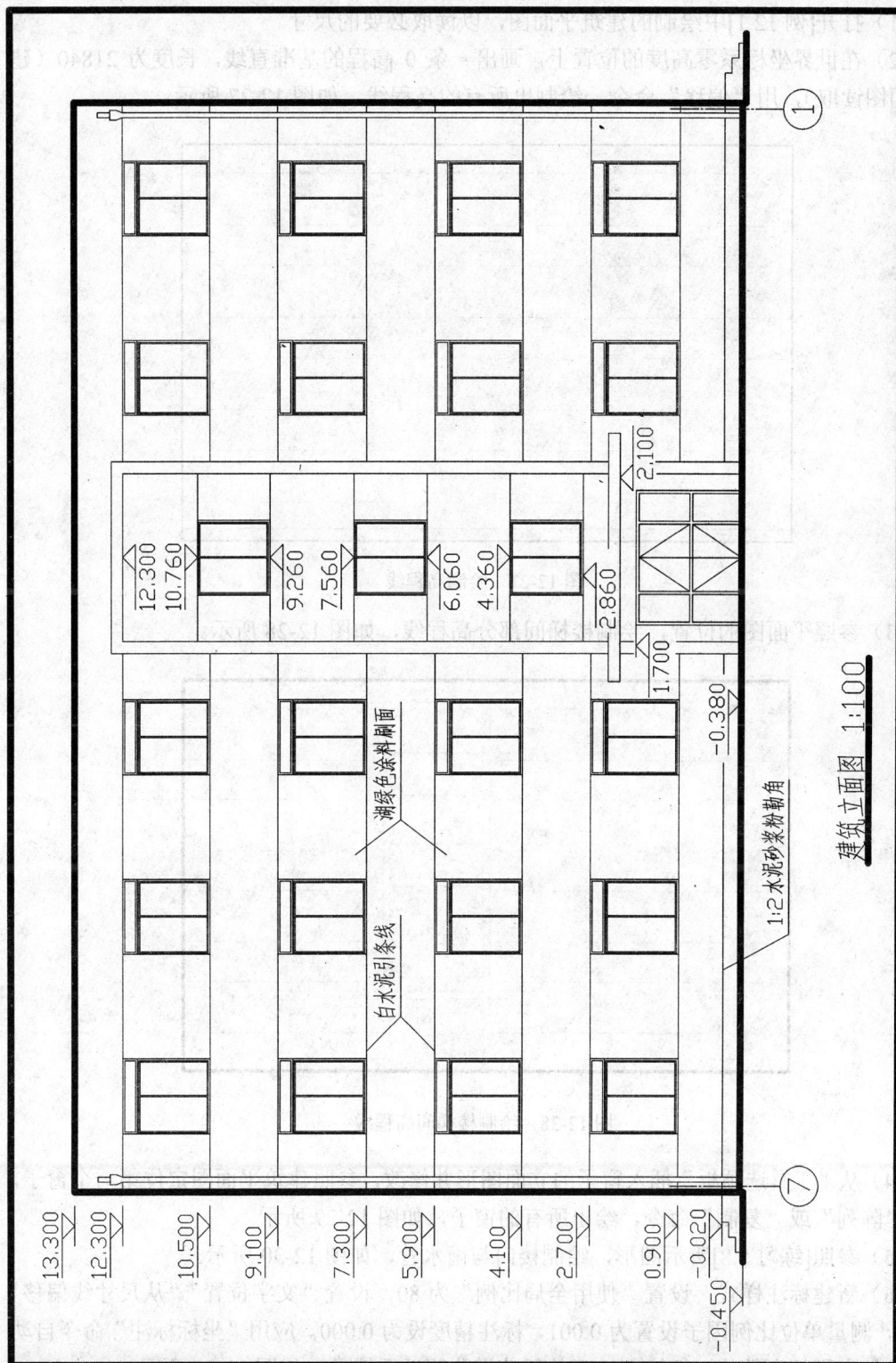

建筑立面图 1:100

图 12-26 学生宿舍北立面图

绘图指导：

（1）打开[例 12.1]中绘制的建筑平面图，以读取必要的尺寸。

（2）在世界坐标系零高度的位置上，画出一条 0 高程的基准直线，长度为 21840（建筑平面图读取），用"偏移"命令，绘制出所有的高程线，如图 12-27 所示。

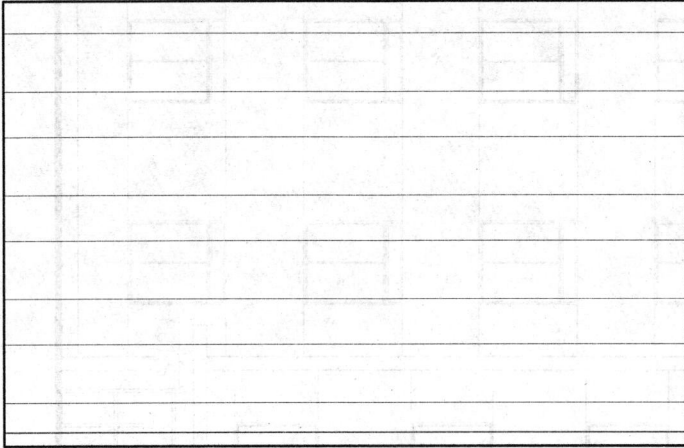

图 12-27　绘制高程线

（3）参照平面图的位置，绘制楼梯间部分高程线，如图 12-28 所示。

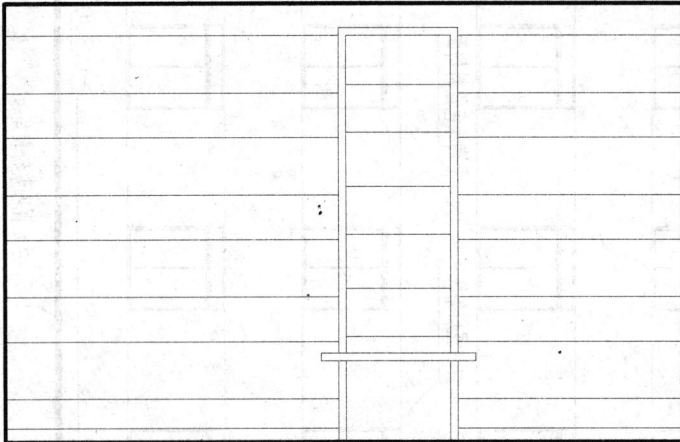

图 12-28　绘制楼梯间高程线

（4）从"工具选项板"插入窗子的立面图形并修改，参照建筑平面图定位第一个窗子，再用"阵列"或"复制"命令，绘出所有的窗子，如图 12-29 所示。

（5）参照[练习 5.8]所示图形，绘制楼门与雨水管，如图 12-30 所示。

（6）新建标注样式，设置"使用全局比例"为 80，设置"文字位置""从尺寸线偏移"为 3.5，测量单位比例因子设置为 0.001，标注精度设为 0.000。应用"坐标标注"命令自动生成各处高程标高数值，标注在线下的尺寸需分解后再镜像，如图 12-31 所示。

图 12-29　阵列或复制窗子

图 12-30　镜像立面图

（7）绘制高程符号，尺寸高度定为 300，将其复制到各个标高尺寸下。绘制踏步并标注高程，注写文字，绘制 1 和 7 墙轴线符号，如图 12-32 所示。

【练习 12.3】　绘制如图 12-33 所示学生宿舍剖立面图（与[练习 12.1]和[练习 12.2]为同一建筑物）。

绘图指导：

（1）在世界坐标系零高度的位置上，画出一条 0 高程的基准直线，用"复制"命令，复制出各高程直线，再对照平面图的位置或尺寸绘制墙轴线，如图 12-34 所示。

（2）在楼梯定位线之间，绘出二楼到三楼的楼梯水平长度和竖直高度辅助直线，将水平直线用"点"命令 9 等分，竖直直线 10 等分，追踪两直线上的等分点画出楼梯，再用同样的方法，绘制一楼到二楼的楼梯线，如图 12-35 和图 12-36 所示。

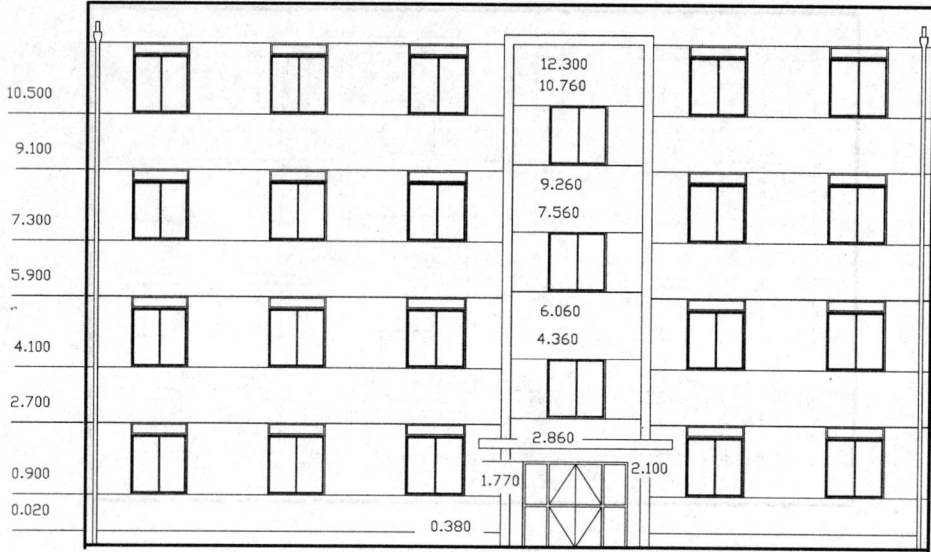

图 12-31　坐标标注

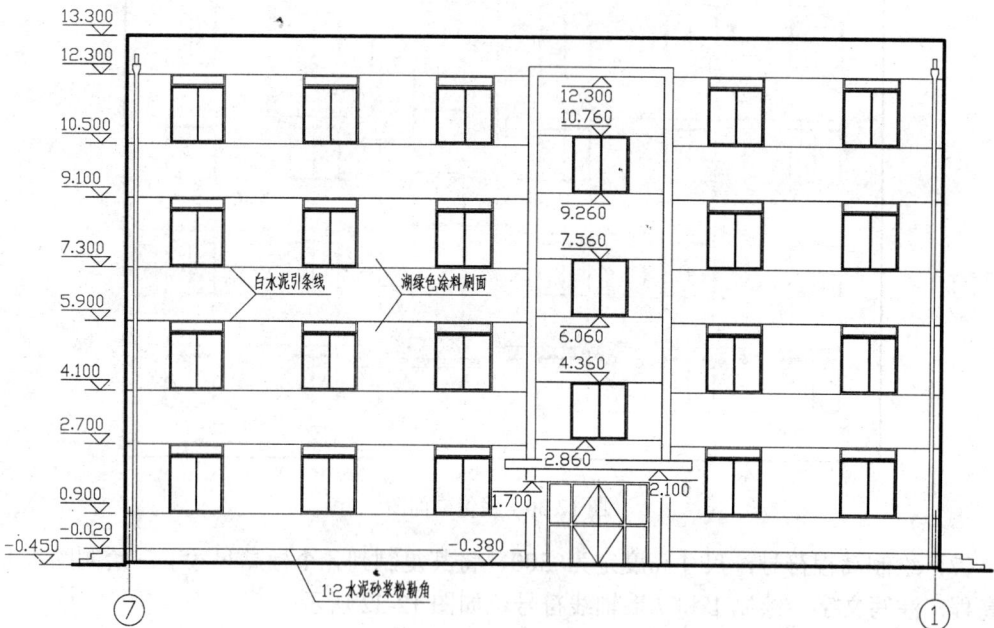

图 12-32　整理图形

（3）图 12-37 所示 A、B 两点作为楼梯底面线的起点，绘制二楼到三楼的楼梯底面直线，用同样的方法绘制一楼到二楼的楼梯底面线，再将二楼、三楼之间的楼梯复制到三楼、四楼之间，并整理楼梯图形，如图 12-38 所示。

（4）用"阵列"或"复制"的方法，绘制扶手栏杆（尺寸目测）；再打开"工具选项板"，插入"铝窗"图块，如图 12-39 所示。

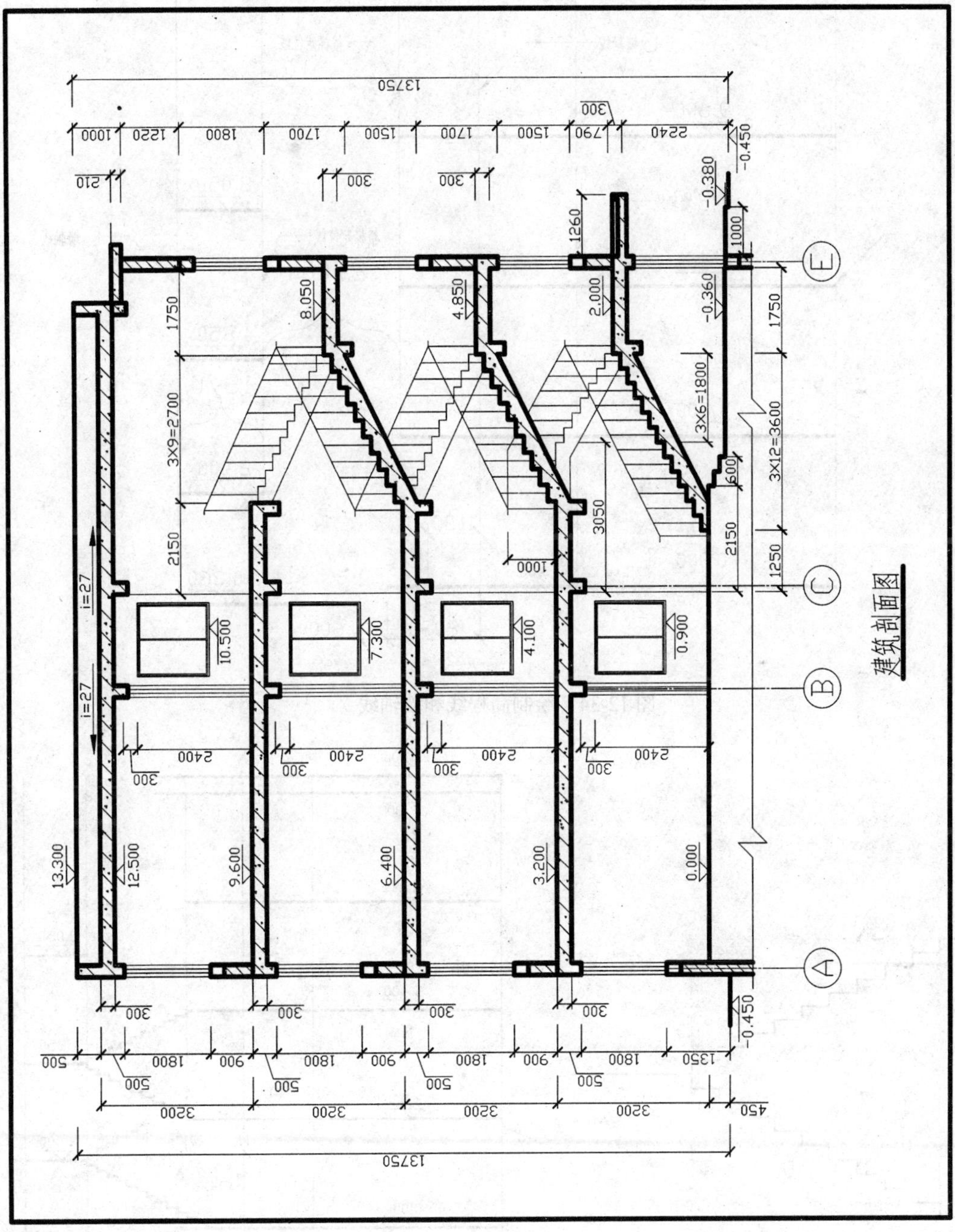

图 12-33 学生宿舍剖面图

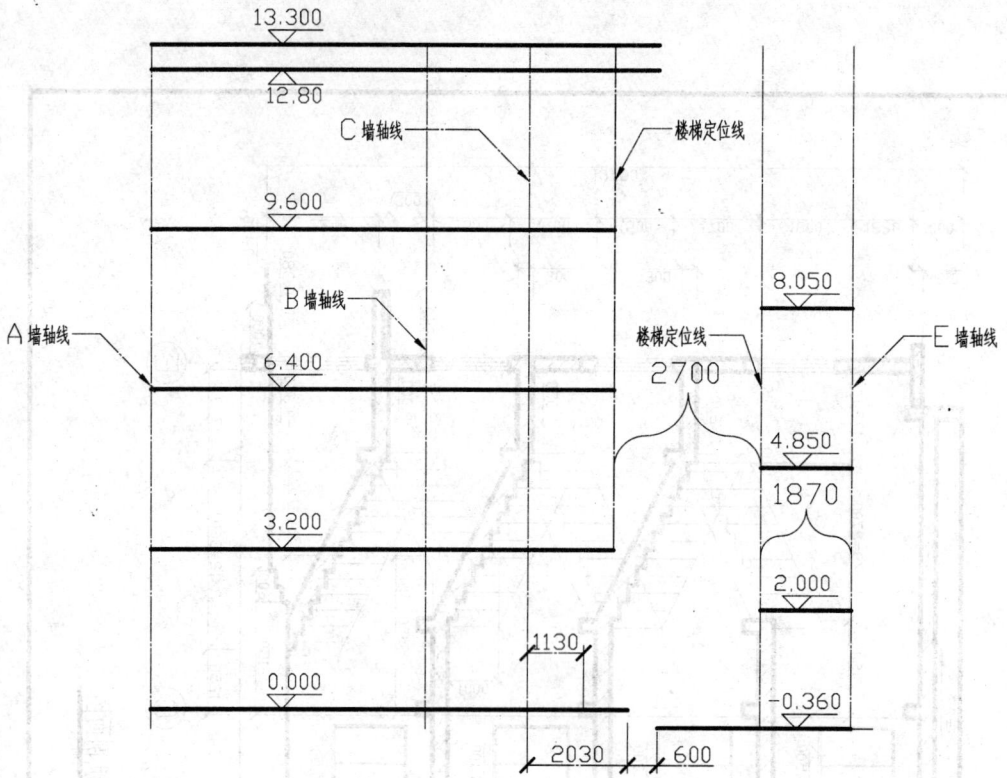

图 12-34　绘制高程线和墙轴线

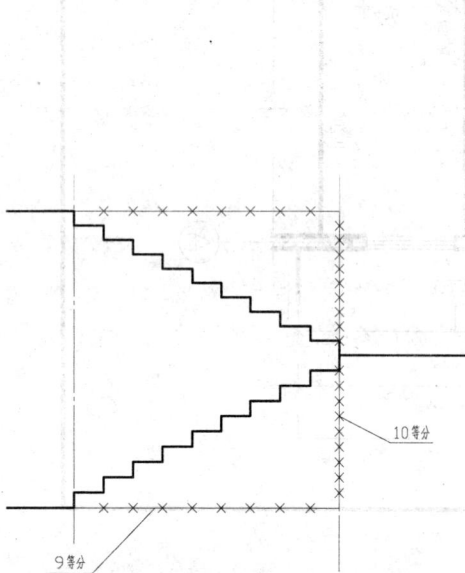

图 12-35　绘制二楼到三楼楼梯线

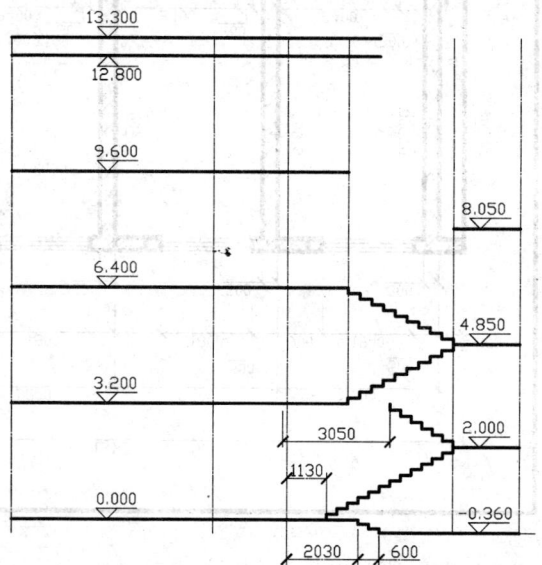

图 12-36　绘制一楼到二楼楼梯线

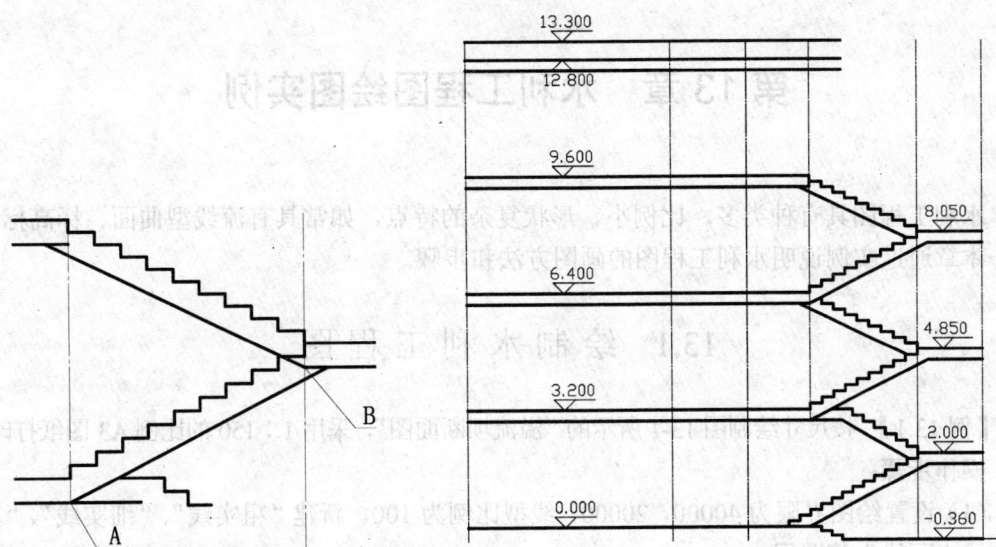

图 12-37　绘制二楼、三楼楼梯底面线

图 12-38　整理楼梯图形

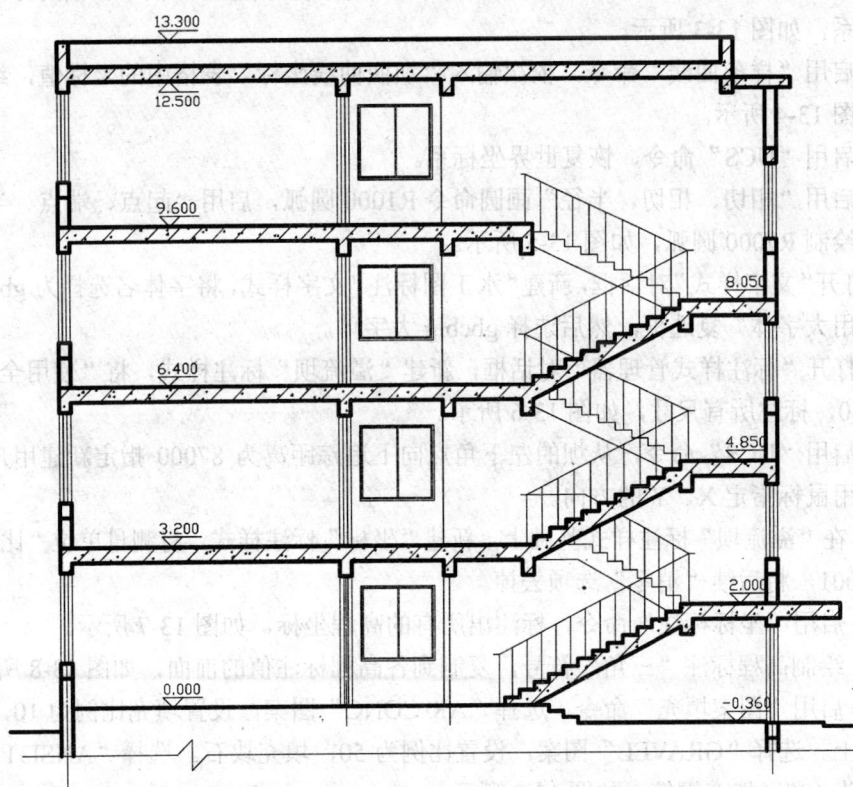

图 12-39　绘制扶手和窗

第 13 章　水利工程图绘图实例

水利工程图具有种类多、比例小、形状复杂的特点，如常具有流线型曲面、标高标注等，本章通过实例说明水利工程图的画图方法和步骤。

13.1　绘制水利工程图

【例 13.1】　按尺寸绘制图 13-1 所示的"溢流坝断面图"，采用 1∶150 的比例 A3 图纸打印。

操作步骤：

（1）设置绘图界限为 40000，20000，线型比例为 100。新建"粗实线"、"细实线"、"虚线"、"点画线"等图层。

（2）将粗实线图层置为当前层，绘制溢流坝所有直线段的图形，如图 13-2 所示。

（3）启用"UCS"命令，用鼠标指定坝面曲线的坐标原点和 X 轴、Y 轴的方向，新建用户坐标系，如图 13-3 所示。

（4）启用"样条曲线"命令，依次输入"坝面曲线坐标"表格中的坐标值，绘出坝面曲线，如图 13-4 所示。

（5）启用"UCS"命令，恢复世界坐标系。

（6）启用"相切、相切、半径"画圆命令 R1000 圆弧，启用"起点、端点、半径"画圆弧命令绘制 R7000 圆弧，如图 13-5 所示。

（7）打开"文字样式"对话框，新建"水工图标注"文字样式，将字体名选择为 gbeict.shx，勾选"使用大字体"复选框，然后选择 gbcbig 大字体。

（8）打开"标注样式管理器"对话框，新建"溢流坝"标注样式，将"使用全局比例"修改为 150，标注所有尺寸，如图 13-6 所示。

（9）启用"UCS"命令，从坝的左下角点向下追踪距离为 87000 指定新建用户坐标系的原点，用鼠标指定 X、Y 的方向。

（10）在"溢流坝"标注样式基础上，新建"坐标"标注样式，将测量单位"比例因子"修改为 0.001，将后续"消零"选项去掉。

（11）启用"坐标标注"命令，标注出所有的高程坐标，如图 13-7 所示。

（12）绘制高程标注"三角"符号，复制到各高程标注值的前面，如图 13-8 所示。

（13）启用"图案填充"命令，选择"AR-CONC"图案，设置填充比例为 10，填充所有的混凝土。选择"GRAVEL"图案，设置比例为 50，填充块石。选择"ANSI31"图案，设置比例为 100，填充钢筋，如图 13-9 所示。

（14）打开"插入表格"对话框，设置 11 列，列宽 30，1 行，行高为 2，单元样式全为"数据"，如图 13-10 所示。单击"确定"按钮，指定插入点插入表格，再启用"缩放"命令，将表格放大 120 倍。

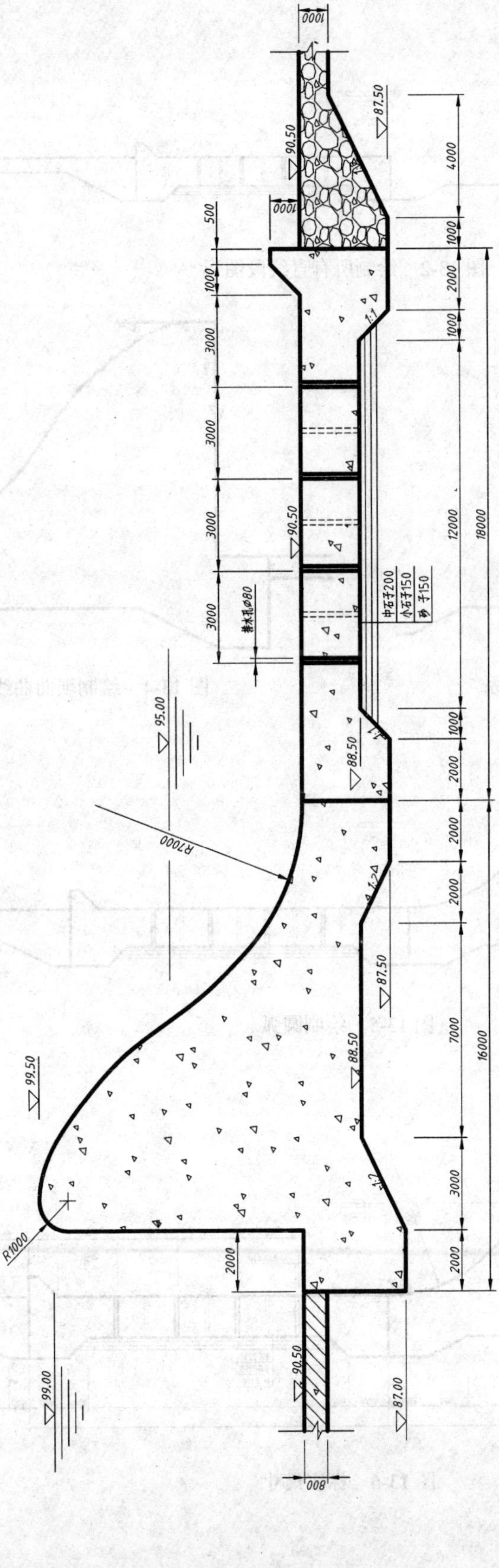

图 13-1　溢流坝断面图

坝面曲线坐标

单位：m

x	0	0.50	1.00	2.00	3.00	4.00	5.00	6.00	7.00
y	1	2.75	3.50	4.75	5.75	6.50	7.20	8.00	9.00

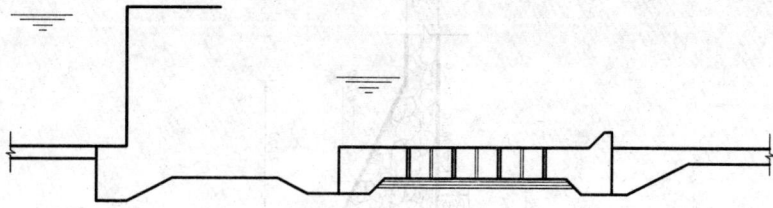

图 13-2　绘制所有直线段图形

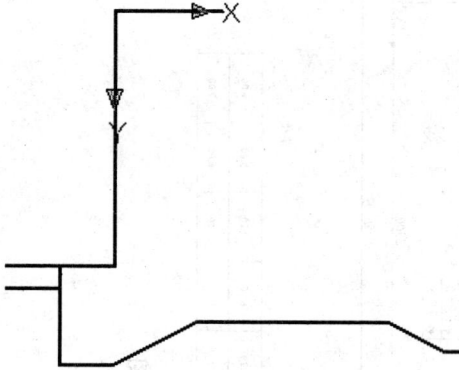

图 13-3　新建用户坐标系

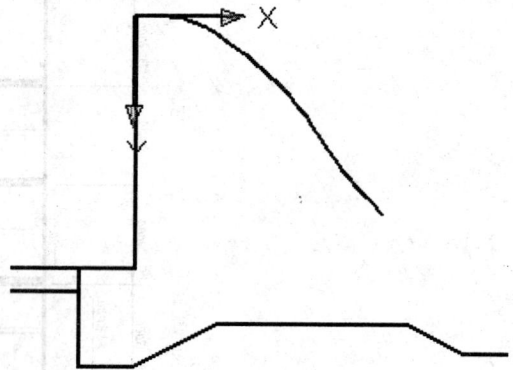

图 13-4　绘制坝面曲线

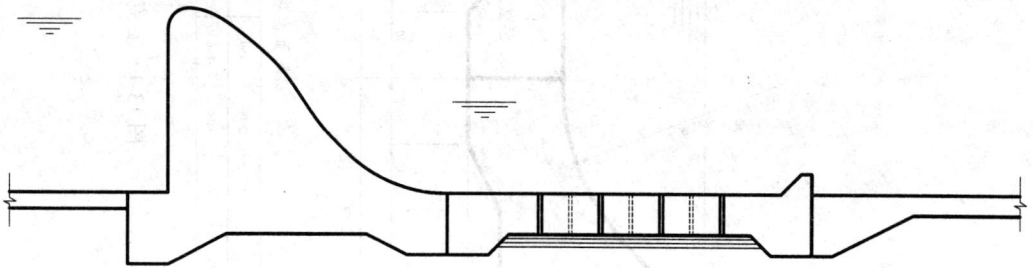

图 13-5　绘制圆弧

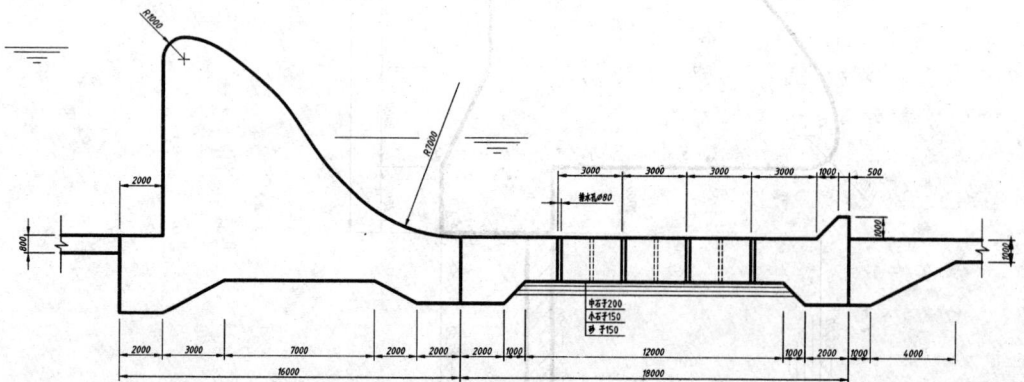

图 13-6　标注尺寸

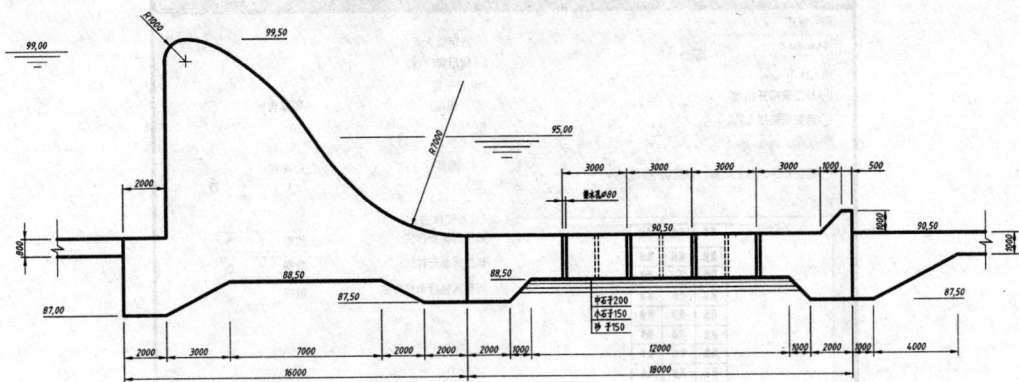

图 13-7　高程标注

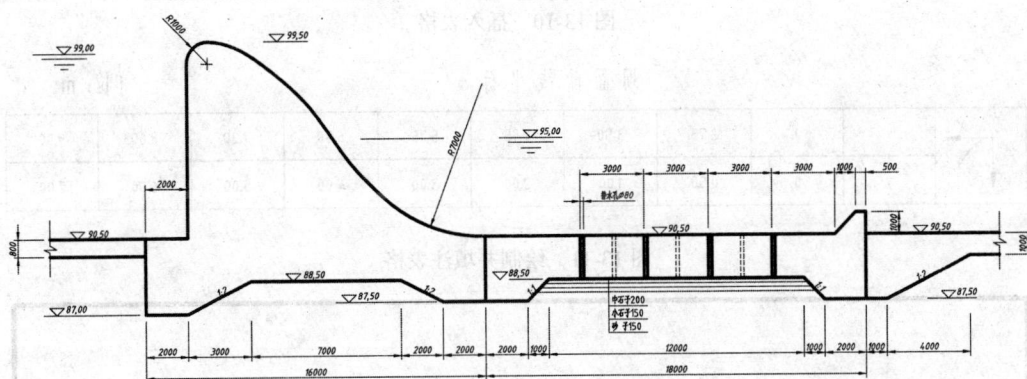

图 13-8　复制高程标注符号

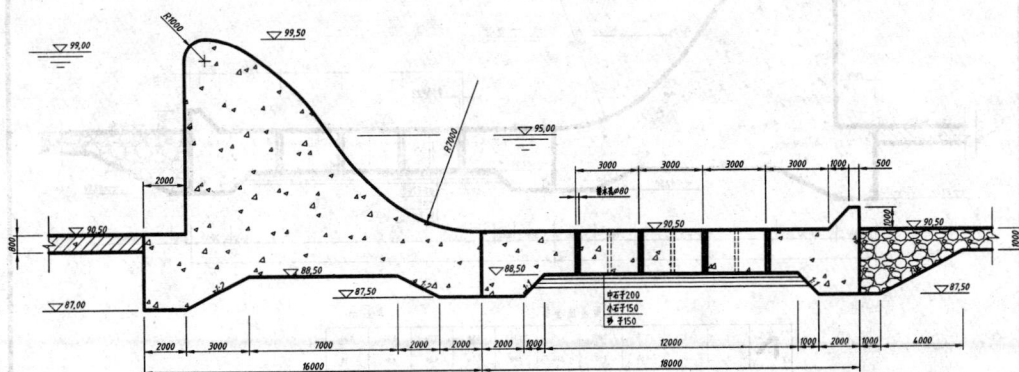

图 13-9　图案填充

（15）删除一行表格，再将最左端两行合并为一格，然后在格中绘制出坐标图，再复制并缩放坝面曲线图，平移到与坐标图重合，最后填写表格中的坐标数据，如图 13-11 所示。

（16）绘制 A3 图框和标题栏，将图框和标题栏缩放 150 倍布图，如图 13-12 所示。

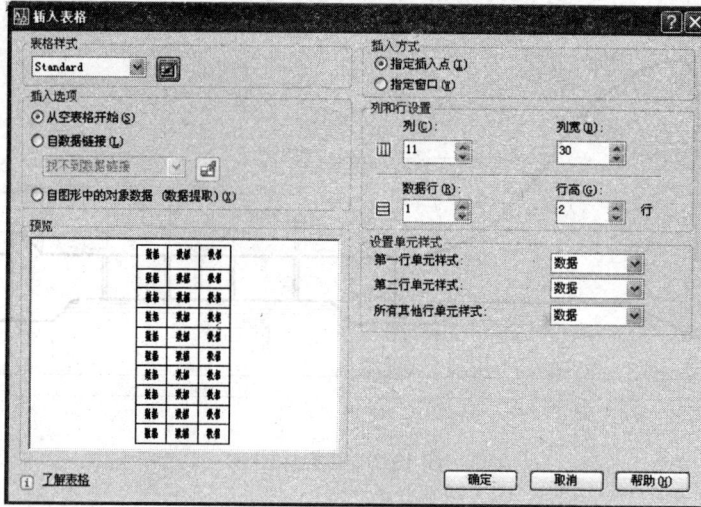

图 13-10　插入表格

坝 面 曲 线 坐 标　　　　　　　　　　　　单位: m

X\Y	x	1	2.75	3.50	4.75	5.75	6.50	7.20	8.00	9.00
	y	0	0.50	1.00	2.00	3.00	4.00	5.00	6.00	7.00

图 13-11　绘制并填注表格

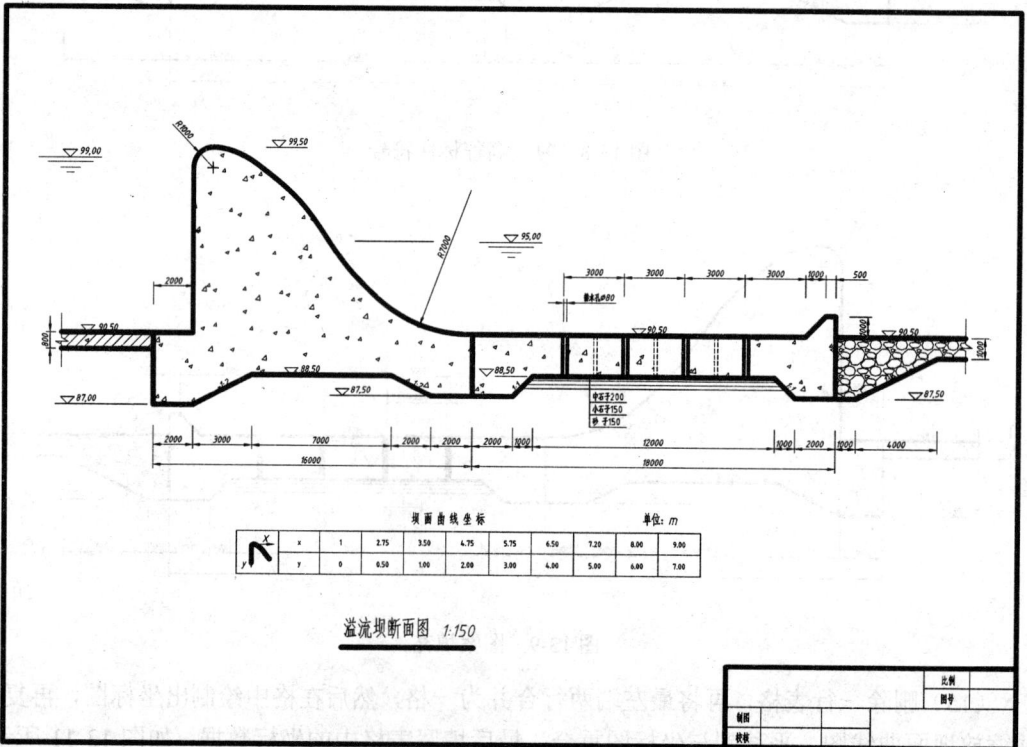

溢流坝断面图　1:150

图 13-12　插入并缩放 A3 图框

13.2　上机练习与指导

【练习 13.1】　绘制图 13-13 所示"混凝土坝工程图"。

绘图指导：

（1）启用"line"命令，输入起点 0，116（以米为单位，坐标原点位于图形下方 116m 处的对称线上，则 X 坐标值为直线端点到中心对称线的水平距离，Y 坐标值为高程值），则各端点的坐标值如图 13-14 所示。可依次输入各点的绝对坐标值绘出该图形。

（2）依次启用"复制"、"修剪"、"镜像"命令，编辑图形如图 13-15 所示。

（3）启用"坐标标注"命令，直接标注出各高程点的 Y 坐标。按标准绘制高程三角符号，复制到各高程值前面，完成高程标注，如图 13-15 所示。

【练习 13.2】　绘制图 13-16 所示土坝横断面图。

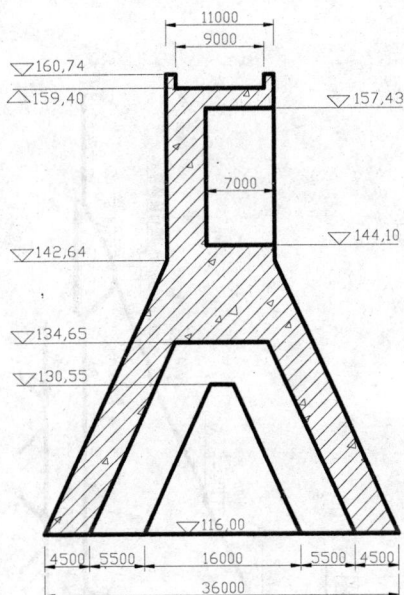

图 13-13　混凝土坝剖面图

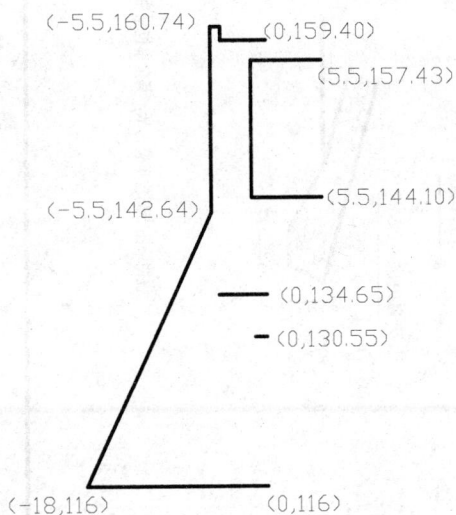

图 13-14　绘制各线段时输入的坐标

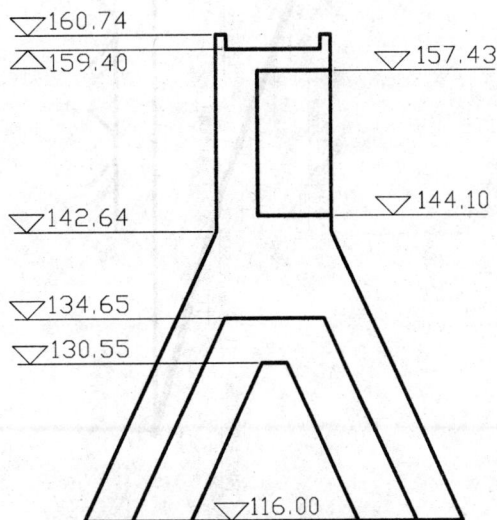

图 13-15　编辑图形、标注标高

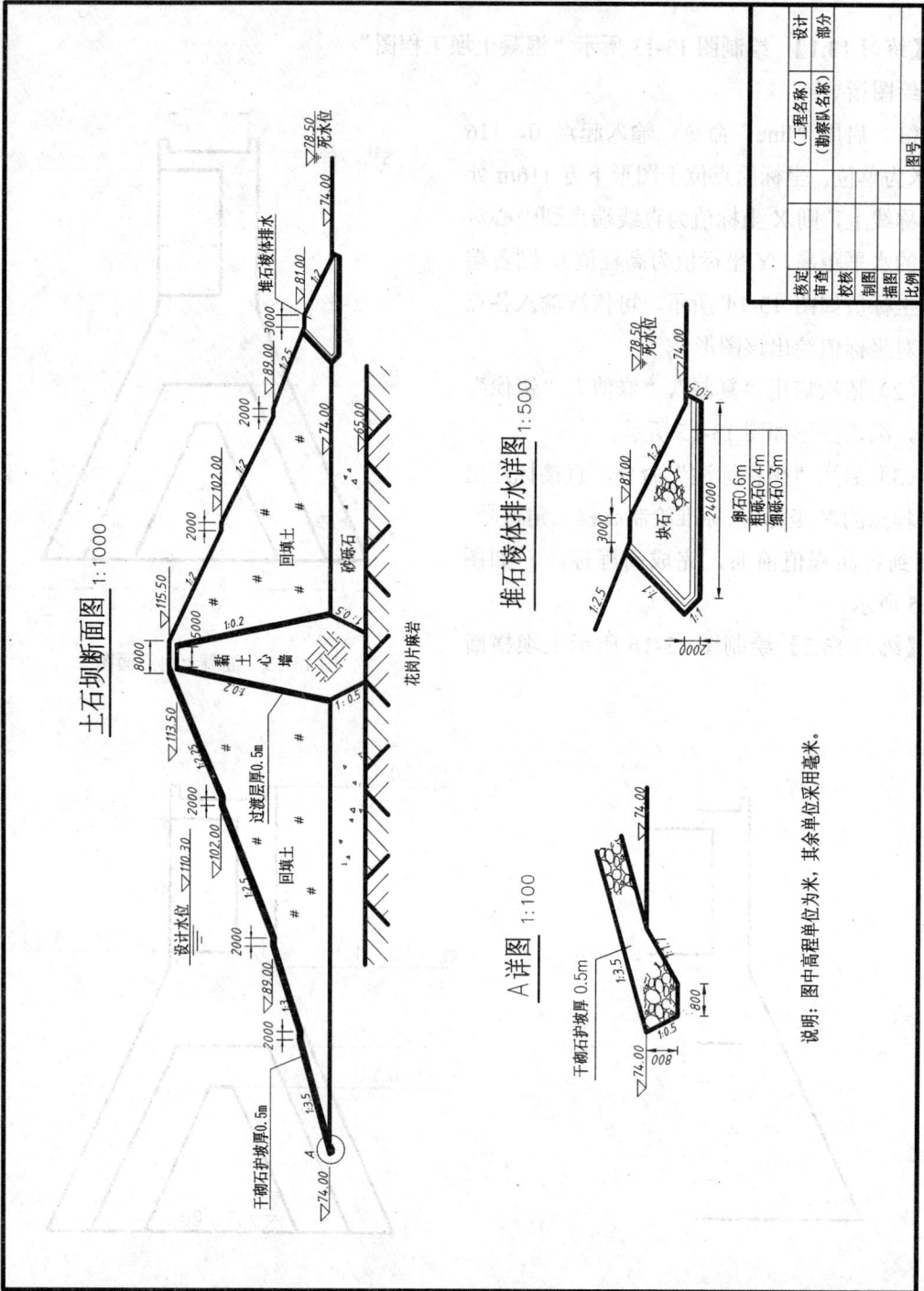

图 13-16　建筑平面图练习图例

绘图指导：

（1）绘制 0 高程构造线，然后按图上高程数值复制出所有的高程线，如图 13-17 所示。

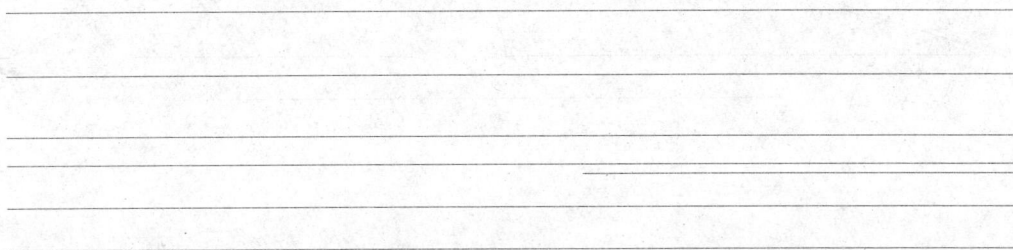

图 13-17　绘制高程线

（2）启用"多段线"命令，从高程 74.00m 线的左端点起绘制坡面轮廓线，如图 13-18 所示。绘制坡度线时，输入相对坐标绘制，如绘制 1∶3.5 的坡度线时，第二点输入值为 @3.5，1，然后再延伸该坡线到需要的高程，如果此时将"极轴角测量"设置为"相对上一段"，就可应用追踪功能连续作图。

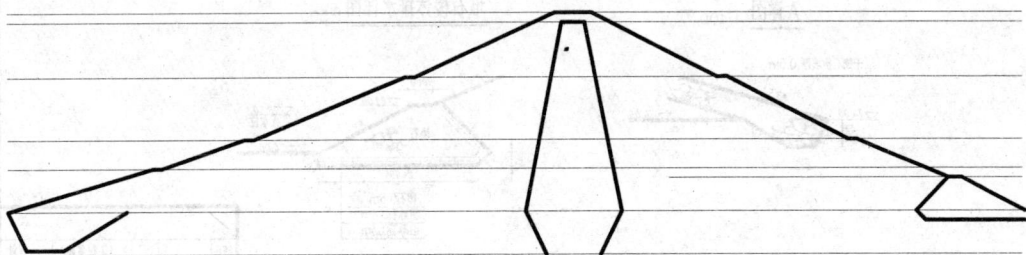

图 13-18　绘制坡度线

（3）应用"偏移"命令，按尺寸偏移轮廓线，再复制出详图轮廓线，缩放到图示比例，如图 13-19 所示。注意应将需偏移的轮廓线合并为一条，可减少修剪的工作量。

（4）新建标注样式，标注线性尺寸、高程尺寸；填充图案；注写文字；绘制符号；绘制图框和标题栏等，如图 13-20 所示。

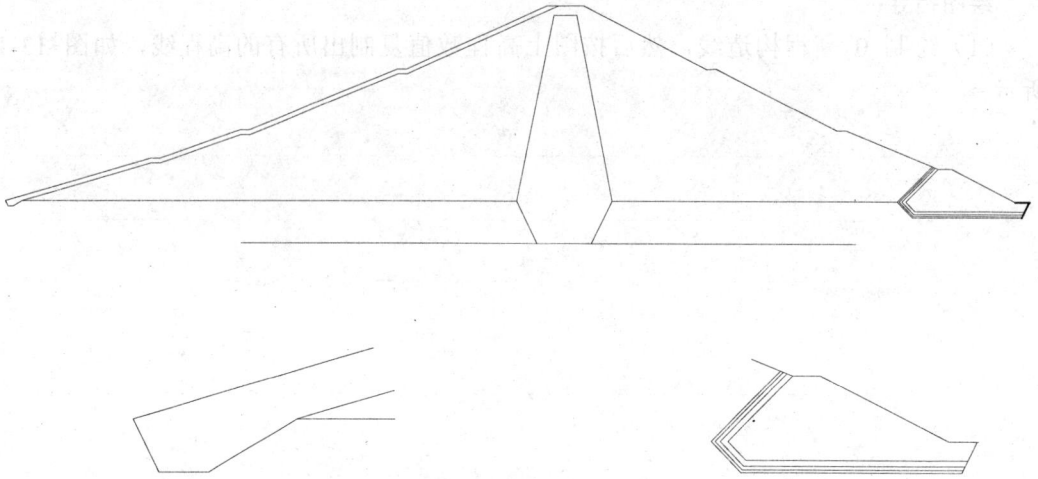

图 13-19　偏移轮廓线并复制详图

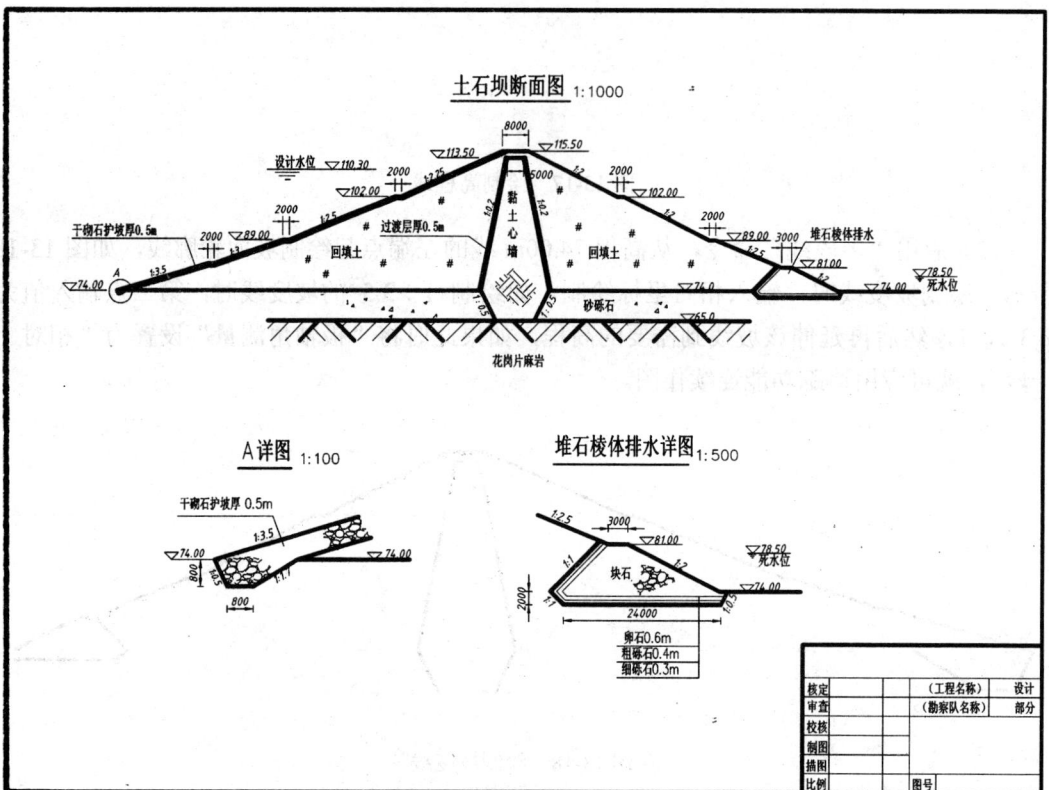

图 13-20　整理图形

【练习 13.3】　绘制图 13-21 所示水闸工程图。

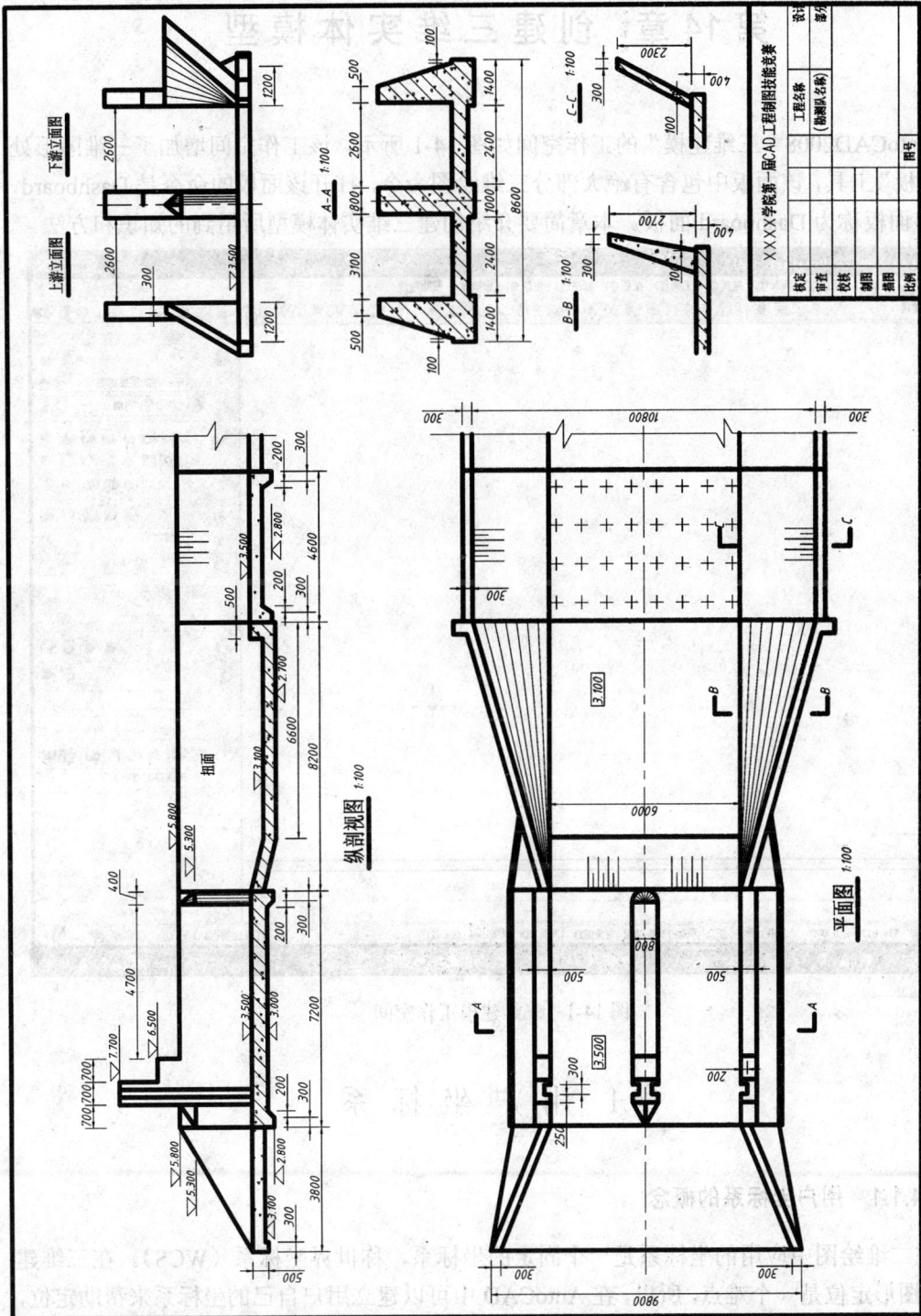

图 13-21　水闸工程图

第 14 章 创建三维实体模型

AutoCAD2008"三维建模"的工作空间如图 14-1 所示，该工作空间增加了三维图形处理"面板"工具，该面板中包含有绝大部分三维绘图命令，打开该面板的命令是 Dashboard，所以该面板称为 Dashboard 面板。本章简要介绍创建三维实体模型所用到的知识和方法。

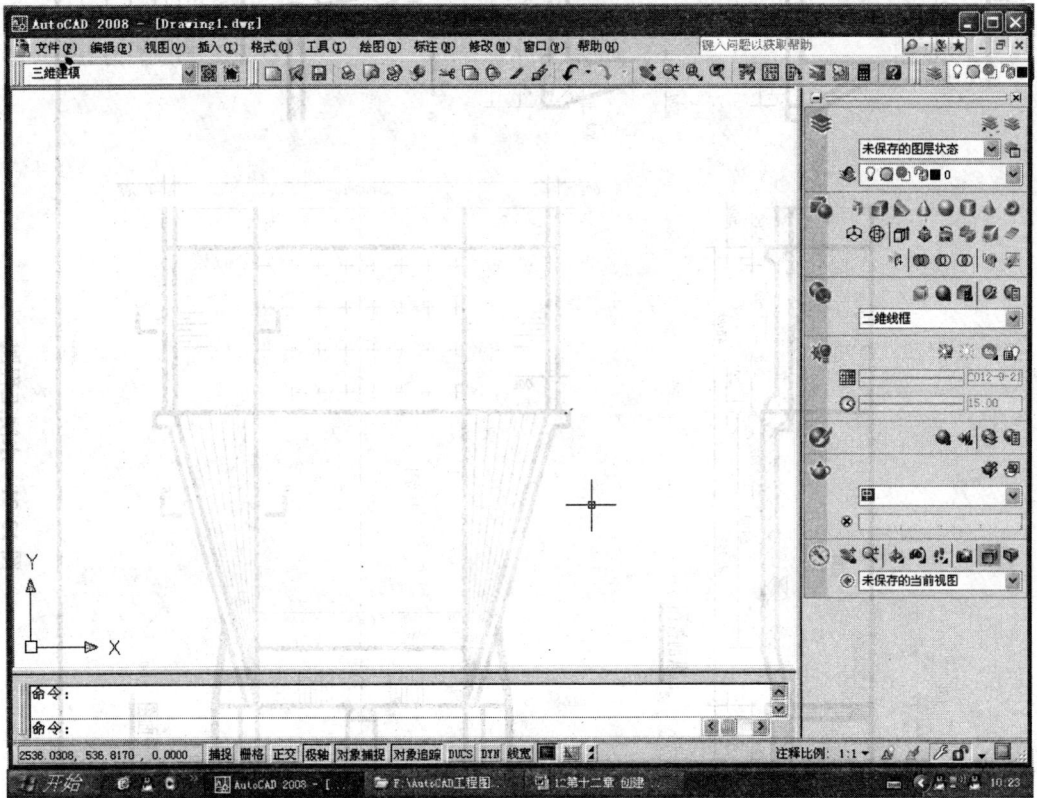

图 14-1　三维建模工作空间

14.1　用 户 坐 标 系

14.1.1　用户坐标系的概念

在二维绘图中应用的坐标系是一个固定的坐标系，称世界坐标系（WCS）。在三维建模中，图形定位是一个难点，所以，在 AutoCAD 中可以建立用户自己的坐标系来帮助定位，这个由用户创建的坐标系称为用户坐标系（UCS）。用户坐标系是绘制三维图形的重要工具。创建用户坐标系的对应命令为 UCS。

14.1.2　创建用户坐标系的操作步骤

（1）从命令行输入命令"UCS"，回车。

命令行提示：指定 UCS 的原点或[面(F)/命名(NA)/对象(OB)/上一个(P)/视图(V)/世界(W)/X/Y/Z/Z 轴(ZA)]<世界>:

（2）用鼠标或输入坐标值指定用户坐标系的新原点。

命令行提示：指定 X 轴上的点或<接受>:

（3）用鼠标或输入坐标值指定 X 轴的方向。

命令行提示：指定 XY 平面上的点或 <接受>:

（4）用鼠标或输入坐标值指定 XY 平面上点，用以确定 Y、Z 轴的方向。

14.1.3　创建用户坐标系的选项说明

（1）面（F）：将 UCS 与选定实体对象的面对正。用户坐标系的 X 轴与离单击点最近的边对正。

（2）命名（NA）：选择该选项后，命令行提示"输入选项[恢复（R）/保存（S）/删除（D）/?]:"，可恢复已命名的 UCS，或命名保存当前 UCS，或删除命名的 UCS。

（3）对象（OB）：根据选取的对象建立 UCS，新 UCS 的 XY 平面与绘制该对象时生效的 XY 平面平行。该选项不能用于三维实体。

（4）上一个（P）：恢复上一个被使用的 UCS。

（5）视图（V）：以垂直于观察方向（平行于屏幕）的平面为 XY 平面，建立新的坐标系。UCS 原点保持不变。

（6）世界（W）：将当前用户坐标系设置为世界坐标系。

（7）X/Y/Z/Z 轴（ZA）：绕指定轴旋转当前 UCS。

14.2　"视图"设置

　　视图就是观察图形的方向。在"视图"菜单中有许多设置视图的命令，在创建三维实体工作中，利用"视图"工具栏比较方便，"视图"工具栏包含有常用的 5 个基本视图和 4 个轴测视图，如图 14-2 所示。5 个基本视图分别是主视图、俯视图、左视图、右视图、仰视图。4 个轴测图分别是：西南等轴测、东南等轴测、东北等轴测、西北等轴测，也就是从对象本身的西南正上方、东南正上方、东北正上方、西北正上方观察对象，如图 14-3 所示。在三维绘图时，单击视图工具栏中的按钮，可以显示相应方向的视图，以利于绘制不同方位的三维实体。

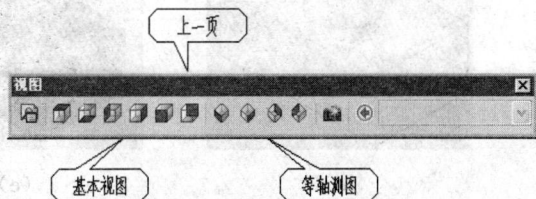

图 14-2　视图工具栏

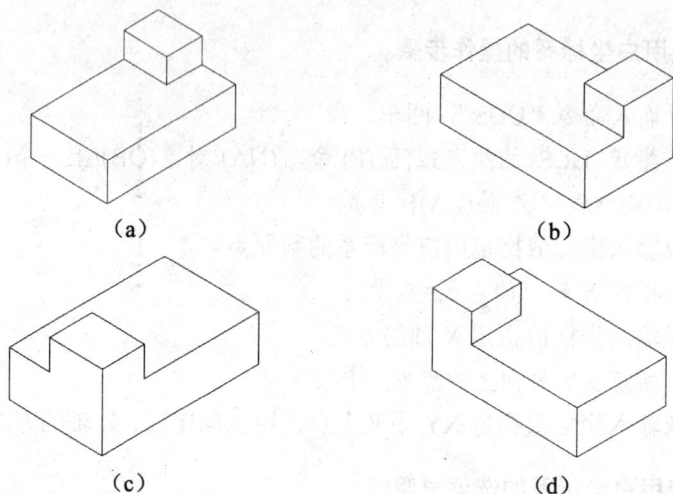

图 14-3　等轴测图的观察效果

（a）西南等轴测；（b）东南等轴测；（c）东北等轴测；（d）西北等轴测

14.3　控制三维视觉样式

　　显示三维图形时，AutoCAD2008 设计了"消隐"、"二维线框"、"三维线框"、"三维隐藏"、"真实"、"概念"、"渲染"等多种显示方式，以适应不同的观察需求。控制图形显示的命令集中在"视图"菜单的"视觉样式"子菜单中，如图 14-4（a）所示。图 14-4（b）～图 14-4（f）所示为执行"视觉样式"命令时图形显示的效果。

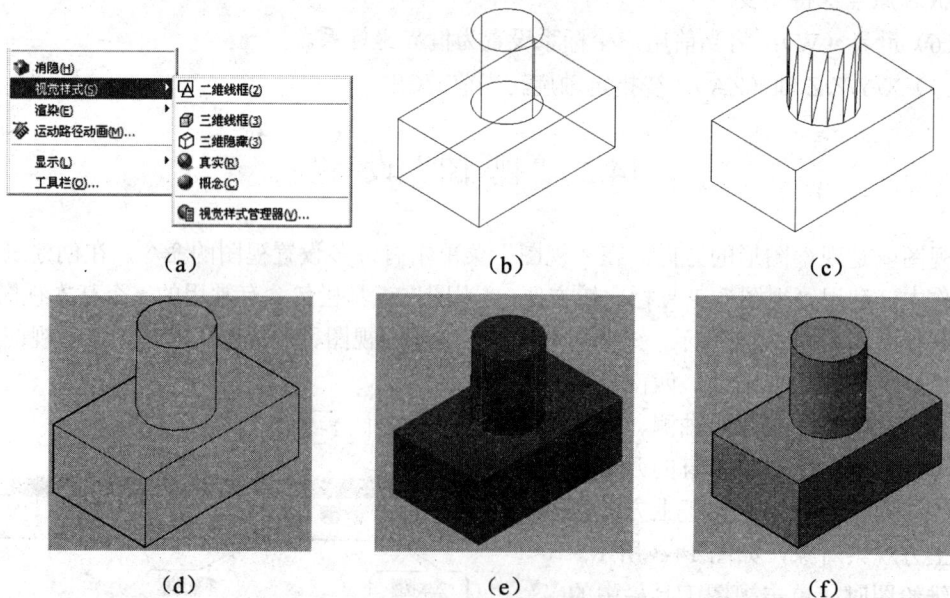

图 14-4　视觉样式命令与显示效果

（a）视觉样式命令；（b）二维线框；（c）消隐；（d）三维隐藏；（e）真实；（f）概念

14.4　创建三维实体

14.4.1　创建基本实体模型

打开"建模"工具栏，如图 14-5 所示，创建基本实体的命令都包含在"建模"工具栏中。

多段体　　楔体　　　圆球　　　圆环　　　螺旋　　　拉伸　扫掠　　　放样　　　　差集　　三维移动 三维对齐

长方体　　圆锥体　　圆柱体　　棱锥面　平面曲面 按住并拖动　旋转　　　并集　　交集　　三维旋转

图 14-5　"建模"工具栏

基本实体的创建一般有两个步骤：首先指定基本体的位置，然后指定绘制基本体所需的相应参数。抓住这个根本，那么所有的基本实体创建问题就非常容易了。下面，以一圆锥体为例来说明基本体的创建过程。

【例 14.1】　创建圆锥的三维实体，要求圆锥底面圆的圆心坐标（100，100，60），圆锥底面圆的直径为 60，圆锥高为 100。

操作步骤：

（1）启用"圆锥"命令。

命令行提示：指定底面的中心点或 [三点(3P)/两点(2P)/相切、相切、半径(T)/椭圆(E)]:

（2）输入底面圆的圆心坐标 100，100，60。

命令行提示：指定底面半径或 [直径(D)] <60.0000>:

（3）输入底面圆的直径 40。

命令行提示：指定高度或 [两点(2P)/轴端点(A)/顶面半径(T)] <80.0000>:

（4）输入圆锥的高度 120。绘出的圆锥如图 14-6 所示。

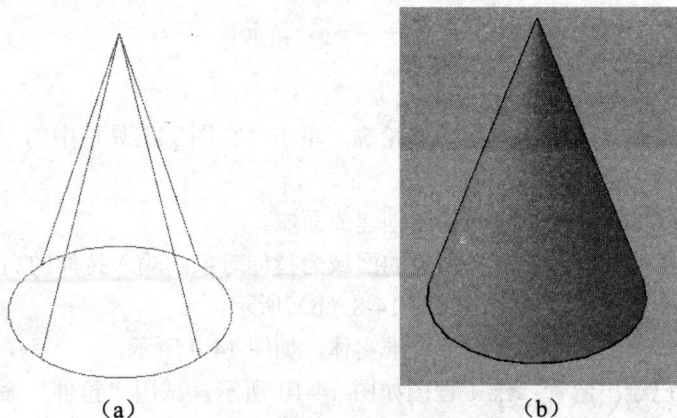

（a）　　　　　　　　　　　　　　　　（b）

图 14-6　绘制圆锥

（a）二维线框显示；（b）概念显示

14.4.2　创建拉伸实体

将二维对象看成一个截面，沿该截面的法向线或指定路径拉伸一定距离则生成三维拉伸实体。创建拉伸实体的命令在"建模"工具栏中，如图 14-5 所示。"拉伸"（Extrude）命令可以拉伸的二维对象包括：面域、封闭多段线、多边形、圆、椭圆、封闭样条曲线和圆环等。创建拉伸实体时，要遵循以下步骤：

（1）绘制二维封闭线框和不共面的路径。

（2）把线框生成边界或面域。

（3）应用"拉伸"命令生成实体。

【例 14.2】　"闸墩"二维工程图如图 14-7 所示，试用"拉伸"命令将其创建为三维实体模型。

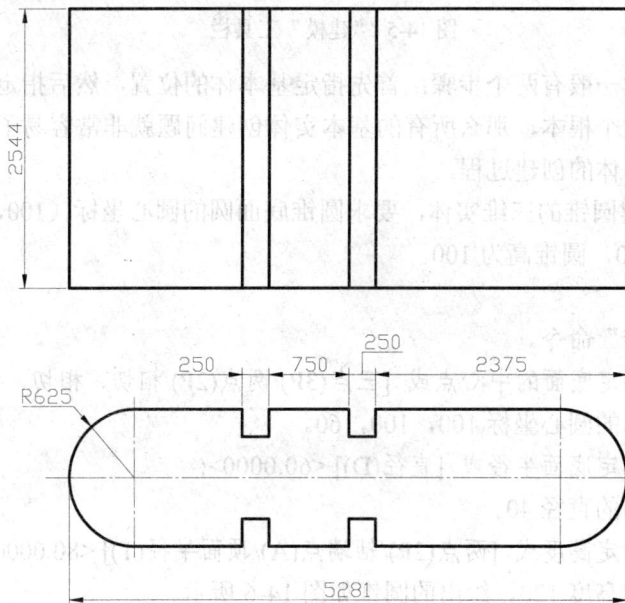

图 14-7　"闸墩"工程图

操作步骤：

（1）按尺寸绘制"闸墩"俯视图外轮廓，单击"视图"工具栏中的"西南等轴测"命令按钮，如图 14-8（a）所示。

（2）启用"面域"命令，将俯视图创建成面域。

（3）启用"拉伸"命令，选择创建的面域为拉伸对象，输入拉伸的高度 2544 后回车，则三维实体模型被创建。实体显示如图 14-8（b）所示。

（4）应用"概念"视觉样式显示三维实体，如图 14-9 所示。

【例 14.3】　已绘出弯管二维工程图如图 14-10 所示，试用"拉伸"命令将其创建为三维实体。

（1）打开"弯管"二维图形，删除 $\phi60$ 和 $\phi50$ 两个圆以外的所有图线。

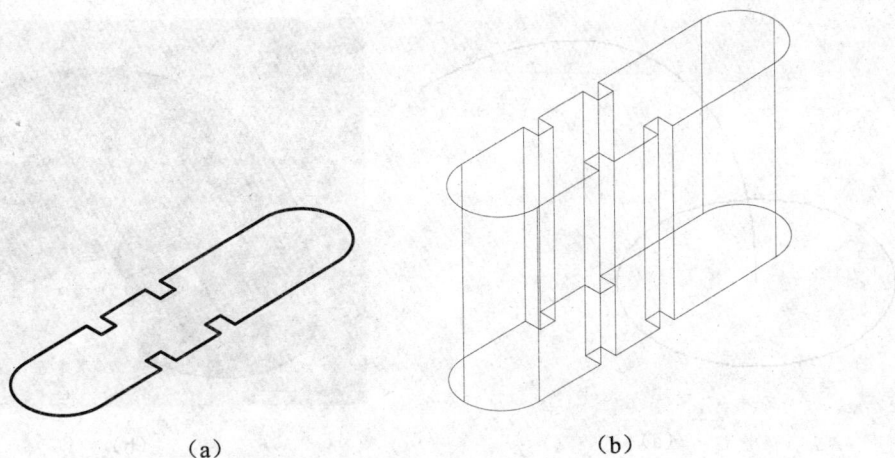

（a）　　　　　　　　　　　　　（b）

图 14-8　拉伸实体

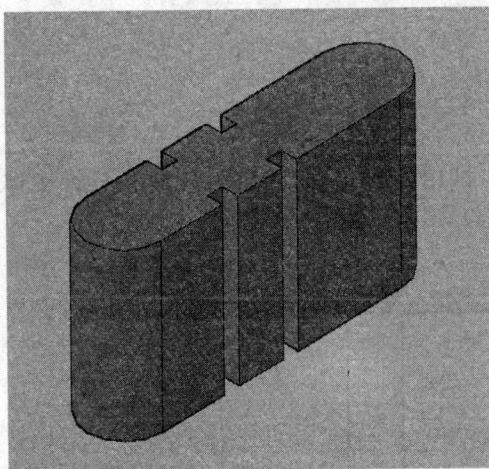

图 14-9　概念显示拉伸实体

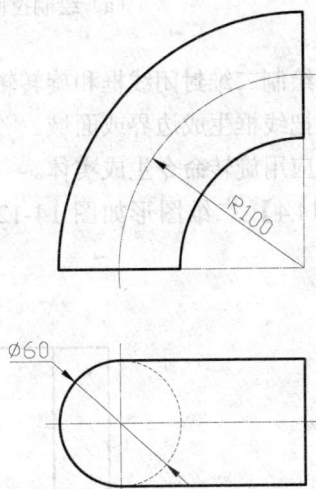

图 14-10　弯管工程图

（2）单击"视图"工具栏中的"主视图"按钮，按尺寸绘制 R100 的 1/4 圆弧，单击"视图"工具栏中的"东南等轴测"按钮，视图显示如图 14-11（a）所示。

（3）启用"面域"命令，将两圆创建成面域对象。再启用"建模"工具栏中的"差集"命令，创建两圆的差集面域。

（4）启用"拉伸"命令，选择"圆"为拉伸对象，再启用"路径"选项，选择圆弧为拉伸路径，则圆沿圆弧路径被拉伸为三维实体，如图 14-11（b）所示。

14.4.3　创建旋转实体

创建旋转实体与创建拉伸实体的方法基本相同，将二维图形对象看成半个纵剖面，沿轴线旋转一定的角度则生成三维旋转实体。创建旋转实体的命令也在"建模"工具栏中，如图 14-5 所示。"旋转"（Revolve）命令可以旋转的二维对象包括：面域、封闭多段线、多边形、圆、椭圆、封闭样条曲线和圆环等。创建旋转实体时，要遵循以下步骤：

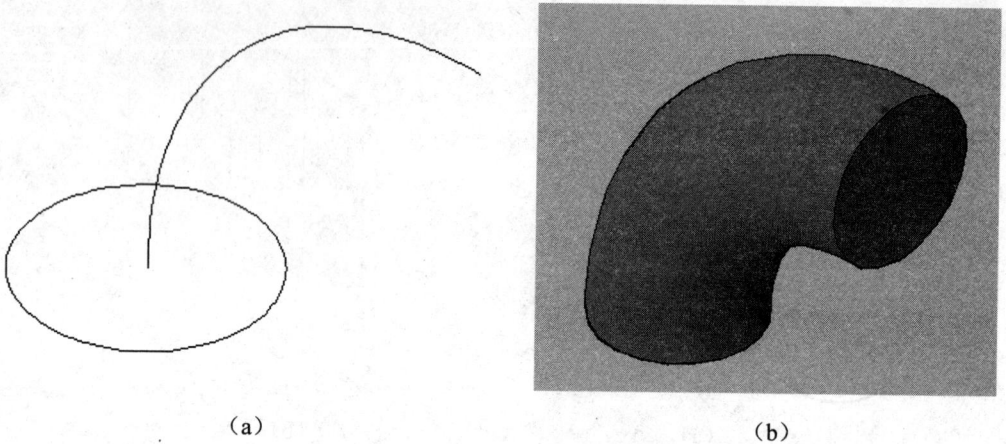

（a）　　　　　　　　　　　　　　　　　（b）

图 14-11　　沿路径拉伸实体

（a）绘制拉伸对象和路径；（b）拉伸实体显示

（1）绘制二维封闭线框和旋转轴线。

（2）把线框生成边界或面域。

（3）应用旋转命令生成实体。

【例 14.4】 二维图形如图 14-12 所示，试用"旋转"命令将其创建为三维实体模型。

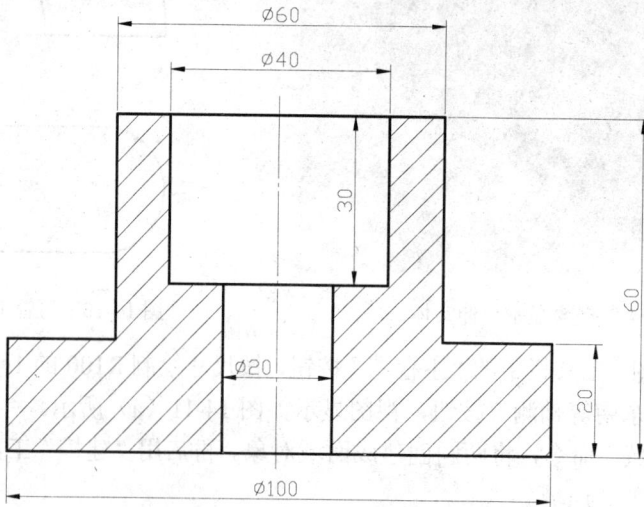

图 14-12　旋转建模图例

操作步骤：

（1）绘制半个断面图和轴线，如图 14-13（a）所示。

（2）将线框创建成"面域"对象，启用"旋转"命令，选择面域为旋转对象，指定轴线为旋转轴，则将面域旋转成三维实体，将视图设置为"东北等轴测"概念视觉样式显示，如图 14-13（b）所示。

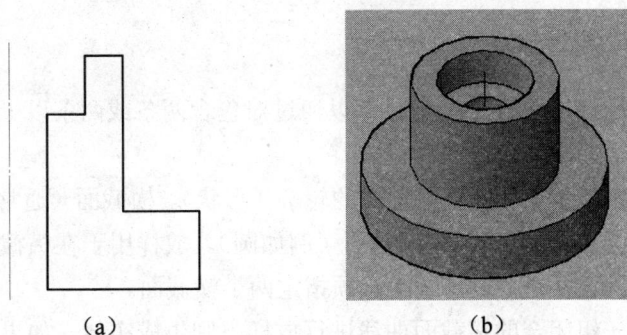

图 14-13　创建旋转实体模型

（a）绘制断面和旋转轴；（b）创建旋转实体

14.4.4　创建扫掠实体

"扫掠"（Sweep）命令用于沿指定路径以指定轮廓的形状（扫掠对象）绘制实体或曲面。开放或闭合的平面曲线都可以作为扫掠对象，但是这些对象必须位于同一平面中。开放或闭合的二维或三维曲线都可以作为扫掠路径。如果沿一条路径扫掠闭合的曲线，则生成实体。

扫掠与拉伸不同，沿路径扫掠轮廓时，轮廓将被移动并与路径垂直对齐，然后，沿路径扫掠该轮廓。

使用"扫掠"命令绘制三维实体时，当用户指定了封闭图形作为扫掠对象后，命令行显示："选择扫掠路径或[对齐（A）/基点（B）/比例（S）/扭曲（T）:"，在该命令提示下，可以直接指定扫掠路径来创建实体，也可以设置扫掠时的对齐方式、基点、比例和扭曲参数。其中，"对齐"选项用于设置扫掠前是否对齐垂直于路径的扫掠对象；"基点"选项用于设置扫掠的基点；"比例"选项用于设置扫掠的比例因子。当指定了参数后，扫掠效果与单击扫掠路径的位置有关。如图 14-14 所示是以圆为扫掠对象，圆弧为扫掠路径，设置比例因子为 2，创建的扫掠实体。

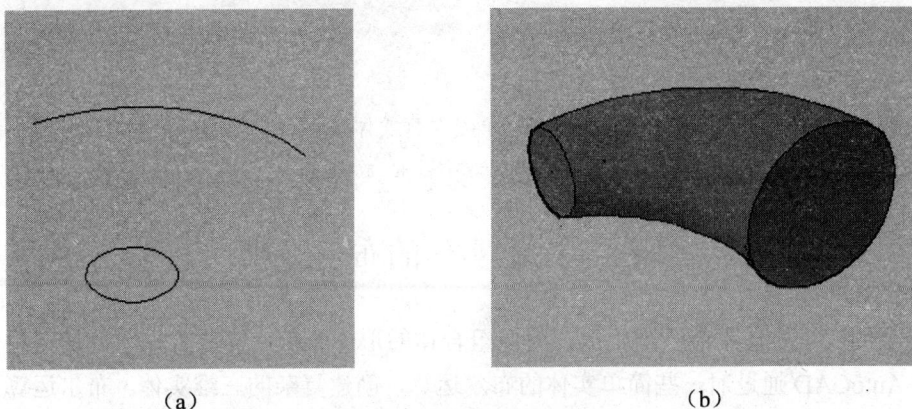

图 14-14　创建扫掠实体模型

（a）扫掠对象和路径；（b）扫掠实体

14.4.5　创建放样实体

使用"放样"（Loft）命令，可以通过对包含两条或两条以上横截面曲线的一组曲线进行放样来创建三维实体或曲面。

横截面定义了结果实体或曲面的轮廓（形状）。横截面（通常为曲线或直线）可以是开放的（例如圆弧），也可以是闭合的（例如圆）。放样用于在横截面之间的空间内绘制实体或曲面。使用放样命令时，至少必须指定两个横截面。

如果对一组闭合的横截面曲线进行放样，则生成实体。如果对一组开放的横截面曲线进行放样，则生成曲面。放样时使用的曲线必须全部开放或全部闭合。不能使用既包含开放曲线又包含闭合曲线的选择集。

在放样时，当依次指定了放样截面后，命令行显示："输入选项[导向（G）/路径（P）/仅横断面（C）]<仅横切断面>："，在该命令提示下，需要选择放样方式。其中，"导向"选项用于使用导向曲面控制放样，每条导向曲线必须与每一个截面相交，并且起始于第一个截面，结束于最后一个截面；"路径"选项用于使用一条简单的路径控制放样，该路径必须与全部或部分截面相交；"仅横截面"选项用于只使用截面进行放样，此时将打开"放样设置"对话框，从中可以设置放样横截面上的曲面控制选项。

如图 14-15 所示是以圆为放样对象，圆弧为放样路径，创建的放样实体模型。

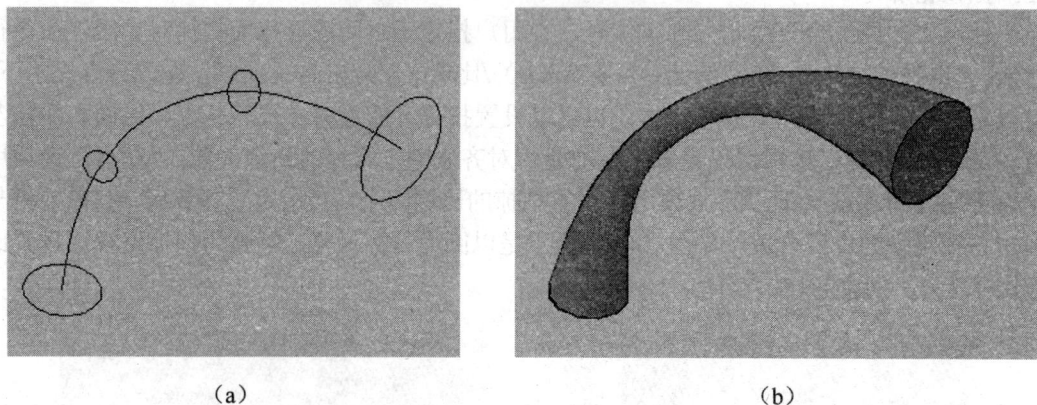

（a）　　　　　　　　　　　　　　　　　（b）

图 14-15　创建放样实体模型

（a）放样对象和路径；（b）放样实体

14.5　三维实体的布尔运算

复杂的三维实体不能一次生成，就像组合体的形体分析，需要叠加、挖切等组合形式一样。AutoCAD 通过对一些简单实体的布尔运算，创建复杂的三维实体。布尔运算命令有"并集"、"差集"和"交集"。布尔运算针对面域和实体进行。

图 14-16 所示为两相交圆柱实体执行"并集"、"差集"和"交集"命令的结果。

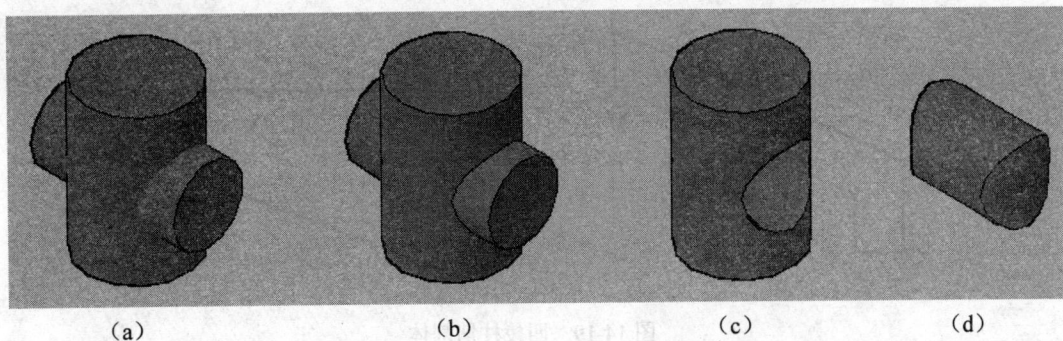

（a） （b） （c） （d）

图 14-16 执行"布尔运算"命令的结果

（a）原图形；（b）并集；（c）差集；（d）交集

【例 14.5】 根据图 14-17 所示物体的两视图创建其三维实体模型。

操作步骤：

（1）应用"长方体"命令，创建底面边长分别为 22，高为 30 的四棱柱；再应用"旋转"命令将其旋转 45°。

（2）将视图界面转换到主视图视口，应用"长方体"命令，创建底面边长分别为 17 和 14，高为 60 的四棱柱。

（3）将视图界面转换到"西南等轴测"视口，应用"移动"命令，将两长方体移动到图 14-18（a）所示位置。

（4）对两棱柱体执行"差集"命令，得到如图 14-18（b）所示三维实体模型。

【例 14.6】 根据图 14-19 所示物体的两视图创建其三维实体模型。

操作步骤：

（1）将视图界面转换到"主视"视口，按尺寸绘制挡土墙的主视图，并创建为面域，再应用"拉伸"命令，将其拉长为 28，得到实体如图 14-20（a）所示。

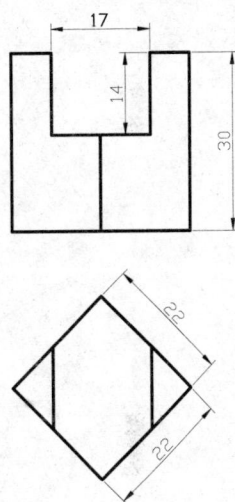

图 14-17 四棱柱切割体

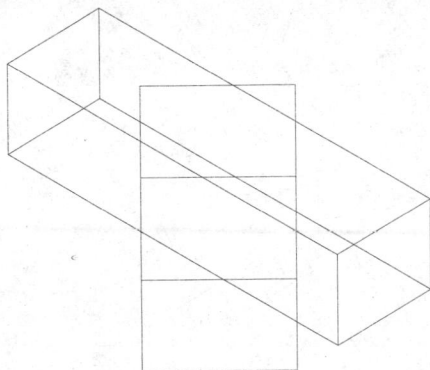

（a）

（b）

图 14-18 四棱柱切割体三维实体模型创建

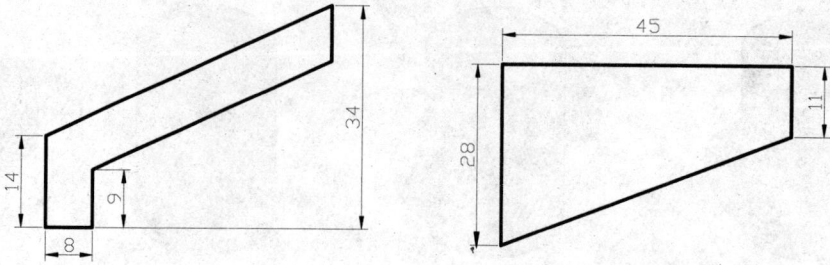

图 14-19   四棱柱切割体

（2）将视图界面转换到"俯视"视口，按尺寸绘制挡土墙的俯视图，并创建为面域，再应用"拉伸"命令，将其拉高为 34，得到实体如图 14-20（b）所示。

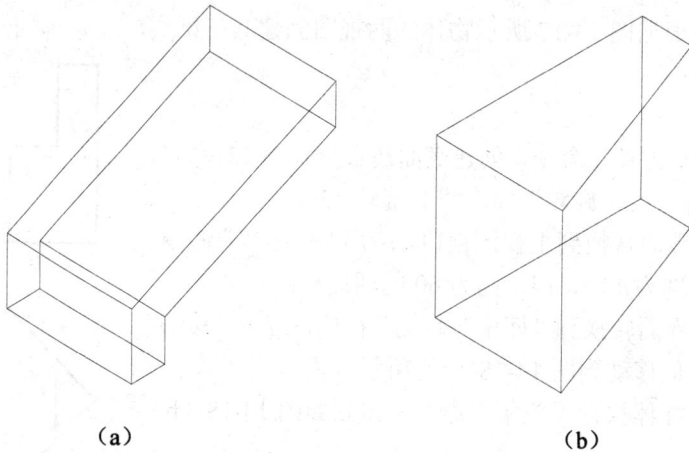

（a）   （b）

图 14-20   创建四棱柱切割体主视和俯视实体

（3）将视图界面转换到"西南等轴测"视口，应用"移动"命令，将两实体移动到图 14-21（a）所示位置，对其应用"交集"命令，得到图 14-21（b）所示挡土墙实体模型。

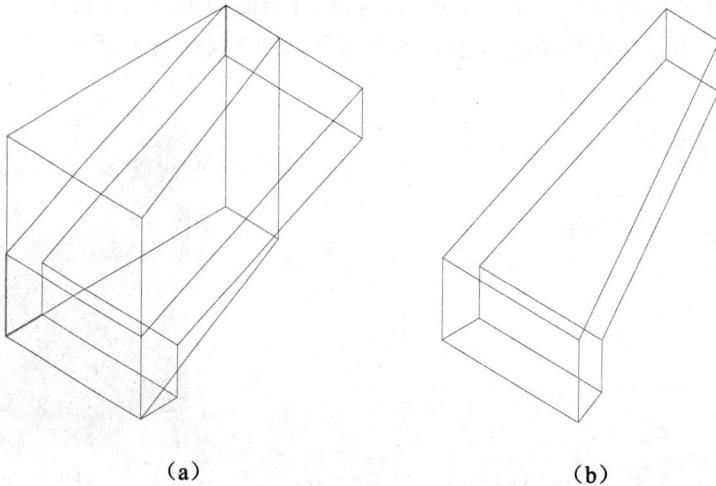

（a）   （b）

图 14-21   创建四棱柱切割体实体模型

14.6 三 维 操 作

"三维操作"命令在"修改"菜单中"三维操作"子菜单中，如图 14-22 所示。包含移动、旋转、对齐、镜像、阵列等命令，这些命令与二维编辑命令意义相同，操作上略为复杂。下面就主要的"三维操作"命令的要点作一介绍。

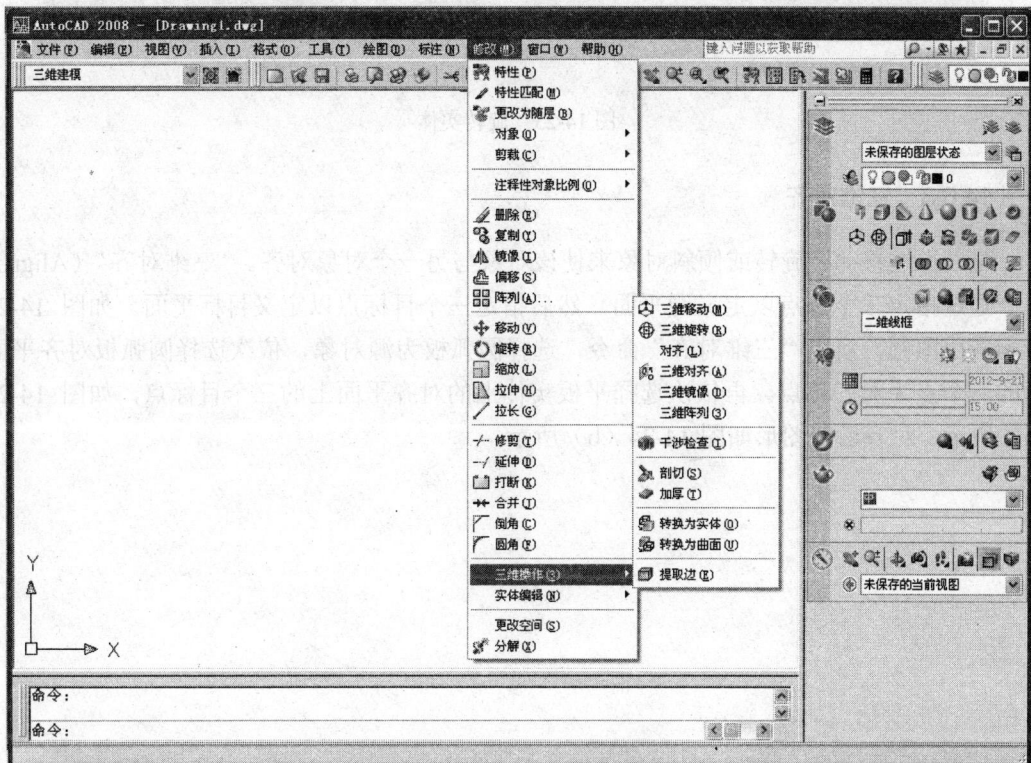

图 14-22 三维操作菜单

14.6.1 三维移动

执行"三维移动"（3DMove）命令时，首先需要指定一个基点，然后指定第二点即可移动三维对象。二维"移动"编辑命令也可以移动三维实体。

14.6.2 三维旋转

执行"三维旋转"（3DRotate）命令时，可以使实体绕任一坐标轴旋转一指定角度。

应用"三维旋转"命令可以将图 14-23（a）中的圆柱体旋转到图 14-23（b）所示与底板处于垂直位置。

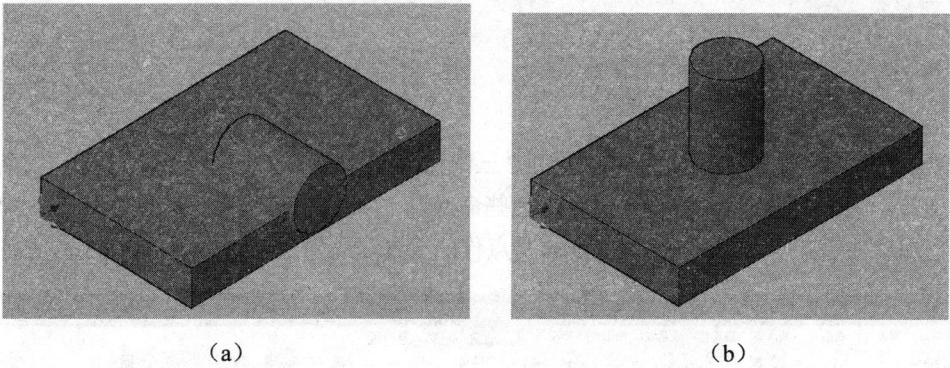

（a） （b）

图 14-23 旋转实体

14.6.3 三维对齐

可以通过移动、旋转或倾斜对象来使该对象与另一个对象对齐。"三维对齐"（Align）命令通过指定三个源点以定义源平面，然后指定三个目标点以定义目标平面。如图 14-24 所示应用图例，启用"三维对齐"命令，选择圆弧板为源对象，依次选择圆弧板对齐平面上的三个点为对齐源点，再依次选择平板实体上的对齐平面上的三个目标点，如图 14-24（a）所示。对齐后的图形如图 14-24（b）所示。

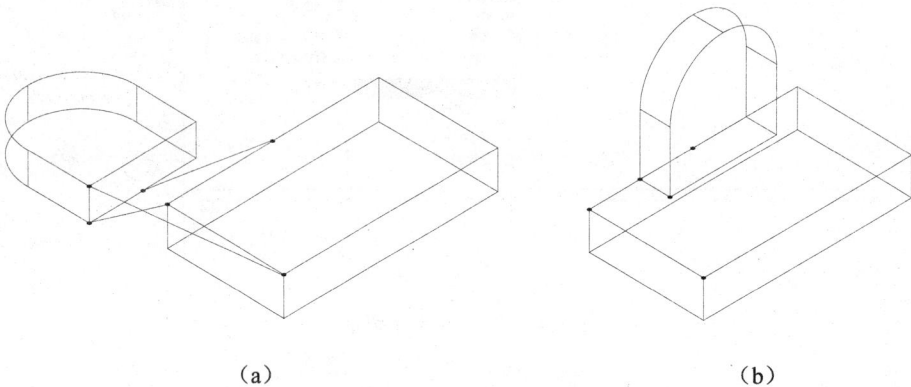

（a） （b）

图 14-24 对齐实体

（a）原图；（b）对齐图

14.6.4 三维镜像

执行"三维镜像"（Mirror3D）命令可以将指定对象相对于某一平面镜像。镜像平面可以由三个点来指定，也可以通过指定点和坐标平面来指定，也可以用绘制的二维多段线对象所在的平面作为镜像平面。如图 14-25 所示应用图例，启用"三维镜像"命令，选择要镜像的对象，指定图 14-25（a）所示图形中的的标记点为镜像平面上的三点，则镜像完成，如图 14-25（b）所示。

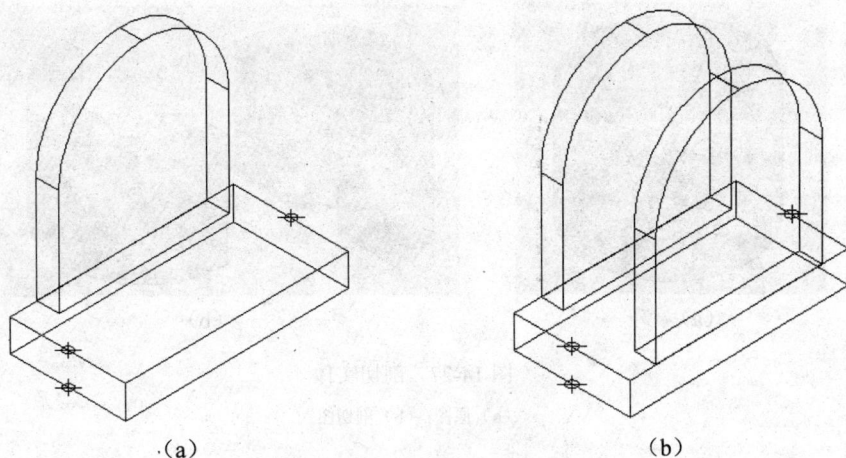

图 14-25　镜像三维实体

14.6.5　三维阵列

执行"三维阵列"（3DArray）命令，可以在三维空间中创建对象的矩形阵列或环形阵列。

对于矩形阵列除了指定列数（X 方向）和行数（Y 方向）以外，还要指定层数（Z 方向）。行间距、列间距、层间距的正负与坐标轴的方向有关。

对于环形阵列，在操作上与二维图形的环形阵列操作基本相同，所不同是三维环形阵列需要指定阵列的旋转轴。应用三维环形阵列和矩形阵列命令，可以将图 14-26（a）所示三维实体图形阵列为图 14-26（b）所示三维实体图形。

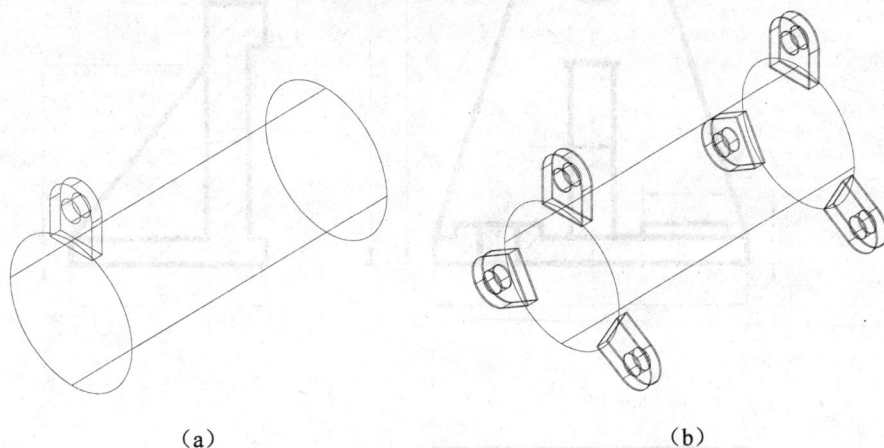

（a）　　　　　　　　　　　　　　　　（b）

图 14-26　阵列实体

（a）原图；（b）阵列图

14.6.6　三维剖切

执行三维"剖切"命令可以用指定的平面剖开三维实体。可以通过指定三个点，使用曲面、其他对象、当前视图、Z 轴，或者 XY 平面、YZ 平面或 ZX 平面来定义剪切平面。

使用"三维剖切"命令可以将图 14-27（a）所示实体剖切为图 14-27（b）所示的实体。

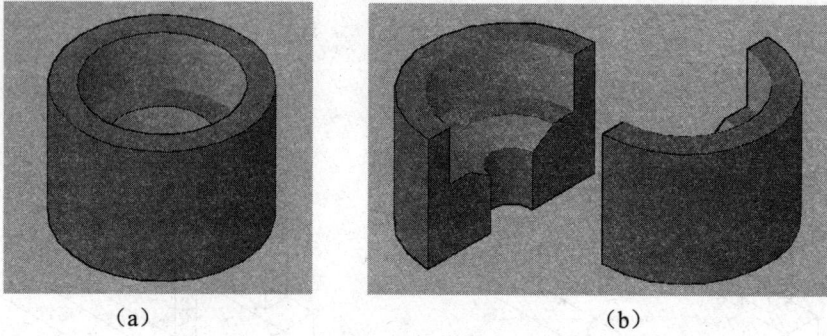

(a) (b)

图 14-27 剖切实体

(a) 原图；(b) 剖切图

14.7 创建三维实体模型实例

在掌握了基本的建模方法后，可以应用建模技术创建较简单的工程模型。本节通过建模实例说明创建三维实体模型的系统过程。

【例 14.7】 利用图 14-28 所示的"轴承支架"二维平面图形，创建其三维实体模型。

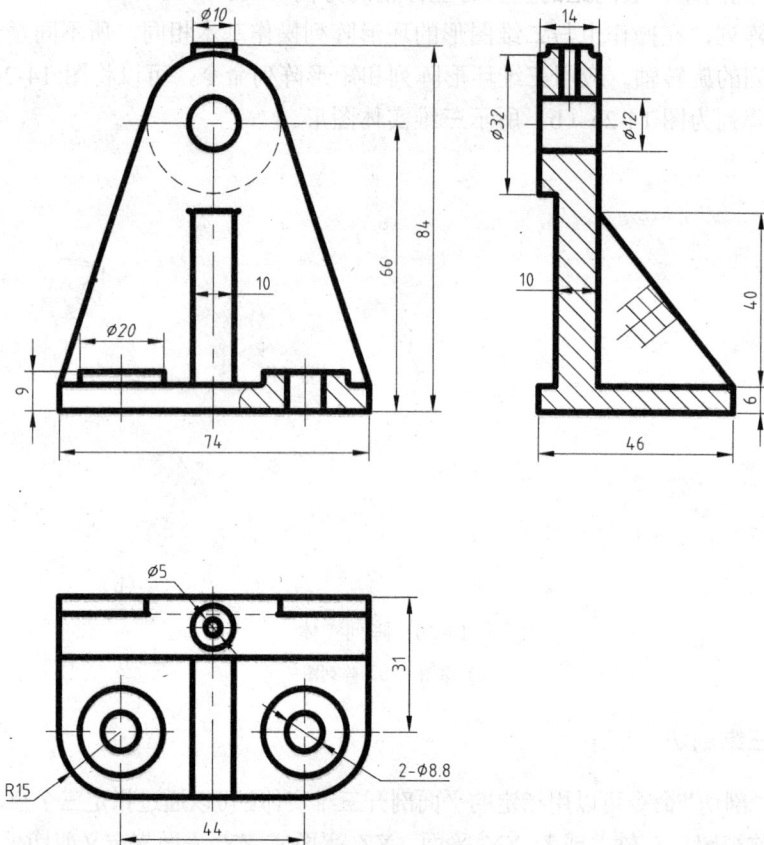

图 14-28 轴承支架

操作步骤：

（1）将视图置为俯视图，绘制底板的外轮廓线和底板上 $\phi20$ 和 $\phi8.8$ 的圆，并创建成面域，如图 14-29 所示，然后将底板拉伸高度为 6，将 $\phi20$ 和 $\phi8.8$ 的圆拉伸高度为 9，再并集底板和 $\phi20$ 圆柱实体，差集底板和 $\phi8.8$ 圆柱实体，创建出底板实体，其概念视觉样式显示如图 14-30 所示。

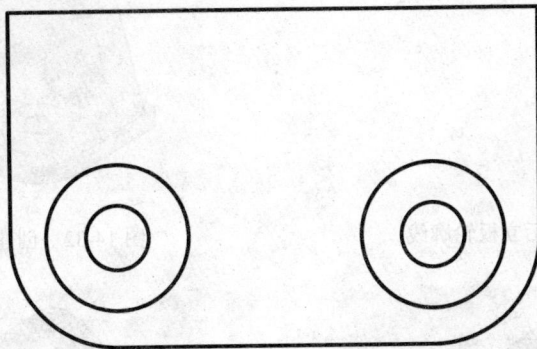

图 14-29　绘制底板平面轮廓线

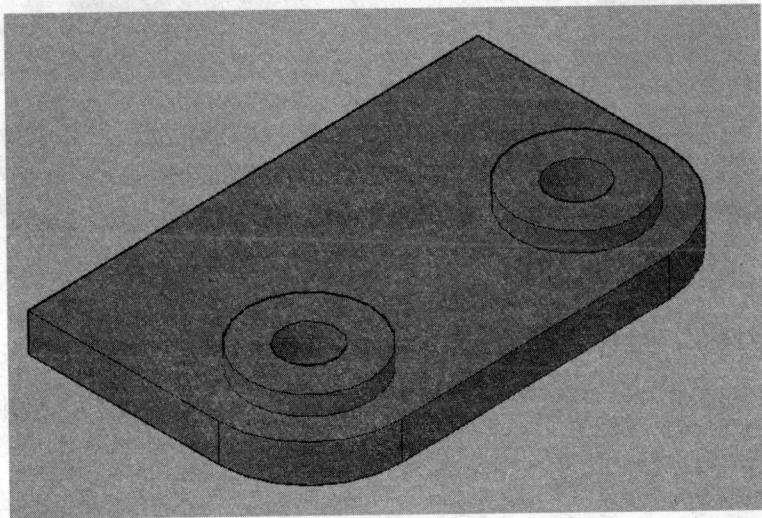

图 14-30　创建底板实体

（2）将视图置为主视图，绘制立板的外轮廓线和立板上 $\phi12$ 和 $\phi32$ 的圆，并创建成面域，如图 14-31 所示，然后将立板拉伸高度为 −10，将 $\phi12$ 和 $\phi32$ 的圆拉伸高度为 −14，并应用"移动"命令将立板和两圆柱实体移动到距底板后边缘为 4 的位置，如图 14-32 所示。

（3）将视图置为左视图，绘制前面三角形肋板的平面形状，并拉伸高度为 10，其"概念"视觉样式显示如图 14-33 所示。

（4）启用"UCS"命令，将新建 UCS 的原点置于底板的后边缘的中点，Z 轴向上。启用"圆柱"命令，输入中心点坐标为 0，7，60，半径为 5，高度为 18，创建上部 $\phi10$ 的圆柱。再次启用"圆柱"命令，输入中心点坐标为 0，7，60，半径为 2.5，高度为 18，创建上部 $\phi5$ 的圆柱，其"概念"显示如图 14-34 所示。

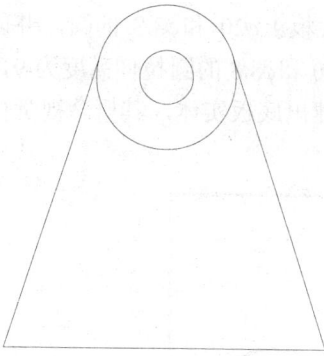

图 4-31　绘制后立板轮廓线

图 14-32　创建后立板实体

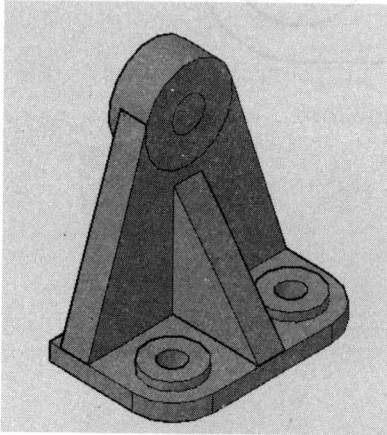

图 14-33　创建肋板实体

图 14-34　创建上部圆台实体

（5）启用"并集"和"差集"命令，对实体进行布尔运算，则轴承支架实体创建完成，如图 14-35 所示。

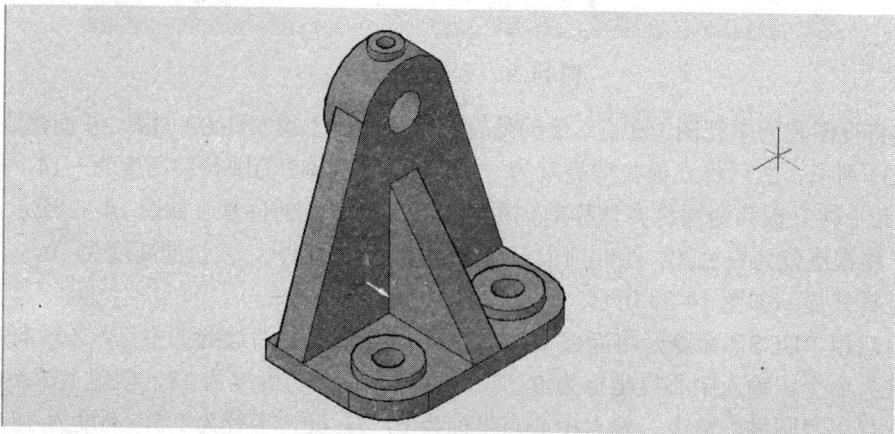

图 14-35　轴承支架实体

【例 14.8】 创建图 14-36 所示楼房屋顶相贯体的三维实体模型。

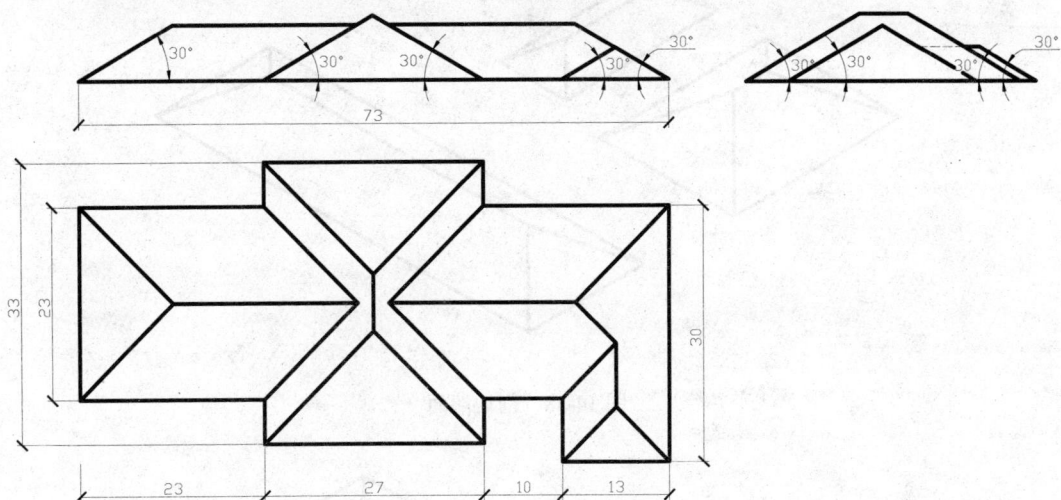

图 14-36　楼房房顶相贯体三视图

操作步骤：

（1）在左视图视口，按尺寸创建高为 73 的三棱柱实体；在主视图视口，按尺寸创建高为 33 和 30 的三棱柱实体，如图 14-37 所示。

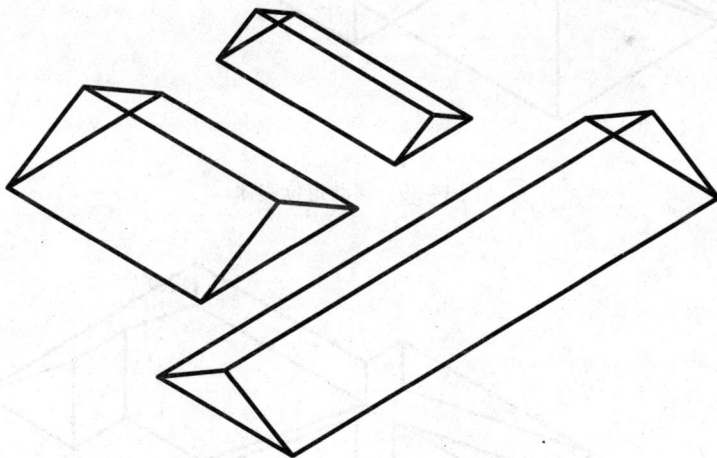

图 14-37　创建基本实体

（2）在主视图视口，应用三维"剖切"命令，启用"Z 轴"选项，剖切 30° 斜面。在左视图视口，同样方法剖切另外两三棱柱的 30° 斜面，如图 14-38 所示。

（3）应用"移动"命令，将三棱柱按尺寸要求移动到正确位置，如图 14-39 所示。

（4）应用"交集"命令，将三棱柱合并一体，如图 14-40 所示。其视觉样式概念显示如图 14-41 所示。

图 14-38　剖切端面

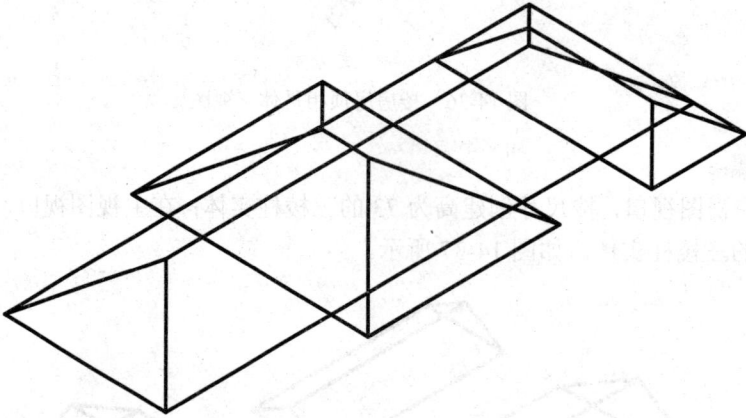

图 14-39　移动定位实体

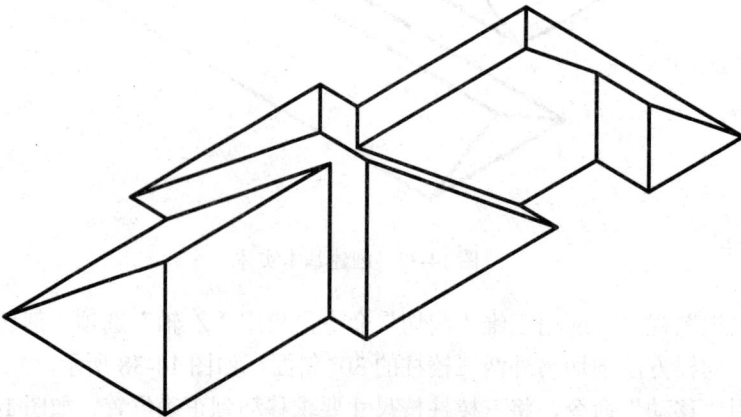

图 14-40　组合实体

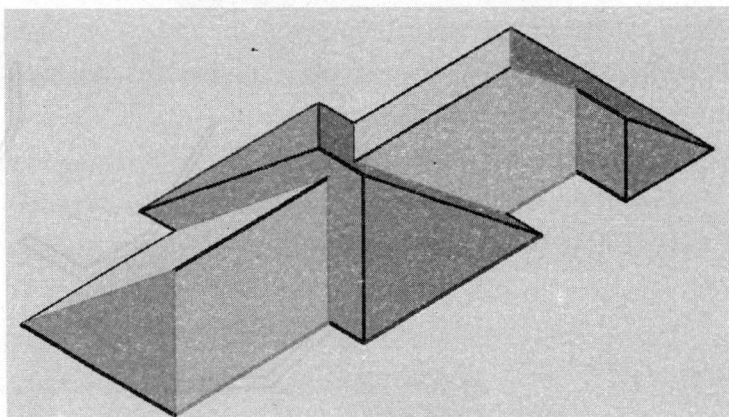

图 14-41　概念样式显示实体模型

【例 14.9】　创建图 14-42 所示水工建筑物的三维实体模型。

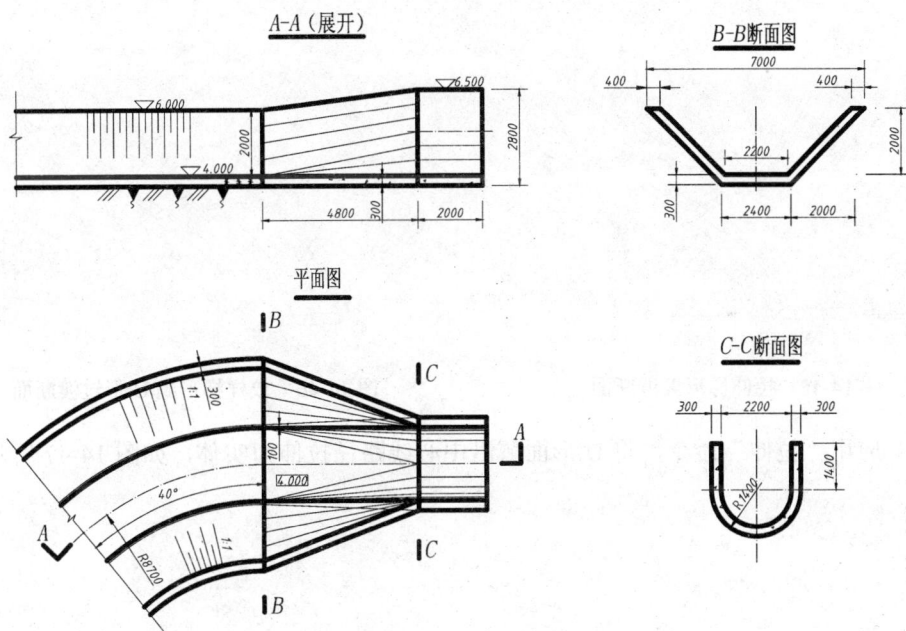

图 14-42　水利工程图

操作步骤：

（1）在俯视图中绘制平面图中的中心线如图 14-43 所示。

（2）在左视图中绘制 C—C、B—B 断面图，并旋转和移动断面图到与中心线垂直的位置，如图 14-44 所示。

（3）将所有断面建成面域，应用"拉伸"命令，将梯形面域沿弧形中心线路径拉伸为实体，如图 14-45 所示。

（4）应用"放样"命令，将梯形和 U 形面域沿中心线路径放样为实体，如图 14-46 所示。

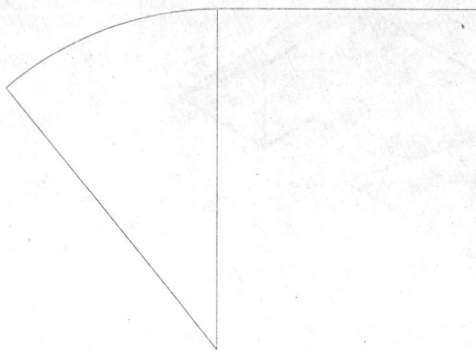

图 14-43　绘制中心线

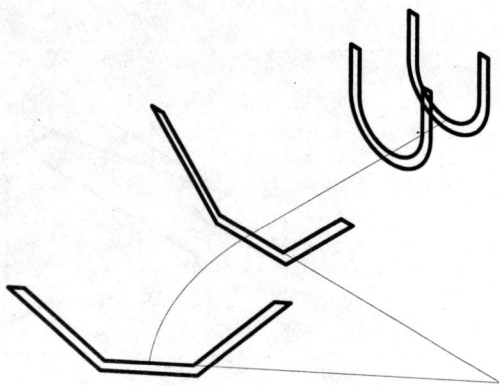

图 14-44　绘制断面图

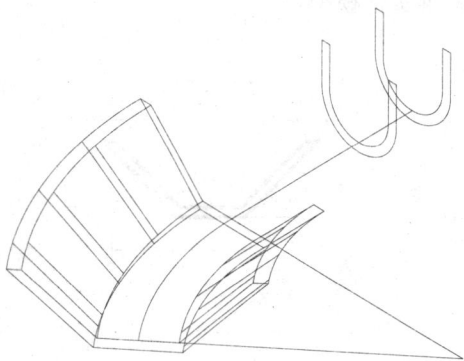

图 14-45　拉伸梯形渠道断面

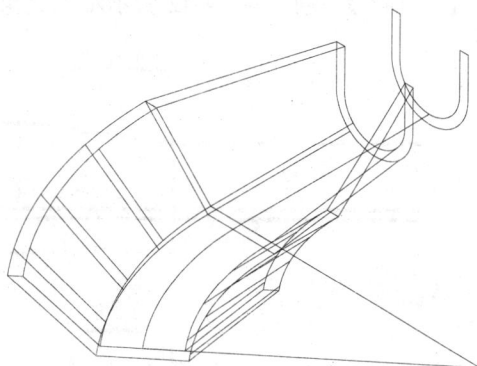

图 14-46　放样梯形到 U 形过渡断面

（5）应用"拉伸"命令，将 U 形面域沿中心线路径拉伸为实体，如图 14-47 所示。

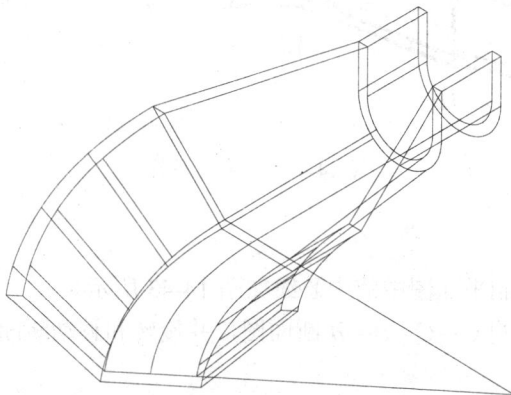

图 14-47　拉伸 U 形断面

（6）应用"概念"视觉样式显示三维实体模型，如图 14-48 所示。

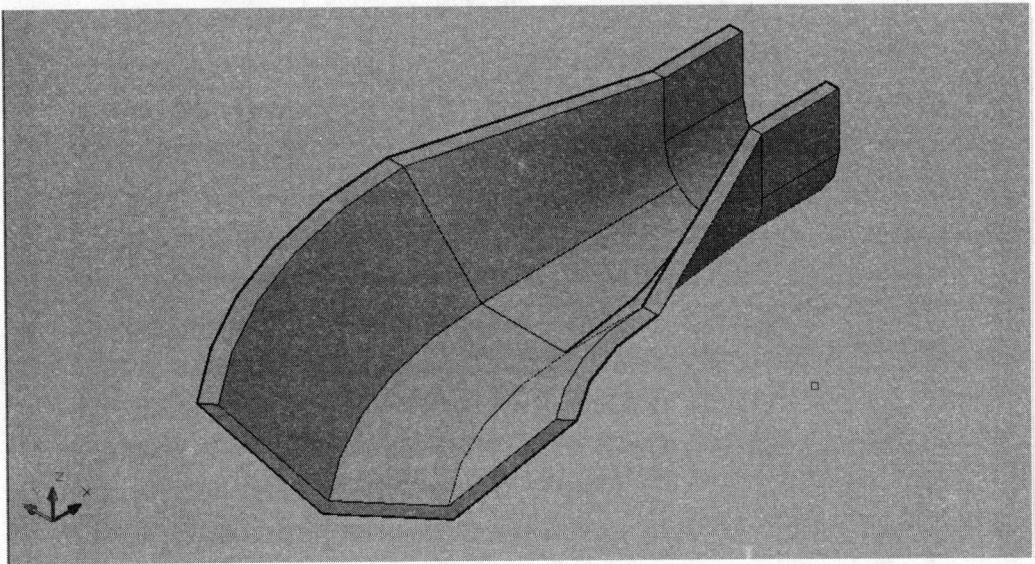

图 14-48　概念视觉样式显示实体

14.8　思　考　与　练　习

14.8.1　选择题

（1）下面_____命令不能创建四棱台实体。

　　（A）基本实体命令　　　　　　　　　　（B）拉伸命令

　　（C）扫掠命令　　　　　　　　　　　　（D）放样命令

（2）下面_____命令不能创建圆台实体

　　（A）旋转命令　　　　　　　　　　　　（B）拉伸命令

　　（C）扫掠命令　　　　　　　　　　　　（D）放样命令

（3）在对齐三维实体时，选择_____组对齐点。

　　（A）1　　　　　　　　　　　　　　　（B）2

　　（C）3　　　　　　　　　　　　　　　（D）4

14.8.2　思考题

（1）在三维建模过程中，新建 UCS 是为了什么？

（2）执行布尔运算的差集命令时，选择对象有先后顺序吗？

（3）对三维实体能不能倒圆角，使用哪个命令？

（4）在 AutoCAD 中可以剖切三维实体创建剖视图样式的实体，用哪个命令？怎样操作？

14.8.3　上机练习与指导

【练习 14.1】　创建图 14-49 所示三棱锥和图 14-50 所示六棱柱的三维实体模型。

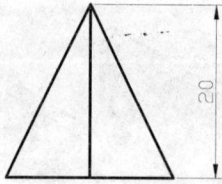

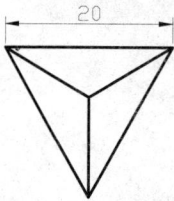

图 14-49　三棱锥　　　　　　　图 14-50　六棱柱

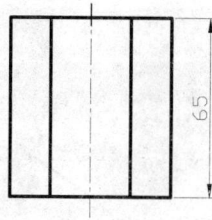

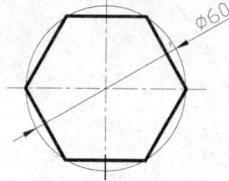

【练习 14.2】　根据图 14-51 主、左视图，应用拉伸实体命令，创建其三维实体模型。

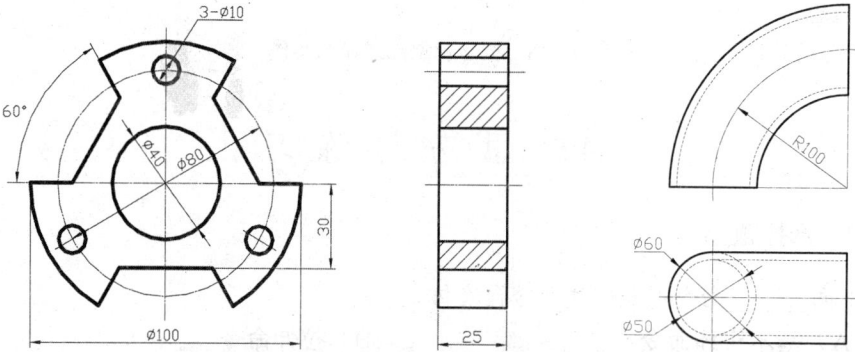

图 14-51　创建拉伸实体练习

【练习 14.3】　应用旋转命令，创建图 14-52 所示空心圆柱的三维实体模型。

【练习 14.4】　创建图 14-53 所示圆柱切割体三维实体模型。

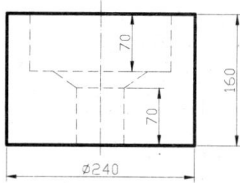

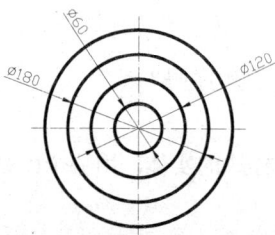

图 14-52　创建旋转实体练习　　　　　图 14-53　创建圆柱切割实体练习

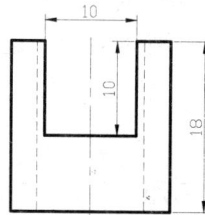

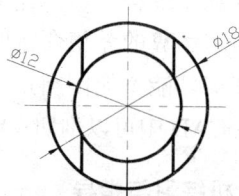

【练习 14.5】 创建图 14-54 所示平面切割体三维实体模型。

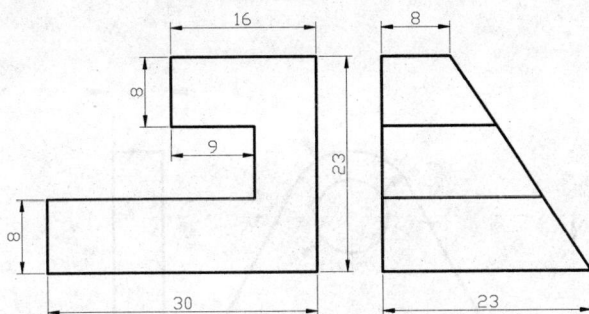

图 14-54 创建平面切割实体练习

【练习 14.6】 创建图 14-55 所示的圆柱相贯体三维实体模型。

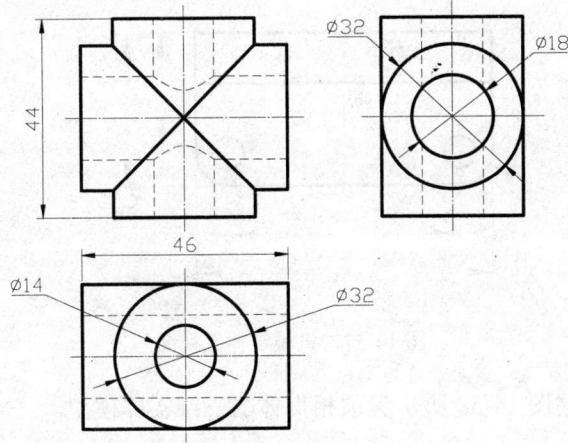

图 14-55 圆柱相贯体三视图

【练习 14.7】 创建图 14-56 所示的拱形相贯体三维实体模型。

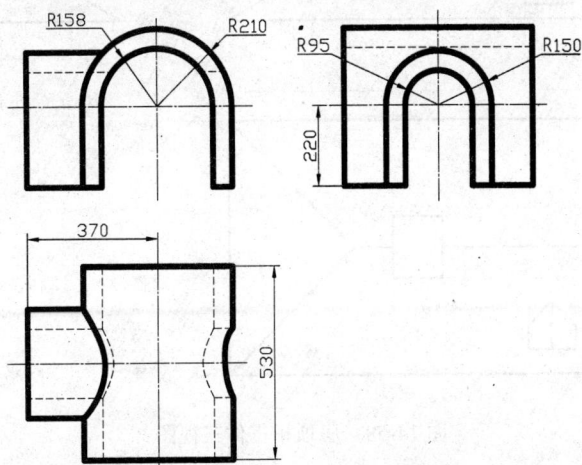

图 14-56 圆柱相贯体三视图

【练习 14.8】　根据图 14-57 所示机械零件三视图，综合运用三维造型命令，创建其三维实体模型。

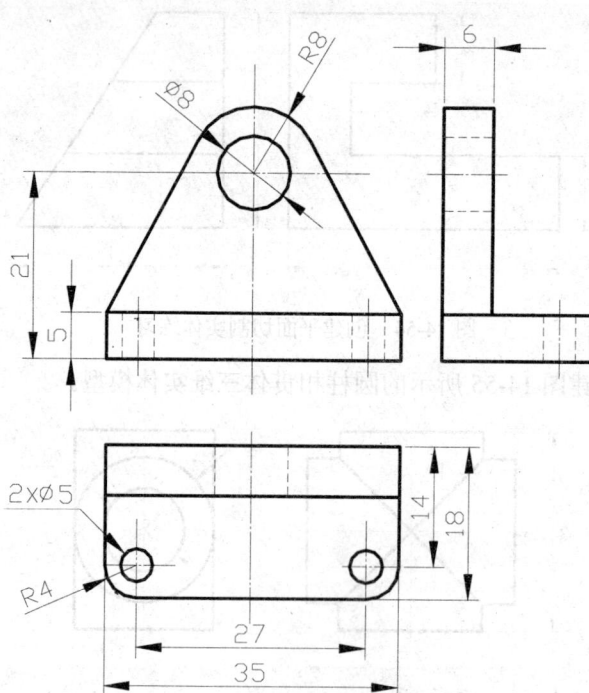

图 14-57　机械零件三视图

【练习 14.9】　创建图 14-58 所示房顶相贯体的三维实体模型。

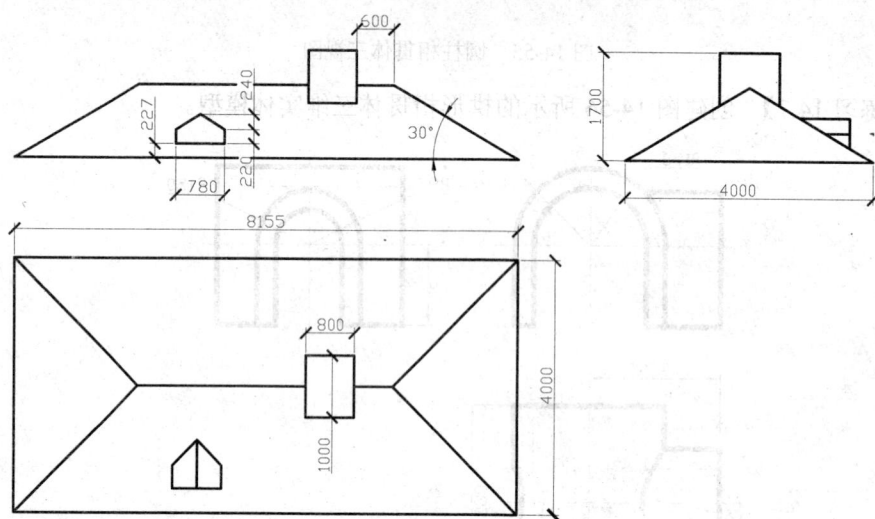

图 14-58　房顶相贯体三视图

【练习 14.10】　创建图 14-59 所示水工建筑物的三维实体模型。

纵剖视图

平面图

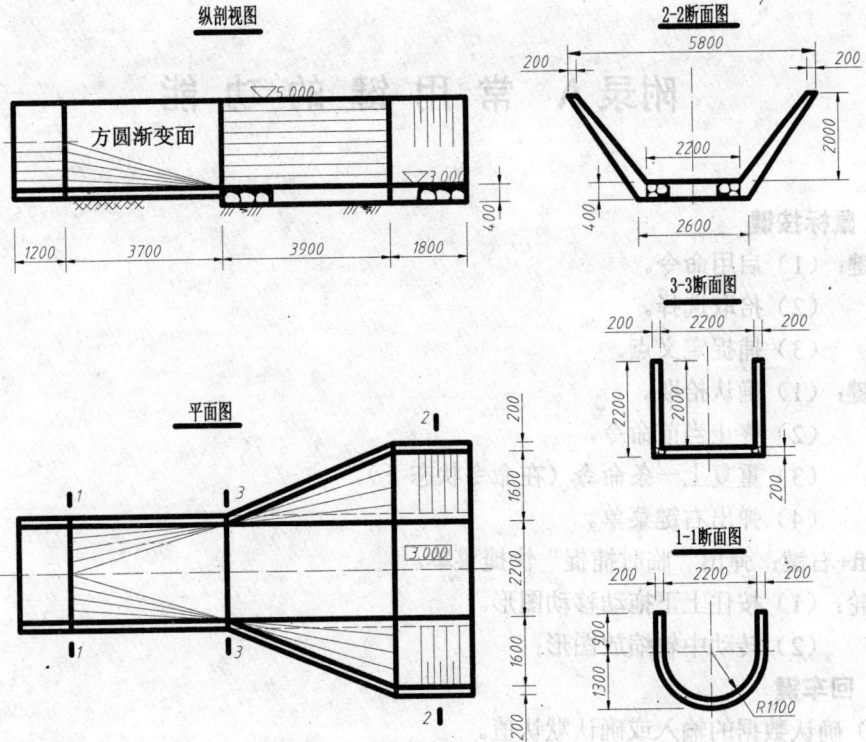

图 14-59　水利工程图

2-2断面图

3-3断面图

1-1断面图

附录 A 常 用 键 的 功 能

1 鼠标按键

左键：（1）启用命令。

（2）拾取选择。

（3）捕捉定义点。

右键：（1）确认拾取。

（2）终止当前命令。

（3）重复上一条命令（在命令状态下）。

（4）弹出右键菜单。

shift+右键：弹出"临时捕捉"快捷菜单。

中轮：（1）按住上下拖动移动图形。

（2）转动中轮缩放图形；

2 回车键

（1）确认数据的输入或确认默认值。

（2）确认选择的图形对象。

（3）重新启用上一条命令。

（4）结束命令。

3 空格键

在 AutoCAD 中，文字输入除外，空格键与回车键的功能是相同的。

4 ESC 键

在 AutoCAD 中，ESC 键的主要作用是：中断当前的命令。

5 功能键

F1：打开 AutoCAD 帮助对话框。

F2：打开 AutoCAD 文本窗口。

F3：对象捕捉开关。

F4：数字化仪开关。

F5：等轴测平面转换。

F6：坐标转换开关。

F7：栅格开关。

F8：正交开关。

F9：捕捉开关。

F10：极轴开关。

F11：对象跟踪开关。

F12：动态输入开关。

6 快捷键

Ctrl+A：选择所有对象。

Ctrl+B：栅格捕捉模式控制(F9)。

Ctrl+C：复制对象到粘贴板。

Ctrl+F：控制是否实现对象自动捕捉(F3)。

Ctrl+G：栅格显示模式控制(F7)。

Ctrl+J：重复执行上一步命令。

Ctrl+K：超级链接。

Ctrl+N：新建图形文件。

Ctrl+M：打开选项对话框。

Ctrl+O：打开图形文件。

Ctrl+P：打开打印对话框。

Ctrl+Q：退出程序。

Ctrl+S：保存文件。

Ctrl+U：极轴模式控制(F10)。

Ctur+1：粘贴剪贴板上的内容。

Ctrl+W：对象追踪式控制(F11)。

Ctrl+X：剪切所选择的内容。

Ctrl+Y：重做。

Ctrl+Z：取消前一步的操作。

Ctrl+0：清除屏幕（隐藏工具栏）。

Ctrl+1：打开特性对话框。

Ctrl+2：打开设计中心。

Ctrl+3：打开工具选项板。

Ctrl+4：打开图纸集管理器。

Ctrl+5：打开信息选项板。

Ctrl+6：打开数据库链接管理器。

Ctrl+7：打开标记集管理器。

Ctrl+8：打开快速计算器。

Ctrl+9：命令行窗口开关。

Ctrl+TAB：切换绘图窗口。

Alt+F：打开文件菜单。

Alt+E：打开编辑菜单。

Alt+V：打开视图菜单。

Alt+I：打开插入菜单。

Alt+O：打开格式菜单。

Alt+T：打开工具菜单。

Alt+D：打开绘图菜单。

Alt+N：打开标注菜单。

Alt+M：打开修改菜单。

Alt+W：打开窗口菜单。

Alt+H：打开帮助菜单。

附录 B AutoCAD 常见问题与解答

1 如何将鼠标右键设置为直接回车的功能？

AutoCAD 中默认设置是右击弹出快捷菜单的功能，但可以改变设置为直接回车的功能。设置鼠标右键为回车键的过程如下：首先是在"选项"对话框中选择"用户系统配置"标签，然后打开"自定义右键单击"按钮，用户可根据自己的习惯在出现的对话框中选择鼠标右键的功能，如回车键功能等。

2 如何修改图形背景的颜色？

在 AutoCAD 中，默认的模型空间绘图区的背景颜色是黑色，用户可根据需要进行修改，修改的方法是：首先，在"选项"对话框中选择"显示"标签，单击"颜色"按钮打开"颜色"选项对话框，然后从"颜色"列表中选择所需的颜色，单击"应用"即可。

3 画出的点划线和虚线看上去和细实线一样是何原因？

这种现象和当前窗口的显示范围大小有关，显示范围过大时，中心线的间断处小到一定程度便看不到；显示范围过小时，只看到中心线的一段，也是连续线。在绘图的过程中，这种情况对绘图不会产生任何影响，到图形输出时，再调整"线型比例"即可显示出线型。

4 关闭图层、冻结图层、锁定图层有何区别？

关闭图层：该图层上的对象为不可见，也不能被打印。但是当图形重新生成时，该图层上的对象也随之重新计算。

冻结图层：不显示、不打印该图层上的对象，当图形重生成物时也不会重新计算，提高了计算机的运行速度。

锁定图层：该图层上的图形对象可见，但不能被编辑修改。

5 为什么"点"在图上看不到？

系统默认的点样式是一个黑点，当点与其他的图形对象位置重合时便看不到，但通过设置"节点捕捉"可以捕捉到点的位置。若要看到它的显示，只需修改点样式，从"格式"菜单中选择"点样式"，在打开的对话框中选择一种点样式即可。

6 用"圆"命令绘制的圆为何有时显示为多边形？

这与系统设置的显示精度有关，为了加快运行速度，当图形界面变化时，图形对象不被重生成，所以圆看上去像多边形，这时如果执行重生成命令，这时多边形将变为圆。圆无论显示成什么样子，打印出来总是圆的。

7 为什么有时候文字或符号会显示为"？"？

文字有多种样式，如果汉字或符号显示成"？"，是所用的文字样式不能显示汉字，或该样式的字库中不包含该符号。修改的办法是：将该文字样式下的字体文件名改变为能够显示中文或符号的字体文件，"？"将重新显示为原来输入的汉字内容。

8 在 AutoCAD 中是按实际尺寸画图还是按比例画图？

在 AutoCAD 中按实际尺寸画图，只有在打印输出到图纸时，才考虑到设置比例的问题。

9 设置了绘图界限，可绘图窗口并没有改变是什么原因？

设置绘图界限后，别忘了单击一下"缩放"工具栏中的"全部缩放"图标，这时设置的绘图界限才全部显示。

10 如何在 Word 文档中粘贴 AutoCAD 图形？

将 AutoCAD 的绘图界面设置为白色显示，在 AutoCAD 中用"复制"命令先将 AutoCAD 图形复制，然后，在 Word 文档中粘贴。但 AutoCAD 图形粘贴到 Word 文档后，往往空边过大，也失去了线宽的显示效果。这时双击 Word 中的图形，则图形会在 AutoCAD 程序中被重新打开，单击缩放弹出按钮中的"范围缩放"，再打开状态栏中的"线宽"按钮，关闭图形时，在弹出的对话框中选择"更新图形"，空边过大和线宽显示的问题即可解决。

11 怎样为 AutoCAD 图形设置密码？

（1）将要加密的文件另存，在出现的"另存为"对话框中，单击右上角的"工具"按钮，弹出菜单如图 B-1 所示。

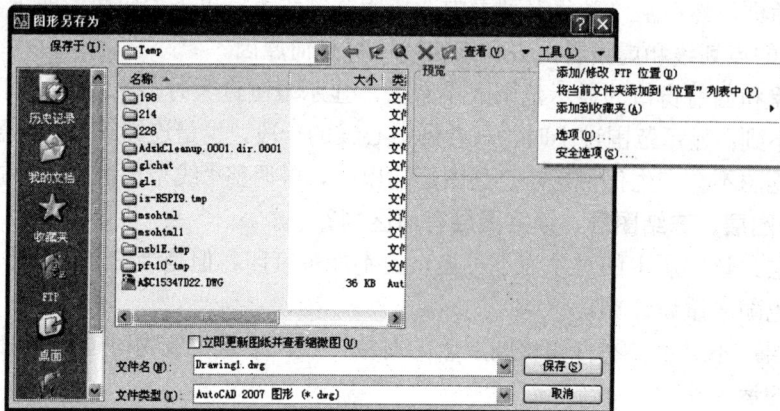

图 B-1 "图形另存为"对话框中的"工具"菜单

（2）单击菜单中的"安全选项"，这时打开"安全选项"对话框，如图 B-2（a）所示，在该对话框密码选项的输入框中输入密码。

（3）单击"确定"按钮，弹出"确认密码"对话框，如图 B-2（b）所示，在此再次重复输入密码，单击"确定"按钮。如果两次输入密码完全一致，则文件就加密了。再次打开时就要输入密码，忘了密码文件就永远也打不开了，所以加密之前最好先备份文件。

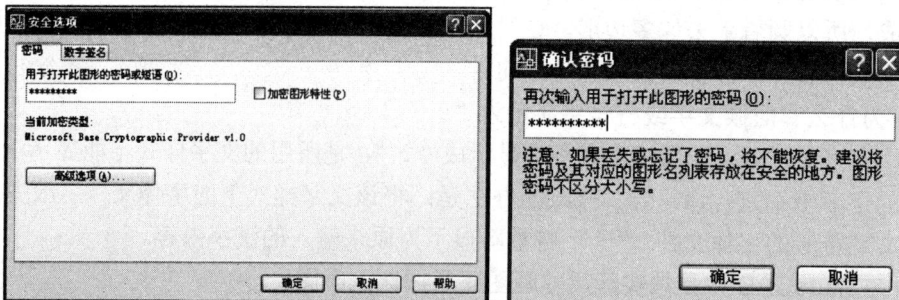

（a） （b）

图 B-2 密码输入对话框

12　在屏幕上有许多单击后产生的交叉点标记，怎样消除？

在 AutoCAD 中有时有交叉点标记在单击处产生，这时在命令行输入 BLIPMODE 命令，在提示行下输入 OFF 即可消除它。

13　如何查询图形的距离、面积、周长、体积等质量特性？

在工具菜单中，有一个"查询"次级菜单命令，启用相应的命令就可执行查询。执行"面积"查询命令，可同时查询周长。

12. 若屏幕上有许多已命名的又点文本标记，怎样清除？

在 AutoCAD 中可以手工义点或者单击鼠标右键，还要右命令中输入 BLBMODE 等命令来手工取入 O？

13. 如何设置图形的界限？两点、圆形、圆点，以及等面题的方法？

在工具条中？第一个？它就？这么？等等？自用HDU的命令进行以上？下面。图片。
图片。参加命令。可圆减少可绘点？

附录 C   AutoCAD 默认的命令别名

1   二维"绘图"命令

直线	l	构造线	xl
多线	ml	多段线	pl
正多边形	pol	矩形	rec
圆弧	a	圆	c
样条曲线	spl	椭圆	el
点	po	点等分	div

2   二维图形"修改"命令

删除	e	复制	co
镜像	mi	偏移	o
阵列	ar	移动	m
旋转	ro	缩放	sc
拉伸	s	修剪	tr
延伸	ex	打断	br
合并	j	倒角	cha
圆角	f	分解	x
多段线编辑	pe		

3   "文字"命令

文字样式	st	单行文字	dt
多行文字	t	文字编辑	ed

4   "图案填充"与"图块"命令

图案填充	h	创建附属图块	b
创建独立图块	w	插入块	I
块属性定义	att	编辑属性	ate

5   尺寸标注

标注样式	d	线性标注	dli
对齐标注	dal	半径标注	dra
直径标注	ddi	角度标注	dan
圆心标注	dce	坐标标注	dor
形位公差	tol	快速引线标注	le
基线标注	dba	连续标注	dco
编辑标注	ded		

6　三维绘图命令

多段体	psolid	四方体	box
楔体	we	圆锥	cone
圆柱体	cyl	圆环	tor
棱锥面	pyr	面域	reg
拉伸	ext	旋转	rev

7　三维操作

并集	uni	差集	su
交集	in	三维移动	3m
三维旋转	3r	三维对齐	3al
三维镜像	3dmirror	三维阵列	3a
创建用户坐标系	ucs	动态观察	3do
三维平面	3f		

8　其他命令

图层特性管理器	la	特性匹配	ma
特性管理器	ch	设计中心	adc
查询距离	di	查询面积	aa
线形比例	lts	图形单位	un
重生成	r	命名视图	v
实时平移	p		

附录 D 油泵装配图和零件图

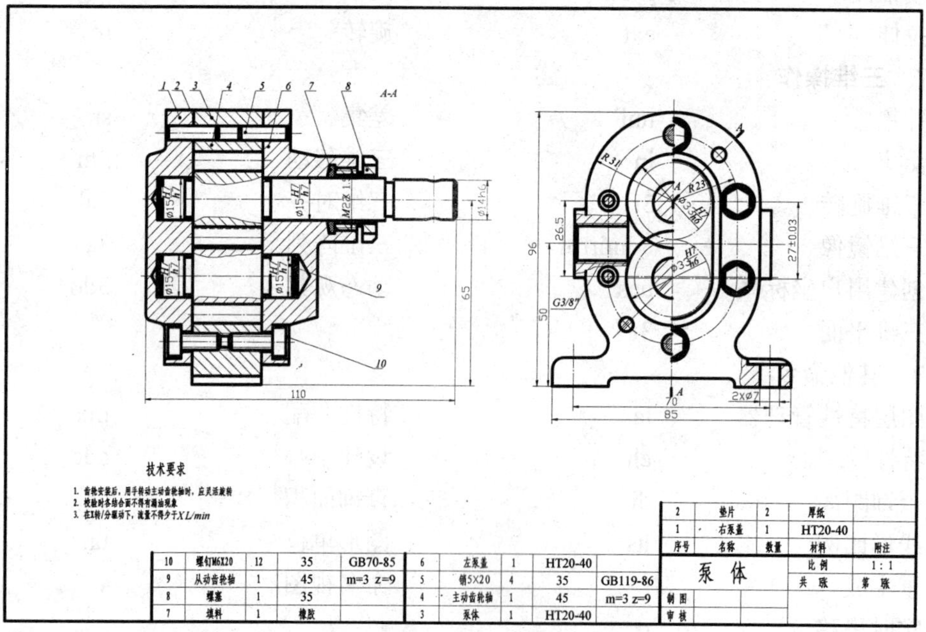

技术要求

1. 齿轮安装后，用手转动主动齿轮轴时，应灵活旋转。
2. 检验两泵体结合面不得有渗漏现象。
3. 在工转/分量时下，流量不得少于 XL/min。

10	螺钉M6X20	12	35	GB70-85
9	从动齿轮轴	1	45	m=3 z=9
8	螺塞	1	35	
7	填料	1	橡胶	

6	左泵盖	1	HT20-40	
5	销5×20	4	35	GB119-86
4	主动齿轮轴	1	45	m=3 z=9
3	泵体	1	HT20-40	

2	垫片	2	厚纸	
1	右泵盖	1	HT20-40	
序号	名称	数量	材料	附注

泵 体	比例	1:1
	共 张	第 张
制图		
审核		

图 D-1 油泵装配图

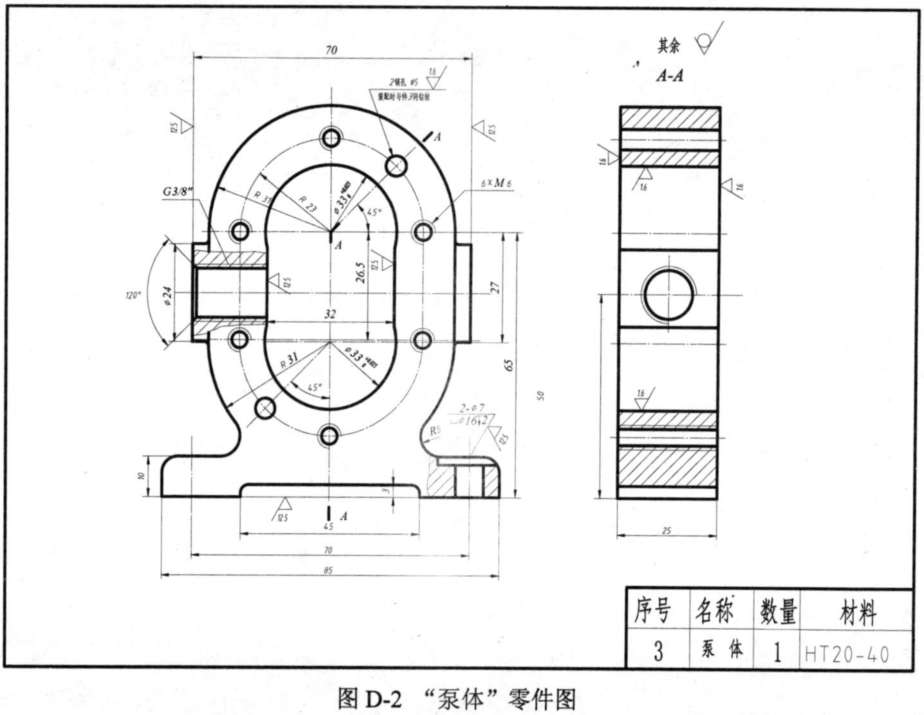

序号	名称	数量	材料
3	泵体	1	HT20-40

图 D-2 "泵体"零件图

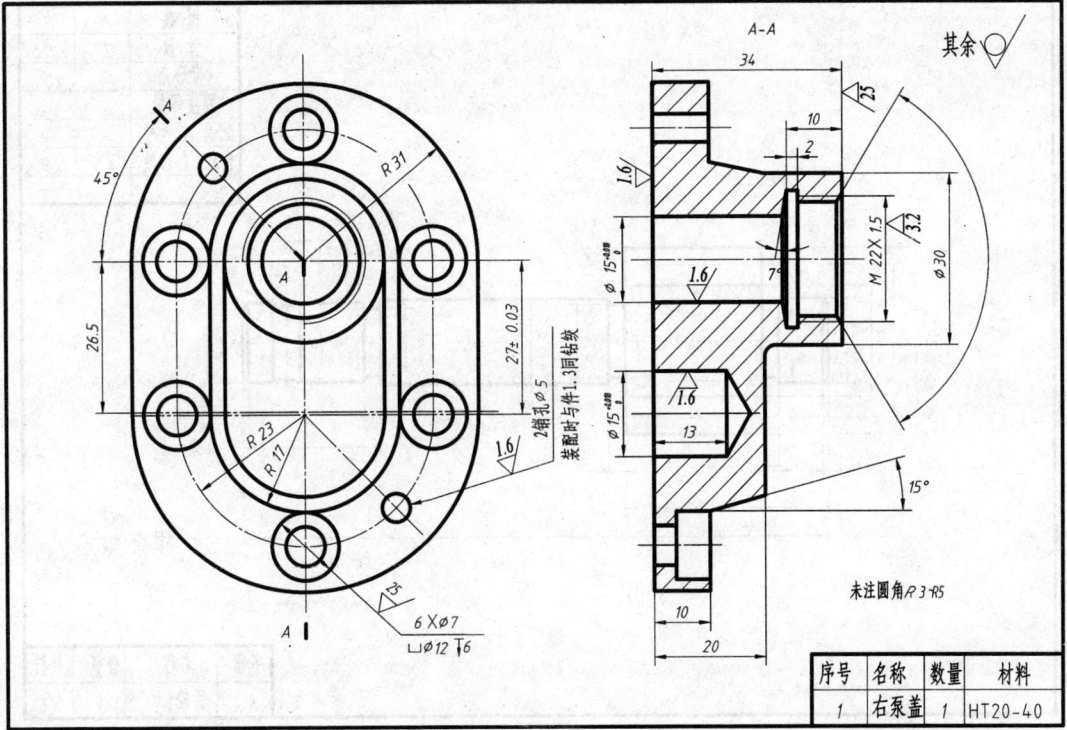

图 D-3 "右泵盖"零件图

序号	名称	数量	材料
1	右泵盖	1	HT20-40

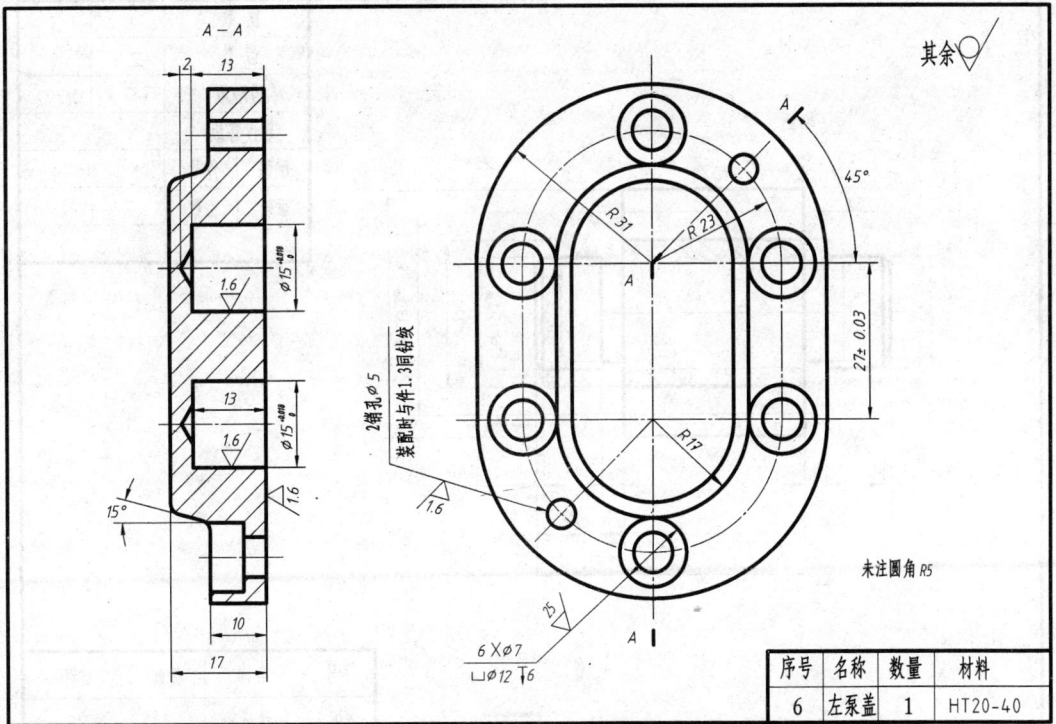

图 D-4 "左泵盖"零件图

序号	名称	数量	材料
6	左泵盖	1	HT20-40

模　数	m	3
齿　数	Z_1	9
齿形角	α	20°
精度等级		
配偶	件号	9
齿轮	齿数 Z_2	9

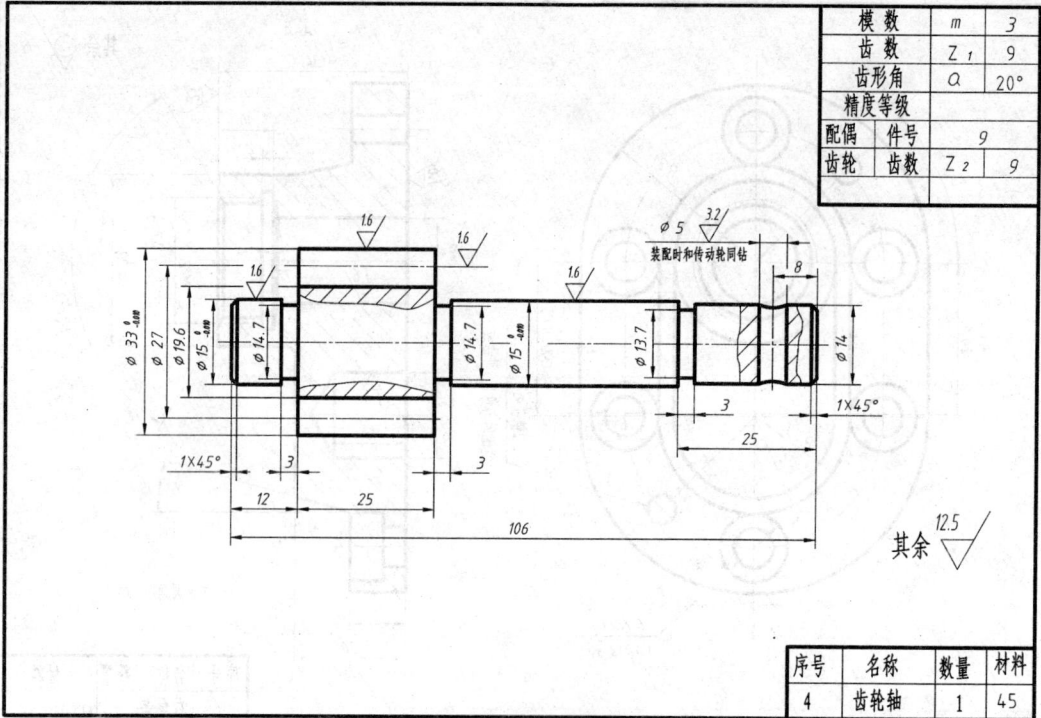

其余 12.5

序号	名称	数量	材料
4	齿轮轴	1	45

图 D-5 "齿轮轴"零件图

模　数	m	3
齿　数	Z_1	9
齿形角	α	20°
精度等级		
配偶	件号	9
齿轮	齿数 Z_2	9

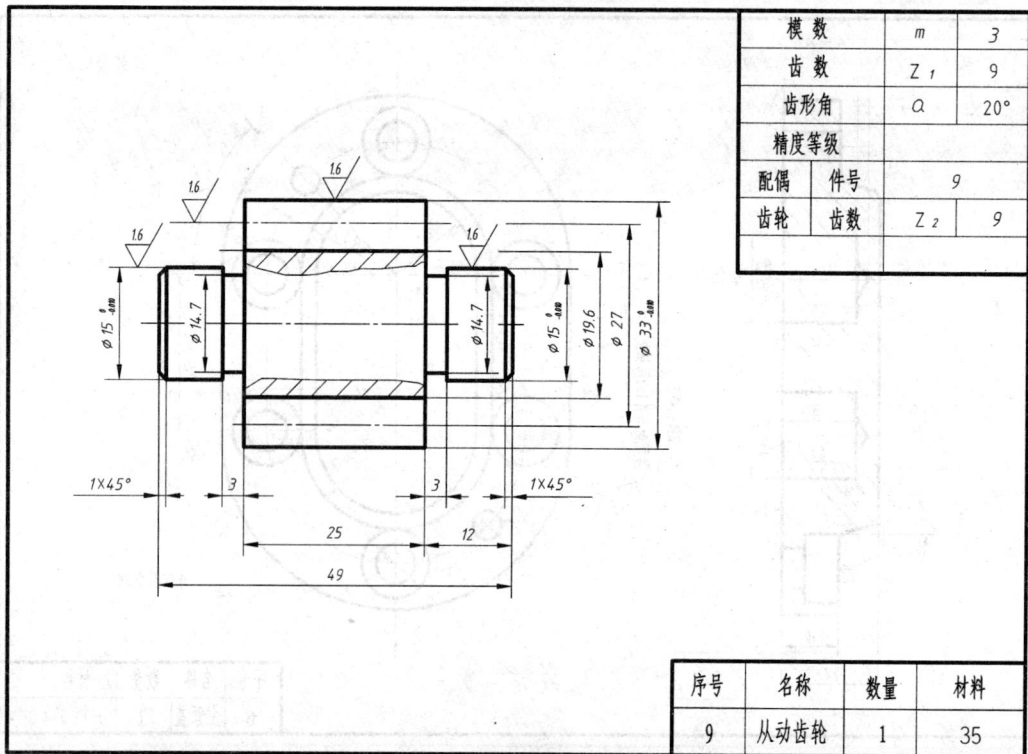

序号	名称	数量	材料
9	从动齿轮	1	35

图 D-6 "从动齿轮"零件图

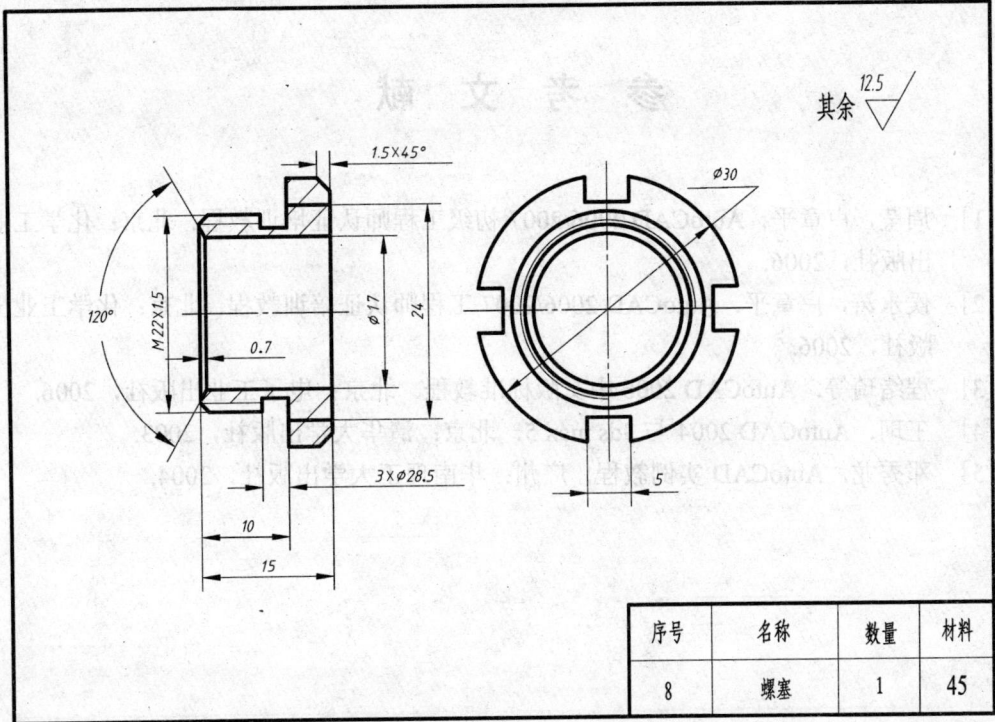

图 D-7　"螺塞"零件图

参 考 文 献

[1] 周莹，卢章平. AutoCAD 2006/2007 初级工程师认证培训教程. 北京：化学工业出版社，2006.

[2] 侯永涛，卢章平. AutoCAD 2006/2007 工程师认证培训教程. 北京：化学工业出版社，2006.

[3] 程绪琦等. AutoCAD 2006 中文版标准教程. 北京：电子工业出版社，2006.

[4] 王珂. AutoCAD 2004 与 3ds max 5. 北京：清华大学出版社，2003.

[5] 邓秀龙. AutoCAD 实例教程. 广州：华南理工大学出版社，2004.